개정된 최신 출제기준(일체식 구조, 단열)을 적용한

전산응용 건축제도 기능사 실기

황두환 지음

KB189579

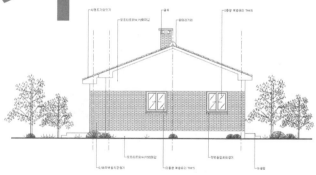

BM (주)도서출판 성안당

머리말

필자도 여러분과 같이 건축을 공부하면서 자격증 취득 과정을 거쳐 온 사람 중에 하나입니다. 1998년 건축제도기능사를 시작으로 조적, 도장, 건축, 실내건축기사 등 많은 자격을 취득하면서 느낀 것은 시공 · 설계 관련 종목 대부분의 자격이 현실과 많이 다르다는 것입니다. 전산응용건축제도기능사도 1997년 자격종목 신설 이후 지금까지 과거의 설계조건을 그대로 출제하고, 관련 교재들도 90년대에 작성된 도면을 그대로 반영하여 많은 부분이 현실과 맞지 않았습니다. 하지만 2014년 3회(의무검정) 실기시험부터는 지금까지 출제되었던 설계조건에서 바닥구조와 단열조건이 현실에 맞게 수정되어 출제되었습니다. 이에 시중에 나와 있는 교재의 대부분이 과거 기출문제를 다루었기에 새로운 출제기준과 조건에 맞는 교재의 필요성을 느껴 새로운 교재를 집필하게 되었습니다.

기능사 시험은 필기부터 실기까지 많은 시간과 노력, 비용을 들여 자격시험에 응시합니다. 본 교재가 수험생의 자격증 취득과 목표달성에 조금이나마 힘이 되고, 강사들에게는 지식전달에 있어 효과적인 참고자료가 되면 좋겠습니다.

필자의 의견을 적극 검토해주시고 출판을 이끌어주신 성안당 출판사 임직원 여러분과 부족한 필자를 늘 곁에서 응원하고 힘이 되어준 유영이, 재인, 지현에게 감사의 말을 전합니다.

* 학습자료는 성안당 사이트(www.cyber.co.kr)의 [자료실]-[자료실]에서 다운로드할 수 있습니다.

차례

| Contents |

Part 02
도면작성을 위한 환경설정 및 준비사항

Part 03
주요 구조의 단면

Part 04
문제유형에 따른
단면도 작성과정

Part 08
문제유형에 따른 입면도 작성과정

Part 09
실기시험 처음부터 끝까지 따라하기

| Contents |

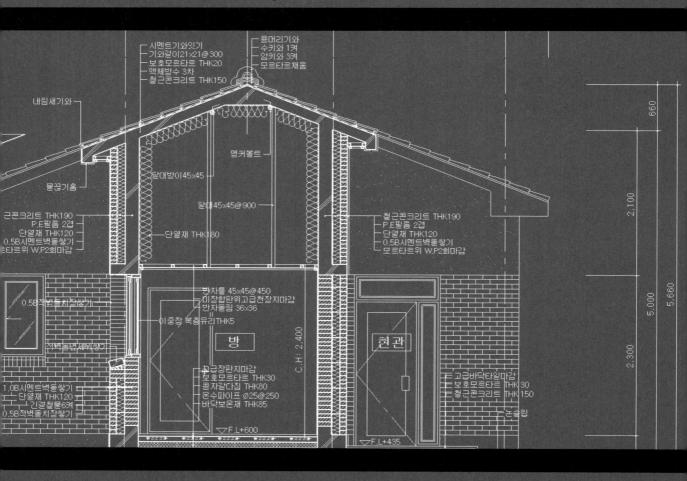

시멘트기와잇기
기와걸이21×21@300
보호모르타르 THK20
액체방수 3차
철근콘크리트 THK150

용머리기와
수키와 1겹
암키와 3겹
모르타르채움

내림새기와

앵커볼트

물끊기홈

달대받이45×45

달대45×45@900

근콘크리트 THK190
P.E필름 2겹
단열재 THK120
0.5B시멘트벽돌쌓기
르타르위 W.P2회마감

단열재 THK180

철근콘크리트 THK190
P.E필름 2겹
단열재 THK120
0.5B시멘트벽돌쌓기
모르타르위 W.P2회마감

0.5B적벽돌치장쌓기

방자를 45×45@450
미장합판위고급천장지마감
반자돌림 36×36

이중창 복층유리THK5

적벽돌영롱쌓기

방

C.H : 2,400

현관

고급장판지마감
보호모르타르 THK30
콩자갈다짐 THK80
온수파이프 Ø25@250
바닥보온재 THK85

▽ F.L+600

1.0B시멘트벽돌쌓기
단열재 THK120
긴결철물6겹
0.5B적벽돌치장쌓기

고급바닥타일마감
보호모르타르 THK 30
철근콘크리트 THK 150

논슬립

▽ F.L+435

660

2,100

5,000

5,660

2,300

전산응용건축제도기능사 실기의 개요

전산응용건축제도기능사는 건축설계 및 시공기술, 인테리어 전반에 대한 기초지식을 익히고 CAD
시스템을 활용하여 구조적으로 안전하면서 쾌적한 공간을 도면으로 작성할 수 있는 기능 인력을 양
성할 목적으로 1997년에 신설되었습니다.

자격시험의 응시

전산응용건축제도기능사는 학력 등 응시자격에 대한 제한이 없으므로 누구나 응시하여 취득할 수 있습니다.

01 자격검정 홈페이지 '큐넷'

한국산업인력공단에서 운영하는 '큐넷'은 국가기술자격의 정보제공은 물론 접수, 시행, 관리 등 다양한 업무를 지원합니다.

www.q-net.or.kr

포털사이트에서 '큐넷'으로 검색

02 자격증 취득절차

큐넷 홈페이지에서 회원가입을 시작으로 필기시험과 실기시험으로 나누어 응시하게 됩니다.

❶ 큐넷의 회원가입

❷ 필기시험 접수

❸ 필기시험 응시

- 시험시간: 60분
- 합격기준: 60문제 중 36문제 이상 맞으면 합격

  * 필기시험에 합격하면 2년간 실기시험에 응시가능

❹ 필기시험 합격

❺ 실기시험 접수

❻ 실기시험 응시

- 시험시간: 4시간 10분
- 합격기준: 완성 제출하여 60점 이상

❼ 실기시험 합격

❽ 자격증 발급

03 필기시험 출제기준(큐넷 자격증 정보)

직무분야	건 설	중직무분야	건 축	자격종목	전산응용건축제도기능사	적용기간	2024.1.1~2025.12.31

○ 직무내용: 건축물의 기본설계도 또는 계획설계도에 따라 컴퓨터를 사용하여 건축설계에서 의도하는 바를 현장에 필요한 도면으로 표현하는 등의 직무 수행

필기검정방법	객관식	문제수	60	시험시간	1시간

필기과목명	문제수	주요항목	세부항목	세세항목
건축계획 및 제도, 건축구조, 건축재료	60	1. 건축계획일반의 이해	1. 건축계획과정	1. 건축계획과 설계 2. 건축계획진행 3. 건축공간 4. 건축법의 이해
			2. 조형계획	1. 조형의 구성 2. 건축형태의 구성 3. 색채계획

필기과목명	문제수	주요항목	세부항목	세세항목
			3. 건축환경계획	1. 자연환경 2. 열환경 3. 공기환경 4. 음환경 5. 빛환경
			4. 주거건축계획	1. 주택계획과 분류 2. 주거생활의 이해 3. 배치 및 평면계획 4. 단위공간계획 5. 단지계획
		2. 건축설비의 이해	1. 급·배수 위생설비	1. 급수설비 2. 급탕설비 3. 배수설비 4. 위생기구
			2. 냉·난방 및 공기조화 설비	1. 냉방설비 2. 난방설비 3. 환기설비 4. 공기조화설비
			3. 전기설비	1. 조명설비 2. 배전 및 배선설비 3. 방재설비 4. 전원설비
			4. 가스 및 소화설비	1. 가스설비 2. 소화설비
			5. 정보 및 승강설비	1. 정보설비 2. 승강설비
		3. 건축제도의 이해	1. 제도규약	1. KS건축제도통칙 2. 도면의 표시방법에 관한 사항
			2. 건축물의 묘사와 표현	1. 건축물의 묘사 2. 건축물의 표현
			3. 건축설계도면	1. 설계도면의 종류 2. 설계도면의 작도법
			4. 각 구조부의 제도	1. 구조부의 이해 2. 재료표시기호 3. 기초와 바닥 4. 벽체와 창호 5. 계단과 지붕 6. 보와 기둥
		4. 일반구조의 이해	1. 건축구조의 일반사항	1. 건축구조의 개념 2. 건축구조의 분류 3. 각 구조의 특성

필기과목명	문제수	주요항목	세부항목	세세항목
			2. 건축물의 각 구조	1. 조적구조 2. 철근콘크리트구조 3. 철골구조 4. 목구조
		5. 구조시스템의 이해	1. 일반구조시스템	1. 골조구조 2. 벽식구조 3. 아치구조
			2. 특수구조	1. 절판구조 2. 셸구조와 돔구조 3. 트러스구조 4. 현수구조 5. 막구조
		6. 건축재료일반의 이해	1. 건축재료의 발달	1. 건축재료학의 구성 2. 건축재료의 생산과 발달과정
			2. 건축재료의 분류와 요구성능	1. 건축재료의 분류 2. 건축재료의 요구성능
			3. 건축재료의 일반적 성질	1. 역학적 성질 2. 물리적 성질 3. 화학적 성질 4. 내구성 및 내후성
		7. 각종 건축재료 및 실내건축 재료의 특성, 용도, 규격에 관한 사항의 이해	1. 각종 건축재료의 특성, 용도, 규격에 관한 사항	1. 목재 및 석재 2. 시멘트 및 콘크리트 3. 점토재료 4. 금속재, 유리 5. 미장, 방수재료 6. 합성수지, 도장재료, 접착제 7. 단열재료
			2. 각종 실내건축재료의 특성, 용도, 규격에 관한 사항	1. 바닥 마감재 2. 벽 마감재 3. 천장 마감재 4. 기타 마감재

04 실기시험 출제기준(큐넷 자격증 정보)

직무 분야	건설	중직무 분야	건축	자격 종목	전산응용건축제도기능사	적용 기간	2024.1.1~2025.12.31

○ 직무내용: 건축설계 내용을 시공자에게 정확히 전달하기 위하여 CAD 및 건축 컴퓨터그래픽 작업으로 건축설계에서 의도하는 바를 시
각화하는 직무 수행

○ 수행준거: 1. 계획설계도면, 기본설계도면, 실시설계도면 등 건축설계 설계 도서를 CAD 작업을 통해 작성할 수 있다.

2. CAD 및 건축 컴퓨터그래픽 작업으로 건축물의 2D, 3D를 시각화할 수 있다.

실기검정방법	작업형	시험시간	5시간 정도

실기 과목명	주요항목	세부항목	세세항목
전산응용건축제도 작업	1. 건축설계 설계 도서작성	1. 계획설계도면 작성하기	1. 건축개요 도면작성(대지면적, 건폐율, 용적률, 위치, 사이트분석, 주차대수 산정, 법규검토)을 할 수 있다.
			2. 건물의 위치와 옥외 시설물의 위치를 결정하여 배치계획도면을 작성할 수 있다.
			3. 용도에 따라 공간을 배치하여 동선을 고려한 평면계획도면을 작성할 수 있다.
			4. 개구부 위치와 형상, 외벽의 마감을 고려한 입면계획도면을 작성할 수 있다.
			5. 실별 필요 천장고와 천장마감을 고려한 단면계획도면을 작성할 수 있다.
			6. 기능, 미관, 경제성을 고려한 실내외 재료 마감표를 작성할 수 있다.
		2. 기본설계도면 작성하기	1. 법규 체크리스트를 작성하여 적용방침을 결정하며 관련법에 적합하게 각 층 바닥 면적 및 연면적과 건축면적 등을 산출할 수 있다.
			2. 부지 주변현황 및 건물의 정확한 위치, 부지의 주요 지표높이, 옥외시설물의 종류와 내용이 표기된 구체적인 배치도를 작성할 수 있다.
			3. 건물형태와 마감재료 및 창호의 위치, 크기, 재료 등이 표기된 모든 면의 입면도를 작성할 수 있다.
			4. 건물 전체의 층수와 층고 및 천정고, 주요 OPEN공간 등 건물의 크기와 공간의 형태가 표현되고, 대지와의 관계가 표현된 단면도를 작성할 수 있다.
			5. 단열, 차음, 방수 및 시공성을 검토하여 지상과 지하부분의 외벽 평·입·단면의 기본상세도를 작성할 수 있다.
			6. 설계 개요, 계획개념, 시스템, 계략예산의 내용을 명료하게 표현하여 설계설명서를 작성할 수 있다.
		3. 실시설계도서 작성하기	1. 건물 전체의 전반적인 내용을 파악하고 필요한 부분을 판단하여 도면 일람표를 작성할 수 있다.
			2. 최종 결정된 내용을 상세하게 표현한 실시설계 기본도면을 작성할 수 있다.
			3. 시공과 기능에 적합한 상세도를 작성할 수 있다.
			4. 구조 계산서를 기준으로 구조도면과 각종 일람표를 작성할 수 있다.
			5. 설계와 공사에 관한 전반적이고 기본적인 내용을 정리하여 시방서를 작성할 수 있다.
			6. 설계 개요, 설계개념, 시스템, 공사예정 공정표의 구체적인 내용을 상세하게 기술한 설계 설명서를 작성할 수 있다.
			7. 추정 공사비 예산서를 작성할 수 있다.
	2. 실내건축설계 시각화 작업	1. 2D 표현하기	1. 설계목표와 의도를 이해할 수 있다.
			2. 설계단계별 도면을 이해할 수 있다.
			3. 계획안을 2D로 표현할 수 있다.
		2. 3D 표현하기	1. 설계목표와 의도를 이해할 수 있다.
			2. 설계단계별 도면을 이해할 수 있다.
			3. 도면을 바탕으로 3D 작업을 할 수 있다.
			4. 3D 프로그램을 활용하여 동영상으로 표현할 수 있다.

05 실기시험 채점기준(예상)

주요항목	세부항목	채점기준	점수
도면 표현	도면배치	1. 도면의 배치가 중앙에 있지 않고 한쪽으로 치우친 경우 – 2점 감점 2. 지정된 테두리선을 작성하지 않거나 표제란이 틀린 경우 – 2점 감점	4
	청결도	1. 도면요소 이외에 불필요한 요소가 남아 있는 경우 – 2점 감점	2

상세	선의작도 및 구분	1. 도면요소에 따른 선의 두께표현이 미숙한 경우 – 4점 감점 2. 선분이 교차되는 부분, 모서리 부분의 처리가 미흡한 경우 – 4점 감점 3. 치수선 및 인출선, 지시선의 각도 등 정렬상태가 고르지 못한 경우 – 4점 감점 4. 지정된 선의 두께로 하지 않은 경우 – 4점 감점	15
	문자 내용의 표기	1. 문자의 크기와 간격이 적절하지 못하고, 일정치 않은 경우 – 4점 감점 2. 문자 내용의 표현, 위치가 적절하지 못한 경우 – 4점 감점 3. 문자를 표기해야 하는 곳에 표기되지 않았을 경우 – 4점 감점 4. 문자 및 숫자에 오타가 있거나 표기방법이 잘못 된 경우 – 4점 감점	15
입면도	단면상세도와의 일치여부	1. 단면상세도와 주요 구조부의 치수가 일치하지 않은 경우 – 2점 감점 2. 단면상세도와 창, 문 등 개구부의 위치가 맞지 않고 마감이 일치하지 않는 경우 – 2점 감점	4
	평면도와의 일치성	1. 평면도의 치수와 작성된 입면도의 크기가 다른 경우 – 2점 감점 2. 평면도와 입면도의 외부구조나 형태가 다른 경우 – 2점 감점	4
	재료마감의 표현	1. 벽 등 건축물의 마감표기가 누락된 경우 – 4점 감점 2. 마감재의 표현과 문자표기가 미흡한 경우 – 1점 감점	4
	창호의 표현	1. 평면도에 표시된 개구부 및 창호가 누락된 경우 – 4점 2. 창호의 표현이 미흡한 경우 – 2점 감점	4
	건축요소의 표현	1. 화단, 굴뚝 등 작도가 누락되었거나 맞지 않은 경우 – 2점 2. 창호의 개폐기호 등 표시기호가 누락된 경우 – 2점	4
	주위환경의 표현	1. 식재 등 주위의 배경 표현을 하지 않은 경우 – 4점 감점 2. 배경 표현이 미숙한 경우 – 1점 감점	4
단면 상세도	기초의 구조	1. 동결선 이하로 기초가 작성되지 않은 경우 – 2점 감점 2. 기초의 구조와 표현이 미숙할 경우 – 2점 감점	4
	벽체의 구조	1. 주어진 조건과 벽체의 두께가 다른 경우 – 2점 감점 2. 벽체의 재료와 단열구조가 맞지 않은 경우 – 2점 감점	4
	창호와 개구부	1. 높이 및 크기가 적절하지 않은 경우 – 1점 감점 2. 창호의 틀 마감표현이 미숙한 경우 – 2점 감점 3. 창호 부재의 치수가 적절하지 않은 경우 – 1점 감점	4
	보의구조	1. 테두리보의 구조가 적절하지 않은 경우 – 2점 감점 2. 테두리보의 크기 및 위치가 적절하지 않은 경우 2점 감점	4
	반자구조	1. 부재 크기 및 표현이 미숙한 경우 – 2점 감점 2. 반자의 구조가 적절하지 않은 경우 – 2점 감점	4
	테라스와 현관	1. 구조적으로 문제가 있거나 평면도와 상이한 경우 – 4점 감점	4
	바닥구조 및 마감	1. 바닥의 구조를 조건과 다르거나 틀린 경우 – 2점 감점 2. 각 실의 용도에 맞지 않는 마감재를 사용한 경우 – 2점 감점	4
	바닥구조의 두께 및 높이	1. 평면도와 다르거나 사용하는데 문제가 있는 경우 – 4점 감점	4
	지붕구조와 마감	1. 주어진 조건과 다르거나 사용하는데 문제가 있는 경우 – 2점 감점 2. 지붕의 방수, 기와 등 표기와 표현이 적절하지 않은 경우 – 2점 감점	4
	지붕물매	1. 주어진 조건의 물매로 하지 않은 경우 – 2점 감점 2. 물매의 표시기호가 누락된 경우 – 2점 감점	4
	부분단면상세도의 입면처리	1. 부분단면상세도에 표현해야 할 입면이 누락되거나 미흡한 경우 – 2점 감점 2. 단면부분과 입면부분이 구조상 다른 경우 – 2점 감점	4

06 실기시험 장소별 프로그램 버전(2025.2.13. 기준)

※ 공개된 시험장소는 개설 '예정'된 현황으로 실제 접수 시 일부 변경이 있을 수 있으니 접수 후 전화로 확인

기관명	시험장소명	시설현황
서울	서울동부국가자격시험장(광진구)(주차절대불가)	AutoCAD 2019(한글)
서울	서울반도체고등학교(구 휘경공업고등학교)(주차불가)	AutoCAD 2024(한글)
서울서부	서울서부국가자격시험장(대중교통 이용)	AutoCAD 2023(한글)
서울서부	서울중부기술교육원 창조관(주차불가)	AutoCAD LT 2024(한글)
서울서부	신진과학기술고등학교(주차불가)	AUTOCAD 2015(한글)
부산	부산국가자격시험장(금곡동, 한국산업인력공단 부산지역본부)	AutoCAD 2024(한글)
대구	대구디지털시험센터 1층 [6실](유료주차 주차협소)	AutoCAD 2020(한글)
대구	대구디지털시험센터 1층 [7실](유료주차 주차협소)	AutoCAD 2020(한글)
인천	인천기계공업고등학교(주차 절대불가-인조잔디)	AutoCAD 2024(한글)
인천	인천디지털시험센터 [8실](인천인력개발원 내, 유료주차)	2차원 : AutoCAD 2020(한글)
인천	인천디지털시험센터 [9실](인천인력개발원 내, 유료주차)	2차원 : AutoCAD 2020(한글)
인천	피나캐드학원 [1실](주차불가)	2차원 : AutoCAD 2023(한글)
인천	피나캐드학원 [2실](주차불가)	2차원 : AutoCAD 2023(한글)
광주	광주디지털시험센터 2층 [4실](한국산업단지공단 첨단)	AutoCAD 2020(한글)
광주	전남공업고등학교	AutoCAD 2021(한글)
광주	한국폴리텍대학 광주캠퍼스 3공학관	AutoCAD 2024(한글)
서울남부	서울남부디지털시험센터[실기](주차불가)	AutoCAD 2023(한글)
충남	천안공업고등학교(주차장 협소, 대중교통 이용)	AutoCAD 2023(한글)
충남	충남직업전문학교	AutoCAD 2012, 2015(한글)
울산	울산국가자격시험장 [CBT 2실](주차 매우 협소)	Auto CAD 2020(한글)
경인	경기폴리텍고등학교(구, 산본공고)	AUTOCAD 2021(한글)
경인	수원공업고등학교(주차협소)	AutoCAD 2022(한글)
경인	수원디지털시험센터(주차불가, 주변공영주차장(유료) 이용)	AutoCAD 2023(한글)
경인	안양공업고등학교(주차 매우 협소)	AutoCAD 2020(한글)
강원	춘천기계공업고등학교(주차불가)	AutoCAD 2020(한글)
강원	한국폴리텍대학 원주캠퍼스	AutoCAD 2016(한글)
충북	충북국가자격시험장 3층 [4실](청주시)	Autocad 2020(한글)
대전	대전디지털시험센터 10층 [6실](자양동)	AutoCAD 2020(한글)
전남	한국폴리텍대학 순천캠퍼스	AutoCAD 2021(한글)
경북	경북하이텍고등학교(안동)(주차불가)	AutoCAD LT 2024(한글)
경남	경남국가자격시험장(창원)	AutoCAD 2020(한글)
경남	한국폴리텍대학 창원캠퍼스(7공학관)	AutoCAD 2024(한글)
제주	제주국가자격시험장(제주지사)	AutoCAD 2021(한글)
강원동부	강원동부국가자격시험장(강릉)	AutoCAD 2020(한글)
부산남부	부산공고(남구 대연동) 기계,건축토목과 실습동	AutoCAD 2024
부산남부	부산남부국가자격시험장(남구 용당동)	AutoCAD 2020(한글)
경북동부	경북직업전문학교(본관 주차불가)	AutoCAD 2014
경기북부	경기북부국가자격시험장(주차불가)	AutoCAD 2019(한글)
경기북부	의정부공업고등학교(주차협소)	AutoCAD 2023(한글)
경기동부	한국폴리텍대학 성남캠퍼스(드림관)	AutoCAD
경북서부	한국폴리텍대학 구미캠퍼스[누리관]	AutoCAD 2021(한글)
경기남부	(평택) 동일공업고등학교(주차불가)	AutoCAD 2022(한글)
경기서부	[부천]부천공업고등학교(주차불가)	AutoCAD 2019(한글)
서울강남	서울동부기술교육원(주차불가)	AutoCAD 2020(한글)

출제되는 문제도면과 작성해야 할 도면의 이해

실기시험은 문제도면을 그대로 그리는 것이 아닌 주어진 평면도와 제시된 조건에 맞는 주택의 단면도와 입면도를 작성하는 것입니다. 단면도와 입면도를 작성하기 위해선 먼저 문제 도면인 평면도를 이해하는 것이 중요합니다.

01 출제되는 시험 문제지와 도면

문제지는 총 4페이지입니다.

1 1페이지: 요구사항과 조건

국가기술자격 실기시험문제

자 격 종 목	전산응용건축제도기능사	과 제 명	주 택

비번호:

※ ※시험시간 : [○표준시간 : 4시간 10분] – 2016년부터 적용(연장시간 폐지)

1. 요구사항

※ 주어진 평면도를 보고 CAD를 이용하여 아래 조건에 맞게 다음 도면을 작도한 후 지급된 용지에 본인이 직접 흑백으로 출력하여 USB 메모리에 저장하여 함께 제출하시오.

❶ A부분 단면 상세도를 축척 1/40로 작도하시오.

❷ 남측 입면도를 축척 1/50로 작도하되 벽면의 마감재료 표시 및 주위의 배경 등 도면의 요소를 충분히 고려하시오.

| 조건 |

· **기초 및 지하실 벽체**: 철근콘크리트 구조로 하시오.

- **벽체**: 외벽 – 외부로부터 붉은벽돌 0.5B, 단열재, 시멘트벽돌 1.0B로 하시오.

  내벽 – 두께 1.0B 시멘트벽돌 쌓기로 하시오.

- **단열재**: 외벽 120mm, 바닥 85mm, 지붕 180mm 하시오.

- **지붕**: 철근콘크리트 경사슬래브위 시멘트 기와잇기 마감으로 하시오. (물매 4/10 이상)

- **처마나옴**: 벽체 중심에서 600mm

- **반자높이**: 2400mm, 처마반자 설치

- **창호**: 목재창호로 하되 2중창인 경우 외부창호 알루미늄 새시로 하시오.

- **각 실의 난방**: 온수파이프 온돌난방으로 하시오.

- 1층 바닥슬래브와 기초는 일체식으로 표현하시오. **[2014년 3회부터 변경된 부분]**

- 평면도에 표현되지 않은 현관 상부 캐노피는 작도하지 않습니다.

  [2014년 3회부터 변경된 부분]

- 기타 각 부분의 마감, 치수 등 주어지지 않은 조건은 일반적인 시공수준으로 하시오.

※ **선의 통일을 기하기 위하여 아래와 같이 선의 색을 정리하여 출력하시오.**

- 흰색(7-White) – 0.3mm
- 노랑(2-Yellow) – 0.4mm
- 빨강(1-Red) – 0.2mm
- 녹색(3-Green) – 0.2mm
- 하늘색(4-Cyan) – 0.3mm
- 파랑(5-Blue) – 0.1mm

② 2페이지: 수험자 유의사항

자 격 종 목	전산응용건축제도기능사	과 제 명	주 택

2. 수험자 유의사항

※ 다음 유의사항을 고려하여 요구사항을 완성하시오.

❶ 명기되지 않은 조건은 건축법, 건축구조 및 건축제도 원칙에 따릅니다.

❷ 시험시작 전 바탕화면에 본인 비번호로 폴더를 생성하고, 폴더 안에 작업내용을 저장하도록 합니다.

❸ 정전 및 기계 고장 등에 의한 자료손실을 방지하기 위하여 수시로 저장합니다.

❹ 다음과 같은 경우는 부정행위로 처리됩니다.

  가) 노트 및 서적, 디스켓을 소지하거나 주고받는 행위

나) 건물의 구조 부분의 상세나 글씨 등을 사전에 블록으로 설정하여 지참해 사용하는 경우

❺ 작업이 끝나면 감독위원의 확인을 받은 후 문제지를 제출하고 본부요원 입회하에 본인이 직접 A3 용지에 흑백으로 도면을 출력하도록 합니다. 이때 수험자의 운영 미숙으로 도면이 출력되지 않는 경우나 **출력시간이 10분을 초과할 경우는 실격 처리**됩니다. (출력시간은 시험시간에서 제외)

※ 출력작업 시 출력 관련된 설정 외의 도면 수정 작업 등은 할 수 없으며, 수정 작업 등을 한 경우 실격됩니다.

❻ 장비 조작 미숙으로 장비의 파손 및 고장을 일으킬 염려가 있을 경우 실격됩니다.

❼ 다음과 같은 경우에는 채점대상에서 제외됩니다.

가) 실격

(1) 시험 중 시설 및 장비의 조작이나 재료의 취급이 미숙하여 위해를 일으킬 것으로 시험위원 전원이 합의하여 판단한 경우

나) 미완성

(1) 시험시간 내에 요구사항을 완성하지 못한 경우

다) 오작

(1) 시험시간 내에 제출된 작품이라도 다음과 같은 경우

① 주어진 조건을 지키지 않고 작도한 경우

② 요구한 전 도면을 작도하지 않은 경우

③ 건축제도 통칙을 준수하지 않거나 건축CAD의 기능이 없는 상태에서 완성된 도면

❽ 수험번호, 성명은 도면 좌측 상단에 아래와 같이 표제란을 만들어 기재합니다.

❽ 감독위원은 시험시작 후 수검자에게 표제란을 우선 작도 후 도면을 작도하도록 하여야 하며, 수험자가 감독위원의 동지시를 따르지 않을 경우 실격 처리됩니다.

❽ 테두리선의 여백은 10mm로 합니다.

※ 표제란과 테두리선의 여백은 실제 시험 시 변경될 수 있으므로 다시 한번 확인하여 제시된 치수로 작성합니다.

자격종목	전산응용건축제도기능사	과제명	주 택	척도	1/100

3. 도면

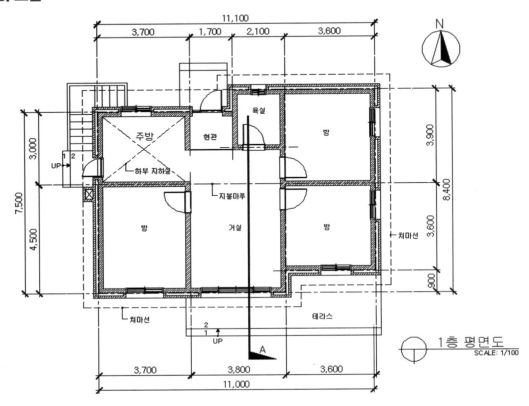

1층 평면도
SCALE: 1/100

4 4페이지: 지급재료

4. 지급재료목록

자격종목	전산응용건축제도기능사

일련 번호	재 료 명	규 격	단 위	수 량	비 고
1	출력용지	A3	장	2	
2	USB	2GB	개	1	15인당 1개
3	프린터 잉크	검정기종별 표준량	개	1	1개 검정장
4					
5					
6					
7					
8					
9					
10					
11					
12					
13					
14					
15					
16					
17					
18					
19					

Chapter 02 출제되는 문제도면과 작성해야 할 도면의 이해   23

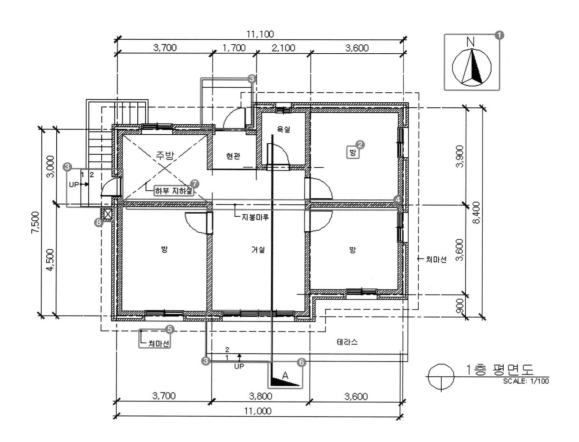

1층 평면도
SCALE: 1/100

1 방위표시

동서남북 방위를 표시 N은 North(북쪽)을 나타냄. 입면도 작성 시 필히 방위를 확인해야 합니다.

2 실명

실에 따라 바닥구조가 달라지므로 단면도 작성 시 필히 실의 명칭을 확인해야 합니다.

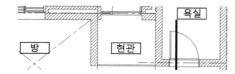

❸ 계단

계단의 수에 따라 실의 높이가 결정되므로 평면도에서 계단의 수를 정확히 파악해야 합니다.

- UP: 올라가는 계단 ・ D.N: 내려가는 계단

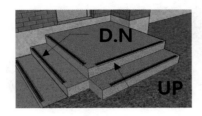

❹ 지붕마루(마룻대)

지붕의 경사가 만나서 생기는 높은 모서리 부분으로 도면 작성 시 물매의 기준이 됩니다.

❺ 처마선(처마 나옴)

외벽 밖으로 벗어난 처마의 끝 부분으로 설계조건에 포함됩니다.

❻ A절단부분

작성해야 할 단면도 부분을 표시합니다.

❼ 하부지하실

X선이 있는 하부에 지하실이 있음을 표시합니다.

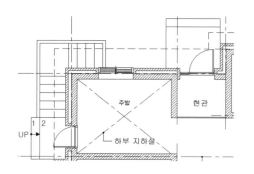
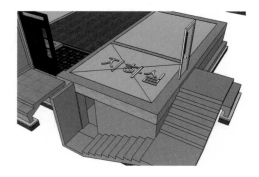

❽ 굴뚝

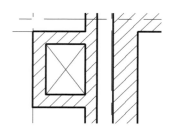

주택을 제시된 A부분 절단선 만큼 수직으로 절단하여 보이는 단면을 작성합니다.

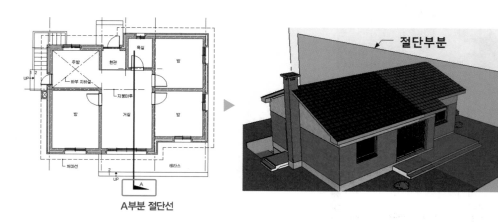

A부분 절단선

절단부분

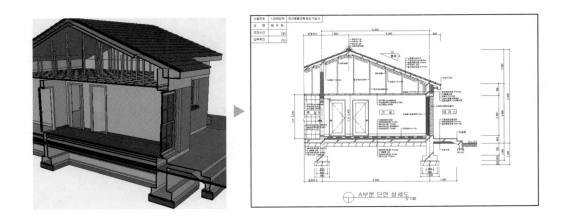

04 입면도 작성에 대한 이해

제시된 방향에서 바라본 주택의 형태를 작성합니다.

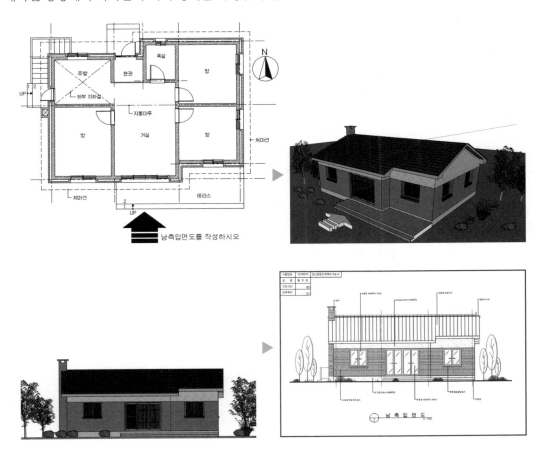

03 실기시험의 유형 및 작성조건의 변경 (2014년 3회 부터)

1997년 처음 시험이 시행된 후 2014년 2회 시험까지 문제유형에 큰 변화가 없었으나 2014년 3회(의무검정)부터 현실에 맞는 시공기준이 적용되면서 도면작성의 조건이 변경되었습니다.

01 실기시험 유형변경의 이유

2014년 2회까지 현실에 맞지 않는 설계조건으로 도면을 작성하면서 학생과 실무자들에게 많은 문제로 지적 되었습니다.

02 에너지 절약차원의 단열조건 강화

2014년 2회까지의 단열조건

지붕 : 70~80mm정도

벽 : 50~70mm정도

바닥 : 조건에 명시되지 않음

2014년 3회부터의 단열조건

지붕 : 180~200mm정도

벽 : 120~140mm정도

바닥 : 85mm정도

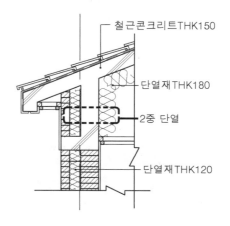

2014년 2회까지의 바닥구조

철근콘크리트의 줄기초와 무근콘크리트 바닥으로 작성하여 현실과 맞지 않음.

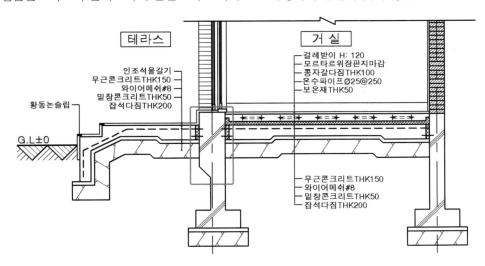

2014년 3회부터의 바닥구조

줄기초와 같은 철근콘크리트 일체식 구조로 변경

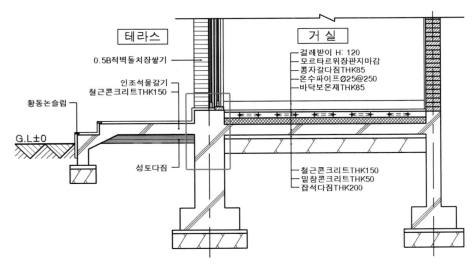

2020년 신규 출제기준

건축물을 3D로 시각화하는 작업이 추가되는 것으로 출제기준이 2019년에 공지되었습니다. 하지만 큐넷을 통해 실제 시험은 2024년까지 매년 이전 유형과 동일하게 출제됨을 공지하고 있습니다. (출제기준 및 공개 문제는 '큐넷' 자료실에서 확인할 수 있습니다.)

04 열 손실에 따른 캔틸레버(상부 캐노피) 작도 금지

테라스나 현관의 캔틸레버는 열 손실의 주된 원인 중 하나로 평면도에 표시되지 않으면 작도하지 않습니다.

2014년 2회까지의 현관과 테라스 상부

평면도에 표시되지 않아도 캔틸레버를 작도함.

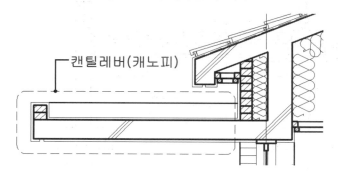

2014년 3회부터의 현관과 테라스 상부

평면도에 표시되지 않으면 캔틸레버를 작도하지 않음.

거실과 테라스의 바닥을 철근콘크리트 일체식으로 올바르게 작성한 경우

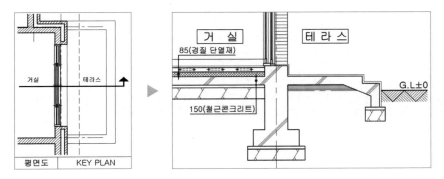

❶ 철근콘크리트 일체식이 아닌 경우(무근콘크리트 구조)

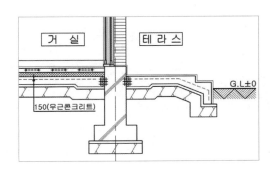

❷ 제시된 단열재의 조건을 적용하지 않은 경우

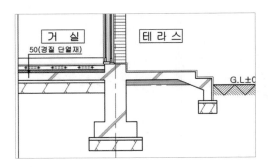

❸ 단열층의 위치가 맞지 않는 경우

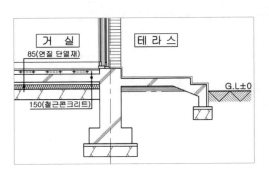

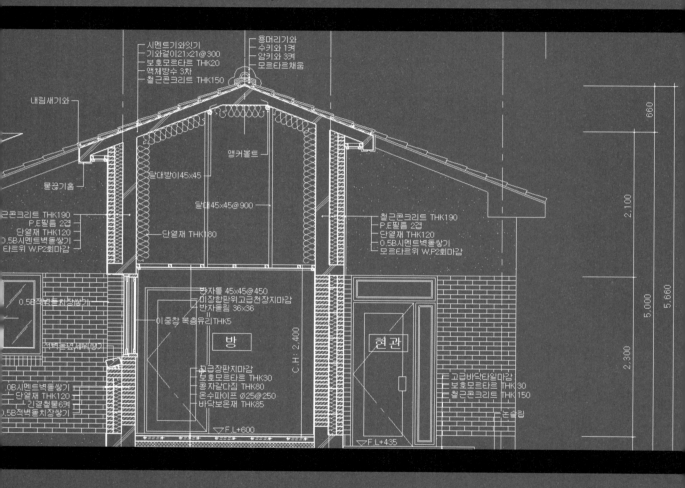

시멘트기와잇기
기와걸이21×21@300
보호모르타르 THK20
액체방수 3차
철근콘크리트 THK150

용머리기와
수키와 1켜
암키와 3켜
모르타르채움

내림새기와

앵커볼트

달대받이45×45

물끊기홈

달대45×45@900

근콘크리트 THK190
P.E필름 2겹
단열재 THK120
0.5B시멘트벽돌쌓기
타르위 W.P2회마감

단열재 THK180

철근콘크리트 THK190
P.E필름 2겹
단열재 THK120
0.5B시멘트벽돌쌓기
모르타르위 W.P2회마감

0.5B적벽돌치장쌓기

반자틀 45×45@450
미장합판위고급천장지마감
반자틀걸림 36×36

이중창 목흠유리THK5

적벽돌연세우기

방

C.H : 2.400

현관

0B시멘트벽돌쌓기
단열재 THK120
긴결철물6켜
0.5B적벽돌치장쌓기

고급장판지마감
보호모르타르 THK30
콩자갈다짐 THK80
온수파이프 Ø25@250
바닥보온재 THK85

고급바닥타일마감
보호모르타르 THK 30
철근콘크리트 THK 150

논슬립

▽ F.L+600

▽ F.L+435

660

2,100

5,000

2,300

5,660

실기시험에 필요한 CAD 명령 45가지

AutoCAD의 순수 명령어는 약 1,000여 개가 넘을 것입니다. 일반적으로 교육기관의 내용이나 AutoCAD 관련 서적에도 300여 개의 명령을 다루고 있지만, 전산응용건축제도기능사 시험을 치를 때는 약 40여 가지면 충분합니다. 이번 부에서는 필요한 명령어는 무엇이며, 도면작성에 어떻게 사용되는지 알아보도록 하겠습니다.

01 그리기 명령

CHAPTER

선이나 원 등 요소를 만들어 내는 명령입니다.

완성파일 부록DVD1\완성파일\Part01\필요한명령45가지.dwg

동영상 부록DVD1\동영상\P01\P01(필수 명령어).mp4

01 LINE(L) ✎

• 내용

기준선을 그리거나 선, 사선으로 물체의 외형이나 표시선 그립니다.

• 과정

L Enter ⇨ 선의 시작점 클릭 ⇨ 다음 점 클릭 ⇨ ―――――

• 용도

기준선을 그리거나 재료를 표시하는 선을 그릴 경우 많이 사용됩니다.

반자틀의 재료표시

02 POLYLINE(PL) ↺

• 내용

하나로 연결된 선을 그립니다.

• 과정

PL Enter ⇨ 선의 시작점 클릭 ⇨ 다음 점 클릭 ⇨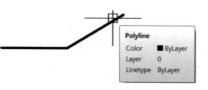

• 용도

난간 등 여러 번 꺾이는 선을 그릴 때 사용됩니다.

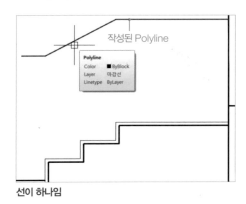

선이 하나임

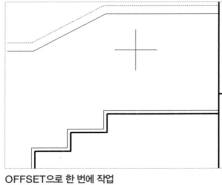

OFFSET으로 한 번에 작업

03 XLINE(XL) ✎

• 내용

사용자가 입력한 각도나 방향으로 무한대선을 생성합니다.

• 과정

XL Enter ⇨ A Enter ⇨ 45(각도 입력) Enter ⇨ 생성위치 클릭 ⇨

• 용도

기준선을 그리거나 재료를 표시하는 선을 그릴 경우 많이 사용됩니다.

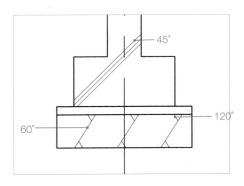

04   CIRCLE(C) ⊘

• 내용

반지름이나 지름을 입력하여 원을 생성합니다.

• 과정

C Enter ⇨ 원의 중심점 클릭 ⇨ 100(반지름 입력) Enter ⇨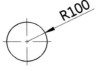

• 용도

용머리기와, 온수파이프 등을 그립니다.

05   ARC(A) ⌒

• 내용

원의 일부인 호를 생성합니다.

• 과정

A Enter ⇨ 호의 시작점 클릭(1P) ⇨ 통과점 클릭(2P) ⇨ 끝점 클릭(3P) ⇨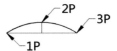

• 용도

암키와 등을 그립니다.

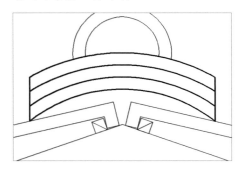

06 ELLIPSE(EL) ⬭

• **내용**

타원을 생성합니다.

• **과정**

EL [Enter] ⇨ 타원 축의 시작점 클릭(1P) ⇨ 끝점 클릭(2P) ⇨ 다른 축의 끝점 클릭(3P) ⇨

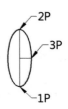

• **용도**

입면도에서 식재(나무)를 그릴 때 사용됩니다.

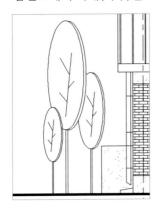

07 RECTANG(REC) ▭

• **내용**

Polyline으로 된 사각형을 생성합니다.

• **과정**

REC [Enter] ⇨ 코너 점 클릭 ⇨ @100,50(크기 입력) [Enter] ⇨

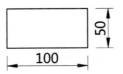

• **용도**

주로 반자틀 등 사각형 모양의 부재를 그릴 경우 사용됩니다.

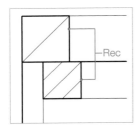

인방

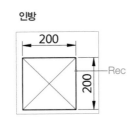

08 HATCH(H)

• 내용

지정된 영역에 패턴을 넣습니다.

• 리본메뉴의 Hatch 설정

• 과정

H [Enter] ⇨ 패턴, 영역, 크기, 각도 설정 ⇨ 미리보기 ⇨ 확인

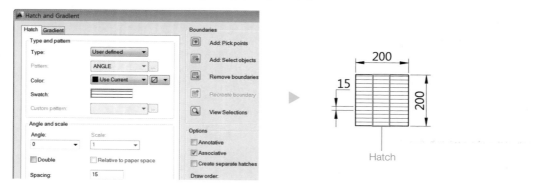

• 용도

주로 적벽돌, 시멘트벽돌을 표현할 경우 많이 사용됩니다.

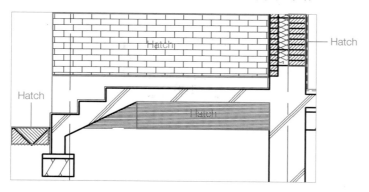

09 DONUT(DO) ◎

• 내용

크고 작은 점과 도넛 모양을 생성합니다.

• 과정

점: DO Enter ⇨ 0(안쪽 지름) Enter ⇨ 20(바깥쪽 지름) Enter ⇨ 생성위치 클릭 ⇨   ●⌀20

도넛: DO Enter ⇨ 10(안쪽 지름) Enter ⇨ 20(바깥쪽 지름) Enter ⇨ 생성위치 클릭 ⇨   ◎⌀20

• 용도

문자 작성 시 지시선의 화살표 모양으로 사용됩니다.

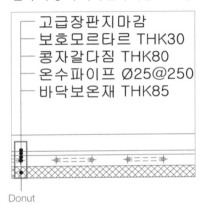

고급장판지마감
보호모르타르 THK30
콩자갈다짐 THK80
온수파이프 Ø25@250
바닥보온재 THK85

Donut

CHAPTER 02 편집 명령

작성된 요소의 형태를 수정하거나 다양한 형태로 변형 및 추가할 수 있는 명령입니다.

01　ERASE(E) 🖊️

• 내용

작성된 요소를 삭제합니다. 대상을 선택 후 키보드의 [Delete]를 입력해도 삭제할 수 있습니다.

• 과정

E [Enter] ⇨ 삭제할 대상 클릭 [Enter]

• 용도

불필요한 요소를 삭제

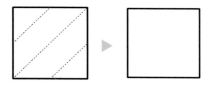

*[Delete]를 입력해서 삭제가 안되는 경우 : Pickfirst [Enter] ⇨ 1 [Enter]

02　OFFSET(O) 🔳

• 내용

선이나 호, 원 등을 입력한 간격으로 평행하게 복사합니다.

• 과정

O [Enter] ⇨ 100(거릿값 입력) [Enter] ⇨ 복사할 대상 클릭 ⇨ 복사할 방향 클릭

• 용도

기준선을 복사하거나 수직, 수평 재료의 두께를 표시할 경우 많이 사용됩니다.

• **기준선의 작성**

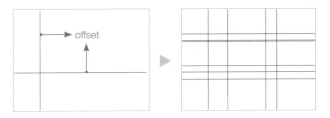

• **재료의 두께를 표시**

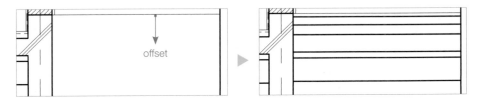

03 TRIM(TR) -/---

• **내용**

선이나 원, 호의 경계를 기준으로 불필요한 부분을 잘라냅니다.

• **과정**

기준 사용: TR Enter ⇨ 기준선 클릭 Enter ⇨ 자를 부분 클릭

모든선 기준: TR Enter ⇨ Enter ⇨ 자를 부분 클릭

2021 버전 이상: TR Enter ⇨ 자를 부분 클릭

• **용도**

도면 작성 중 불필요한 선이나 원, 호의 일부를 자를 때 많이 사용됩니다.

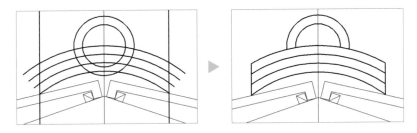

04 MOVE(M) ✥

• **내용**

지정된 거리 및 방향에 따라 도면요소를 이동합니다.

• **과정**

거릿값 입력: M [Enter] ⇨ 이동할 대상 클릭 [Enter] ⇨ 기준점 클릭 ⇨ [F8]=ON ⇨ 방향지시

⇨ 20(거릿값 입력) [Enter]

위치 지정: M [Enter] ⇨ 이동할 대상 클릭 [Enter] ⇨ 기준점 클릭 ⇨ 목적지 클릭

• **용도**

요소를 특정 거리만큼 이동하거나 위치를 조정할 경우 많이 사용됩니다.

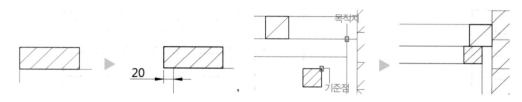

05 COPY(CO, CP)

• **내용**

지정된 거리 및 방향에 따라 도면요소를 복사합니다.

• **과정**

거릿값 입력: CO(CP) [Enter] ⇨ 복사할 대상 클릭 [Enter] ⇨ 기준점 클릭 ⇨ [F8]=ON ⇨

방향지시 ⇨ 500(거릿값 입력) [Enter]

위치 지정: CO(CP) [Enter] ⇨ 복사할 대상 클릭 [Enter] ⇨ 기준점 클릭 ⇨ 목적지 클릭

• **용도**

요소를 특정 거리만큼 복사하거나 여러 개를 만들 경우 많이 사용됩니다.

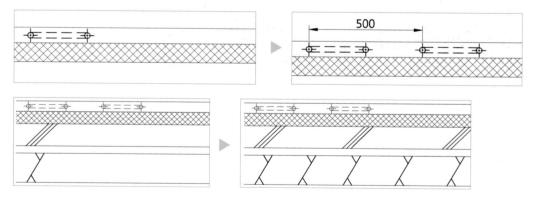

06 PEDIT(PE)

· 내용

작성된 POLYLINE의 특성(결합, 두께 등)을 변경합니다.

· 과정

대상이 POLYLINE인 경우: PE `Enter` ⇨ 대상 클릭 ⇨ W(선 두께변경) `Enter` ⇨
40(두께값) `Enter`

대상이 POLYLINE이 아닌 경우: PE `Enter` ⇨ 대상 클릭 ⇨ `Enter` ⇨
W(선 두께변경) `Enter` ⇨ 40(두께 값) `Enter`

· 용도

도면양식의 테두리선과 G.L선을 적절한 두께로 편집할 경우 사용됩니다.

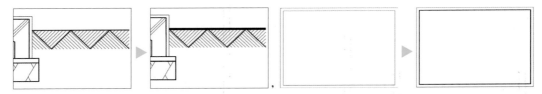

07 EXPLODE(X)

· 내용

POLYLINE 등 복합객체를 분해합니다.

· 과정

X `Enter` ⇨ 분해할 대상 클릭 ⇨ `Enter`

· 용도

RECTANGLE(사각형)이나 POLYLINE 요소를 하나씩 편집할 경우 분해한 후 작업합니다.

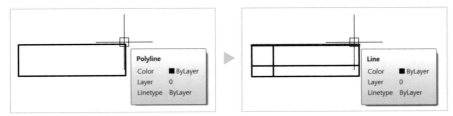

08 EXTEND(EX) ⌐⁄

• 내용

선이나 원, 호의 경계를 기준으로 선분이나 호를 연장합니다.

• 과정

기준 사용: EX [Enter] ⇨ 기준선 클릭 [Enter] ⇨ 늘릴 부분 클릭

모든선 기준: EX [Enter] ⇨ [Enter] ⇨ 늘릴 부분 클릭

2021 버전 이상: EX [Enter] ⇨ 늘릴 부분 클릭

• 용도

도면 작성 중 선의 길이가 짧아 연장하고자 할 경우 사용됩니다.

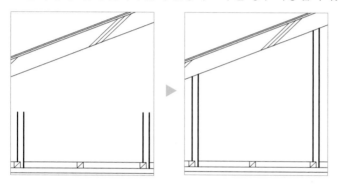

09 STRETCH(S) ⌐⌐

• 내용

작성된 선분이나 도면요소를 늘리거나 줄여 신축합니다.

• 과정

신축 값을 입력: [Enter] ⇨ 범위지정(걸침 선택) [Enter] ⇨ 기준점 클릭 ⇨
　　　　　　　늘리거나 줄일 값 입력 [Enter]

신축 위치를 지정: [Enter] ⇨ 범위지정(걸침 선택) [Enter] ⇨ 기준점 클릭 ⇨ 신축 위치 클릭

• 용도

도면요소의 길이가 짧거나 길어서 변형하고자 할 경우 사용됩니다. 주로 창의 크기, 문의 크기를 조절할 경우 많이 사용됩니다.

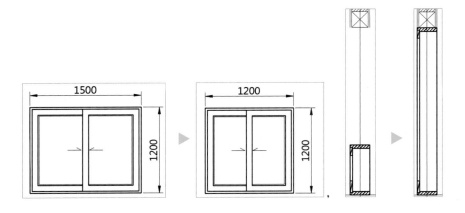

10 FILLET(F) 🔲

• 내용

객체의 모서리를 둥글게 모깎기 합니다.

• 과정

F Enter ⇨ R(반지름 설정) Enter ⇨ 30(반지름 입력) Enter ⇨ 각 모서리 클릭

• 용도

반지름의 값을 '0'으로 하여 모서리를 잘라내거나 붙이는 용도로 많이 사용됩니다.
(TRIM이나 EXTEND보다 신속한 편집이 가능합니다.)

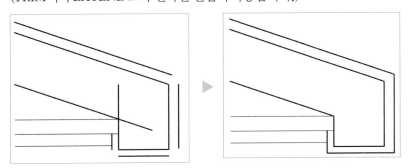

11   BREAK(BR) ⬚

• **내용**

선택된 객체의 두 점 사이를 끊습니다.

• **과정**

BR Enter ⇨ 끊을 구간의 시작점 클릭 ⇨ 끊을 구간의 끝점 클릭

• **용도**

경계가 없는 선분을 끊어 내거나 단열재 구간을 끊을 때 사용됩니다.

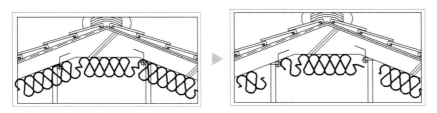

12   ROTATE(RO) ↻

• **내용**

선택한 기준점을 중심으로 객체를 회전시킵니다.

• **과정**

RO Enter ⇨ 회전할 대상 클릭 Enter ⇨ 회전 기준점 클릭 ⇨ 15(각도 입력) Enter

• **용도**

기와 등 도면요소를 회전시킬 경우 사용됩니다.

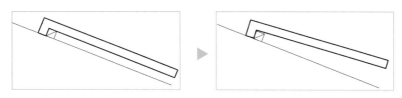

13 SCALE(SC) 🔲

• 내용

객체의 크기 비율을 유지하면서 확대 또는 축소합니다.

• 과정

SC [Enter] ⇨ 작업 대상 클릭 [Enter] ⇨ 확대, 축소 기준점 클릭 ⇨ 0.5(배율 입력) [Enter]

참조사용 : SC [Enter] ⇨ 작업 대상 클릭 [Enter] ⇨ 확대, 축소 기준점 클릭 ⇨

R [Enter] ⇨ 40(참조값 입력) [Enter] ⇨ 50(신규값 입력) [Enter]

• 용도

도면양식을 시험규격에 맞는 크기로 변경하고 식재의 크기를 조절할 때 사용됩니다.

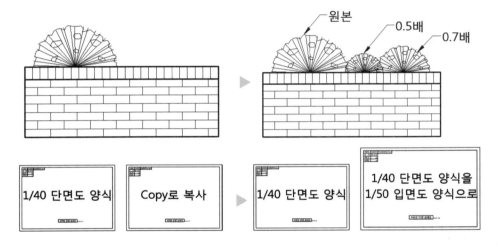

14 MIRROR(MI) 🔳

• 내용

선택한 객체를 대칭으로 복사합니다.

• 과정

MI [Enter] ⇨ 대칭 복사할 대상 클릭 [Enter] ⇨ 축의 시작점 클릭 ⇨ 축의 끝점 클릭 ⇨ [Enter]

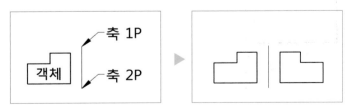

• 용도

도면요소가 대칭인 경우 사용됩니다. 주로 창틀이나 문틀을 상하로 대칭 복사할 때 많이 사용됩니다.

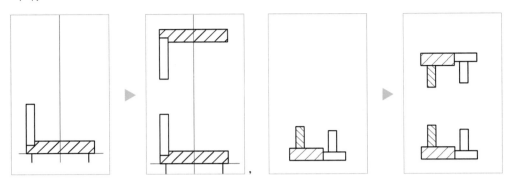

ARRAY(AR) 🔠, ARRAYCLASSIC

*[ARRAY] 명령은 현재 버전에서 사용할 수 있는 배열 명령이며 [ARRAYCLASSIC] 명령은 2013 버전 이상에서 2011 버전까지 사용한 'ARRAY'를 실행하는 명령입니다. [ARRAY] 명령은 2012 버전부터 기능이 추가되면서 실행과정도 변경되었습니다.

2011 버전까지: 대화상자 설정 방식, 원형배열과 직각배열 사용 가능

사용 명령어 : ARRAY(AR)

2012 버전: 대화상자 방식이 아닌 커맨드 설정방식으로 사용

2013 버전부터: 커맨드 입력방식, 원형배열, 직각배열, 경로배열이 사용 가능하나 구버전 형태의 명령 사용

사용 명령어 : ARRAYCLASSIC(단축키 없음)

*[ARRAY] 명령도 사용이 가능하나 [ARRAYCLASSIC] 명령으로 사용

• 2002~2011(ARRAY), 2013 이상에서의 설정화면(ARRAYCLASSIC)

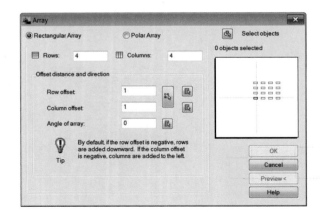

・2012 버전 설정화면

```
Command: ar ARRAY
Select objects: Specify opposite corner: 3 found
- ARRAY Select objects:  Enter array type [Rectangular PAth POlar] <Path>: pa
```

・내용

선택한 객체를 원형, 직각(수직과 수평), 경로를 지정하여 배열합니다.

・과정

2002~2011 버전까지: AR [Enter] ⇨ 배열 설정과 대상선택

2012 버전: AR [Enter] ⇨ 대상 선택 [Enter] ⇨ PA(경로 배열) [Enter] ⇨ 경로 클릭 ⇨ I [Enter] ⇨ 배열 거리 [Enter] ⇨ 배열 수량 [Enter] ⇨ [Enter] ⇨ 배열된 기와를 EXPLODE(X) 분해

2013 이상 버전: ARRAYCLASSIC [Enter] ⇨ 배열 설정과 대상선택

*자세한 내용은 Part 03-Chapter 05 기와의 본문(107p)을 참고.

・용도

기와를 지붕 경사에 맞추어 배열할 때 사용됩니다.

16 MATCHPROP(MA)

・내용

선택한 객체의 특성(Layer, LTscale 등)을 다른 객체로 복사합니다.

・과정

MA [Enter] ⇨ 특성을 추출할 원본 대상 클릭 ⇨ 특성을 적용할 대상 클릭

・용도

Hatch나 LineType, LTscale을 동일하게 하고, 변경하고자 하는 도면층(Layer)과 같은 요소가 주변에 있을 경우 Layer 컨트롤 패널을 사용해 변경하지 않고 MATCHPROP를 사용해 도면층(Layer)을 변경합니다.

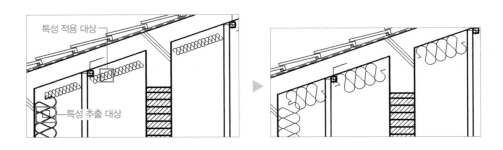

ALIGN(AL)

• 내용

선택한 객체를 경사면 등에 정렬시킵니다.

• 과정

AL Enter ⇨ 정렬할 대상 클릭 Enter ⇨ 소스의 이동점(1P) 클릭 ⇨ 목적지 클릭(2P) ⇨
소스의 두 번째 이동점(3P) 클릭 ⇨ 목적지 방향 클릭(4P) ⇨ Enter ⇨ Enter

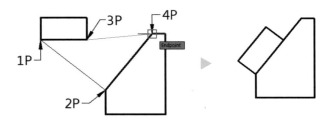

• 용도

작성한 기와를 지붕면에 정렬시킵니다.

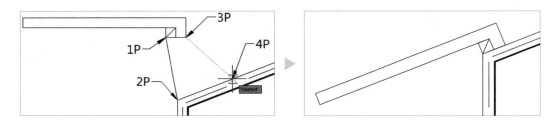

문자, 치수 관련 명령

도면을 작성한 후 재료의 명칭과 규격, 실명 등 도면의 내용을 표기하고 치수를 기입할 수 있는 명령입니다.

01 STYLE(ST)

• **내용**

작성하려는 문자의 유형을 설정

• **과정**

ST Enter ▷ 대화상자의 글꼴을 '굴림'으로 변경 ▷ OK

• **설정 부분**

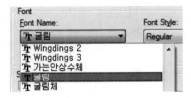

02 DTEXT(DT)

• **내용**

설정한 Style(문자유형)로 동적 문자를 작성합니다.

• **과정**

DT Enter ▷ 문자의 시작 위치 클릭 ▷ 80(문자 높이) Enter ▷ 0(문자 각도) Enter ▷ 내용 타이핑 Enter
▷ Enter

• 용도

도면에 필요한 각종 재료와 실명을 표기

철근콘크리트THK150
SCALE: 1/40
거 실
A부분 단면 상세도

03 DDEDIT(ED)

• 내용

작성된 문자의 내용을 수정합니다.

• 과정

ED Enter ⇨ 수정할 문자 클릭 ⇨ 수정 ⇨ Enter (버전이 낮은 경우 수정 후 [OK] 버튼 클릭)

*상위 버전을 사용하는 경우 수정하려는 문자를 더블클릭하면 실행됩니다.

• 용도

동일한 문자를 복사한 후 위치에 맞게 문자를 수정

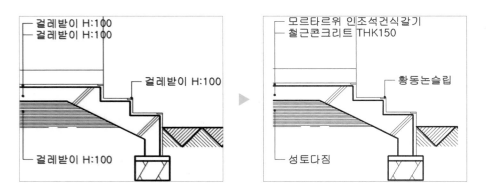

04 DIMSTYLE(D)

• 내용

치수의 유형을 설정합니다.

· **과정**

D Enter ⇨ 우측의 [Modify] 버튼 클릭 ⇨ 유형설정 ⇨ [OK] 버튼 클릭 ⇨ [Close] 버튼 클릭

· **우측의 'Modify' 설정**

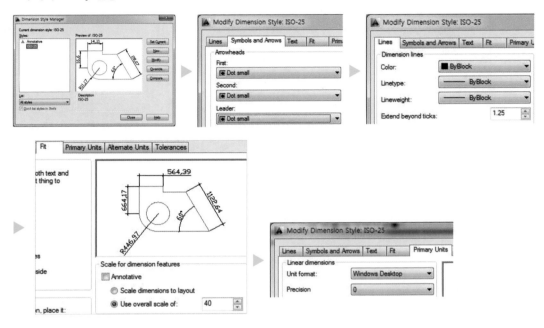

05 DIMLINEAR(DLI) ⊢

· **내용**

선형치수를 작성합니다.

· **과정**

DLI Enter ⇨ 치수의 시작 위치 클릭(1P) ⇨ 치수의 끝나는 위치 클릭(2P) ⇨ 치수선의 위치 클릭(3P)

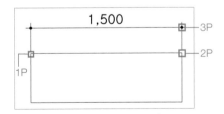

· **용도**

작성된 단면도에 치수기입

06 QUICKDIM(QDIM) ⊢⊣

· 내용

치수를 신속하게 기입합니다.

· 과정

QDIM Enter ⇨ 치수기입을 할 대상 클릭 Enter ⇨ 치수선의 위치 클릭

*2012 버전 이상에서는 QD Enter 로도 실행 가능

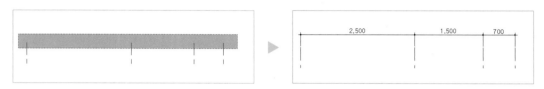

· 용도

작성된 단면도에 치수를 빠르게 기입

07 QLEADER(LE)

· 내용

지시선을 신속하게 기입합니다.

· 과정

LE Enter ⇨ 화살표의 시작위치 클릭(1P) ⇨ 지시선이 꺾이는 위치 클릭(2P) ⇨ 문자의 시작 위치 클릭 (3P) ⇨ Enter ⇨ Enter ⇨ 문자높이 변경 Enter (단면도: 80, 입면도: 100) 내용 타이핑 ⇨ [OK] 버튼이나 빈 여백을 클릭

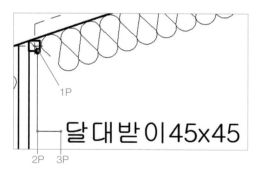

· 용도

작성된 도면에 지시선을 빠르게 기입

기타 알아야 할 명령

지금까지 확인한 명령 이외에 프로그램 운영, 환경설정, 출력 등 도면작성에 필요한 명령입니다.

01 NEW

• 내용

새로운 도면을 작성합니다.

• 과정

NEW Enter ⇨ 'Metric' 선택(단위선택) ⇨ [OK] 버튼 클릭

*단위선택 창이 아닌 양식선택 창이 나오면 'STARTUP' 값을 '1'로 변경한 후, 다시 NEW를 실행합니다.

양식선택 창 : STARTUP: 0

단위선택 창 : STARTUP: 1

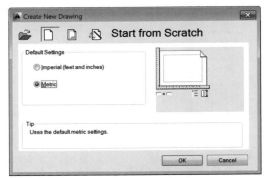

• 용도

새로운 도면을 시작합니다.

02 STARTUP

• 내용

새로운 도면이 시작되는 유형을 설정합니다.

• 과정

STARTUP [Enter] ⇨ 1(단위선택으로 시작) [Enter]

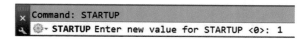
```
Command: STARTUP
STARTUP Enter new value for STARTUP <0>: 1
```

03 OPTIONS(OP)

• 내용

AutoCAD의 사용자 환경을 설정합니다.

• 과정

OP [Enter] ⇨ 환경설정 ⇨ [OK] 버튼 클릭

*자세한 내용은 Part02-Chapter03의 Options 설정 본문(76p)을 참고.

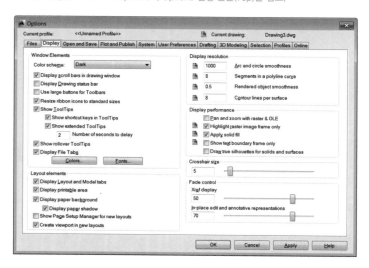

• 용도

도면작성에 적합한 환경으로 설정합니다.

04 OSNAP(OS)

• 내용

정확한 위치를 추적하는 객체스냅을 설정합니다.

• 과정

OS [Enter] ⇨ 객체스냅 설정 ⇨ [OK] 버튼 클릭 ⇨ [F3]으로 활성화 확인 ⇨ POLAR OSNAP 3DOSNAP

다음 그림과 같이 8개 항목을 선택

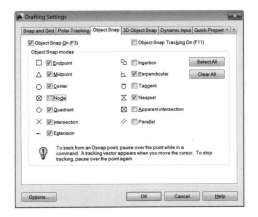

• 용도

정확한 위치를 지정합니다.

05 LAYER(LA)

• 내용

도면작성에 필요한 도면층을 생성합니다.

• 과정

LA Enter ⇨ 도면층 설정(이름, 선의 유형, 색상, 두께) ⇨ ✖ 버튼 클릭

다음 그림과 같이 6개 도면층을 구성

다음 그림과 같이 Center, Hidden, Batting 선을 불러옴

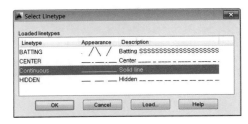

06 LINETYPE(LT), LTSCALE(LTS)

• 내용

필요한 선분을 로드하고, 도면크기에 적합한 선의 축척을 설정합니다.

• 과정

LT Enter ⇨ 15(설정창 우측하단 Global scale factor) [OK] 버튼 클릭

LTS Enter ⇨ 15(축척값) Enter

*'LT'는 선분의 로드와 선의 축척 설정이 모두 가능하고, 'LTS'는 선의 축척만 설정합니다.

07 PROPERTIES(Ctrl + 1) 📋

• 내용

선택한 객체의 특성을 확인 및 수정합니다.

• 과정

대상 클릭 ⇨ Ctrl + 1 ⇨ 특성값 수정 Enter ⇨ Esc (선택해제) ⇨ ✖ 버튼 클릭

*Esc 로 선택 해제시 커서를 특성 창이 아닌 작업화면으로 이동한 후 Esc 를 누릅니다.

• 용도

선의 축척 등 객체의 특성을 수정합니다.

08 OPEN(Ctrl + O) 📂

• 내용

작성된 도면을 불러옵니다.

• 과정

Ctrl + O ⇨ 파일 선택 ⇨ [Open] 버튼 클릭

• 용도

작성이 완료된 파일을 열어 확인합니다.

09 SAVE(Ctrl + S) 🖫

• 내용

작성된 도면을 저장합니다.

• 과정

Ctrl + S ⇨ 경로 지정 ⇨ 파일명 입력 ⇨ [Save] 버튼 클릭

*최초 저장 이후 저장하면 덮어쓰기가 됩니다. 5분에서 10분 간격으로 Ctrl + S 를 입력해 저장할 것을 권장합니다.

• 용도

작성되는 도면의 내용을 저장합니다.

10 SAVEAS(Ctrl + Shift + S) 🖫

• 내용

작성된 도면을 다른 이름으로 저장합니다.

• 과정

Ctrl + Shift + S ⇨ 경로 지정 ⇨ 파일명 입력 ⇨ [Save] 버튼 클릭

• 용도

단면도와 입면도를 모두 작성한 후 파일을 두 개로 나누기 위해 사용합니다.

11 PLOT(Ctrl + P) 🖶

• 내용

작성된 도면을 출력합니다.

• 과정

Ctrl + P ⇨ 출력 설정 ⇨ 미리보기로 확인 ⇨ [OK] 버튼 클릭

*자세한 내용은 Part 09-Chapter 05의 출력 본문을 참고.

• 용도

단면도와 입면도를 축척에 맞게 A3 용지로 출력합니다.

12 GRIP

• 내용

선택된 대상을 표시하고 편집명령을 실행합니다.

• 과정

선분 늘리고 줄이기: 대상 클릭 ⇨ Grip 클릭 ⇨ 늘리거나 줄일 위치 클릭

편집명령 사용하기: 대상 클릭 ⇨ Grip 클릭 ⇨ 마우스 오른쪽 클릭 ⇨ 명령 클릭

• 용도

선분의 길이를 조정하고, 식재 표현 시 [Rotate]와 [Copy] 명령을 동시에 사용합니다.

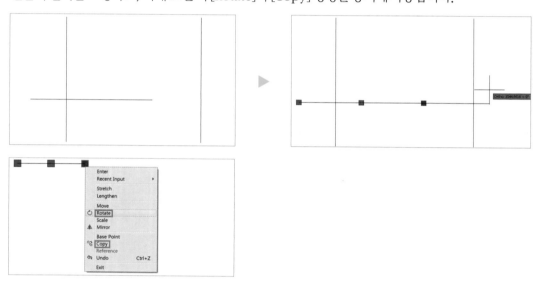

13 Layer(도면층) 컨트롤

• 내용

도면층 변경 및 On/Off

• 과정

① 도면층 변경 시

도면층 변경 대상 선택   컨트롤 패널 클릭   변경 도면층 클릭   변경 확인 후 [Esc]입력

❷ 도면층 Off 시

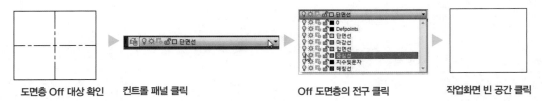

| 도면층 Off 대상 확인 | 컨트롤 패널 클릭 | Off 도면층의 전구 클릭 | 작업화면 빈 공간 클릭 |

・용도

작성되는 선의 도면층이나 선분의 유형을 변경합니다.

---

14 특성의 Line Type(선의 유형) 컨트롤

・내용

선의 유형을 변경

・과정

| 변경 대상 선택 | 컨트롤 패널 클릭 | 변경할 선분 클릭 | 변경 확인 후 Esc |

・용도

실선을 단열재(Batting)나 방수표시(Hidden) 선으로 변경

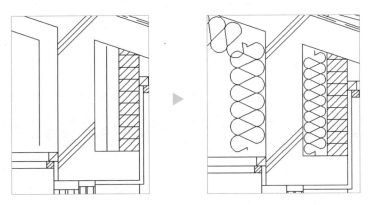

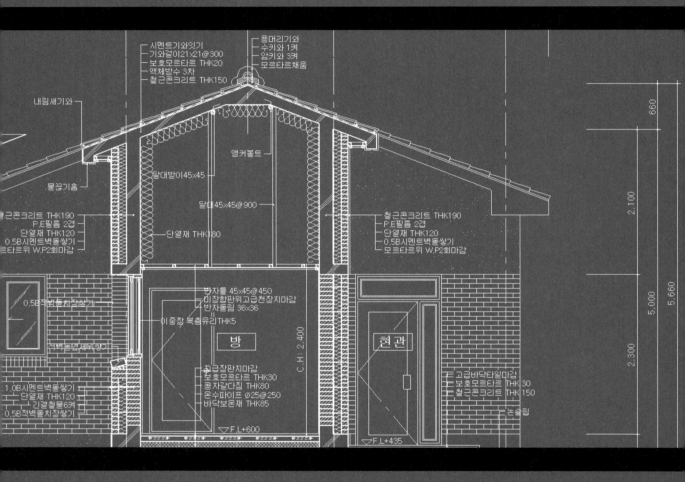

시멘트기와잇기
기와걸이21×21@300
보호모르타르 THK20
액체방수 3차
철근콘크리트 THK150

용머리기와
수키와 1켜
암키와 3켜
모르타르채움

내림새기와

앵커볼트

달대받이45×45

물끊기홈

달대45×45@900

근콘크리트 THK190
P.E필름 2겹
단열재 THK120
0.5B시멘트벽돌쌓기
트타르위 W.P2회마감

단열재 THK180

철근콘크리트 THK190
P.E필름 2겹
단열재 THK120
0.5B시멘트벽돌쌓기
모르타르위 W.P2회마감

0.5B적벽돌치장쌓기

방자틀 45×45@450
미장합판위고급천장지마감
반자돌림 36×36

이중창 복층유리THK5

방

현관

C.H 2,400

적벽돌쌓세워쌓기

고급장판지마감
보호모르타르 THK30
콩자갈다짐 THK80
온수파이프 Ø25@250
바닥보온재 THK85

고급바닥타일마감
보호모르타르 THK 30
철근콘크리트 THK 150

1.0B시멘트벽돌쌓기
단열재 THK120
긴결철물6켜
0.5B적벽돌치장쌓기

논슬립

▽ F.L+600

▽ F.L+435

660

2,100

5,000

5,660

2,300

도면작성을 위한 환경설정 및 준비사항

건축도면을 작성하기 전에 건축용어를 이해하는 것이 먼저이며, AutoCAD를 사용하기
전에는 사용자에게 맞는 작업환경을 설정해 도면작성에 어려움이 없도록 합니다.

CHAPTER

도면에 표기되는 건축용어 해석

단면도와 입면도에 표기되는 구조재, 마감재, 기호와 약자에 대해 알아보도록 하겠습니다.

*실기도면에 문자가 포함되므로 도면을 작성하면서 암기할 수 있도록 합니다.

01 지붕

❶ 시멘트기와잇기 : 시멘트로 만든 기와를 지붕면에 걸어서 이음

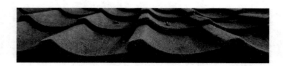

❷ 기와걸이21 × 21 @300 : 기와를 거는 턱(가로 21, 세로 21, 간격 300)

❸ 보호모르타르THK20 : 다음 공정 작업 전이나 작업 중에 운반, 타설, 보행 및 이동 등에 손상될 수 있어 이를 보호하는 모르타르(두께 20)

❹ 액체방수2차 : 액체방수 1종 시공으로 구체바탕청소 ▷ 방수액 침투 ▷ 시멘트풀 ▷ 방수액침투 ▷ 시멘트 몰탈. 이 공정을 2회 작업

❺ 철근콘크리트THK150 : 철근이 배근된 콘크리트(두께 150)

❻ 인서트 : 볼트, 행거 등을 구속하기 위해 미리 콘크리트에 매입시키는 철물

❼ 지붕단열재THK180 : 지붕 단열재(두께 180)

단열재

⑧ 용머리기와: 마룻대 시작과 끝의 장식용 기와

⑨ 암키와 3켜, 수키와 1켜: 마룻대 위로 올리는 기와

수키와
암키와

⑩ 모르타르채움: 벽돌이나 기와를 쌓을 때 빈 공간을 메움

02 천장, 반자

❶ 반자틀45×45@450: 천장재를 붙이는 긴 부재로 천장을 수평으로 막기 위한 틀을 칭함
    (가로 45, 세로 45, 간격 450)

❷ 달대45×45@900: 천장반자를 지붕슬래브에 달아매는 수직부재(가로 45, 세로 45, 간격 900)

❸ 달대받이45×45: 달대를 지붕슬래브에 고정하는 부재(가로 45, 세로 45)

❹ 반자돌림36×36: 천장과 벽의 모서리에 대는 치장재. 흔히 말하는 천장 몰딩
    (가로 36, 세로 36)

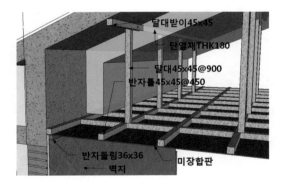

달대받이45x45
단열재THK180
달대45x45@900
반자틀45x45@450
반자돌림36x36
벽지
미장합판

❺ 미장합판THK6: 합판의 겉면을 가공하여 내화, 내구성을 가진다.

❻ 지정고급천장지마감: 정해진 고급천장지로 마감

❼ 지정욕실천장재마감: 정해진 욕실천장재로 마감

⑧ 1.0B시멘트벽돌쌓기: 시멘트벽돌을 길이 방향으로 쌓기

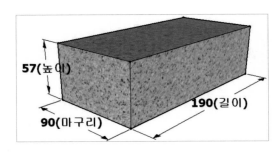

⑨ P.E필름2겹THK0.02: 바닥이나 벽을 통해 올라오는 습기를 차단하는 비닐(2장, 두께 0.02)

⑩ 0.5B적벽돌치장쌓기: 적벽돌을 마구리 방향으로 치장 쌓기

⑪ 단열재THK120: 단열재(두께 120)

⑫ 긴결철물6켜: 공간쌓기에서 양쪽의 벽돌을 고정하여 긴결하는 철물(수직으로6켜마다1개씩 설치)

⑬ 마감모르타르THK20: 일반적인 모르타르 미장(두께 20)

⑭ 지정고급벽지마감: 정해진 고급벽지로 마감

⑮ 모르타르위W.P2회마감: 모르타르를 바른 후 수성페인트 2회 칠

04 바닥

❶ 걸레받이H:120: 바닥과 만나는 벽의 하부에 돌이나 타일, 칠 등으로 테를 둘러 오염을 막고 장식을 겸한 부재(높이 120)

걸레받이

❷ 지정고급장판지마감: 정해진 고급장판지로 마감

③ 지정바닥타일마감: 정해진 바닥타일로 마감

④ 인조석건식갈기(물갈기)마감: 바닥 마감재로 인조석을 바른 후 갈아 광택을 내어 치장

⑤ 보호모르타르THK60: 다음 공정 작업 전이나 작업 중에 운반, 타설, 보행 및 이동 등에 손상될 수 있어 이를 보호하는 모르타르(두께 60)

⑥ 마감모르타르THK30: 일반적인 모르타르 미장(두께 30)

⑦ 온수파이프Ø25@250: 난방수가 도는 파이프(지름 25, 간격 250)

온수파이프

⑧ 콩자갈다짐THK80: 난방을 하기 위해 깔아놓은 자갈층

⑨ 단열재THK85: 단열재료(두께 85)

⑩ 철근콘크리트THK150: 철근이 배근된 콘크리트(두께 150)

⑪ P.E필름2겹THK0.02: 바닥이나 벽을 통해 올라오는 습기를 차단하는 비닐(2장, 두께 0.02)

⑫ 밑창콘크리트THK50(버림콘크리트): 기초공사 시 얇게 쳐 구조와 관계없는 콘크리트로 면을 고르게 하고, 먹매김 등의 용도로 까는 콘크리트

⑬ 잡석다짐THK200: 밑창콘크리트 타설 전에 크고 작은 돌로 바닥을 단단히 다지는 과정

⑭ 성토다짐: 지내력을 확보하기 위해 흙으로 다짐

⑮ 플로링널THK18: 목재를 사용한 자연스러운 나무 무늬의 바닥재료

⑯ 밑창널THK12: 플로링널 등 마룻널을 깔기 전에 대는 널

⑰ 장선45×45@450: 마룻널을 받치는 부재(가로 45, 세로 45, 간격 450)

⑱ 멍에90×90@900: 목구조의 바닥과 장선을 받치는 구조재(가로 90, 세로 90, 간격 90)

05　창호

❶ 투명유리THK3: 투명한 유리(두께 3)

❷ 투명유리THK6: 투명한 유리(두께 6)

❸ 복층유리THK5: 2장의 유리로 공기층을 형성(두께 5)

❹ 인방: 개구부 상부에 대어 하중을 분산

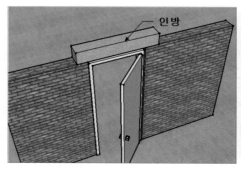 

❺ 적벽돌옆세워쌓기: 적벽돌을 옆으로 세워 쌓음

❻ 모르타르채움: 벽돌이나 기와를 쌓을 때 빈 공간을 메움

❼ 고정창(FIX): 환기는 되지 않고 채광만 가능한 고정된 창

❽ 코킹: 재료의 수밀, 기밀을 위해 충전재나 코킹재로 틈새 들뜬 곳을 메움

❶ C.H: Ceiling Height 천장높이

❷ G.L: Ground Line 지반선

❸ F.L: Floor Line 바닥 마감선(Floor Level)

❹ 물매: 지붕의 경사를 말하는 용어로 가로와 세로의 비로 표시

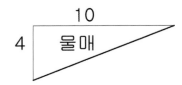

❺ 개폐방향: 문과 창이 열리는 방향을 표시

❻ SLOPE(구배): 바닥의 경사를 나타냄

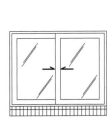

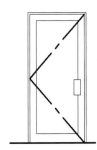

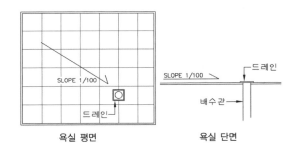

욕실 평면　　　　　　욕실 단면

❶ 논슬립: 계단 모서리 끝에 대는 미끄럼 방지 철물로 다양한 재료가 사용됨

논슬립

❷ 물끊기홈: 창문 상부나 처마 끝에 홈을 내어 물이 내부로 흐르는 것을 방지

❸ 선홈통: 지붕면의 빗물을 지상으로 내보내는 관

❹ 홈통걸이쇠: 홈통을 벽에 고정하는 철물

❺ 낙수받이: 홈통하부의 물받이

❻ 루프드레인Ø70: 홈통과 연결된 낙수구에 설치되어 이물질을 거르는 철물

❼ S.s난간H: 900: 스테인레스스틸난간(높이 900)

*안전난간이나 위험지역의 높이는 H: 1,200

❽ 난간두껍Ø70: 난간 손잡이(지름 70)

❾ 난간동자Ø30: 난간의 작은 기둥(지름 30)

❿ 엄지기둥Ø50: 난간의 큰 기둥(지름 50)

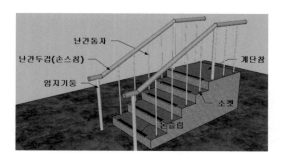

⓫ 화단: 꽃이나 화초를 심기 위해 지면에서 한 단 높게 만든 꽃밭

⓬ 굴뚝: 연기가 빠지는 구조물

AutoCAD 버전에 따른 차이점

AutoCAD는 1년에 한 번 새로운 버전이 출시됩니다. 기본적인 작업환경과 명령어의 사용은 다르지 않지만, 버전에 따라 메뉴 등 일부 기능에 차이가 있습니다.

01 버전에 따른 차이

❶ 2014 버전

지능형 명령행으로 명령어 자동완성 기능이 자주 사용되는 명령 우선으로 적용되며, 명령어 입력 오타 시 자동 정정 적용

예시〉[Dimscale] 명령의 오타

'dimscal'까지만 입력한 경우   **'dimscala'로 입력한 경우**

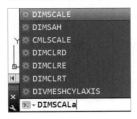

Command: DIMSCALE
DIMSCALE Enter new value for DIMSCALE <1.0000>:
위 두 가지 경우 자동으로 정정하여 정상 실행

❷ 2016, 2017버전 A

Osnap(객체스냅)의 기하학적 중심추적 추가

원의 중심을 추적하는 Center 항목처럼 Rectang(사각형)과 같은 폴리라인의 중심을 추적할 수 있습니다.

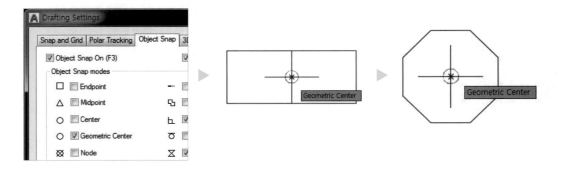

③ 2018버전 **A**

PDF 파일을 DWG 파일로 변경한 도면에서 SHX 글꼴을 문자로 인식(시험과는 무관)

고해상도(4K) 디스플레이 지원

Move(이동), Copy(복사) 등의 명령으로 작업대상 선택 시 화면 밖의 대상도 선택이 유지된다. 아래와 같이 사각형부터 삼각형까지 선택하는 과정에서 사각형이 화면 밖으로 벗어난 경우 이전 버전에서는 선택이 되지 않았으나 2018버전부터 선택되도록 개선되었다.

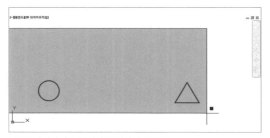

2017버전까지는 화면에 보여야만 선택됨

2018버전부터 선택대상이 화면 밖으로 벗어난 경우도 선택됨

④ 2019버전 **A**

2D그래픽 성능의 간소화와 도면층 변경, 줌, 이동, 특성 및 속성변경 등에서의 속도 향상

아키텍처, 메커니컬, MEP 등 전문화된 툴셋의 사용으로 생산성이 향상(시험과는 무관)
모바일 앱을 활용한 작업과 저장 가능(시험과는 무관)
Shared View기능으로 쉬운 협업을 지원(시험과는 무관)

◆ 소방 분야

강좌명	수강료	학습일	강사
소방기술사 전과목 마스터반	620,000원	365일	유창범
[쌍기사 평생연장반] 소방설비기사 전기 x 기계 동시 대비	549,000원	합격할 때까지	공하성
소방설비기사 필기+실기+기출문제풀이	370,000원	170일	공하성
소방설비기사 필기	180,000원	100일	공하성
소방설비기사 실기 이론+기출문제풀이	280,000원	180일	공하성
소방설비산업기사 필기+실기	280,000원	130일	공하성
소방설비산업기사 필기	130,000원	100일	공하성
소방설비산업기사 실기+기출문제풀이	200,000원	100일	공하성
소방시설관리사 1차+2차 대비 평생연장반	850,000원	합격할 때까지	공하성
소방공무원 소방관계법규 문제풀이	89,000원	60일	공하성
화재감식평가기사·산업기사	240,000원	120일	김인범

◆ 위험물 · 화학 분야

강좌명	수강료	학습일	강사
위험물기능장 필기+실기	280,000원	180일	현성호,박병호
위험물산업기사 필기+실기	245,000원	150일	박수경
위험물산업기사 필기+실기[대학생 패스]	270,000원	최대4년	현성호
위험물산업기사 필기+실기+과년도	344,000원	150일	현성호
위험물기능사 필기+실기	240,000원	240일	현성호
화학분석기사 필기+실기 1트 완성반	310,000원	240일	박수경
화학분석기사 실기(필답형+작업형)	200,000원	60일	박수경
화학분석기능사 실기(필답형+작업형)	80,000원	60일	박수경

⑤ 2020버전

저장 속도가 평균 1초 단축되어 0.5초 내에 저장이 가능하며, 프로그램설치 시간이 3.5분 정도로 이전 버전 대비 50% 단축

인터페이스의 배경색 등이 시인성을 높인 다크블루 색상으로 변경되고 블록팔레트, DWG 비교, 소거, 빠른 측정 등 편의 기능 향상(시험과는 무관)

AutoCAD2020 리본메뉴

⑥ 2021 버전 이상

Trim, Extend 명령의 Quick 모드 추가로 신속한 작업이 가능합니다. 2021 버전 이상 사용자는 교재의 학습 및 시험장 대응을 위해 mode(모드)를 standard(표준)로 변경합니다.

• **Trim, Extend 모드 변경 방법**

Trim : TR Enter ⇨ O Enter ⇨ S Enter

```
▼ TRIM
[절단 모서리(T)/걸치기(C)/모드(O)/프로젝트(P)/지우기(R)]: o
자르기 모드 옵션 입력
[빠른 작업(Q) 표준(S)] <빠른 작업(Q)>: s
```

Extend : EX Enter ⇨ O Enter ⇨ S Enter

```
▼ EXTEND
[경계 모서리(B)/걸치기(C)/모드(O)/프로젝트(P)]: o
연장 모드 옵션 입력
[빠른 작업(Q) 표준(S)] <빠른 작업(Q)>: s
```

CHAPTER

03 작업의 시작,
도면작성을 위한 환경설정

AutoCAD를 사용하는 환경은 사용자와 직종, 업무내용에 따라 달라질 수 있습니다. 프로그램 설치 후를 기준으로 전산응용건축제도기능사 실기시험에 적합한 환경으로 설정해 보도록 하겠습니다.

본 교재는 AutoCAD 2010 영문 버전 Classic Mode를 기준으로 차이점을 비교하면서 학습내용을 설명하겠습니다.

완성파일 부록DVD1\완성파일\Part02\도면양식.dwg

동영상 부록DVD1\동영상\P02\P02(환경설정 및 양식작성).mp4

01 Startup 설정

새로운 도면이 시작되는 유형을 설정합니다.

❶ [STARTUP] Enter ⇨ 1(단위 선택으로 시작) Enter

```
Command: startup
Enter new value for STARTUP <0>: 1
```

❷ [NEW] Enter ⇨ [OK] 버튼 클릭

02 Workspace 설정

화면 우측하단이나 좌측상단에 표시되는 Workspace(작업공간)를 AutoCAD Classic으로 변경합니다. 클래식모드(Classic)의 변경은 작업공간 확보의 목적이 크므로 사용자의 프로그램 버전에 따라 기본 설정인 '제도 및 주석(Drafting & Annotation)'을 사용해도 됩니다.

우측하단 표시(버전 2010)

좌측상단에 표시(버전 2007, 2008, 2009, 2011, 2012, 2013, 2014)

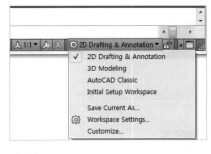

변경 전

변경 후

Menu Bar

*AutoCAD 2009 버전은 풀다운메뉴가 나오지 않으므로 [MENUBAR] 명령을 실행해 값을 1로 변경합니다. 다른 버전도 사용 중 메뉴가 없어지면 같은 방법으로 설정할 수 있습니다.

03 Options 설정

바탕색과 커서의 크기를 설정합니다.

❶ OP [Enter] ⇨ [Display] 탭 클릭 ⇨ [COLOR] 버튼 클릭 ⇨ 검정 클릭 ⇨ [Apply&Close] 클릭

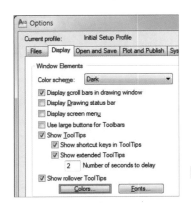

▶

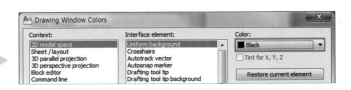

▼

[Apply&Close] 클릭

❷ [Drafting] 탭 클릭 ➪ Auto Snap 표식 크기 조절 ➪ [Apply] 버튼 클릭

❸ [Selection] 탭 클릭 ➪ Pickbox 표식 크기 조절 ➪ [Apply] 클릭 ➪ [OK] 버튼 클릭

04 Osnap 설정

사용할 객체스냅과 상태막대의 표시유형을 변경합니다.

❶ OS [Enter] ➪ 그림과 같이 체크 ➪ [OK] 버튼 클릭

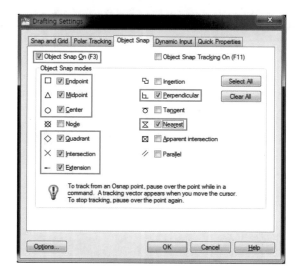

❷ 커서를 상태막대 이동 ➪ 마우스 오른쪽 버튼 클릭 ➪ Use Icons 체크해제 ➪
표시유형 변경을 확인하고 OSNAP을 제외한 나머지 기능은 OFF시킵니다.

*2009 버전 이상에서만 해당되며, 최신 버전의 경우 변경할 수 없습니다.

05   사용할 글꼴 설정(style)

기본으로 설정된 글꼴은 한글을 지원하지 않으므로 다음과 같이 굴림으로 변경합니다.

*@굴림(⑴ @굴림)이 아닌 굴림(⑴ 굴림)으로 설정해야 합니다.

ST Enter ⇨ 글꼴을 '굴림'으로 설정 ⇨ [Apply] 버튼 클릭 ⇨ [Close] 버튼 클릭

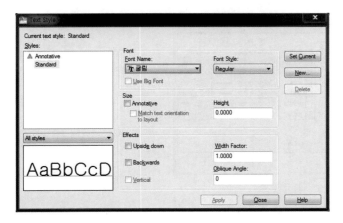

06   선분 유형 설정(Linetype)

❶ LT Enter ⇨ 우측상단의 [Show details] 버튼 클릭 ⇨ 선의 축척을 '15'로 설정

❷ [Load] 버튼 클릭 ⇨ Center, Hidden, Batting 선을 불러옴 ⇨ [OK] 버튼 클릭

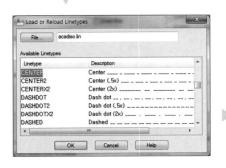

LA Enter ⇨ 도면층 추가 ⇨ 도면층의 색상, 선, 두께 설정 ⇨ ✖ 버튼 클릭 ⇨ 현재 도면층을 단면선으로 설정

*작성조건에 제시된 파란색의 두께는 0.1mm이나 0.09mm로 해도 무방합니다.

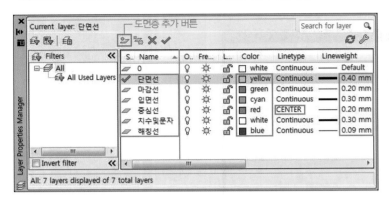

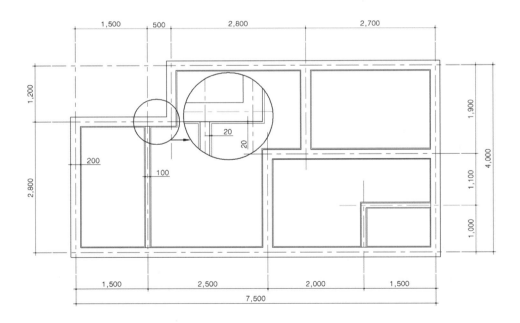

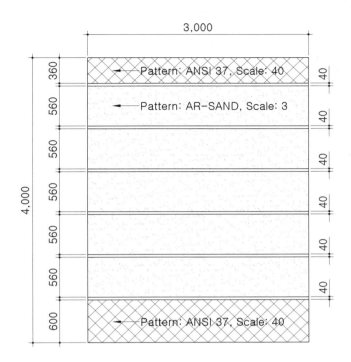

3,000

360

40

Pattern: ANSI 37, Scale: 40

560

40

Pattern: AR-SAND, Scale: 3

560

40

560

40

4,000

560

40

560

40

560

40

600

Pattern: ANSI 37, Scale: 40

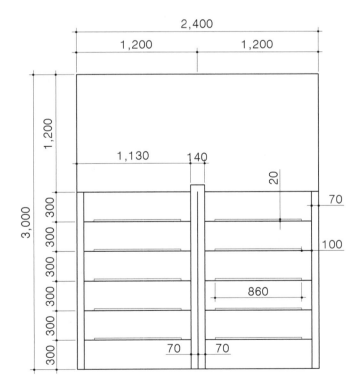

2,400

1,200   1,200

1,200

1,130   140

20

70

3,000

300   300

100

300   300

300   300

860

300   300

300

70   70

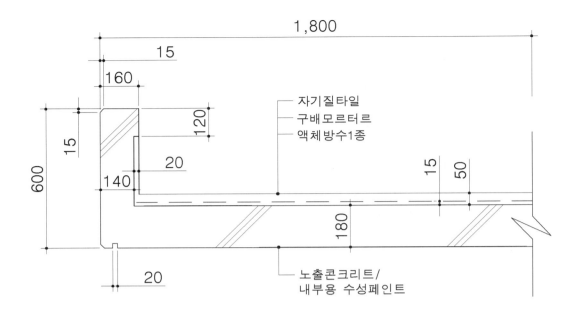

자기질타일
구배모르터르
액체 방수1종

노출콘크리트/
내부용 수성페인트

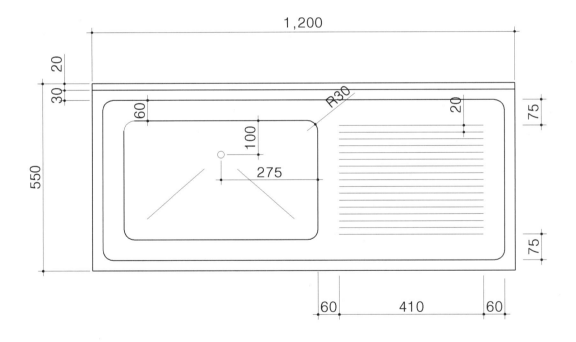

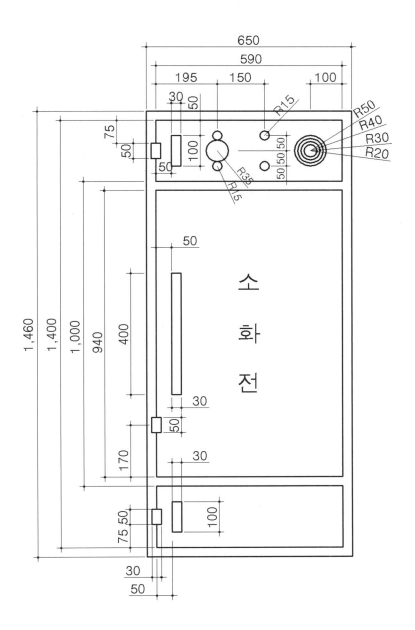

도면양식, 표제란 작성

문제 도면인 A 부분단면상세도와 입면도는 A3 용지에 출력하게 됩니다. 단면도는 1/40 축척으로, 입면도는 1/50 축척으로 출력해야 하므로 각 도면에 맞는 양식을 작성합니다. 도면양식의 표제란은 변경될 수 있으므로 시험장에서 다시 한 번 확인하고 작성할 수 있도록 합니다.

	100	
수험번호		전산응용건축제도기능사
성 명		
감독확인		
50		

[2016년 연장시간 폐지 후 변경된 현재 표재란]

01 단면도 양식작성 – SCALE: 1/40

❶ 빈 공간에 [Rectangle(REC)] 명령으로 가로 420, 세로 297 사각형을 그립니다.

❷ Offset(O) 명령을 실행해 안쪽으로 10 간격 복사해 테두리 선을 그립니다.

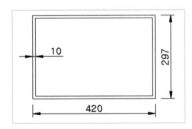

❸ 빈 공간에 [Rectangle] 명령과 [Line] 명령을 사용해 다음과 같은 표제란을 그립니다.

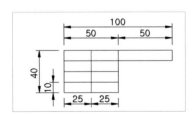

④ 작성한 표제란을 [Move(M)] 명령으로 테두리선 좌측상단으로 이동합니다.

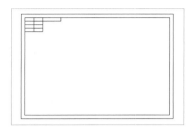

⑤ [PEDIT(PE)] 명령의 Width(두께) 옵션을 사용해 테두리선의 두께를 1로 변경합니다.

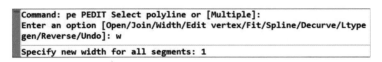

```
Command: pe PEDIT Select polyline or [Multiple]:
Enter an option [Open/Join/Width/Edit vertex/Fit/Spline/Decurve/Ltype
gen/Reverse/Undo]: w
Specify new width for all segments: 1
```

두께 적용 전   두께 적용 후

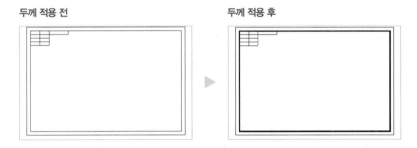

⑥ [SCALE(SC)] 명령을 실행해 작성한 도면양식을 40배 크게 합니다.

*40배 크게 한 후 양식이 화면 밖으로 벗어나면 마우스 휠을 더블클릭하거나 'Z' [Enter] ⇨ 'E' [Enter] 합니다.

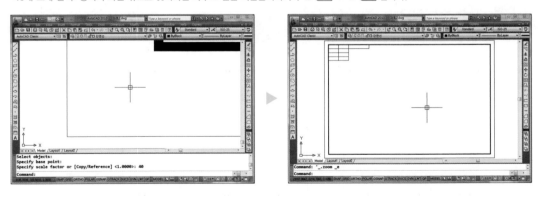

⑦ [DTEXT(DT)] 명령을 실행해 다음과 같이 표제란 내용을 작성합니다.

문자높이: 120, 각도: 0

문자 하나만 작성 후 [Copy(CO)] 명령으로 복사합니다.

문자를 더블클릭하여 수정 후 [MOVE(M)] 명령으로 위치를 조정합니다.

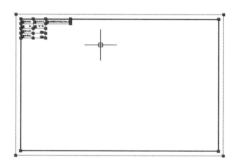

⑧ 작성한 도면양식을 모두 선택하여 치수 및 문자 도면층으로 변경합니다.

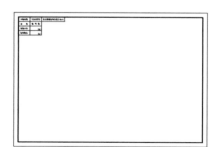

---

02   **입면도 양식작성 – SCALE: 1/50**

❶ 작성한 단면도 양식을 [COPY(CO)] 명령으로 우측에 복사합니다.

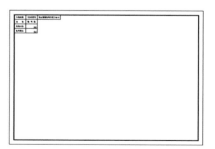

❷ [SCALE(SC)] 명령의 Reference(참조) 옵션을 사용하여 복사한 양식을 1/50로 변경합니다.

*좌측 양식에는 단면도, 우측양식에 입면도를 작성하면 됩니다.

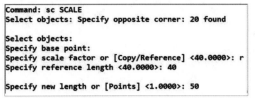

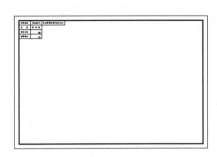

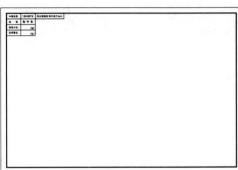

Craftsman Computer Aided Architectural Drawing

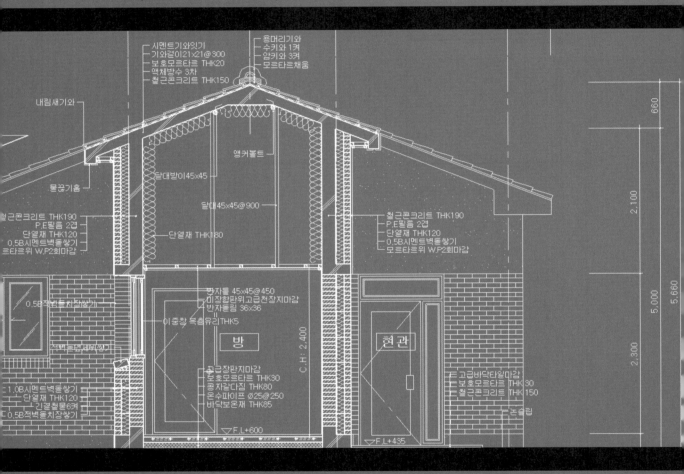

주요 구조의 단면

철근콘크리트와 조적식 구조로 이루어진 주택의 각 구조를 학습하도록 하겠습니다. 재료의 두께나 표현은 조건에 제시된 사항 이외에는 항상 동일하게 작성되므로 반복연습을통해 재료의 두께와 표현법을 암기해야 합니다. 도면을 그대로 보고 그리기보다 각 구조를 이해하는 것에 중점을 두어야 합니다.

CHAPTER 01 철근콘크리트 줄기초

기초는 철근콘크리트 줄기초(연속기초)로 합니다. 외벽과 내벽을 동일한 구조로 하나 벽의 두께가 달라 벽 하부의 기초 또한 두께가 달라집니다.

완성파일 부록DVD1\완성파일\Part03\Ch01\줄기초.dwg
동영상 부록DVD1\동영상\P03\P03-Ch01(줄기초).mp4

01 외벽기초(단열재가 120mm인 경우)

❶ 1.0B공간쌓기: 90+120+90=300

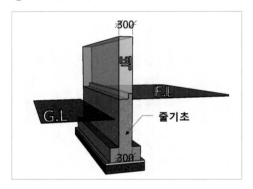

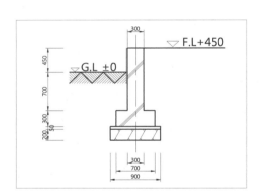

❷ 1.5B공간쌓기: 90+120+190=400

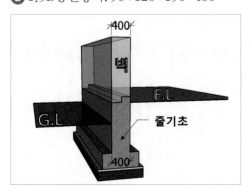

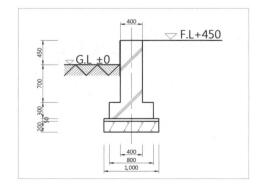

*외벽은 1.5B공간쌓기 위주로 출제됩니다.

❶ 1.0B쌓기

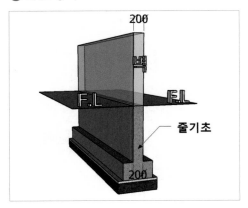

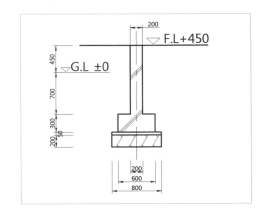

⊙ **작성과정**

❶ 도면층(LAYER)과 표제란이 작성된 축척 1/40 도면양식을 준비합니다.

현재 도면층을 단면선으로 설정해 다음 그림과 같이 Line을 사용하여 양식 중앙에 그립니다. 세로선은 벽체의 중심이 되고 가로선은 G.L이 됩니다.

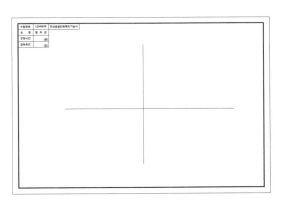

❷ Offset을 사용해 F.L(실내바닥높이), 동결선, 구조의 가로선을 표시합니다.
G.L아래로 내리는 치수는 고정이며 상단 F.L(바닥높이)는 도면과 조건에 따라 변경됩니다.

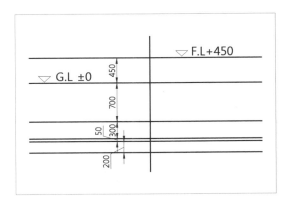

❸ 세로 중심선을 좌우로 Offset하여 구조의 세
로선을 표시합니다.

*중심의 400은 벽 두께, 단열재 두께에 따라 변경될 수 있으며 나
머지 200, 100은 고정이므로 항상 같은 값으로 작성합니다.

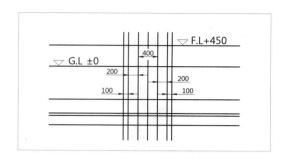

❹ [Fillet] 명령의 R(반지름 설정) 옵션을 0으
로 하여 모서리를 편집하고, [Trim] 명령으로 불
필요한 부분을 잘라냅니다. ([Fillet] 명령으로
모서리를 편집할 때는 R값은 0, Trim mode는
Trim으로 설정되어야 합니다.)

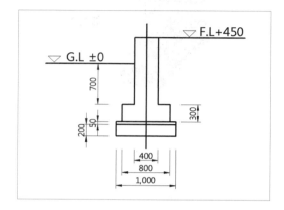

❺ [Xline] 명령의 A(각도) 옵션을 사용하여 철근콘크리트, 잡석다짐을 표시합니다.
철근콘크리트: 45°로 간격20, 잡석다짐: 60°와 120°
재료의 표현은 일정 간격으로 보기 좋게 표현하면 됩니다. 재료의 표현은 해칭선 도면층으로 변경하
고, 기초 중앙의 세로선은 중심선 도면층으로 변경합니다.
(교재의 두꺼운 선은 단면선(노랑)이며 중간선은 입면선, 가는 선은 해칭선과 마감선입니다.
정확한 도면층의 확인은 해당 챕터의 완성파일로 확인합니다.)

❻ 이어서 지반표시를 합니다. 먼저 [Offset], [Xline], [Line] 명령으로 다음과 같이 작성합니다.

❼ [Hatch] 명령을 실행합니다.

Type : Predefined, Pattern : ANSI31, Angle : 0°와 90°, Scale : 10

작업은 0° 해치를 하고, 다시 90°를 다시 해야 합니다. 해치 후 좌측과 하단의 선분을 삭제하여 완성합니다.

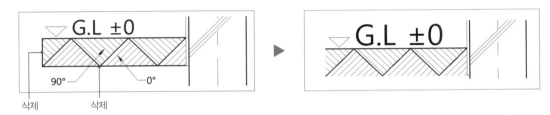

❽ 1.5B공간쌓기 줄기초 완성

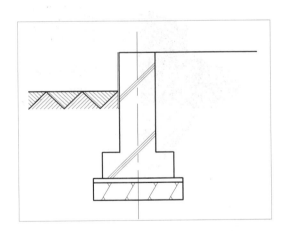

❾ 다음 1.0B공간쌓기 줄기초 도면도 연습합니다.

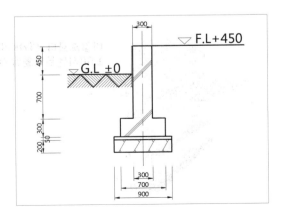

외벽과 내벽

내벽의 두께는 문제의 조건과 관계없이 1.0B쌓기로 동일하나 외벽의 경우에는 작성조건의 벽 두께와 단열재 두께에 따라 달라질 수 있습니다.

완성파일 부록DVD1\완성파일\Part03\Ch02\벽체.dwg

동영상 부록DVD1\동영상\P03\P03-Ch02(벽체).mp4

01 외벽 - 1.5B공간쌓기(단열재가 120mm인 경우)

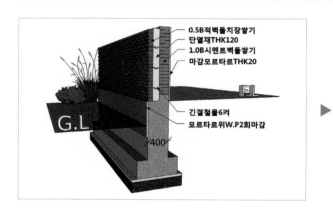
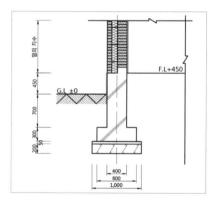

02 내벽 - 1.0B쌓기

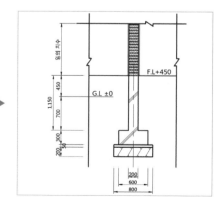

⊙ 작성과정

❶ 도면층(LAYER)과 표제란이 작성된 축척
1/40 도면양식을 준비합니다.
현재 도면층을 단면선으로 설정해 다음 그림
과 같이 Line을 사용하여 양식 중앙에 그립니
다. 세로선은 벽체의 중심이 되고 가로선은
G.L이 됩니다.

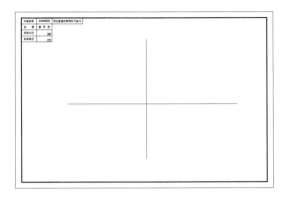

❷ 외벽 기초인 1.5B공간쌓기 줄기초를 작성
합니다. (단열재 120mm, 바닥높이 450)

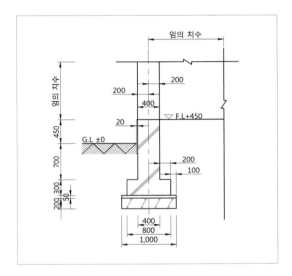

❸ 습기차단을 위해 실내 쪽 시멘트벽돌의 시
작을 2단 올린 높이에서 시작합니다.
[Offset]과 [Trim] 명령으로 다음과 같이 벽
돌, 단열재 공간을 구분합니다.

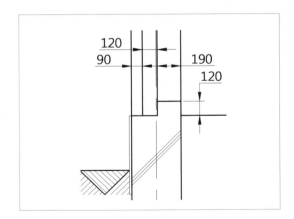

❹ [Hatch] 명령을 사용하여 벽돌을 작성합니다.

Type: User defined, Angle: 0°, Spacing: 60

*벽돌의 시작 위치를 정확히 하기 위해선 'Hatch origin'(해치의 시작)을 설정해야 합니다.

설정창 'Hatch origin'의 두 번째 항목인 'Specified origin'을 체크하고 'Click to set new origin' 아이콘을 클릭합니다. 해치의 시작 위치를 클릭하고 해치를 넣습니다.

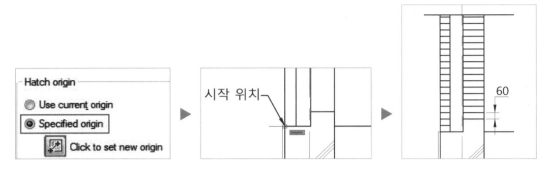

❺ [Hatch] 명령으로 시멘트벽돌의 재료를 표시합니다.

Type: Predefined, Pattern: ANSI31,
Angle: 0°, Scale: 10

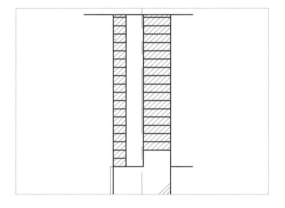

❻ 단열재를 넣기 위해 주어진 두께(120)의 반 60만큼 [Offset] 명령으로 복사한 후 선의 유형을 Batting으로 변경합니다. 변경된 선의 축척을 특성(Ctrl+1)으로 조정합니다.
축척은 0.35~0.38 정도로 하고 도면층을 해칭선으로 변경합니다.

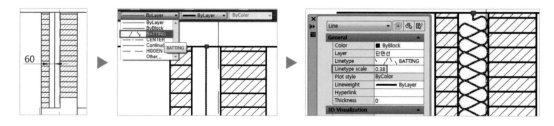

❼ 긴결철물과 실내 모르타르마감을 표시합니다.

모르타르마감의 도면층은 마감선, 철물은 단면선으로 합니다.

*긴결철물을 표시할 때 Osnap(객체스냅)이 표시되지 않으므로 벽돌 해치를 분해 후 Line으로 그려줍니다.

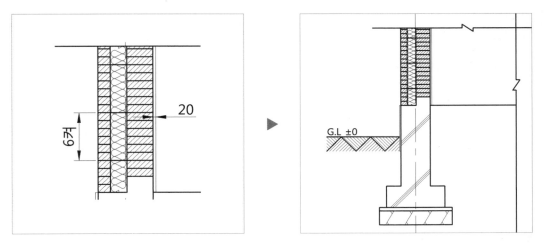

❽ 다음 1.0B쌓기의 벽체 도면도 연습합니다.

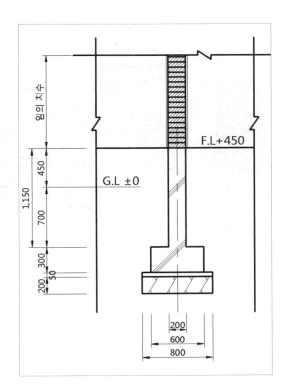

03 바닥구조

바닥은 크게 난방을 하는 구조와 난방을 하지 않는 구조로 구분합니다. 난방을 하지 않는 구조는 자갈층, 온수파이프, 단열재가 들어가지 않습니다.

완성파일 부록DVD1\완성파일\Part03\Ch03\바닥구조.dwg
동영상 부록DVD1\동영상\P03\P03-Ch03(바닥구조).mp4

01 거실, 주방, 방(온수난방구조)

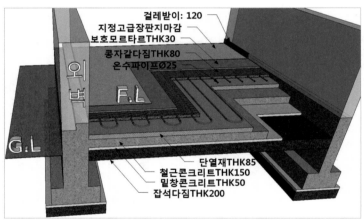

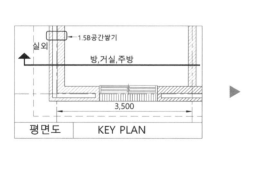

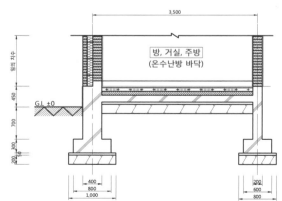

⊙ 작성과정

❶ 도면층(LAYER)과 표제란이 작성된 축척 1/40 도면양식을 준비합니다.

현재 도면층을 단면선으로 설정한 다음 그림과 같이 Line을 사용하여 양식 중앙에 그립니다. 세로선은 벽체의 중심이 되고 가로선은 G.L이 됩니다.

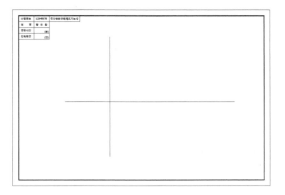

❷ 다음과 같은 외벽과 내벽 기초를 작성합니다.

외벽: 1.5B공간쌓기, 내벽: 1.0B쌓기 (단열재 120mm, 바닥높이 450)

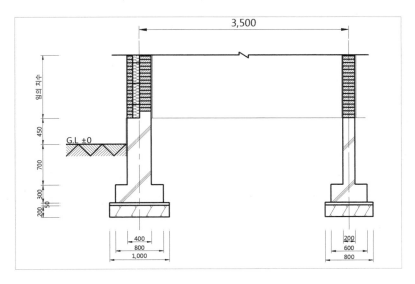

❸ [Offset] 명령으로 바닥구조의 두께를 표시합니다. 바닥높이 선(F.L)의 도면층은 마감선이며 나머지는 단면선으로 합니다.

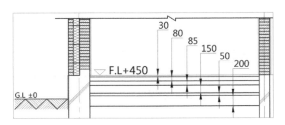

❹ [Circle], [Line] 명령으로 온수파이프와 중심선을 작성합니다.

원은 마감선, 중심선은 중심선, 연결철물은 해칭선 도면층으로 변경하고, 연결철물 표시는 Hidden 선으로 변경합니다(온수파이프 2개를 작성 후 나머지는 [Copy]나 [Array] 명령으로 복사합니다).

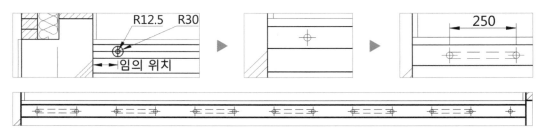

❺ [Hatch] 명령으로 경질단열재 표시를 넣습니다.

Type: Predefined, Pattern: ANSI37, Angle: 0°, Scale: 10

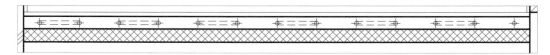

❻ 줄기초와 연결부를 [Trim] 명령으로 잘라냅니다. 철근콘크리트 재료표시를 기초에서 복사해 일정한 간격으로 배치합니다.

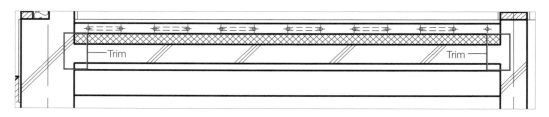

❼ 잡석다짐 재료표시를 기초에서 복사해 일정한 간격으로 배치합니다.

거실이나 주방인 경우에는 바닥선 위로 걸레받이 선을 추가합니다. (걸레받이 H: 120)

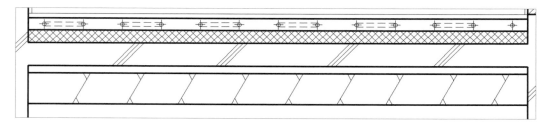

걸레받이의 도면층은 입면선입니다.

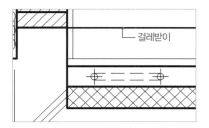

02 욕실(방수구조)

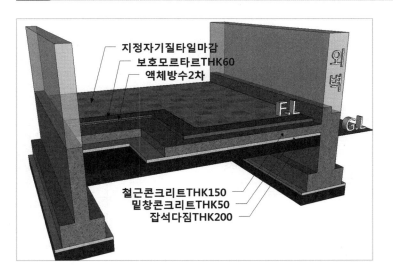

지정자기질타일마감
보호모르타르THK60
액체방수2차

철근콘크리트THK150
밑창콘크리트THK50
잡석다짐THK200

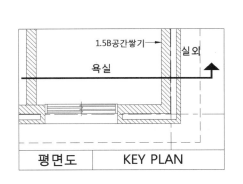

1.5B공간쌓기
실외
욕실

평면도	KEY PLAN

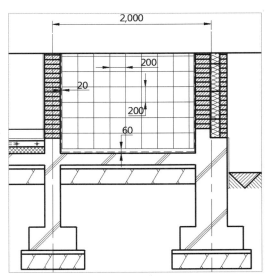

2,000
200
20
200
60

⊙ 작성과정

❶ 위의 거실, 주방, 방(온수난방 구조)의 완성
도면을 준비합니다.
완성된 도면이 없는 경우에는 '부록DVD1\ 완
성파일\Part03\Ch03\바닥구조.dwg'을 준
비합니다.

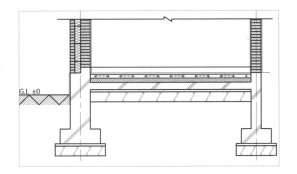

❷ 욕실 공간을 임의로 확보하겠습니다.
우측 벽의 중심선을 우측으로 복사해 벽체와 줄기초를 작성합니다.
외벽: 1.5B공간쌓기 (단열재 120mm)

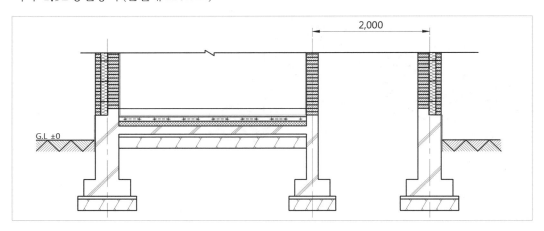

❸ 욕실의 바닥높이 기준은 거실이나 방이 됩니다. 먼저 작성한 좌측 실의 철근콘크리트, 밑창콘크
리트, 잡석다짐 선을 그대로 연장하여 바닥구조를 다음과 같이 작성합니다.

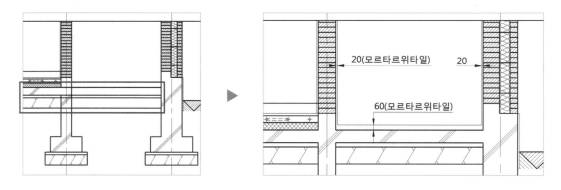

❹ 욕실은 바닥과 벽에 방수를 해야 합니다. [Offset] 명령으로 마감선을 복사한 후 다음과 같이 마감선 안쪽에 Hidden선으로 방수를 표현합니다.

[Hatch] 명령으로 입면으로 보이는 타일을 표현하고 해치와 방수는 해칭선 도면층으로 합니다.

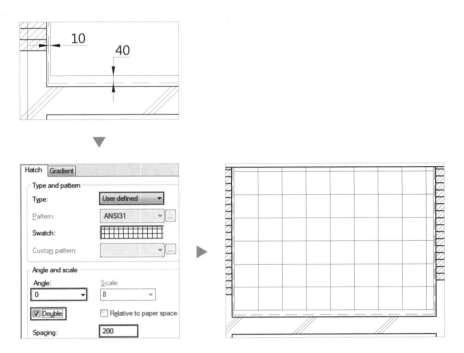

03 현관, 테라스

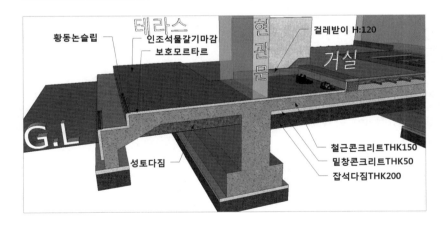

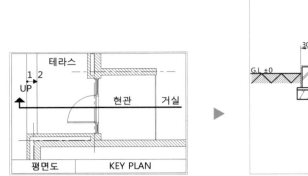

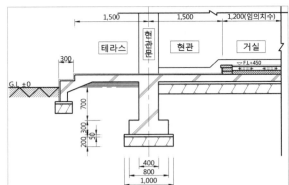

⊙ 작성과정

❶ 도면층(LAYER)과 표제란이 작성된 축척 1/40 도면양식을 준비합니다.

현재 도면층을 단면선으로 설정해 다음 그림과 같이 Line을 사용하여 양식 중앙에 그립니다. [Offset] 명령을 사용해 작업에 필요한 기준선을 작성합니다. 거실의 바닥높이(450)는 현관과 연결된 계단(2단)과 현관과 거실 사이의 단(1단)을 더해 한 단의 높이 150을 곱한 450으로 합니다. (150 ×3=450)

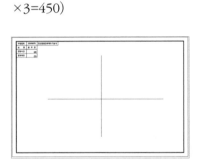

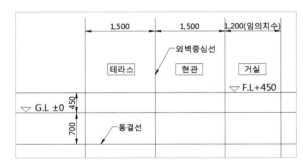

❷ 다음과 같이 외벽기초와 거실의 바닥구조를 작성합니다.

외벽: 1.5B공간쌓기 (단열재 85mm, 바닥높이 450)

현관 바닥은 난방을 하지 않으므로 불필요한 부분을 [Trim] 명령으로 잘라냅니다.

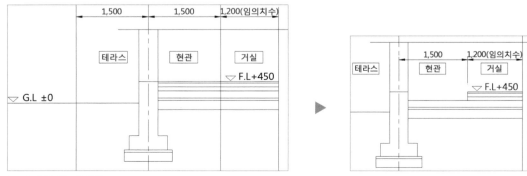

❸ 현관의 바닥 선을 테라스까지 연장하여 다음과 같은 계단형태를 작성합니다.

계단 한 단의 높이는 G.L과 테라스의 높이(255)를 계단의 수(2)로 나누어 계산합니다.

[Offset] 명령을 실행해 다음과 같이 입력해 계단을 나누어 줍니다.

```
Current settings: Erase source=No   Layer=Source   OFFSETGAPTYPE=0
Specify offset distance or [Through/Erase/Layer] <300.0000>: 255/2
```

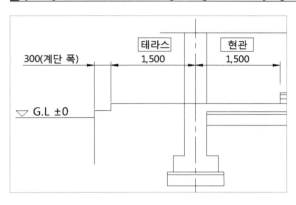

❹ 계단의 철근콘크리트 구조를 다음과 같은 순서로 작성합니다.

도면층은 모두 단면선입니다.

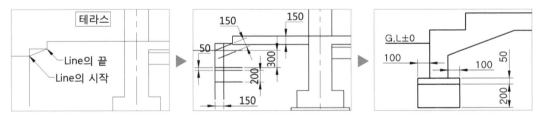

*계단은 높이를 모두 같게 할 필요는 없습니다. 아래의 예시가 모두 가능합니다.

예〉

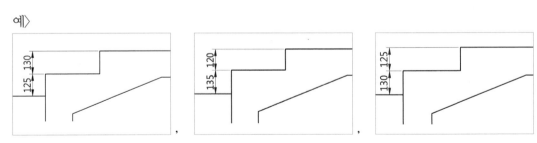

❺ 현관과 거실의 경계 부분을 시멘트 벽돌 2
장이나 3장으로 구분합니다.
도면층은 걸레받이: 입면선, 벽돌과 재료분리
대: 단면선, 마감20: 마감선, 재료표시: 해칭선

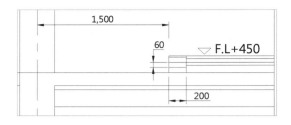

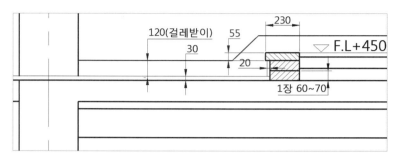

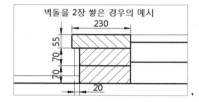

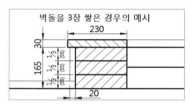

벽돌을 2장 쌓은 경우의 예시   벽돌을 3장 쌓은 경우의 예시

❻ 계단에 마감선 30을 바깥쪽으로 넣고 철근콘크리트 재료와 잡석다짐을 표현합니다.
테라스 계단 아래로는 재료가 채워지지 않았습니다. [Hatch] 명령으로 성토다짐을 넣습니다.

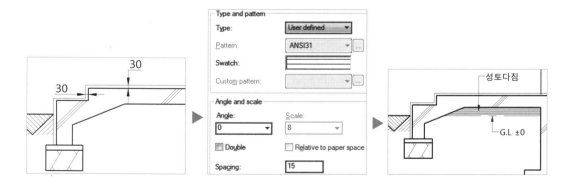

❼ 거실에 난방구조를 마무리하여 도면을 완성합니다.

바닥단열재 Hatch

Type : Predefined, Pattern : ANSI37,

Angle : 0°, Scale : 10

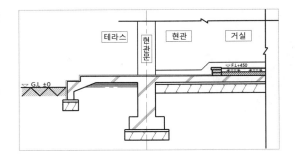

〈연습문제〉

다음 평면도를 보고 반자와 지붕을 제외한 A 부분 단면상세도를 작성하시오.

완성파일– 부록DVD1\완성파일\Part03\Ch03\연습문제.dwg

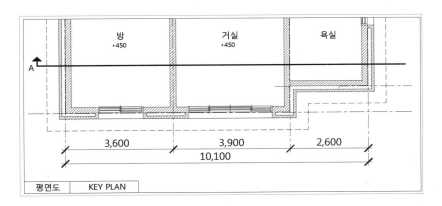

CHAPTER

04 테두리보와 반자

보는 조적벽의 상부에 위치하여 갈라지기 쉬운 조적벽을 일체화시키고 지붕을 포함한 상부의 하중을 받기 위한 것으로 철근콘크리트로 되어 있습니다. 반자는 지붕의 하부를 가리어 설비를 감추고, 단열과 흡음의 효과는 물론 실내를 디자인하는 데 있어 중요한 요소입니다.

01 테두리보

완성파일 부록DVD1\완성파일\Part03\Ch04\테두리보.dwg

동영상 부록DVD1\동영상\P03\P03-Ch04(테두리보와 반자).mp4

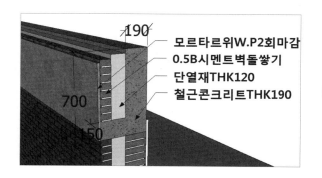

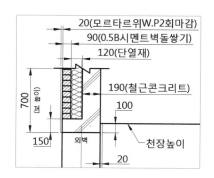

◉ 작성과정

❶ 도면층(LAYER)과 표제란이 작성된 축척 1/40 도면양식을 준비합니다.

현재 도면층을 단면선으로 설정해 다음 그림과 같이 Line을 사용하여 양식 중앙에 그립니다. 세로선은 벽체의 중심이 되고 가로선은 G.L이 됩니다.

❷ 보의 위치를 표시하기 위해 바닥높이, 벽두
께, 천장높이, 보의 높이를 [Offset] 명령으로 작
성합니다.

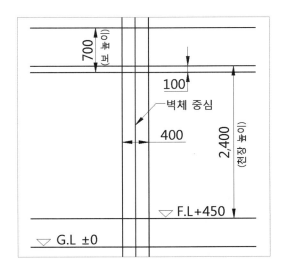

❸ [Trim] 명령으로 보의 형태, 재료의 경계를
표시합니다.

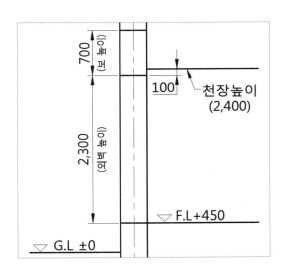

❹ 보를 단열구조와 철근콘크리트로 구분합
니다.

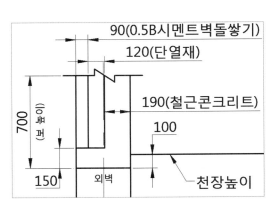

⑤ 재료표시와 마감선을 넣어 완성합니다.

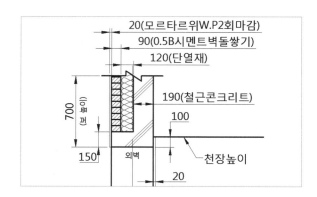

02 반자

완성파일 부록DVD1\완성파일\Part03\Ch04\반자.dwg
동영상 부록DVD1\동영상\P03\P03-Ch04(테두리보와 반자).mp4

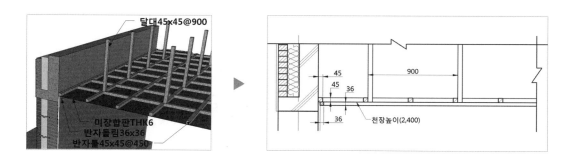

⊙ **작성과정**

❶ 위의 테두리보 완성도면을 준비합니다. 완성된 도면이 없는 경우에는 '부록 DVD1 \완성파일\Part03\Ch04\테두리 보.dwg'를 준비합니다.

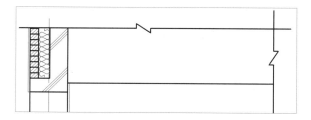

❷ 천장높이 선을 기준으로 위로 반자틀, 아래로는 반자돌림을 입면선으로 표시하고 [Rectangle] 명령으로 반자틀과 반자돌림의 단면을 작성합니다.

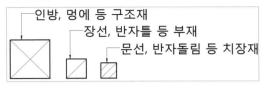

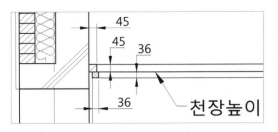

❸ 반자틀을 450 간격으로 복사합니다.

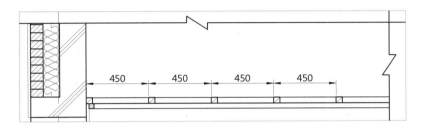

❹ 달대를 작성하여(두께: 45) 900 간격으로 복사합니다.

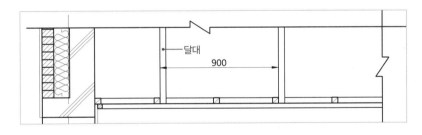

❺ 달대 배치 예

*아래 배치 형식 중 하나를 선택해 통일성 있게 배치합니다.

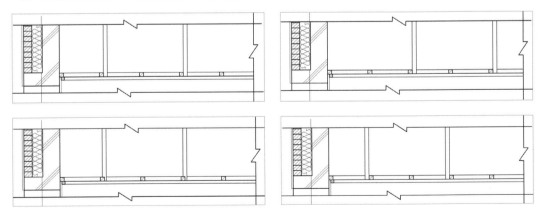

CHAPTER 05 지붕

지붕은 철근콘크리트 슬래브로 보와 처마까지 일체식으로 있으며 지정된 물매(지붕의 경사)로 작성해야 합니다.

01 지붕과 처마

완성파일 부록DVD1\완성파일\Part03\Ch05\지붕과 처마.dwg

동영상 부록DVD1\동영상\P03\P03-Ch05(지붕).mp4

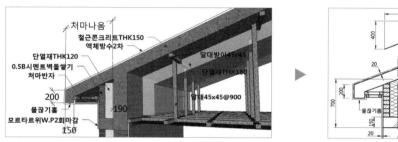
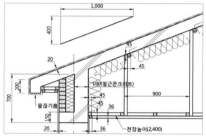

◉ 작성과정

❶ 다음과 같이 기초, 벽, 보, 바닥의 위치를 표시합니다.

• 작성조건

(지붕 물매: 4/10, 처마나옴: 600, 벽 단열재: 120, 지붕 단열재: 180)

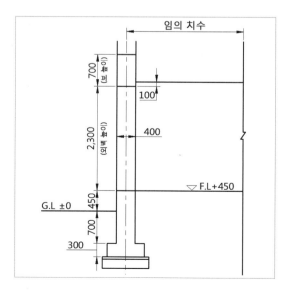

② 4/10 물매이므로 다음과 같이 100배로 하여 경사선을 그립니다.

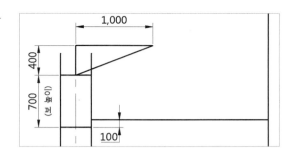

③ 좌측으로 처마나옴 600을 [Offset] 명령으로 표시하고 경사선을 처마나옴과 파단선까지 연장합니다.

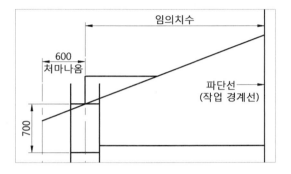

④ 물매를 표시한 400, 1,000선분은 물매 기호로 사용하기 위해 상단으로 이동해 양 끝을 선으로 이어줍니다.
물매 기호의 400, 1,000선분은 마감선, 사선은 단면선 도면층으로 변경합니다.

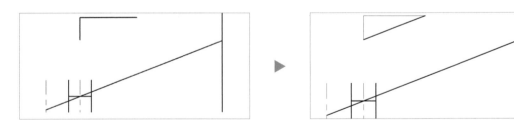

⑤ 지붕 슬래브의 두께(150)를 [Offset] 명령으로 표시하고 다음과 같이 처마의 형태를 작성합니다.
지붕의 치수는 처마나옴과 물매를 제외하고 항상 같게 작성합니다.

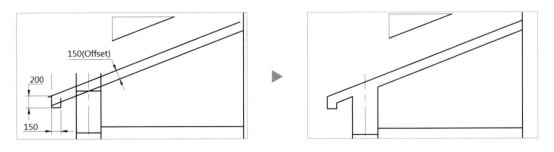

❻ 지붕의 액체방수를 표현하고 처마 끝에는 물끊기 홈을 만들어 줍니다. 홈의 크기는 선을 두 줄 그어 그림과 같이 적당히 그려줍니다.

마감선 20은 마감선 도면층, 방수표현인 파선은 해칭선 도면층으로 변경합니다.

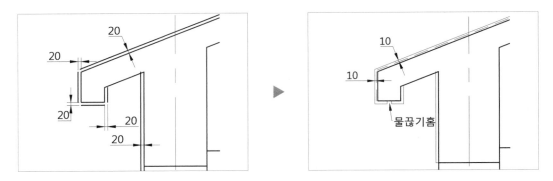

❼ 테두리보와 반자를 작성합니다. 처마반자는 천장반자를 작성 후 [Copy] 명령으로 복사하여 수정합니다.

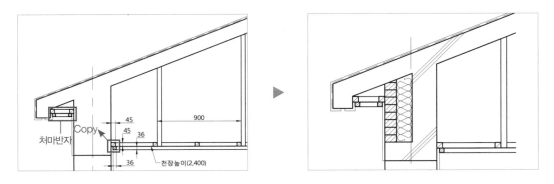

❽ 달대받이를 작성합니다. 부재의 크기가 반자틀과 같으므로 반자틀을 복사해 수정합니다.

철물은 기입된 치수로 그려도 되나 눈대중으로 그려도 무방합니다.

(치수보다 철물로 고정한다는 것이 중요합니다.)

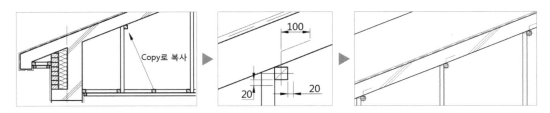

❾ 단열재 180을 넣기 위해 슬래브 하단 선과 보의 우측 선을 90만큼 Offset합니다.
복사된 선의 도면층은 해칭선, 선의 유형은 Batting 선으로 변경 후 특성((Ctrl)+(1))을 사용해 Linetype
scale을 조정합니다. (Batting 선은 콘크리트 부분과 약간 들떠도 관계없습니다.)

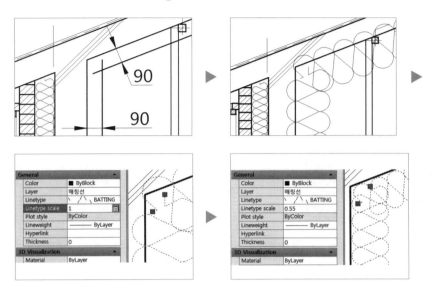

❿ 단열재의 코너는 [Fillet] 명령의 R값을 '0'으로 설정하여 편집하고 달대가 지나는 부분을 [Break]
명령을 사용해 끊어냅니다.

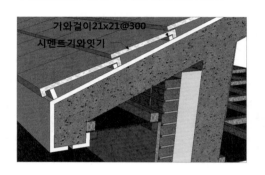

02 기와

지붕의 기와는 시멘트기와를 사용합니다.

완성파일 부록DVD1\완성파일\Part03\Ch05\기와.dwg
동영상 부록DVD1\동영상\P03\P03-Ch05(지붕).mp4

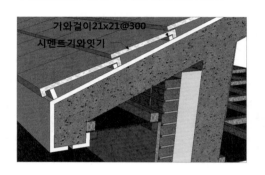
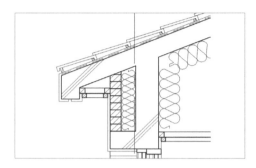

⊙ **작성과정**

① 위의 지붕과 처마 완성도면을 준비합니다.

완성된 도면이 없는 경우에는 '부록DVD1\완성파일\Part03\Ch05\지붕과 처마.dwg'를 준비
합니다.

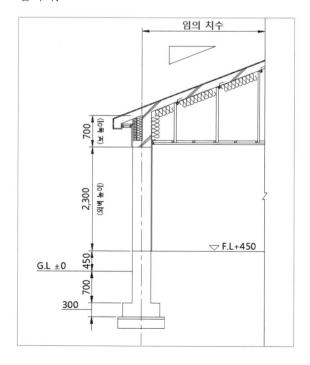

❷ 지붕 위 빈 공간에 기와, 기와걸이를 작성합니다.

기와는 [Polyline(PL)], 기와걸이는 [Rectangle(REC)]로 작성해 [Move] 명령으로 이동합니다.

기와, 기와걸이의 도면층은 마감선으로 하며 기와걸이의 사선은 재료표시이므로 해칭선 도면층으로 합니다.

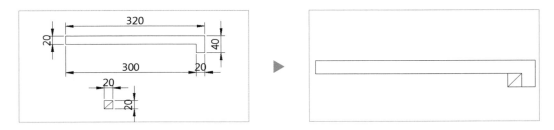

❸ [Align(AL)] 명령을 사용해 기와를 지붕면에 정렬시킵니다.

(AL [Enter] ⇨ 정렬할 대상 클릭 [Enter] ⇨ 소스의 이동점(1P) 클릭 ⇨ 목적지 클릭(2P) ⇨

소스의 두 번째 이동점(3P) 클릭 ⇨ 목적지 방향 클릭(4P) ⇨ [Enter] ⇨ [Enter])

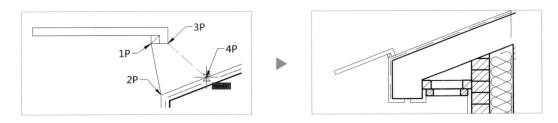

❹ 기와를 [Rotate(RO)] 명령으로 -4° 회전시킵니다. (시계방향이므로 -각도를 입력)

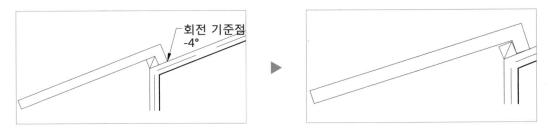

❺ 작성된 기와를 배열합니다. CAD 버전에 따라 명령어와 작업 과정이 다르므로 사용자 버전 및 시험장 버전에 맞추어 연습합니다.

• Array 설정창을 이용하는 방법

해당 버전: 2002~2011, 2013 버전 이상

(1) 명령을 실행합니다.

AutoCAD 2002 버전부터 2011 버전까지는 Array(AR)을 입력.

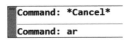

```
Command: *Cancel*
Command: ar
```

AutoCAD 2013 버전 이상은 ARRAYCLASSIC(단축키 없음)을 입력.

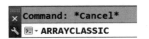

```
Command: *Cancel*
ARRAYCLASSIC
```

(2) 다음과 같이 설정하고 우측상단의 'Select objects' 아이콘을 클릭합니다.
기와걸이와 기와를 선택하고 Enter 를 입력합니다.

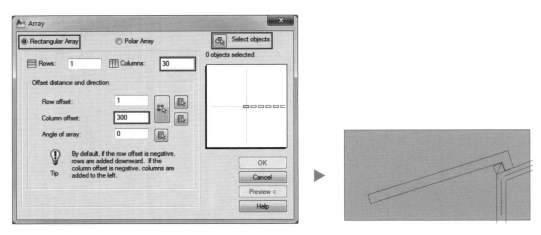

(3) 'Angle of array' 항목 우측의 아이콘을 클릭해 각도 입력을 위치지정으로 합니다.
각도의 시작 부분인 ①부분을 클릭하고 ②부분을 클릭합니다.

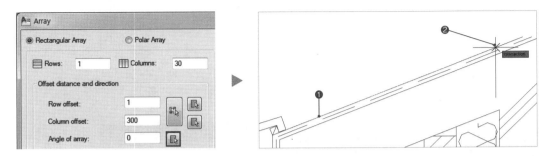

(4) 설정창 우측하단의 [Preview] 버튼을 클릭해 확인하고 Enter 를 입력합니다.

• 변경된 [Array] 명령을 이용하는 방법 (설정창 없음)

해당 버전: 2012 버전 이상

AutoCAD 2012 버전은 ARRAYCLASSIC을 지원하지 않으므로 변경된 방식을 그대로 사용해야 합니다. Array(AR)을 입력.

(1) 명령을 실행합니다.

Array(AR)을 입력.

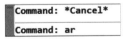

```
Command: *Cancel*
Command: ar
```

(2) 배열할 대상인 기와걸이와 기와를 선택하고 Enter 를 입력합니다.

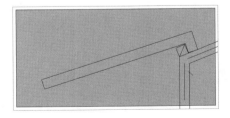

(3) PAth 옵션을 적용하기 위해 PA를 입력하고 Enter 를 입력합니다.

```
Select objects: Specify opposite corner: 3 found
ARRAY Select objects:  Enter array type [Rectangular PAth POlar] <Rectangular>: pa
```

(4) 경로로 할 선분 ①을 선택한 다음 옵션 'T'를 입력하고 Enter를 입력합니다.

(5) 배열 거리 300, 배열 수량 12로 설정합니다.

※ 배열 Array 명령이 어려우면 Copy를 사용해도 좋습니다.

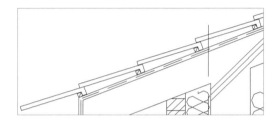

(6) 배열 결과를 확인하고 [EXPLODE(X)] 명령으로 분해합니다.

❻ 처음 시작하는 기와와 파단선에 걸치는 기와를 다음과 같이 편집합니다.

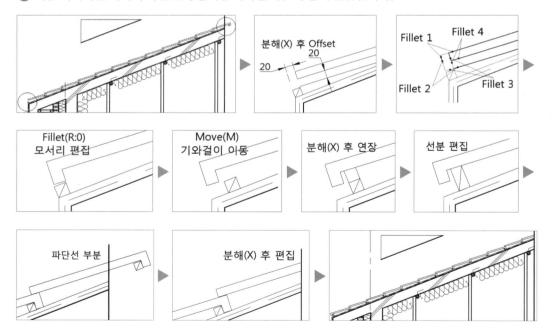

03 마룻대와 용머리기와

마룻대 부분은 암키와, 수키와, 용머리기와를 작성합니다.

완성파일 부록DVD1\완성파일\Part03\Ch05\용머리기와.dwg

동영상 부록DVD1\동영상\P03\P03-Ch05-3(용머리기와).mp4

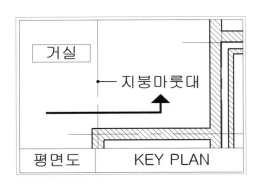

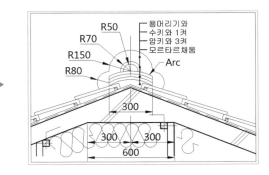

◉ 작성과정

❶ '부록DVD1\완성파일\Part03\Ch05\용머리기와.dwg'를 준비합니다.

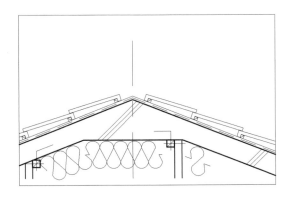

❷ Offset을 사용해 암키와의 폭을 표시합니다.

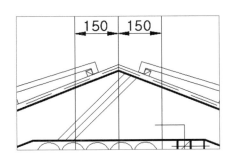

❸ [Arc]명령을 실행해 다음과 같이 암키와를 그립니다. 2point 위치는 그림과 비슷한 위치를 클릭하여 둥근 모양이 나올 수 있도록 호를 작성합니다.

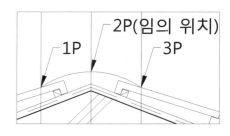

❹ [Offset] 명령을 실행해 거리 값 '20'으로 3회 복사합니다. 불필요한 선은 [Trim] 명령으로 다음과 같이 편집합니다.

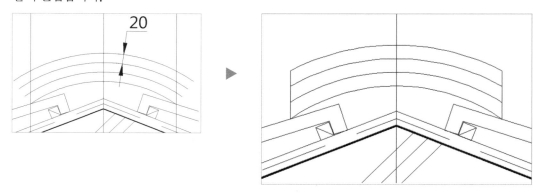

❺ 수키와는 [Circle] 명령으로 원을 그려 편집합니다.

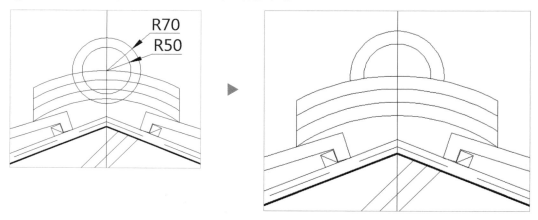

❻ 용머리기와를 [Circle] 명령으로 원을 그려 편집합니다. 용머리기와의 크기와 모양은 조금씩 달라도 상관없습니다. 작성된 모든 기와의 도면층을 마감선으로 변경합니다.

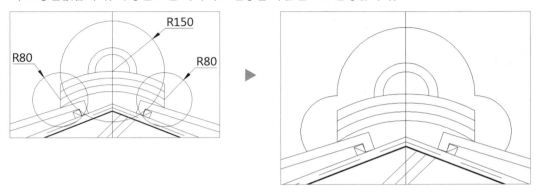

❼ 시멘트기와 배열 시 마지막 기와를 걸기에 공간이 부족한 경우, 마지막 기와를 [Move] 명령으로 이동한 후 기와가 겹치지 않도록 [Rotate] 명령으로 적당히 회전합니다(회전된 기와는 살짝 겹치거나 들떠도 상관없습니다).

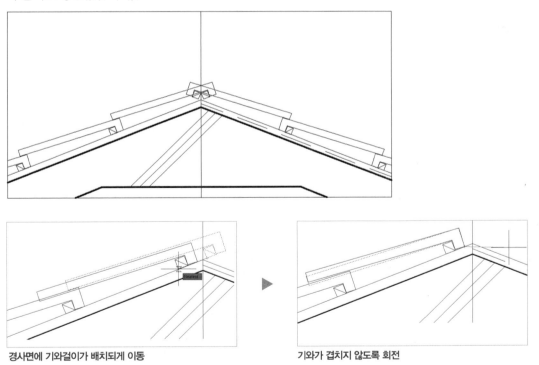

경사면에 기와걸이가 배치되게 이동   기와가 겹치지 않도록 회전

CHAPTER

06 전체 구조의 작성

평면도에 표시된 절단선 부분을 보고 주택의 전체 뼈대를 작성해 보도록 하겠습니다. 처음에는 다소 어려울 수 있지만, 기준이 되는 구조부분을 숙지하고 있다면 어렵지 않게 작성할 수 있습니다.

01 단면도의 철근콘크리트 뼈대 작성하기

완성파일 부록DVD1\완성파일\Part03\Ch06\철근콘크리트 구조.dwg
동영상 부록DVD1\동영상\P03\P03-Ch06(단면도 뼈대 작성).mp4

• 작성조건

기초: 철근콘크리트 일체식 구조

처마나옴: 550

천장높이: 2350

물매: 3.5/10

지붕단열재: 180

바닥 단열재: 85

외벽: 1.5B공간쌓기(단열재 120)

내벽: 1.0B쌓기

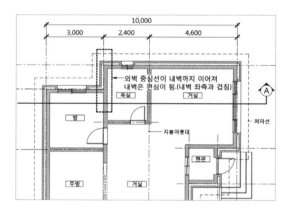

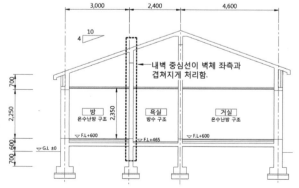

⊙ 작성과정

❶ 도면층(LAYER)과 표제란이 작성된 축척 1/40 도면양식을 준비합니다.

현재 도면층을 단면선으로 설정해 다음 그림 과 같이 Line을 사용하여 양식 중앙에 그립니 다. 세로선은 좌측 벽체의 중심이 되고 가로선 은 G.L이 됩니다.

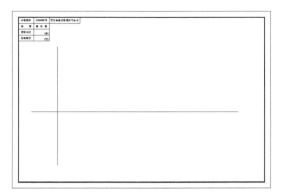

❷ 절단선이 지나는 벽체의 중심선을 [Offset] 명령으로 모두 표시합니다.
도면의 기초가 되는 기준선이 되므로 작성 전후로 평면도의 치수를 확인해야 합니다.

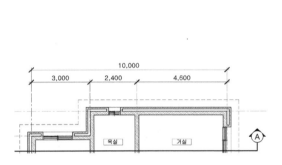

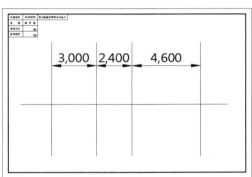

❸ 외벽과 내벽의 두께를 표시합니다. 외벽은 1.5B공간쌓기에 단열재 120이므로 총 두께 400, 내벽은 1.0B쌓기 200으로 합니다.

(외벽: 190+120+90=400)

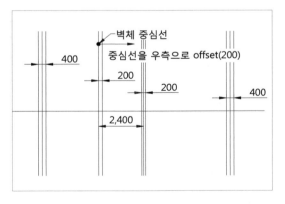

❹ G.L 아래로 기초를 작성하기 위해 동결선과 재료의 두께를 표시합니다.

(기초는 항상 같은 치수로 작성합니다.)

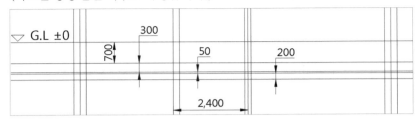

❺ 줄기초의 형태를 작성합니다. 하나만 작성하여 복사하면 시간을 절약할 수 있습니다.

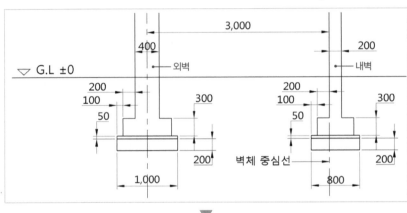

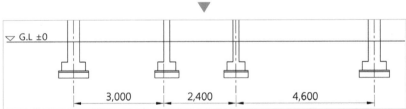

❻ 제시된 평면도는 실명 아래에 바닥의 높이가 표시되지 않았습니다. 지금처럼 바닥의 높이가 표시되지 않는 경우는 현관이나 테라스의 계단수를 보고 실내의 바닥높이를 계산합니다.

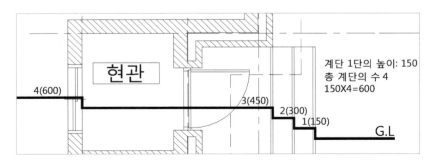

❼ 계산된 바닥높이 선(600)을 기준으로 천장높이와 테두리보의 높이를 표시합니다.

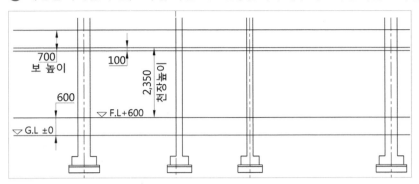

❽ 테두리보와 천장을 구분하고 반자틀과 반자돌림을 구분합니다. 천장높이 선 위로 반자틀 45, 아래로 반자돌림 36입니다. 반자틀과 반자돌림의 도면층은 입면선으로 변경합니다.

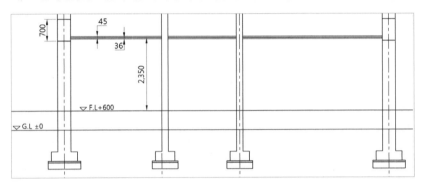

❾ G.L과 바닥높이인 F.L도 [Trim] 명령으로 정리합니다.

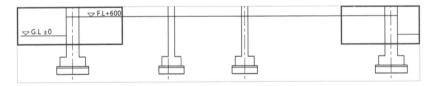

❿ 지붕 슬래브를 작성합니다. 지붕 마룻대를 기준으로 좌측과 우측 중 먼 쪽의 벽에서 물매를 적용합니다. 마룻대에서 좌측 외벽까지는 5,400, 우측 외벽까지는 4,600이므로 좌측 외벽에서 물매표시를 합니다. (제시된 물매는 3.5/10)

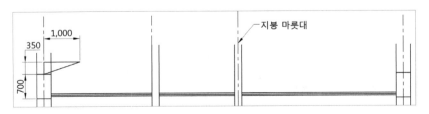

⑪ 작성된 경사선을 지붕 마룻대와 처마나옴까지 연장하여 지붕 슬래브와 처마를 작성합니다(제시된 처마나옴은 550).

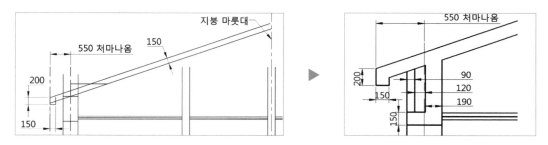

⑫ 반대편 지붕은 [Mirror] 명령을 사용해 대칭으로 복사합니다. 지붕 마룻대를 대칭축으로 하여 지붕 슬래브 선만 복사합니다.

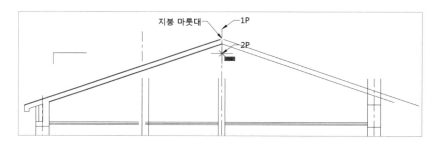

⑬ 우측 처마를 좌측과 같은 조건으로 작성합니다(우측 처마는 지붕 마룻대에서 벽체까지의 거리가 좌측에 비해 거리가 짧아 보가 높아집니다).

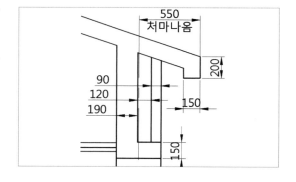

⑭ 작업결과를 확인해 보면 우측의 테두리보가 좌측보다 좀 더 높음을 확인할 수 있습니다. 마룻대와의 거리 차이가 벌어질수록 테두리보가 높아집니다.

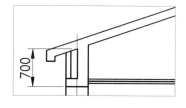 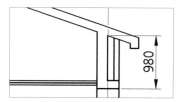

⓯ 테두리보 사이의 벽체를 편집하고 지붕 슬래브가 교차되는 부분을 다음과 같이 작성합니다.

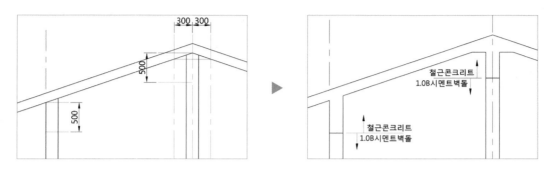

⓰ 바닥구조를 작성하기 위해 바닥 부분으로 이동합니다.

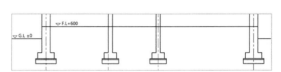

⓱ 방과 거실은 온수난방구조, 욕실은 방수구조로 다음과 같이 작성합니다.
(제시된 바닥 단열재의 두께는 85이며 두께가 150인 철근콘크리트 선의 높이는 가급적 모든 실이 같게 하는 것이 좋습니다.)

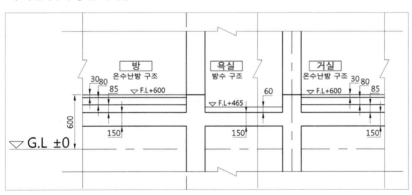

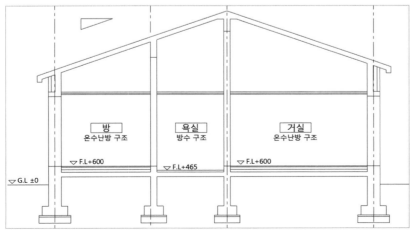

개구부와 벽

개구부란 벽, 지붕, 바닥의 일부가 통행, 채광, 환기, 시야 확보 등의 목적으로 뚫어 놓은 것을 말하며 문과 창, 해치 등이 이에 포함됩니다. 자주 출제되는 문과 창의 단면에 대해 알아보겠습니다.

01 현관문

현관문 상부의 고정창 높이는 천장높이에 따라 달라질 수 있습니다. 문을 작성한 후 남은 공간을 고정창으로 합니다.

완성파일 부록DVD1\완성파일\Part03\Ch07\현관문.dwg
동영상 부록DVD1\동영상\P03\P03-Ch07-1(현관문).mp4

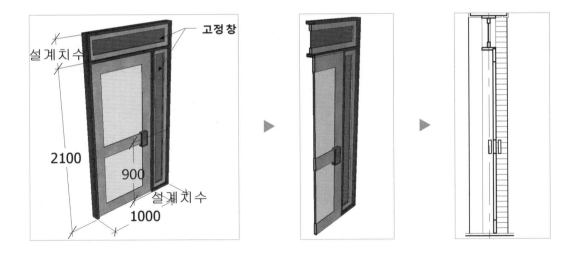

• 작성조건

기초: 철근콘크리트 일체식 구조

처마나옴: 600

천장높이: 2400

물매: 4/10

지붕단열재: 180

바닥단열재: 85

외벽: 1.5B공간쌓기(단열재 120)

내벽: 1.0B쌓기

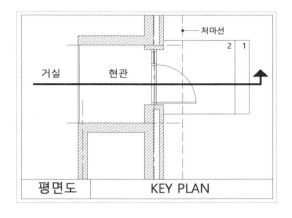

⊙ 작성과정

❶ 도면층(LAYER)과 표제란이 작성된 축척 1/40 도면양식을 준비합니다. [Offset] 명령을 사용해 작업에 필요한 기준선을 작성하고 줄기초를 작성합니다.

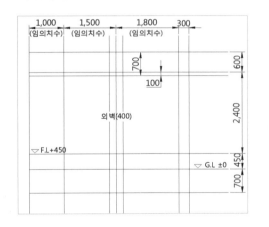 ▶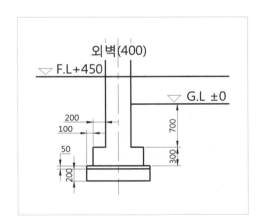

❷ 좌측의 거실과 현관 바닥을 작성합니다.

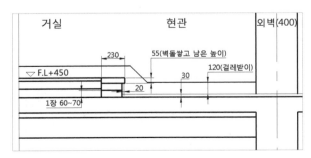

❸ 우측의 계단을 작성합니다. 계단 1단의 높이는 현관 바닥과 G.L선까지의 높이를 확인하여 2로 나눈 값을 사용합니다.

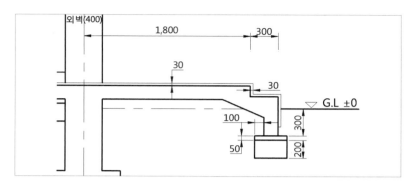

❹ 반자와 테두리보, 지붕의 뼈대를 작성합니다.

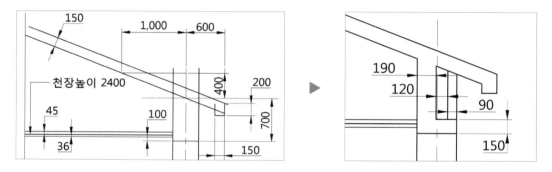

❺ 현관문의 높이와 두께를 표시합니다. 높이 2,100 위로 남는 부분이 고정창이 됩니다. 상부의 고정창을 먼저 작성한 후 현관문을 다음과 같이 작성합니다. 고정창의 틀과 가운데 수직선인 유리는 단면선으로 하고 뒤로 보이는 선은 마감선으로 처리합니다.

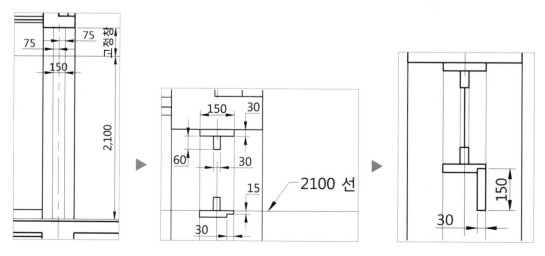

❻ 현관문의 틀을 다음과 같이 복사하고 손잡이를 보기 좋은 크기로 적당히 그려 줍니다.
현관문 좌우의 벽체 선은 입면선으로 하고 치장쌓기는 해칭선 도면층으로 변경합니다.

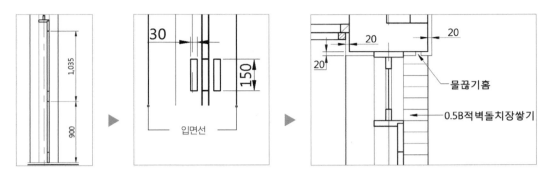

---

02 방문

각 실을 출입하는 방문입니다.

완성파일 부록DVD1\완성파일\Part03\Ch07\방문.dwg
동영상 부록DVD1\동영상\P03\P03−Ch07−2(방문과 거실창).mp4

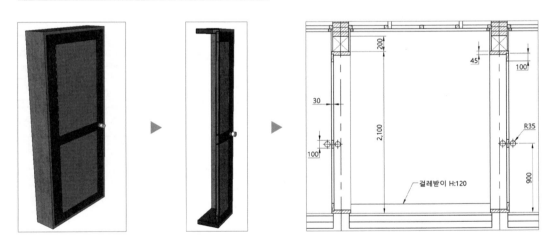

• **작성조건**

기초: 철근콘크리트 일체식 구조

천장높이: 2,400

바닥 단열재: 85

내벽: 1.0B쌓기

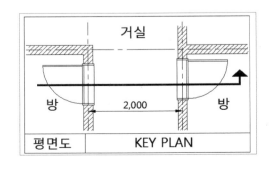

◉ 작성과정

❶ 도면층(LAYER)과 표제란이 작성된 축척 1/40 도면양식을 준비합니다. [Offset] 명령을 사용해 작업에 필요한 기준선을 표시하고 바닥구조와 천장을 작성합니다.

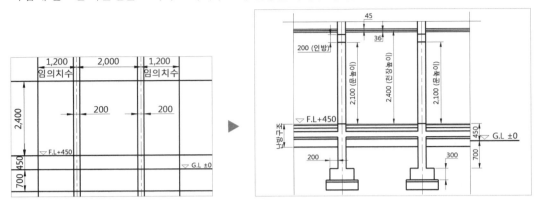

❷ 문의 상부와 하부를 확대하여 다음과 같이 작성하는데 하부틀은 상부틀을 작성한 후 [Mirror] 명령으로 복사합니다.

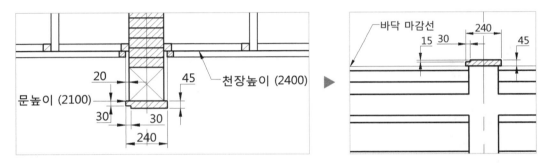

❸ 문의 중간 부분을 확대해 다음과 같이 작성합니다.

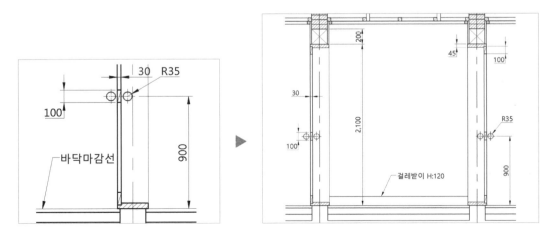

거실의 창은 출입이 가능하도록 바닥부터 보까지 크게 작성합니다. 평면도의 절단선이 지나는 위치를 보고 이중창의 좌우측 중 절단된 부분을 단면선으로 작성합니다.

완성파일 부록DVD1\완성파일\Part03\Ch07\거실창.dwg
동영상 부록DVD1\동영상\P03\P03−Ch07−2(방문과 거실창).mp4

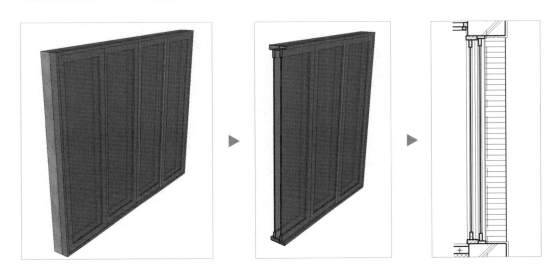

• 작성조건

기초: 철근콘크리트 일체식 구조

처마나옴: 600

천장높이: 2,400

물매: 4/10

지붕단열재: 180

바닥 단열재: 85

외벽: 1.5B공간쌓기(단열재 120)

내벽: 1.0B쌓기

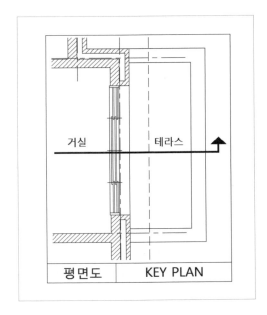

평면도	KEY PLAN

⊙ 작성과정

❶ 도면층(LAYER)과 표제란이 작성된 축척 1/40 도면양식을 준비합니다. [Offset] 명령을 사용해 작업에 필요한 기준선을 표시하고 바닥구조와 천장을 작성합니다. 테라스나 현관의 경우 평면도에 치수가 표시되지 않는 경우가 많아 주변 치수를 참고하여 작업자가 임의로 설정합니다.

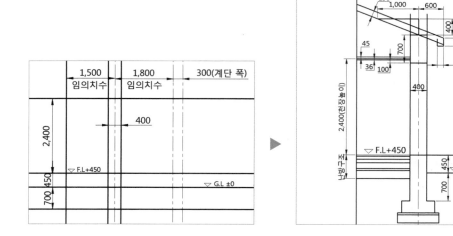

❷ 창문이 들어가는 곳의 벽체 선분을 잘라내고 계단을 작성합니다.

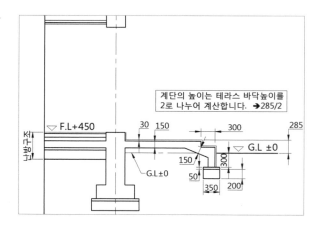

계단의 높이는 테라스 바닥높이를 2로 나누어 계산합니다. ➔285/2

❸ 빈 공간에 다음과 같이 창의 틀을 작성합니다.
틀 위에 창틀을 배치할 때는 그림과 같이 창틀이 하나 더 들어갈 정도의 공간을 비워 놓고 배치합니다. 실내 쪽이 목재 창이며 실외 쪽이 알루미늄 창입니다. 목재 창에는 반자돌림과 같은 치장재 재료표시를 교차되게 설정합니다.

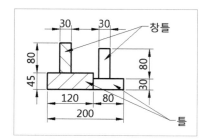

❹ 작성된 틀과 창틀을 기초 위에 배치하고 실내방향으로 다음과 같이 이동합니다.

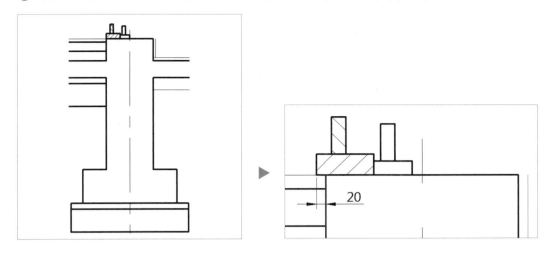

❺ 틀과 창틀을 바로 위 빈 공간에 대칭복사한 후 다음과 같은 과정으로 작성합니다.
틀을 연결한 세로선은 마감선 도면층으로 하며 창틀의 가운데 세로선은 단면선으로 합니다.

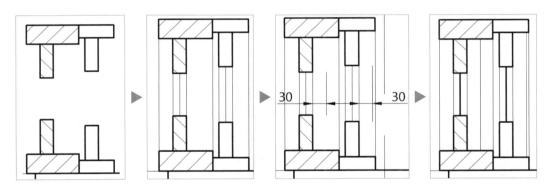

❻ [Stretch] 명령을 사용해 작성된 창을 테두리보까지 늘려줍니다.
(S Enter ⇨ 범위지정(걸침선택) Enter ⇨ 기준점 클릭 ⇨ 신축위치 클릭)

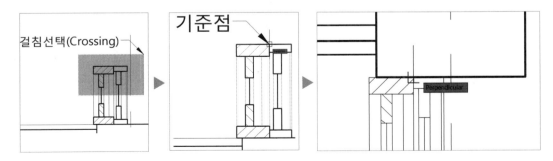

⑦ 창의 상부와 하부의 마감을 처리하고 입면으로 보이는 치장쌓기를 표시합니다.

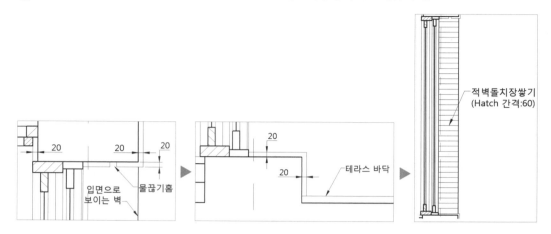

적벽돌치장쌓기
(Hatch 간격:60)

20   20   20

20

입면으로
보이는 벽

물끊기홈

20

테라스 바닥

---

04 방창

창의 높이는 1,200으로 합니다.

완성파일 부록DVD1\완성파일\Part03\Ch07\방창.dwg
동영상 부록DVD1\동영상\P03\P03-Ch07-3(방창).mp4

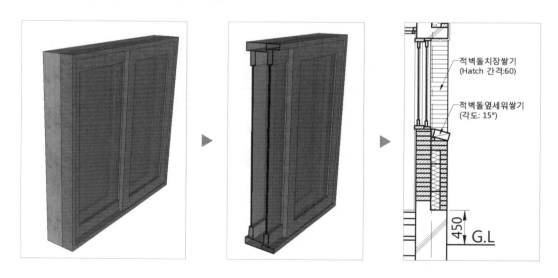

적벽돌치장쌓기
(Hatch 간격:60)

적벽돌옆세워쌓기
(각도: 15°)

450

G.L

• 작성조건

기초: 철근콘크리트 일체식 구조

처마나옴: 550

천장높이: 2,350

물매: 3.5/10

지붕단열재: 180

바닥 단열재: 85

외벽: 1.5B공간쌓기(단열재 120)

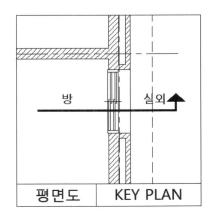

평면도	KEY PLAN

◉ **작성과정**

❶ 도면층(LAYER)과 표제란이 작성된 축척 1/40 도면양식을 준비합니다. [Offset] 명령을 사용해 작업에 필요한 기준선을 표시하고 바닥구조와 천장을 작성합니다.

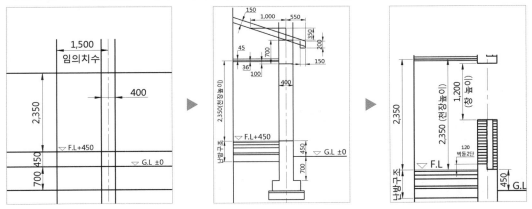

❷ 빈 공간에 다음과 같이 창의 틀을 작성합니다.

틀 위에 창틀을 배치할 때는 그림과 같이 창틀이 하나 더 들어갈 정도의 공간을 비워 놓고 배치합니다. 실내 쪽이 목재 창이며 실외 쪽이 알루미늄 창입니다. 목재 창에는 반자돌림과 같은 치장재 재료표시를 교차되게 설정합니다.

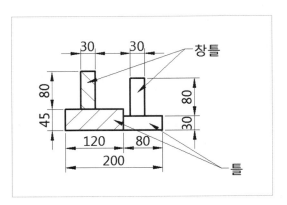

❸ 작성된 틀과 창틀을 기초 위에 배치하고 실
내방향으로 다음과 같이 이동합니다.

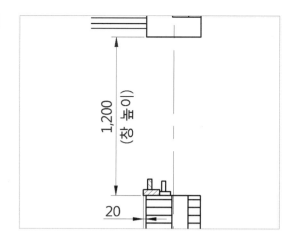

❹ 틀과 창틀을 바로 위 빈 공간에 대칭복사한 후 다음과 같은 과정으로 작성합니다. 틀을 연결한 세
로선은 마감선 도면층으로 하며 창틀의 가운데 세로선은 단면선으로 합니다.

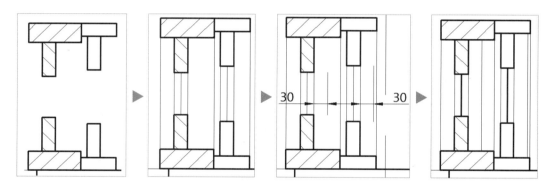

❺ [Stretch] 명령을 사용해 작성된 창을 테두리보까지 늘려줍니다.
(S Enter ⇨ 범위지정(걸침선택) Enter ⇨ 기준점 클릭 ⇨ 신축위치 클릭)

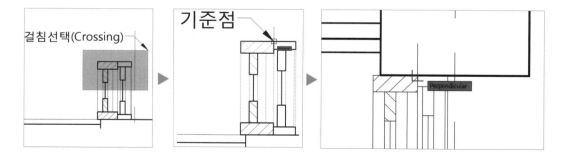

❻ 창의 상부에 마감처리를 하고 물끊기홈을 표시합니다.

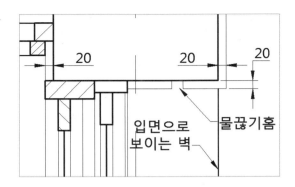

❼ 창의 하부 빈 공간에 옆세워쌓기를 위한 벽돌을 작성합니다.

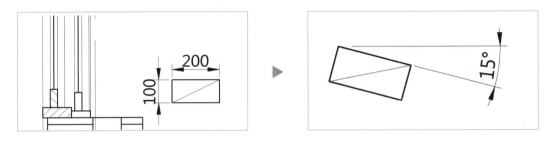

❽ 치장쌓기 벽돌 2~3개를 삭제하고 준비한 옆세워쌓기 돌을 그림과 비슷한 위치에 배치합니다.

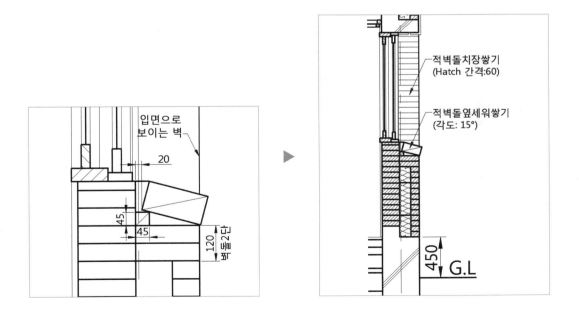

욕실의 문과 창은 방이나 거실에 비하여 작습니다.

창 높이 600, 문 높이 2,000으로 하고 작도과정은 방의 문, 창과 동일합니다.

완성파일 부록DVD1\완성파일\Part03\Ch07\욕실의 문과 창.dwg

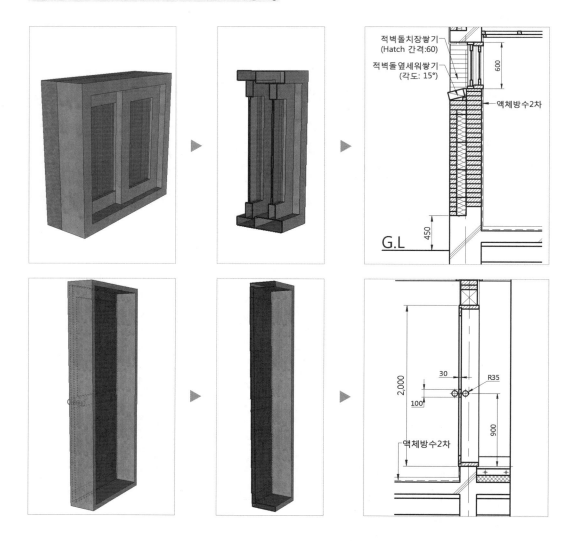

- **작성조건**

기초: 철근콘크리트 일체식 구조

처마나옴: 550

천장높이: 2350

물매: 3.5/10

지붕단열재: 180

바닥 단열재: 85

외벽: 1.5B공간쌓기(단열재 120)

내벽: 1.0B쌓기

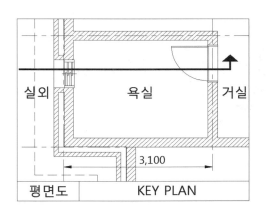

다음과 같이 작성해 볼 수 있도록 합니다.

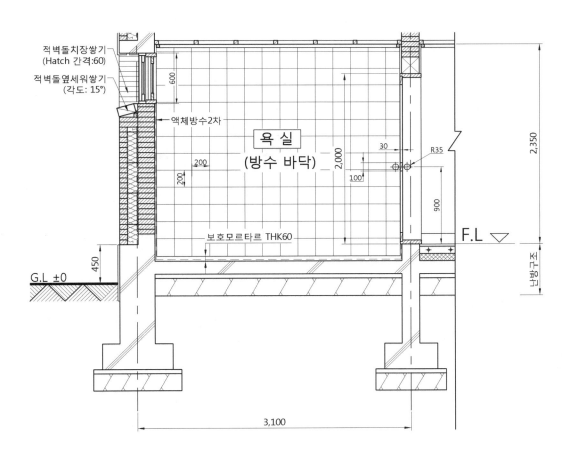

지하실

대부분 주방 하부에 있으며 구조는 철근콘크리트 온통기초로 되어 있습니다. 문제로 제시되는 평면도에 지하실로 표기됩니다.

01 평면도의 지하실 표시

절단선이 지나지 않는 경우는 도면작성과 관계가 없지만, 절단선이 표시된 지하실 부분을 지나는 경우에는 하부 지하실까지 작성해야 합니다.

❶ 지하실이 표시되고 절단선이 지나지 않는 경우: 도면작성과 무관

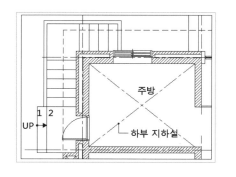

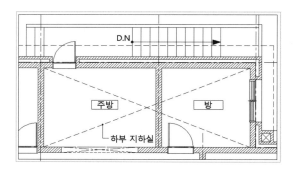

❷ 지하실이 표시되고 절단선이 지나는 경우: 지하실까지 작성

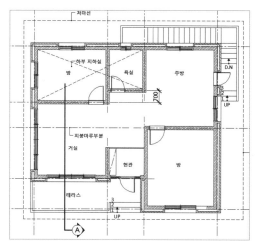

주방 아래에 지하실을 작성해야 합니다.

완성파일 부록DVD1\완성파일\Part03\Ch08\지하실.dwg
동영상 부록DVD1\동영상\P03\P03-Ch08(지하실).mp4

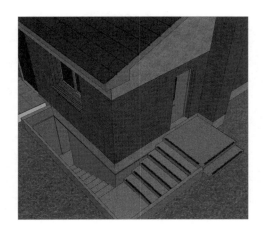
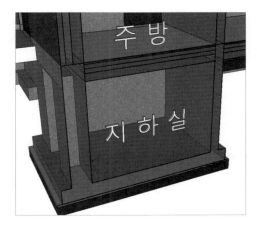

• 작성조건

기초: 철근콘크리트 일체식 구조

처마나옴: 600

천장높이: 2,400

물매: 4/10

지붕단열재: 180

바닥 단열재: 85

외벽: 1.5B공간쌓기(단열재 120)

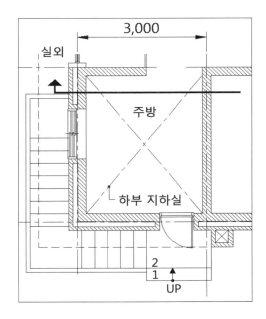

⊙ 작성과정

❶ 도면층(LAYER)과 표제란이 작성된 축척 1/40 도면양식을 준비합니다.
[Offset] 명령을 사용해 작업에 필요한 기준선을 표시하고 바닥구조와 천장을 작성합니다.

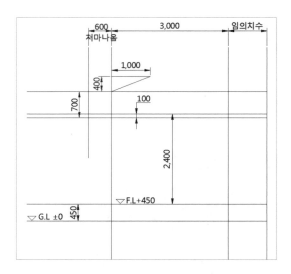

❷ 다음과 같이 지붕, 천장, 벽, 바닥의 뼈대를 작성합니다.

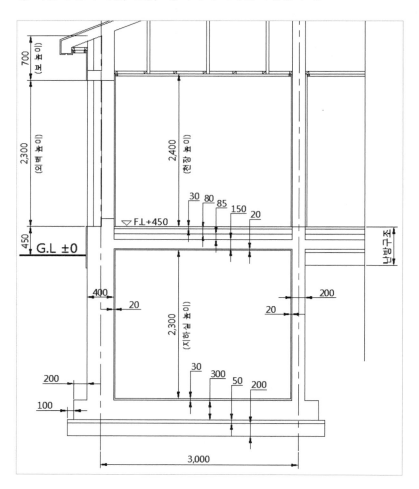

❸ 각 재료의 표시를 넣어 완성합니다. 지하실의 바닥과 벽은 지붕과 같이 방수를 해야 합니다.

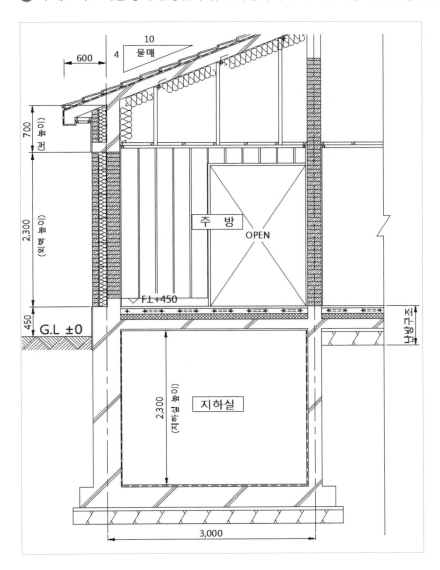

CHAPTER 09 기타

01 계단의 단이 하나인 경우

완성파일 부록DVD1\완성파일\Part03\Ch09\테라스.dwg
동영상 부록DVD1\동영상\P03\P03-Ch09(난간과 중문).mp4

• **작성조건**

기초: 철근콘크리트 일체식 구조

처마나옴: 600

천장높이: 2,400

물매: 4/10

지붕단열재: 180

바닥 단열재: 85

외벽: 1.5B공간쌓기(단열재 120)

◉ **작성과정**

❶ 도면층(LAYER)과 표제란이 작성된 축척 1/40 도면양식을 준비합니다.

[Offset] 명령을 사용해 작업에 필요한 기준선을 표시하고 바닥구조와 천장을 작성합니다. 테라스의 크기가 주어지지 않았으므로 작업자가 임의로 작성합니다.

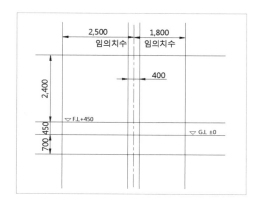

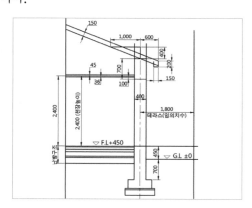

❷ 테라스 바닥구조를 다음과 같이 작성합니다.

거실의 철근코크리트 150선과 테라스의 철근콘크리트 선의 위치를 같게 작성합니다.

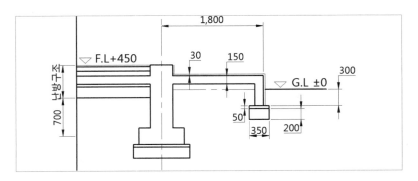

❸ 올라오는 부분이 아니므로 계단이 없고 난간을 설치해야 합니다.

(실의 바닥높이가 높은 경우에는 테라스 바닥과 G.L 차이가 더 높아질 수 있습니다.)

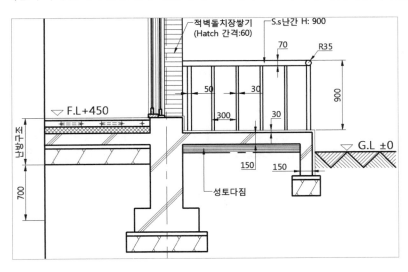

현관에서 거실로 이어지는 부분에 문이 있는 경우도 있습니다. 작성방법은 테라스의 창과 유사합니다.

완성파일 부록DVD1\완성파일\Part03\Ch09\현관 중문.dwg
동영상 부록DVD1\동영상\P03\P03-Ch09(난간과 중문).mp4

• 작성조건

기초: 철근콘크리트 일체식 구조
처마나옴: 600
천장높이: 2,400
물매: 4/10
지붕단열재: 180
바닥 단열재: 85
외벽: 1.5B공간쌓기(단열재 120)

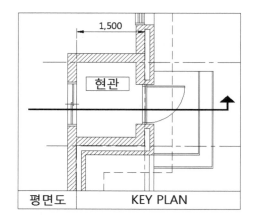

| 평면도 | KEY PLAN |

⊙ 작성과정

❶ 도면층(LAYER)과 표제란이 작성된 축척 1/40 도면양식을 준비합니다. [Offset] 명령을 사용해 작업에 필요한 기준선을 표시하고 바닥구조와 천장을 작성합니다.

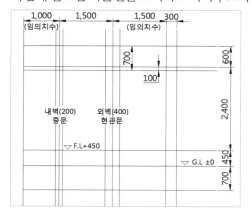

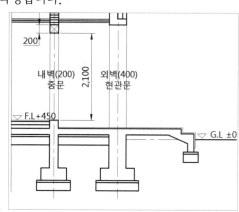

❷ 빈 공간에 중문의 틀을 작성해 기초 위로 이동합니다.

가로 30, 세로 80인 문틀의 위치는 그림과 같이 적당히 배치하면 됩니다.

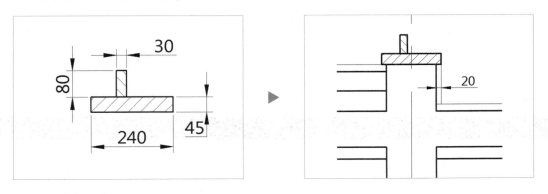

❸ 배치된 틀을 위로 대칭복사한 후 입면으로
보이는 선과 절단된 유리 선을 그려줍니다.

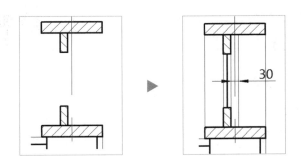

❹ 작성된 문을 상부의 인방까지 늘려주고 중간의 틀은 하부나 상부의 틀을 복사합니다.

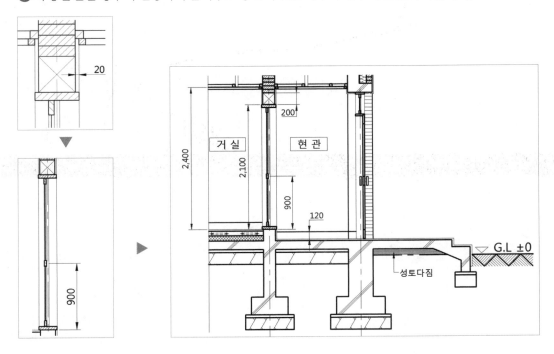

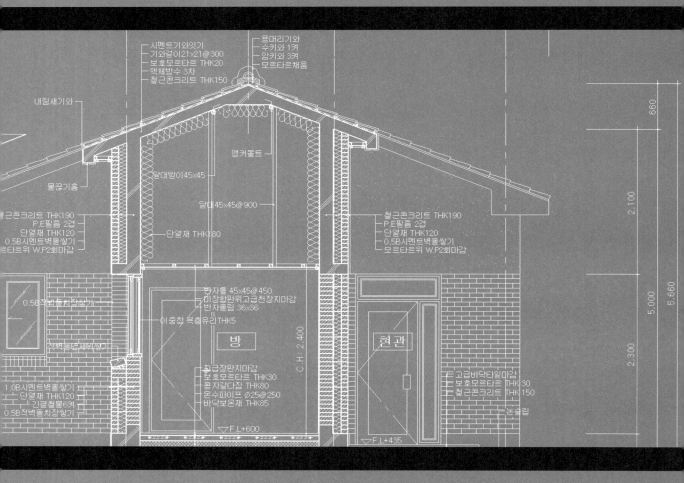

시멘트기와잇기
기와걸이21×21@300
보호모르타르 THK20
액체방수 3차
철근콘크리트 THK150

용머리기와
수키와 1켜
암키와 3켜
모르타르채움

내림새기와

앵커볼트

달대받이45×45

물끊기홈

달대45×45@900

철근콘크리트 THK190
P.E필름 2겹
단열재 THK120
0.5B시멘트벽돌쌓기
모르타르위 W.P2회마감

단열재 THK180

철근콘크리트 THK190
P.E필름 2겹
단열재 THK120
0.5B시멘트벽돌쌓기
모르타르위 W.P2회마감

0.5B적벽돌치장쌓기

반자틀 45×45@450
미장합판위고급천장지마감
반자돌림 36×36

이중창 목충유리THK5

방

현관

고급장판지마감
보호모르타르 THK30
콩자갈다짐 THK80
온수파이프 Ø25@250
바닥보온재 THK85

고급바닥타일마감
보호모르타르 THK30
철근콘크리트 THK150

1.0B시멘트벽돌쌓기
단열재 THK120
긴결철물6켜
0.5B적벽돌치장쌓기

C.H 2,400

▽ F.L+600

▽ F.L+435

콘슬립

660

2,100

5,000

2,300

5,660

문제유형에 따른 단면도 작성과정

단면도는 평면도의 유형에 따라 달라지는 경우가 많습니다. 실내바닥의 높이, 지붕마룻대, 처마 등 도면에 표시되는 기호나 수치를 정확히 확인하고 작성해야 평면도와 일치하는 단면도를 작성할 수 있습니다.

평면도에 바닥높이가 표시된 경우

실내의 바닥높이가 평면도 실명 아래에 표시되는 문제도면입니다.

완성파일 부록DVD1\완성파일\Part04\Ch01\현관거실.dwg

동영상 부록DVD1\동영상\P04\P04-Ch01(바닥높이가 표시된 경우).mp4

01 평면도 확인

❶ 현관 앞 계단 3단

계단 1단의 높이는 현관 높이를 '3'으로 나누어 작성

❷ 현관 높이 500

계단 3단의 높이와 현관의 높이는 같음

❸ 거실 높이 650

천장높이 계산 시 기준은 제일 높은 거실을 기준으로 합니다.

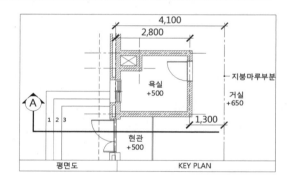

• 작성조건

기초: 철근콘크리트 일체식 구조

처마나옴: 600

천장높이: 2,400

물매: 4/10

지붕단열재: 180

바닥 단열재: 85

외벽: 1.5B공간쌓기(단열재 120)

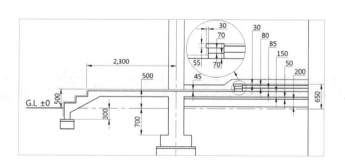

❶ 도면층(LAYER)과 표제란이 작성된 축척 1/40 도면양식을 준비합니다.
[Offset] 명령을 사용해 작업에 필요한 기준선을 표시하고 바닥과 천장을 표시합니다.
거실과 현관은 도면에 표시된 바닥높이 '650'과 '500'을 기준으로 합니다.

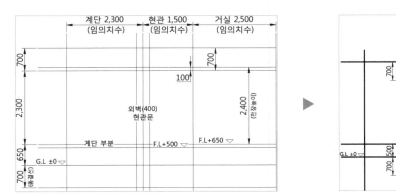

❷ 계단 1단의 높이는 현관높이 '500'을 계단 수 '3'으로 나누어 작성합니다.
([Offset] 명령 실행 후 거릿값 입력 시 500/3으로 합니다.)

```
Current settings: Erase source=No  Layer=Source  OFFSETGAPTYPE=0
Specify offset distance or [Through/Erase/Layer] <300.0000>: 500/3
```

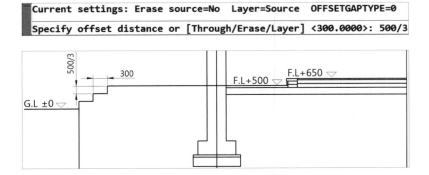

❸ 계단의 마감을 현관과 맞추기 위해 안쪽으로 Offset합니다.

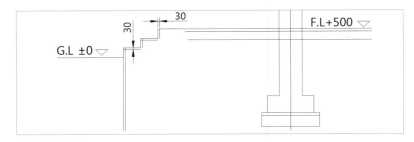

④ [Fillet] 명령으로 모서리를 편집하고 다음과 같이 철근콘크리트의 두께(150)를 표시합니다.

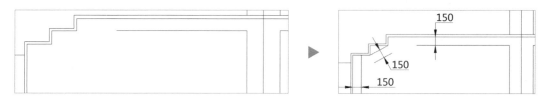

⑤ [Fillet] 명령으로 편집하여 계단을 완성합니다.

현관 바닥의 마감이 '45'로 되었지만 크게 관계가 없습니다. 거실 바닥의 콩자갈 두께를 '80'으로 하지 않고 '60~70' 정도로 줄여 마감의 두께를 조절할 수도 있습니다.

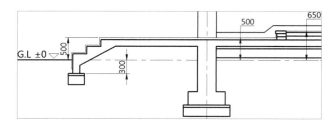

⑥ 콩자갈 다짐의 두께를 줄일 경우

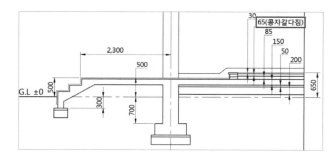

⑦ 현관의 철근콘크리트 두께를 두껍게 한 경우

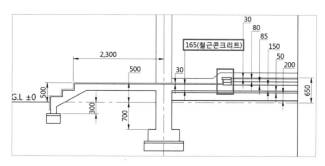

02 평면도에 바닥높이가 표시되지 않은 경우

문제도면에 바닥높이가 표시되지 않는 경우에는 실외부터 실내까지의 계단 수를 확인하여 바닥높이를 계산합니다.

완성파일 부록DVD1\완성파일\Part04\Ch02\거실테라스.dwg

동영상 부록DVD1\동영상\P04\P04-Ch02(바닥높이가 표시되지 않은 경우).mp4

01 평면도 확인

도면에 바닥높이가 표시되지 않은 경우에는 계단 1단의 높이를 '150'으로 합니다.

❶ 거실높이

테라스와 거실 사이의 단을 계단 1단으로 계산

450+150=600

❷ 테라스높이

거실 바닥구조에서 철근콘크리트 두께(150)를 연장하여

테라스의 바닥높이로 사용합니다.

❸ 테라스 계단높이

G.L과 테라스의 높이를 계단 수로 나누어 작성합니다.

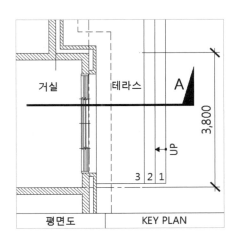

• 작성조건

기초: 철근콘크리트 일체식 구조

처마나옴: 600

천장높이: 2,400

물매: 4/10

지붕단열재: 180

바닥 단열재: 85

외벽: 1.5B공간쌓기(단열재 120)

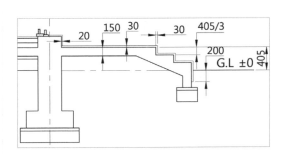

❶ 도면층(LAYER)과 표제란이 작성된 축척 1/40 도면양식을 준비합니다.

[Offset] 명령을 사용해 작업에 필요한 기준선을 표시하고 바닥과 천장을 표시합니다.

거실 바닥의 높이는 계단 3단에 단 차이 1단을 추가해 '600'으로 합니다.

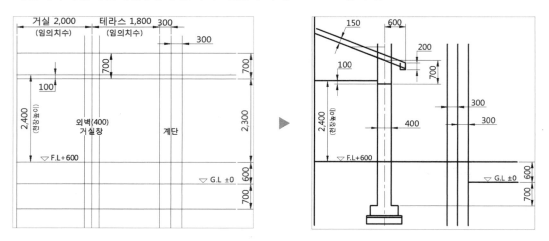

❷ 테라스의 높이는 거실 바닥구조에서 철근콘크리트 두께(150)를 연장하여 테라스의 바닥높이로 사용합니다. 테라스의 높이는 '405', 계단의 수는 3단이므로 계단 한 단의 높이는 '135'로 합니다.

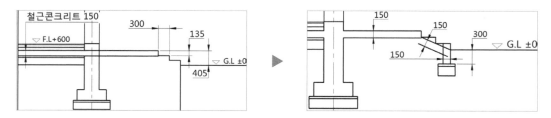

❸ 계단을 편집하고 마감선을 바깥쪽으로 넣어 다음과 같이 작성합니다.

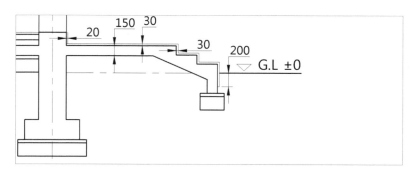

지붕마룻대 위치에 따른 차이점

지붕마룻대의 위치에 따라 물매(지붕경사)의 기준이 달라집니다. 물매의 기준은 항상 마룻대에서 가장 먼 쪽의 벽을 기준으로 작성해야 합니다.

완성파일 부록DVD1\완성파일\Part04\Ch03\물매기준.dwg
동영상 부록DVD1\동영상\P04\P04-Ch03(마룻대 위치에 따른 차이점).mp4

01 마룻대 위치에 따른 물매의 기준

❶ 지붕마루부터 절단된 외벽까지가 더 먼 경우에는 정상적으로 보의 높이를 '700'으로 합니다.

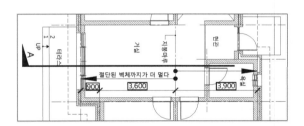
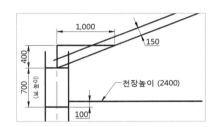

❷ 지붕마루부터 절단된 외벽까지가 반대편 외벽보다 가까운 경우에는 반대편 외벽에서 물매를 측정해서 대칭복사를 사용합니다.

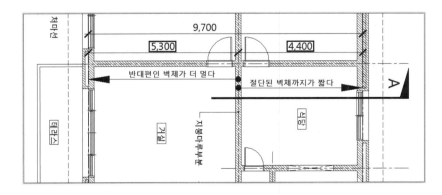

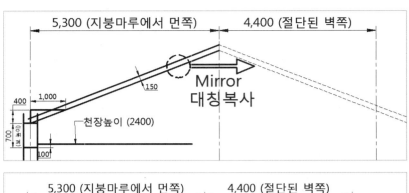

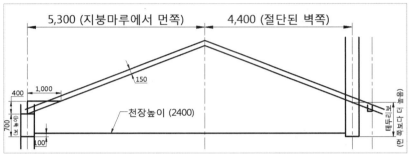

❸ 지붕마루부터 절단된 벽체까지의 거리는 짧으나 절단된 방향에 더 먼 벽체가 있으면 더 먼 벽체에
서 물매를 측정해 연장하여 사용합니다(실내 바닥높이는 150×4=600).

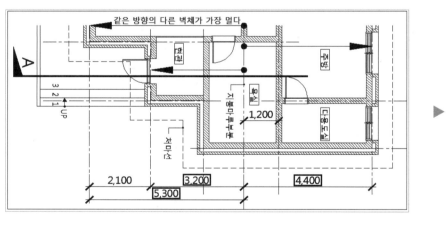

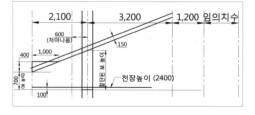

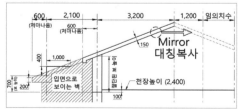

일반적인 문제의 경우 물매의 기준은 지붕마루(마룻대)에서 가장 먼 외벽이 기준이 됩니다. 하지만 처마선이 외벽에서부터 주어진 조건(550, 600)이 아닌 더 길게 표시된 경우에는 처마선 끝에서부터 조건에 제시된 거리(550, 600)만큼 후퇴한 위치를 물매표시의 기준으로 합니다.

❶ 앞선 01의 내용과 같이 처마선이 외벽에서 조건만큼 표시된 경우(출제빈도 높음).

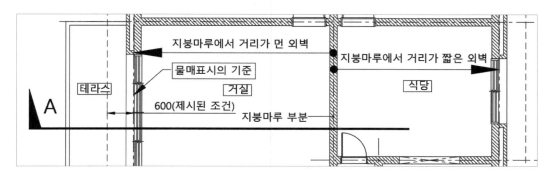

❷ 처마선이 외벽에서 조건보다 길게 표시된 경우(출제빈도 보통).

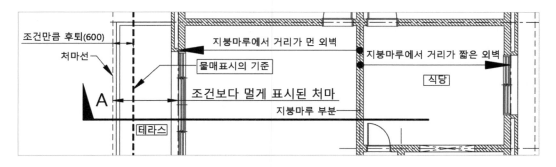

※ 처마선이나 관련된 위치의 치수가 표시되지 않은 경우 주변 치수를 고려하여 파악하거나 문제도 면(평면도)을 1/100축척자로 확인해 거리 값을 측정합니다. (문의 폭이 900이므로 문과 비교하여 파악하는 것이 가장 수월합니다.)

❸ 지붕마루에서부터 외벽까지의 거리는 짧으나 표시된 처마선 끝에서 조건만큼 후퇴한 위치가 지붕마루에서부터 가장 먼 경우(출제빈도 낮음).

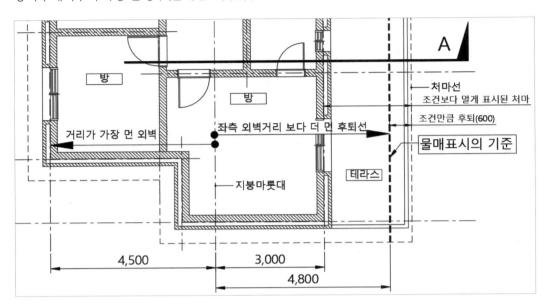

방

방

A

처마선
조건보다 멀게 표시된 처마

조건만큼 후퇴(600)

물매표시의 기준

거리가 가장 먼 외벽

좌측 외벽거리 보다 더 먼 후퇴선

테라스

지붕마룻대

4,500

3,000

4,800

처마선 위치에 따른 차이점

평면도의 외벽 바깥쪽으로 파선으로 처리되는 처마선(처마나옴)은 일반적으로 550~650 정도로 조건에 제시되지만, 현관이나 테라스 부분은 좀 더 돌출되는 경우가 있습니다. 이는 조건에 명시되지 않아 도면을 보고 치수를 파악해야 합니다.

완성파일 부록DVD1\완성파일\Part04\Ch04\처마선.dwg

동영상 부록DVD1\동영상\P04\P04-Ch04(처마선 위치에 따른 차이점).mp4

01 평면도 확인

❶ 제시된 조건과 도면에는 '600'으로 표시되나 절단된 부분에 따라서 처마선의 위치를 확인합니다.

❷ 절단된 현관 처마선은 외벽 중심으로부터 600이 아닌 방 외벽의 처마선 600이 현관과 테라스까지 이어집니다.

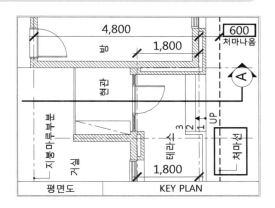

• 작성조건

기초: 철근콘크리트 일체식 구조

처마나옴: 600

천장높이: 2350

물매: 4/10

지붕단열재: 180

바닥 단열재: 85

외벽: 1.5B공간쌓기(단열재 120)

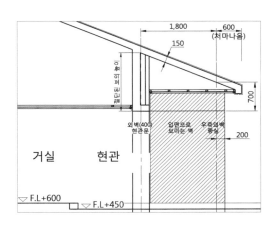

❶ 도면층(LAYER)과 표제란이 작성된 축척 1/40 도면양식을 준비합니다.
[Offset] 명령을 사용해 작업에 필요한 기준선을 표시하고 바닥과 천장을 표시합니다.

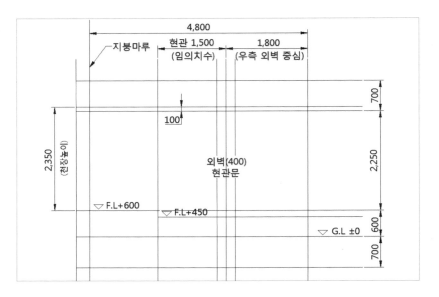

❷ 지붕마루에서 절단된 벽체까지의 거리보다 입면으로 보이는 우측 외벽까지의 거리가 멀어서 물매의 기준은 우측 외벽이 됩니다. 평면도의 처마선 표시는 절단된 현관 벽체로부터가 아닌 우측 외벽을 따라가므로 처마의 단면 또한 우측 외벽을 기준으로 작성합니다.

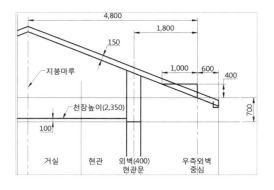

▶

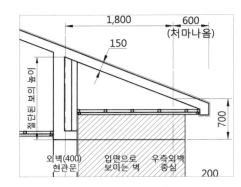

주택의 일부나 주변요소가 입면으로 보이는 경우

단면도는 절단된 부분을 표현하지만, 도면의 이해도를 높이기 위해 입면으로 보이는 요소도 충실히 표현해야 합니다.

완성파일 부록DVD1\완성파일\Part04\Ch05\입면처리.dwg

동영상 부록DVD1\동영상\P04\P04-Ch05(주변요소의 입면 표현).mp4

01 문, 신발장

거실에는 방문, 현관에는 신발장을 그려주어야 합니다.

문의 크기는 실에 맞게 작성하고 신발장은 개인 취향이나 작업속도, 현관크기에 맞추어 표현합니다.

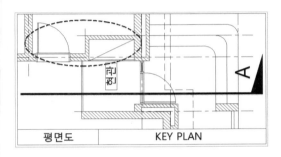

| 평면도 | KEY PLAN |

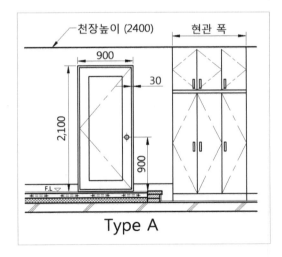

Type A

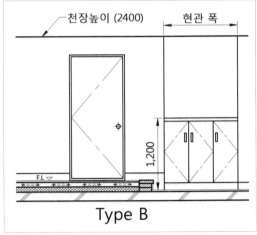

Type B

02　창

창의 크기는 도면에 표시되지 않으므로 주변
의 치수를 고려하여 적절하게 표현합니다.

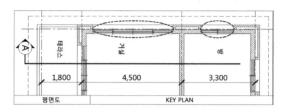

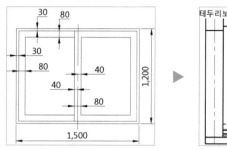

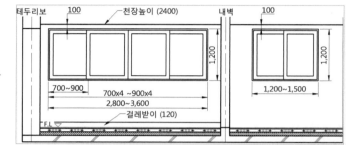

03　화단, 난간, 현관문

현관문은 도면에서 쉽게 파악이 되지만 난간과 화단
은 눈에 잘 띄지 않으므로 좀 더 자세히 살펴봐야 합
니다.

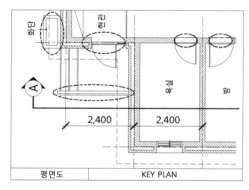

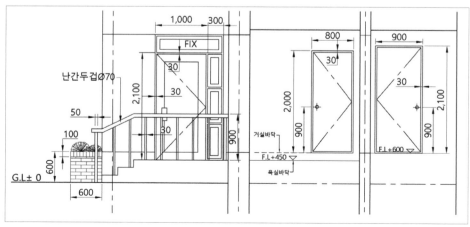

① 화단의 작성과정

(1) 화단을 작성합니다.

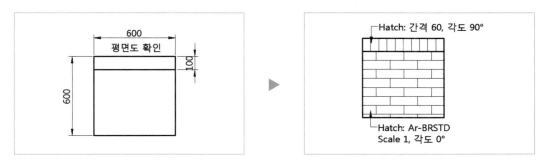

(2) 식재를 표현하기 위해 가로 200선분을 그려 회전복사를 자연스럽게 합니다.

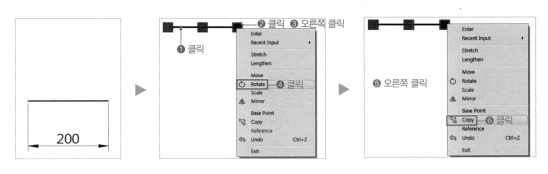

(3) 작성된 선을 따라 자연스럽게 Line을 그려 줍니다. F8=OFF

(4) [Copy] 명령을 사용해 수평으로 복사한 후 [Scale] 명령으로 0.7배 작게 만듭니다.

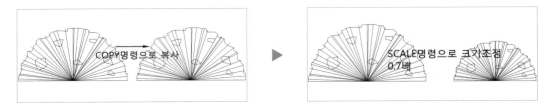

(5) 두 개의 식재를 [Move] 명령으로 보기 배치해 먼저 작성된 화단으로 이동합니다.

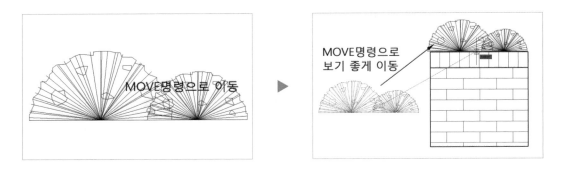

❷ 난간의 작성과정

(1) [POLYLINE(PL)] 명령으로 난간의 모양을 계단 바닥을 따라 스케치합니다.

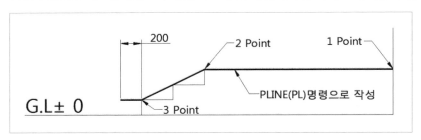

(2) 작성된 난간의 모양을 위로 이동합니다.

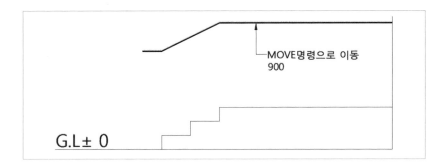

(3) 이동된 선을 하단으로 복사합니다.

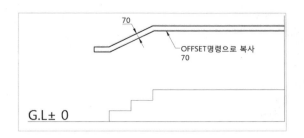

(4) 난간동자와 엄지기둥을 만들기 위해 300 간격으로 선을 그립니다.

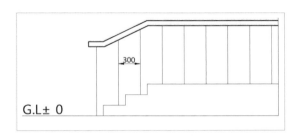

(5) 처음과 끝은 엄지기둥으로 두께를 '50', 사이에 있는 난간동자는 두께를 '30'으로 작성합니다.

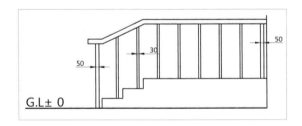

❸ 현관문의 작성과정
상부와 우측의 고정창은 현관문의 크기, 천장높이에 따라 달라질 수 있습니다.

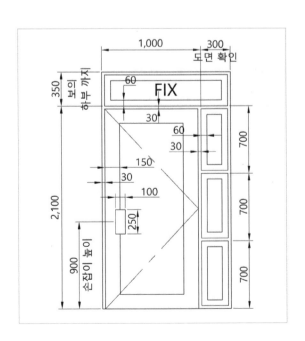

평면도에 표시된 외벽 중심선에 따른 차이점

CHAPTER 06

평면도에 표시된 중심선은 다음과 같이 크게 3가지 유형으로 출제되고 있습니다. 조적식 구조인 공간쌓기 벽체의 중심선 위치는 구조적인 해석과 이해관계자에 따라 각각 다른 의견을 보이고 있습니다. 하지만 시험에서는 이미 계획된 평면도가 문제로 제시되므로 평면도에 표시된 중심선 위치와 동일하게 맞춰서 작업하면 됩니다.

완성파일 부록DVD1₩완성파일₩part04₩ch06₩외벽중심선.dwg

01 외벽 총 두께의 중간에 중심선이 표시된 경우

⊙ **작성과정(1.5B공간쌓기, 단열재120)**

❶ 중심선을 기준으로 좌측과 우측으로 벽두께의 1/2(200)을 Offset

❷ 외벽 방향에 맞추어 1.0B시멘트벽돌(190)과 0.5B(90)적벽돌 두께를 Offset

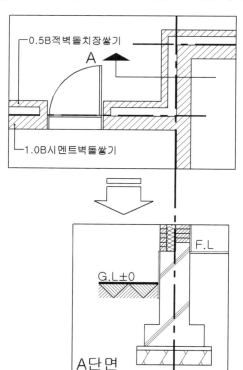

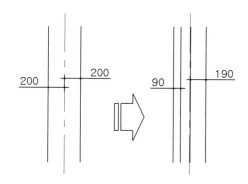

⊙ 작성과정(1.5B공간쌓기, 단열재120)

❶ 중심선을 기준으로 좌측과 우측으로 1.0B시멘트벽돌 두께의 1/2(95)을 Offset

❷ 바깥쪽(외부)으로 단연재(120)와 0.5B(90)적벽돌 두께를 Offset

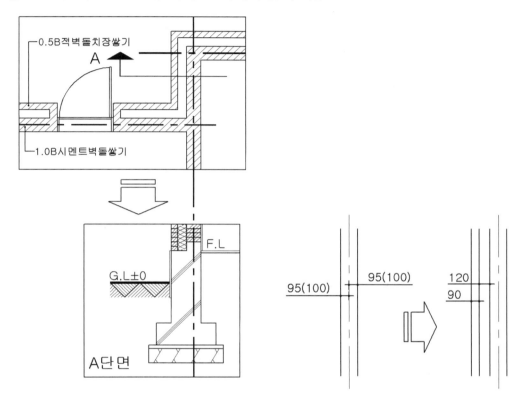

⊙ 작성과정(철근콘크리트THK150, 단열재120, 0.5B적벽돌)

❶ 중심선을 기준으로 좌측과 우측으로 철근콘크리트 두께의 1/2(75)을 Offset

❷ 바깥쪽(외부)으로 단연재(120)와 0.5B(90)적벽돌 두께를 Offset

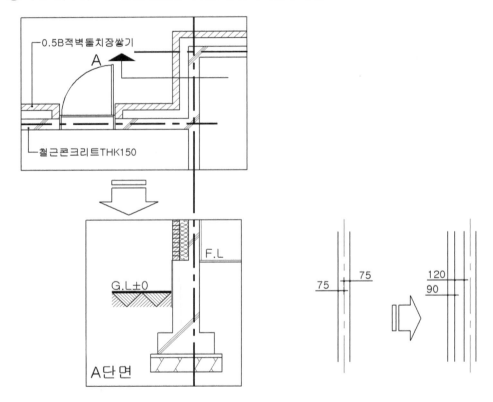

위와 같은 세 가지 유형은 외벽단열재의 조건이 120인 경우이며, 벽체 구조와 단열조건은 변경되어 출제될 수 있으니 작성조건을 필히 확인하여 제시된 단열두께를 적용합니다. 벽돌 두께를 Offset하는 경우 1.0B시멘트벽돌은 190 또는 200으로, 0.5B적벽돌은 90 또는 100으로 계산해도 무방합니다. (현재까지 외벽 단열재 두께는 시행 초기 50에서 70, 80을 거쳐 현재는 에너지 절약 설계로 인해 120으로 출제되고 있습니다.)

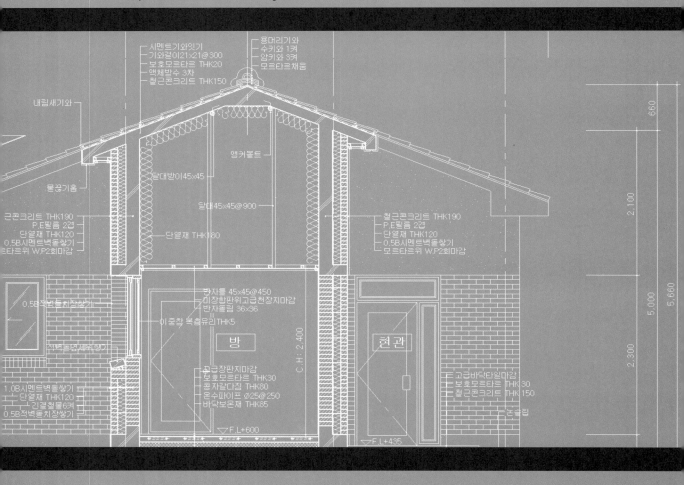

시멘트기와잇기
기와걸이21x21@300
보호모르타르 THK20
액체방수 3차
철근콘크리트 THK150

용머리기와
수키와 1켜
암키와 3켜
모르타르채움

내림새기와

앵커볼트

달대받이45x45

달대45x45@900

철근콘크리트 THK190
P.E필름 2겹
단열재 THK120
0.5B시멘트벽돌쌓기
모르타르위 W.P2회마감

물끊기홈

근콘크리트 THK190
P.E필름 2겹
단열재 THK120
0.5B시멘트벽돌쌓기
르타르위 W.P2회마감

단열재 THK180

반자틀 45x45@450
미장합판위고급천장지마감
반자돌림 36x36

0.5B적벽돌치장쌓기

이중창 복층유리THK5

방

현관

C.H:2,400

고급장판지마감
보호모르타르 THK30
콩자갈다짐 THK80
온수파이프 Ø25@250
바닥보온재 THK85

고급바닥타일마감
보호모르타르 THK30
철근콘크리트 THK150

1.0B시멘트벽돌쌓기
단열재 THK120
긴결철물6켜
0.5B적벽돌치장쌓기

▽ F.L+600

▽ F.L+435

버림콘크리트

660
2,100
5,000
5,660
2,300

단면도의 문자와 치수기입

부분단면상세도를 작성한 후 재료의 표기와 치수를 기입해야 합니다. 치수기입을 하기 전에 벽체 중심 선과 파단선을 정리한 후 기입합니다. 도면을 아무리 잘 그렸다 하더라도 문자와 치수의 기입이 미흡하면 미완성된 도면으로 보일 수 있습니다.

문자기입

작성된 도면에 문자기입이 충실하지 못하면 감점으로 이어집니다. 많이 쓸수록 좋은 것은 아니며 누락된 곳이 없고 오타에 유의하며 전체적인 배치를 고르게 작성합니다.

완성파일 부록DVD1\완성파일\Part05\Ch01\문자기입.dwg

동영상 부록DVD1\동영상\P05\P05-Ch01(문자기입).mp4

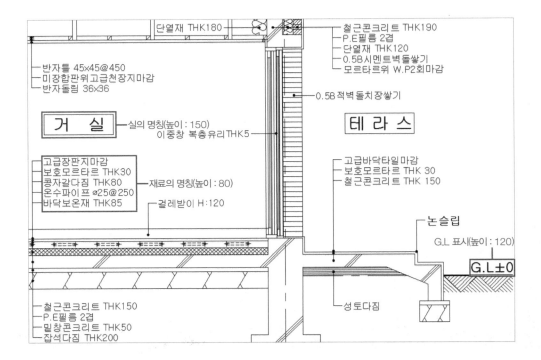

01 문자기입과 편집

문자의 작성은 [Dtext(DT)] 명령으로 높이 '80', 각도 '0'으로 쓰고, 수정은 문자를 더블클릭하거나 [Ddedit(ED)] 명령을 사용합니다. (물매, G.L, SCALE은 높이 '120')

1 Text Style 설정 상태 확인

글꼴이 굴림으로 되어 있는지 확인합니다.

ST Enter ⇨

2 [Dtext] 명령의 실행과정

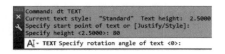

3 문자를 수정하는 Ddedit(ED)

재료의 수만큼 같은 문자를 복사한 후 더블클릭하여 수정합니다.

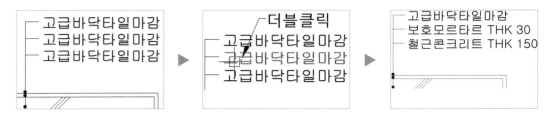

02 지시선 그리기

하나의 지시선은 [QLeader(LE)] 명령을 사용하고 다중 지시선은 [Line(L)]과 [Donut(DO)] 명령으로 작성합니다.

1 지시선

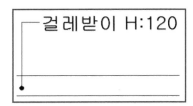

◉ 작성과정

LE `Enter` ⇨ 화살표의 시작위치 클릭(1P) ⇨ 지시선이 꺾이는 위치 클릭(2P) ⇨ 문자의 시작 위치 클릭
(3P) ⇨ `Enter` ⇨ `Enter` ⇨ 문자높이 변경(80) `Enter` ⇨ 내용 입력 ⇨ [OK] 버튼이나 빈 여백을 클릭
(지시선의 모양이 점이 아닌 경우 LE `Enter` ⇨ `Enter` 설정에서 변경합니다.)

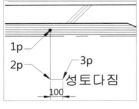

❷ 다중 지시선

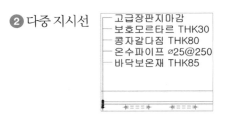

◉ 작성과정

L `Enter` ⇨ 임의의 선분과 꺾는 선분을 작성 ⇨ 꺾는 선분을 Offset(125) ⇨ 빈 공간에 문자작성(높이
80) ⇨ [Move] 명령으로 보기 좋게 이동

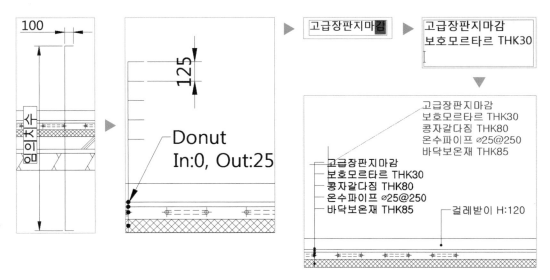

❶ 지름 표시인 Ø는 'ㄲ' 입력 후, 한자키를 입력하거나 '%%c'를 입력합니다.

온수파이프 Ø25@250

⊙ **작성과정**

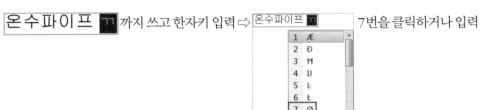

온수파이프 ㄲ 까지 쓰고 한자키 입력 ⇨ 온수파이프 ㄲ   7번을 클릭하거나 입력

1	Æ
2	Đ
3	Ħ
4	IJ
5	Ŀ
6	Ł
7	Ø

❷ 공차 표시인 ±는 'ㄷ' 입력 후 한자키를 입력하거나 '%%p'를 입력합니다.

G.L±0

⊙ **작성과정**

G.Lㄷ 까지 쓰고 한자키 입력 ⇨ G.Lㄷ   6번을 클릭하거나 입력

1	+
2	-
3	<
4	=
5	>
6	±

❶ 테두리 사각형을 작성한 후 실의 명칭을 높이 '150'으로 기입합니다.

❷ [Copy] 명령으로 복사해 각 실에 배치합니다.

❸ 더블클릭으로 실에 맞는 명칭으로 변경합니다.

(더블클릭으로 수정이 안 되면 단축키 'ED'를 입력하여 변경합니다.)

❹ 제목의 높이는 '250'으로, SCALE의 높이는 '120'으로 다음과 같이 작성합니다.

마무리된 문자

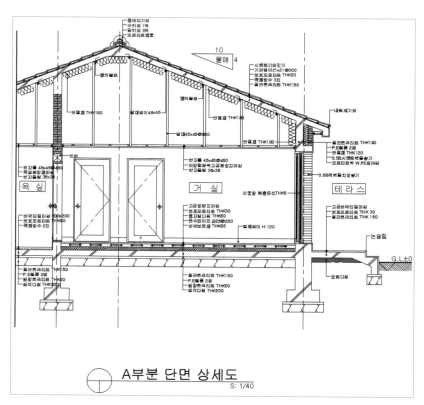

치수기입

중심선 등 치수기입에 필요한 선이 정리되면 DimStyle의 설정 상태를 확인하고 치수를 기입합니다.

완성파일 부록DVD1\완성파일\Part05\Ch02\치수기입.dwg

동영상 부록DVD1\동영상\P05\P05-Ch02(치수기입).mp4

01 2006 버전 이상 DimStyle 설정

❶ D Enter ⟹ 우측에서 [Modify] 버튼을 클릭

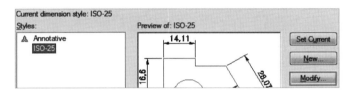

❷ [Symbols and Arrow] 탭

화살표 모양을 모두 작은 점인 'Dot small'로 설정합니다.

❸ [Lines] 탭

네 번째 'Extend beyond ticks'를 '1.25'로 설정합니다.

❹ [Fit] 탭

우측의 'Use overall scale of'를 '40'으로 설정합니다.

❺ [Primary Units] 탭

첫 번째 항목 단위를 'Windows Desktop'으로, 두 번째
항목 정밀도를 '0'으로 설정합니다.

---

02 2005 버전(한글판) 이하 DimStyle 설정

❶ D Enter ⇨ 우측에서 [수정(M)] 버튼 클릭

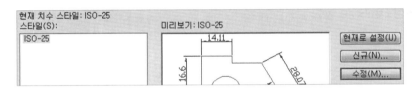

❷ [선과 화살표](Line and Arrow) 탭

화살표 모양을 모두 작은 점인 작은 점(Dot small)으로 변경하고 눈금 너머로 연장(Extend
beyond ticks)을 '1.25'로 설정합니다.

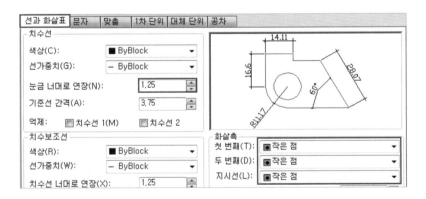

❸ [맞춤](Fit) 탭

우측의 전체 축척 사용(Use overall scale of)을 '40'으로
설정합니다.

❹ [1차 단위](Primary Units) 탭

첫 번째 항목 단위를 'Windows 바탕화면'(Windows Desktop)으로, 두 번째 항목 정밀도를 '0'으로 설정합니다.

---

03 가이드선 그리기

❶ 지붕

처마나옴 위치를 Line으로 표시하고 상단의 파단선, 중심선, 처마나옴 선의 길이를 같게 합니다.

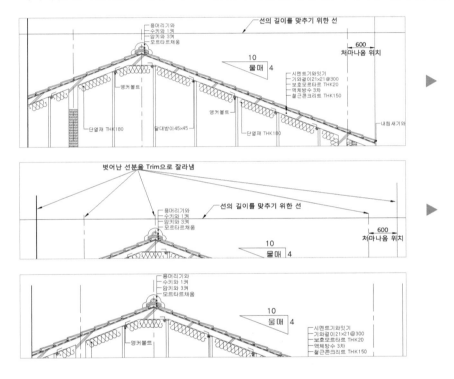

❷ 기초

치수가 기입될 구간을 Line으로 표시하고 선의 길이를 같게 합니다.

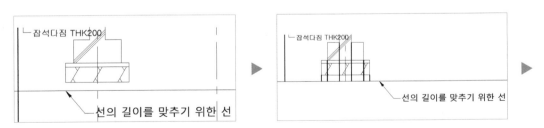

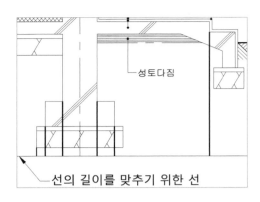

성토다짐

선의 길이를 맞추기 위한 선

3 벽

치수가 기입될 구간을 Line으로 표시하고 선의 길이를 같게 합니다.

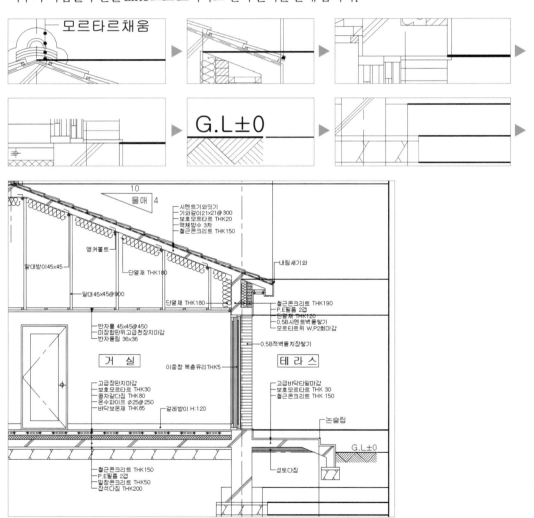

[Qdim(QD)]과 [Dimlinear(DLI)] 명령을 사용합니다.

⊙ **작성과정**

연속적인 부분 치수: QDIM [Enter] ➡ 치수가 표기될 선 클릭 [Enter] ➡ 치수선의 위치 클릭

전체적인 치수: DLI [Enter] ➡ 치수의 시작점 클릭 ➡ 치수의 끝점 클릭 ➡ 치수선의 위치 클릭

❶ 지붕

QDIM으로 정리해 놓은 파단선, 중심선, 처마나옴 선을 클릭해 치수를 기입하고, DLI 선형치수로 좌측 벽체의 중심선과 우측 외벽의 중심선의 끝을 클릭하여 전체 치수를 기입합니다.

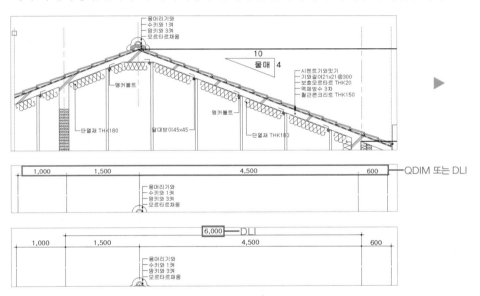

❷ 기초

DLI 선형치수로 기초의 치수를 기입하고, QDIM 또는 DLI명령으로 정리해 놓은 파단선, 중심선, 테라스 선을 클릭해 실의 치수를 기입합니다.

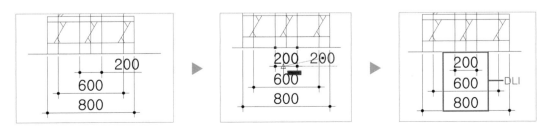

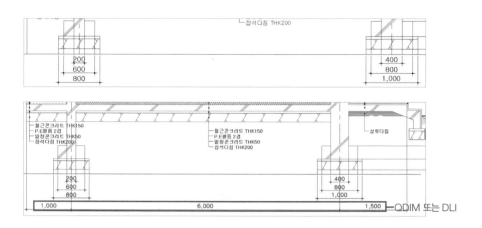

③ 벽

QDIM으로 먼저 그려 놓은 선을 클릭해 각 구조의 치수를 기입하고, DLI 선형치수로 지붕, 벽, 지상, 지하를 구분하는 치수를 기입합니다.

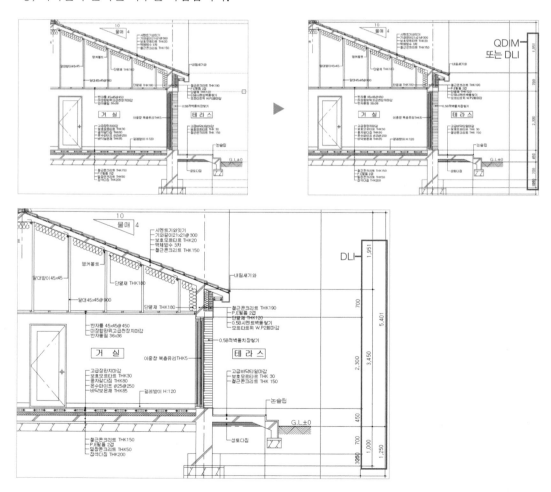

❹ 천장높이

천장높이의 치수기입은 복잡하지 않은 처마
반대편이나 실내에 기입합니다.

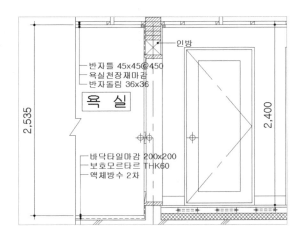

---

05   **치수편집**

치수기입 후 파단선을 포함한 구간은 값이 아닌 변화치수나 설계치수로 변경하고 일의 자리는 반올
림하여 값을 수정합니다. 구간의 거리가 짧아 문자가 벗어난 부분은 가운데로 위치를 조정하고 불필
요한 가이드선은 삭제해서 보기 좋게 정리합니다.

⊙ 수정과정

ED Enter ➪ 수정할 치수 클릭 ➪ 내용수정 ➪ [OK] 버튼이나 빈 여백을 클릭
(AutoCAD 2012 버전 이상에서는 치수를 더블클릭해서 수정할 수 있습니다.)

❶ 지붕 부분

파단선으로 절단된 실의 크기는 맞지 않으므로 설계치수로 변경합니다.

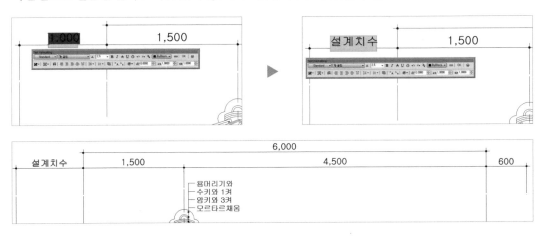

② 기초 부분

파단선으로 절단된 실의 크기는 맞지 않으므로 설계치수로 변경합니다.

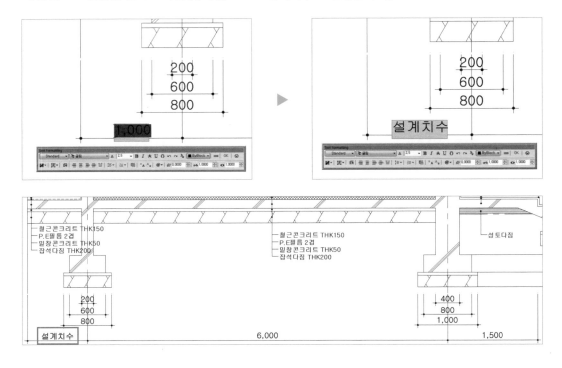

③ 벽 부분

지붕의 높이 1,951은 일의 자리 1은 버리고 1,950으로 수정합니다. 단면도의 작성범위가 지붕마루를 포함하지 않는 경우에는 설계치수로 수정합니다. 기초와 같이 치수의 값이 작아 문자가 벗어난 경우에는 Grip Point를 사용해 문자의 위치를 가운데로 이동합니다.

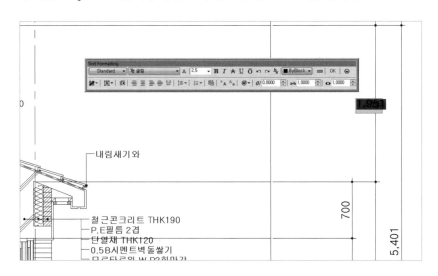

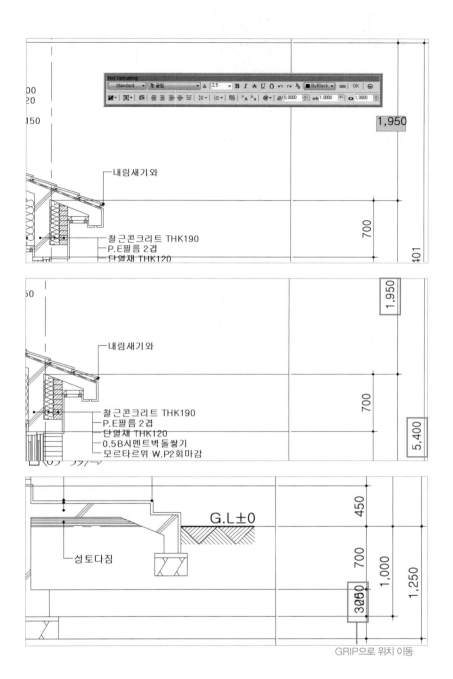

内림새기와

철근콘크리트 THK190
P.E필름 2겹
단열재 THK120

1,950

700

내림새기와

철근콘크리트 THK190
P.E필름 2겹
단열재 THK120
0.5B시멘트벽 돌쌓기
모르타르위 W.P2회마감

1,950

700

5,400

G.L±0

성토다짐

450

700

1,000

1,250

300

GRIP으로 위치 이동

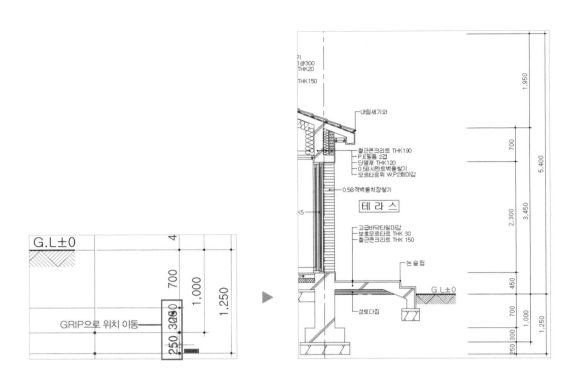

❹ 천장높이

높이 값 앞에 천장높이의 약자 'C.H'를 붙여 수정합니다.

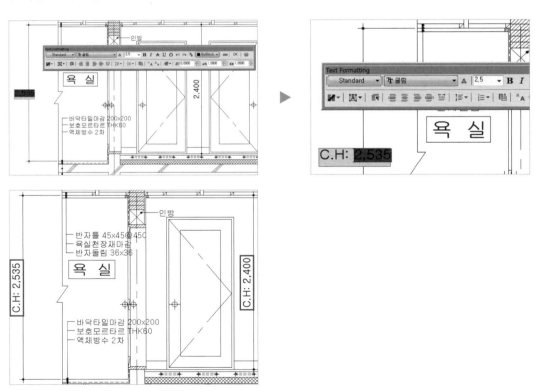

❺ 모든 치수를 기입하고 [Stretch] 명령으로 보조선의 길이를 조정해 마무리합니다.

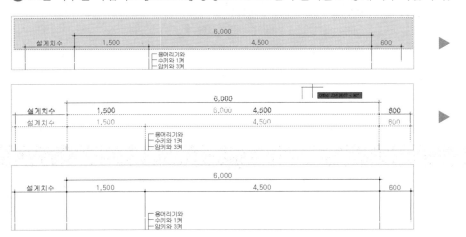

완성된 A 부분 단면상세도

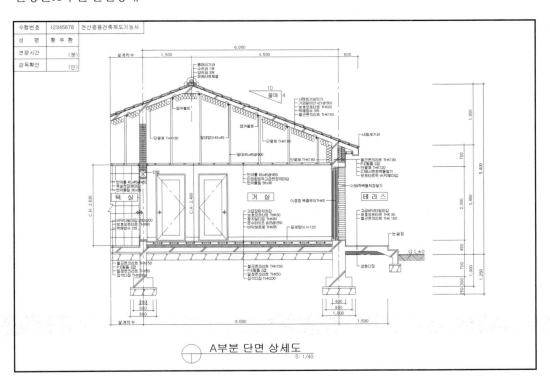

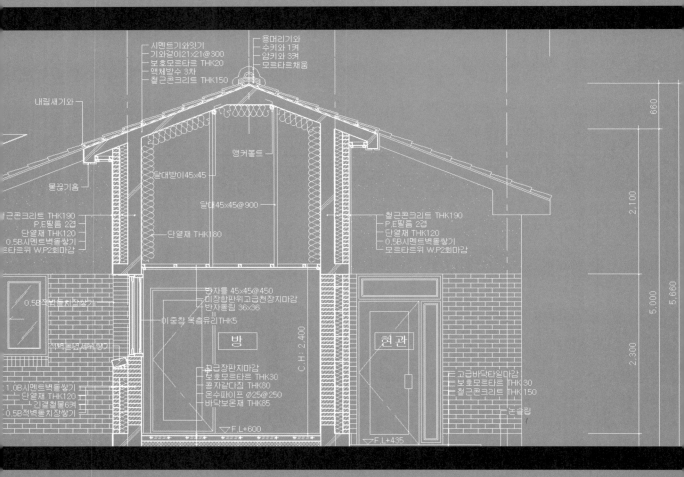

시멘트기와잇기
기와걸이21×21@300
보호모르타르 THK20
액체방수 3차
철근콘크리트 THK150

용머리기와
수키와 1켜
암키와 3켜
모르타르채움

내림새기와

달대받이45×45

앵커볼트

달대45×45@900

단열재 THK180

철근콘크리트 THK190
P.E필름 2겹
단열재 THK120
0.5B시멘트벽돌쌓기
모르타르위 W.P2회마감

물끊기홈

철근콘크리트 THK190
P.E필름 2겹
단열재 THK120
0.5B시멘트벽돌쌓기
르타르위 W.P2회마감

0.5B적벽돌치장쌓기

반자틀 45×45@450
미장합판위고급천장지마감
반자돌림 36×36
이중창 복층유리THK5

방

C.H : 2.400

고급장판지마감
보호모르타르 THK30
콩자갈다짐 THK80
온수파이프 Ø25@250
바닥보온재 THK85

현관

고급바닥타일마감
보호모르타르 THK30
철근콘크리트 THK150

본슬립

적벽돌쌓기(세워쌓기)

1.0B시멘트벽돌쌓기
단열재 THK120
긴결철물6켜
0.5B적벽돌치장쌓기

▽ F.L+600

▽ F.L+435

660

2,100

5,000

5,660

2,300

PART

06

각 실의 부분단면상세도

시험에 자주 출제가 되었던 부분을 중심으로 각 실의 단면을 작성합니다. 평면도를 올바르게 해석하고 제시된 설계조건을 적용하여 도면을 작성할 수 있도록 학습합니다. 각 챕터를 시작할 때마다 표제란, 도면층, 문자, 치수의 설정을 새롭게 반복하는 것이 좋습니다.

거실+테라스

각 실의 바닥높이가 표시되지 않고 테라스에 난간이 있는 도면입니다. A부분의 단면 상세도를 1/40로 작도하세요.

완성파일 부록DVD1\완성파일\Part06\Ch01\거실테라스.dwg

동영상 부록DVD1\동영상\P06\P06-Ch01(거실 테라스의 단면).mp4

• **작성조건**

기초 및 지하실 구조: 철근콘크리트 구조로 한다.

바닥 구조: 철근콘크리트 일체식 구조로 한다. (단열재 85mm)

외벽: 1.5B공간쌓기 구조로 외부마감은 제물치장으로 한다. (단열재 120mm)

내벽: 1.0B쌓기 구조로 한다.

지붕: 철근콘크리트 경사슬래브 구조로 마감은 시멘트기와로 한다.

　　　물매는 4/10 이상으로 한다. (단열재 180mm)

처마나옴: 벽체 중심에서 600mm

반자높이: 2,400mm (처마반자 설치)

창호: 목제 창호로 하되 2중창인 경우 외부는 알루미늄 새시로 한다.

각 실의 난방: 온수파이프 온돌난방으로 한다.

*기타 각 부분의 마감이나 치수 등 주어지지 않은 조건은 일반적인 시공수준으로 한다.

• 평면도

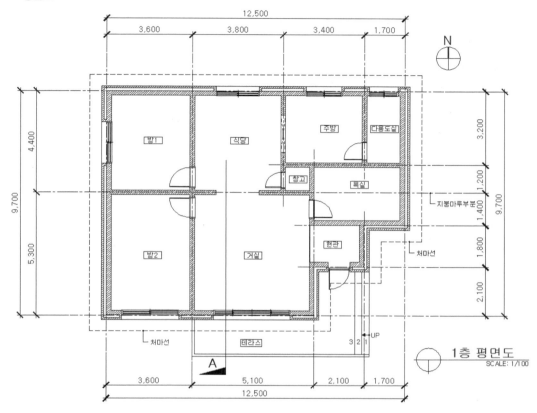

1층 평면도
SCALE: 1/100

01 **골조 그리기**

제시된 조건을 숙지하고 주요 구조의 뼈대를 작성합니다. 기준이 되는 선을 작도할 경우 수시로 조건을 확인합니다.

❶ 도면작성에 필요한 도면층(LAYER) 등을 설정하고 1/40 축척으로 도면양식을 작성합니다.
(Part 02의 Chapter 03~04를 참고합니다.)

❷ A 부분 절단선 지나는 벽체의 중심선과 테라스, 파단선의 위치 등 주요 기준선을 설계조건에 맞도록 다음과 같이 표시합니다. 각 실의 바닥높이가 주어지지 않았으므로 계단 1단의 높이를 150으로 하여 거실을 600으로 설정합니다. (150×4=600)

좌측 테라스의 치수는 주변 치수를 참고하여 작업자가 임의로 작성합니다.

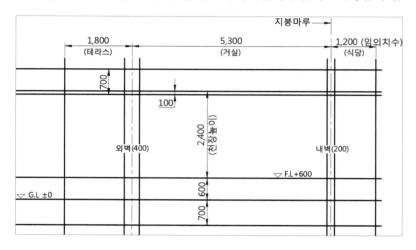

❸ 물매를 표시하고 지붕과 처마를 작성합니다.

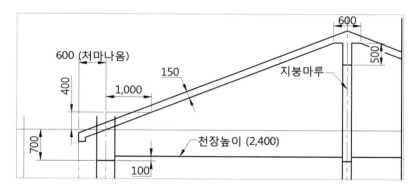

❹ 외벽과 내벽의 줄기초를 작성합니다.

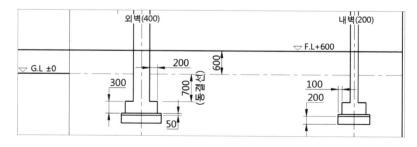

❺ 거실의 바닥높이(600)를 기준으로 바닥을 작성하며 거실바닥의 철근콘크리트(150) 선을 그대로 연장하여 테라스 바닥의 철근콘크리트를 작성합니다.

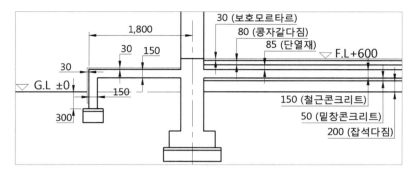

❻ 작성된 주요 구조의 뼈대가 작성조건의 치수와 맞는지 다시 한 번 확인합니다.

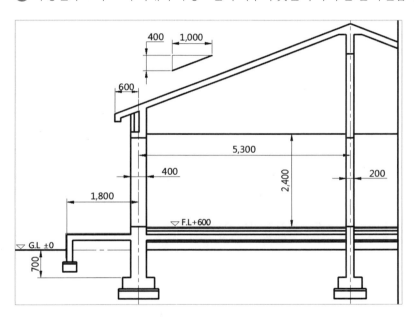

❶ 지붕

기와는 지붕마루를 기준으로 좌측만 작성하고 반대편은 [Mirror] 명령으로 대칭 복사합니다.

기와: [Polyline(PL)] 명령으로 그려 [Align(AL)] 명령으로 경사면에 정렬 후 [Array(AR)]나 [ARRAYCLASSIC] 명령으로 배열합니다.

내벽: 거실과 식당 사이에 2,300높이로 인방을 설치(200×200)합니다.

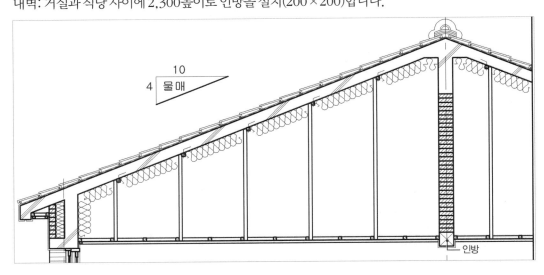

❷ 테라스, 외벽

난간의 높이는 바닥에서 900, 테라스 바닥 하부에는 성토를 합니다.

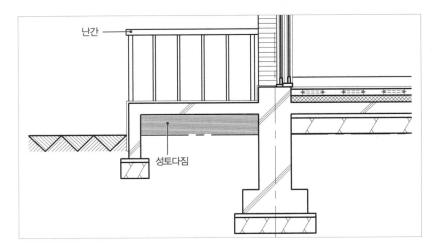

❸ 거실과 식당

절단선 방향으로 보이는 방1과 방2의 문을 작성합니다.

(폭 900, 높이 2,100)

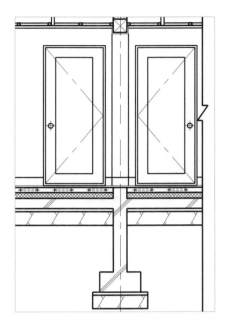

03 **문자 쓰기**

❶ 상부

물매의 표기가 누락되지 않도록 주의합니다.

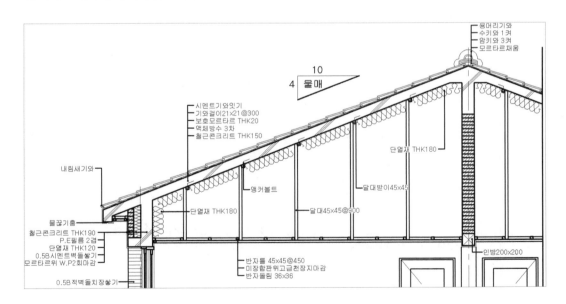

❷ 하부

실의 명칭, G.L, 축척의 표기가 누락되지 않도록 주의합니다.

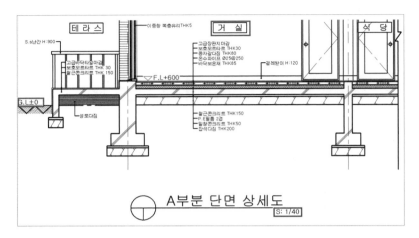

04 치수기입

파단선으로 인해 치수가 확인되지 않는 부분은 설계치수로 변경하고 천장높이가 누락되지 않도록
주의합니다.

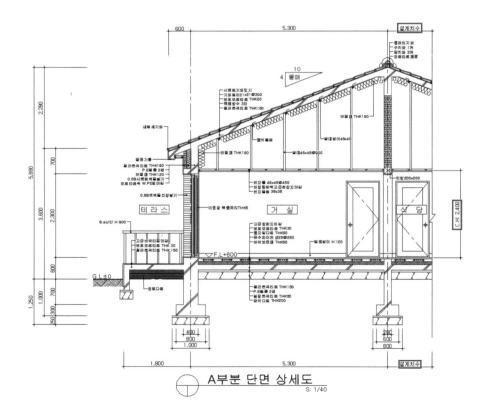

욕실+거실+테라스

각 실의 바닥높이가 표시되지 않고 바닥구조가 다른 거실과 욕실이 절단된 도면입니다. A부분의 단면 상세도를 1/40 로 작도하세요.

완성파일 부록DVD1\완성파일\Part06\Ch02\욕실거실테라스.dwg

• 작성조건

기초 및 지하실 구조: 철근콘크리트 구조로 한다.

바닥 구조: 철근콘크리트 일체식 구조로 한다. (단열재 85mm)

외벽: 1.5B공간쌓기 구조로 외부마감은 제물치장으로 한다. (단열재 120mm)

내벽: 1.0B쌓기 구조로 한다.

지붕: 철근콘크리트 경사슬래브 구조로 마감은 시멘트기와로 한다.

　　　물매는 3.5/10 이상으로 한다. (단열재 180mm)

처마나옴: 벽체 중심에서 650mm

반자높이: 2,350mm (처마반자 설치)

창호: 목제 창호로 하되 2중창인 경우 외부는 알루미늄 새시로 한다.

각 실의 난방: 온수파이프 온돌난방으로 한다.

*기타 각 부분의 마감이나 치수 등 주어지지 않은 조건은 일반적인 시공수준으로 한다.

• 평면도

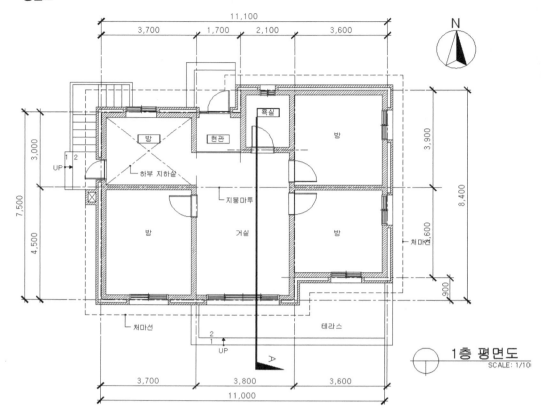

1층 평면도
SCALE: 1/100

01 골조 그리기

제시된 조건을 숙지하고 주요 구조의 뼈대를 작성합니다. 기준이 되는 선을 작도할 경우 수시로 조건을 확인합니다.

❶ 도면작성에 필요한 도면층(LAYER) 등을 설정하고 1/40 축척으로 도면양식을 작성합니다 (Part 02의 Chapter 03~04를 참고합니다).

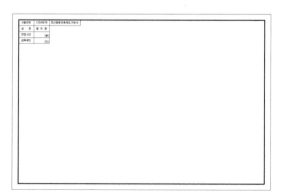

❷ A부분 절단선이 지나는 벽체의 중심선과 테라스, 파단선의 위치 등 주요 기준선을 설계조건에 맞도록 다음과 같이 표시합니다. 각 실의 바닥높이가 주어지지 않았으므로 계단 1단의 높이를 '150'으로 하여 거실을 '450'으로 설정합니다. (150×3=450)

지붕마루와 욕실내벽까지의 치수는 작업자 임의(1500)로 작성합니다.

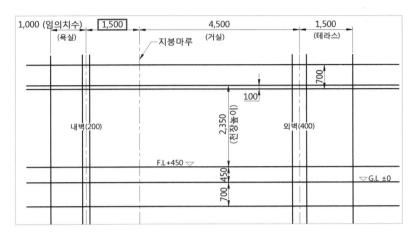

❸ 물매 3.5/10을 표시하고 지붕과 처마를 작성합니다.

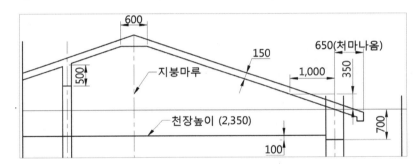

❹ 외벽과 내벽의 줄기초를 작성합니다.

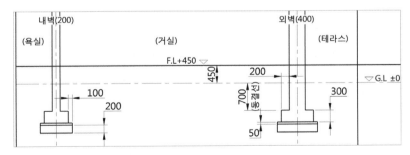

❺ 거실의 바닥높이(450)를 기준으로 바닥을 작성하며 거실바닥의 철근콘크리트(150) 선을 그대로 연장하여 테라스와 욕실 바닥의 철근콘크리트를 작성합니다.

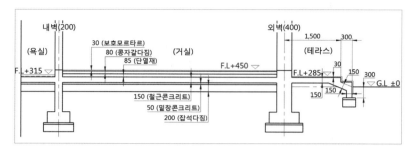

❻ 작성된 주요 구조의 뼈대가 조건과 치수가 맞는지 다시 한 번 확인합니다.

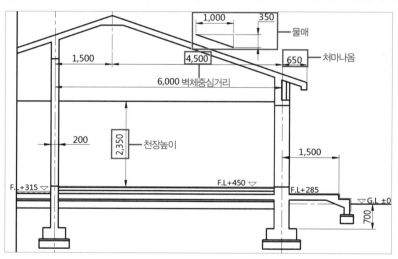

02 세부적인 재료의 표현

❶ 지붕

기와는 지붕마루를 기준으로 우측만 작성하고 반대편은 [Mirror] 명령으로 대칭 복사합니다.

기와: [Polyline(PL)] 명령으로 그려 [Align(AL)] 명령으로 경사면에 정렬 후 [Array(AR)]나 [ARRAYCLASSIC] 명령으로 배열합니다.

내벽: 거실과 욕실 사이의 욕실문을 높이 2,000으로 작성하고 상부에 인방을 설치(200×200)합니다.

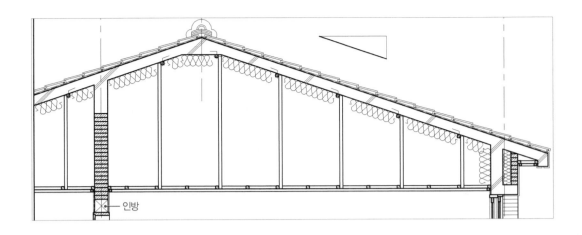

인방

❷ 욕실, 테라스

욕실의 바닥과 벽은 파선으로 방수를 표현하고, 테라스 바닥 하부에는 성토를 합니다.

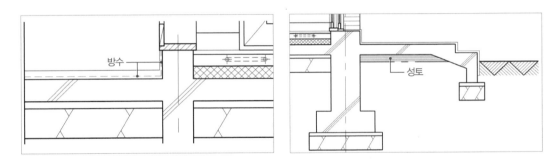

방수

성토

❸ 거실과 식당

절단선 방향으로 보이는 문을 작성합니다. (폭 900, 높이 2,100)

좌측의 절단된 문은 욕실문으로 높이는 2,000입니다.

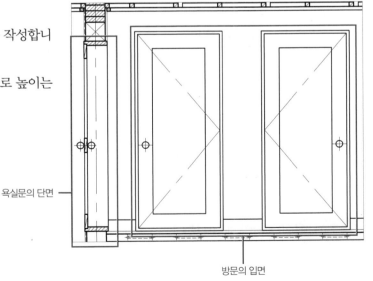

욕실문의 단면

방문의 입면

❶ 상부

물매의 표기가 누락되지 않도록 주의합니다.

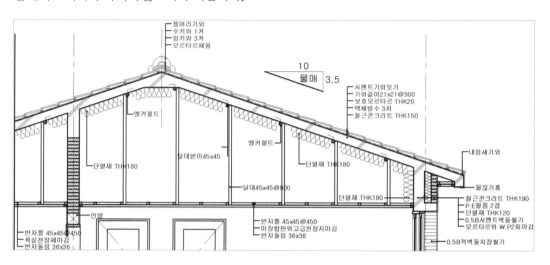

❷ 하부

실의 명칭, G.L, 축척의 표기가 누락되지 않도록 주의합니다.

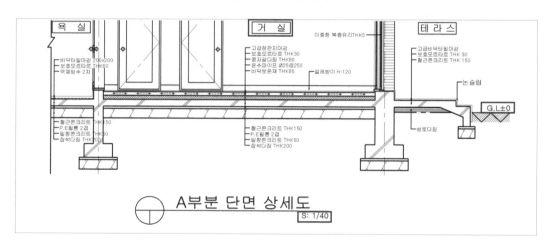

04 욕실과 거실 해치 넣기

❶ 욕실

Type : User defined, Angle : 90°, Spacing : 200, Double : 체크

❷ 거실

Type : User defined, Angle : 90˚, Spacing : 300

거실 해치는 작성 후 간격 20을 두고 우측으로 Copy

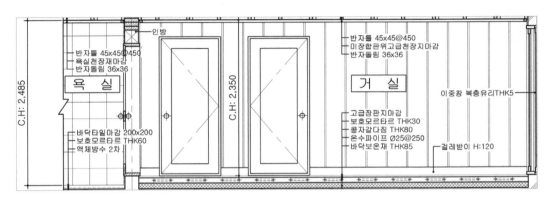

파단선으로 인해 치수가 확인되지 않는 부분은 설계치수로 변경하고 각 실의 천장높이가 누락되지 않도록 주의합니다.

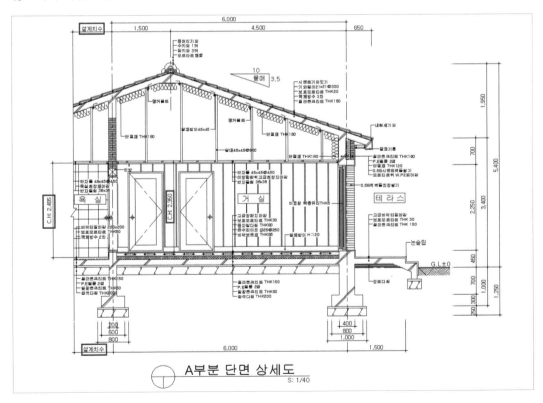

거실+현관

각 실의 바닥높이가 표시되고 절단된 부분의 외벽은 반대편 외벽보다 지붕마루부터의 거리가 짧은 도면입니다. A부분의 단면 상세도를 1/40로 작도하세요.

완성파일 부록DVD1\완성파일\Part06\Ch03\거실현관.dwg
동영상 부록DVD1\동영상\P06\P06-Ch03(거실 현관의 단면).mp4

• **작성조건**

기초 및 지하실 구조: 철근콘크리트 구조로 한다.

바닥 구조: 철근콘크리트 일체식 구조로 한다. (단열재 85mm)

외벽: 1.5B공간쌓기 구조로 외부마감은 제물치장으로 한다. (단열재 120mm)

내벽: 1.0B쌓기 구조로 한다.

지붕: 철근콘크리트 경사슬래브 구조로 마감은 시멘트기와로 한다.

　　　물매는 4/10 이상으로 한다. (단열재 180mm)

처마나옴: 벽체 중심에서 600mm

반자높이: 2,400mm (처마반자 설치)

창호: 합성수지(PVC) 2중창으로 한다.

각 실의 난방: 온수파이프 온돌난방으로 한다.

*기타 각 부분의 마감이나 치수 등 주어지지 않은 조건은 일반적인 시공수준으로 한다.

• 평면도

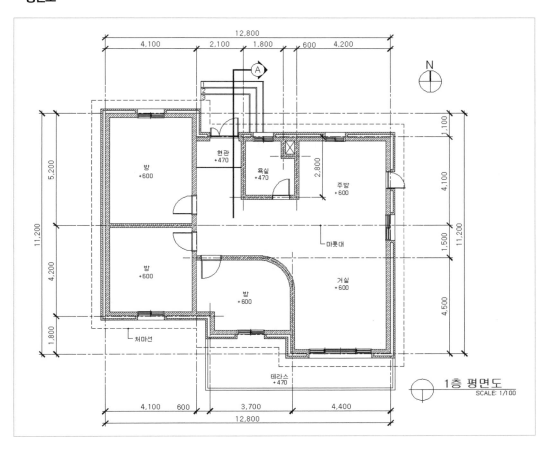

1층 평면도
SCALE: 1/100

01 골조 그리기

평면도에 표시된 거실과 현관(테라스)의 바닥높이가 150 미만으로 차이가 나면 모르타르나 콩자갈
다짐의 두께조절로 철근콘크리트(150) 선을 일치시키기 어려우므로 각 실의 구조를 따로 작성해 철
근콘크리트(150) 선 하단의 선만 일치시킵니다.

거실과 현관의 예시

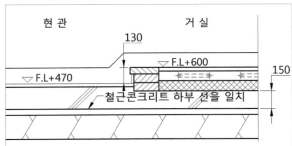

거실과 테라스의 예시

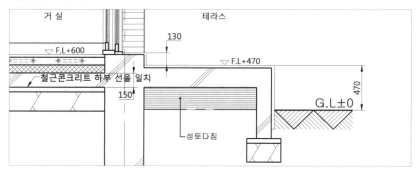

제시된 조건을 숙지하고 주요 구조의 뼈대를 작성합니다. 기준이 되는 선을 작도할 경우 수시로 조건을 확인합니다.

❶ 도면작성에 필요한 도면층(LAYER) 등을 설정하고 1/40 축척으로 도면양식을 작성합니다.(Part 02의 Chapter 03~04를 참고합니다.)

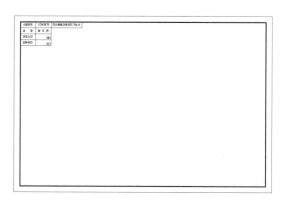

❷ A 부분 절단선 지나는 벽체의 중심선과 테라스, 파단선의 위치 등 주요 기준선을 설계조건에 맞도록 다음과 같이 표시합니다. 절단된 외벽은 지붕마루(마룻대)부터 가장 멀지 않으므로 제일 먼 벽체인 거실의 외벽(1,500+4,500=6,000) 중심선까지 표시합니다.

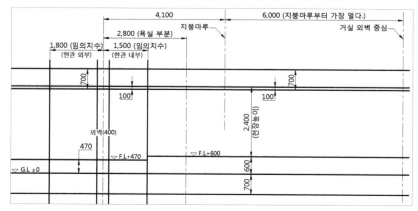

❸ 거실 외벽에서 물매를 표시하고 지붕과 처마를 작성합니다.

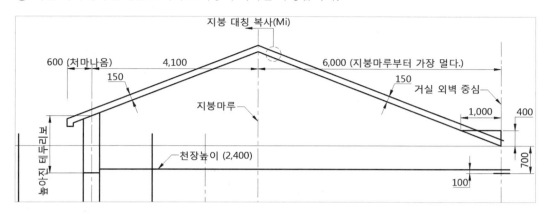

❹ 작업의 기준인 파단선을 표시하고 외벽 줄기초를 작성합니다.

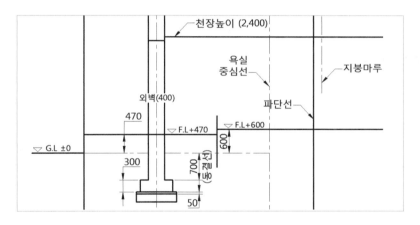

❺ 거실의 바닥높이(600)를 기준으로 바닥을 작성하며 거실바닥의 철근콘크리트(150) 선 하부를 그 대로 연장하여 테라스 바닥의 철근콘크리트를 작성합니다.

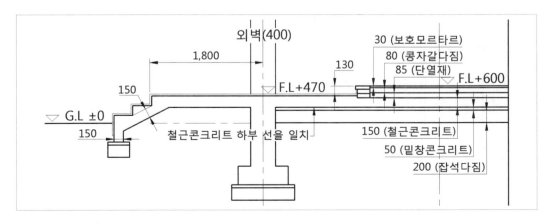

❻ 작성된 주요 구조의 뼈대가 조건과 치수가 맞는지 다시 한 번 확인합니다.

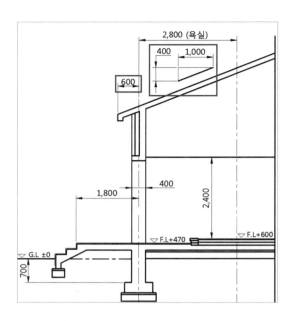

02 세부적인 재료의 표현

❶ 지붕

지붕 물매의 경사도가 조건과 일치하는지 확인합니다.

기와: [Polyline(PL)] 명령으로 그려 [Align(AL)] 명령으로 경사면에 정렬 후 [Array(AR)]나 [ARRAYCLASSIC] 명령으로 배열합니다.

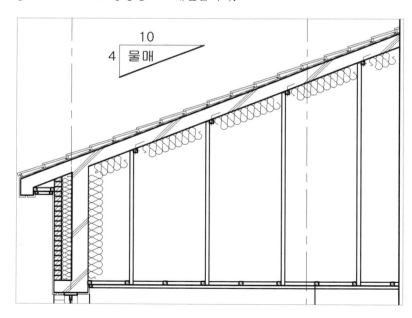

❷ 현관과 거실 바닥

현관과 거실 사이의 단은 벽돌을 2~3장을 쌓고 괴목 등 재료분리대로 마감하며, 계단 하부에는 성토를 합니다.

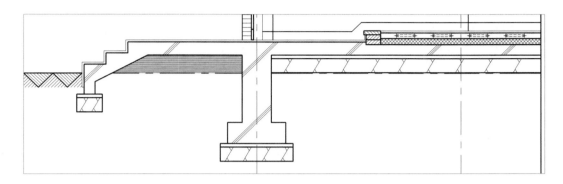

❸ 현관문의 단면과 욕실벽 입면 처리

절단된 현관문 이외에 걸레받이와 욕실벽이 입면으로 나타납니다.

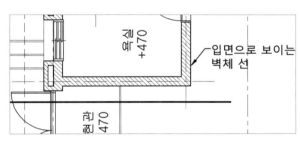

입면으로 보이는 벽체 선

욕실 +470

현관 470

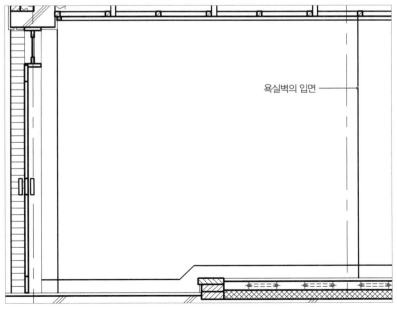

욕실벽의 입면

❶ 상부

물매의 표기가 누락되지 않도록 주의합니다.

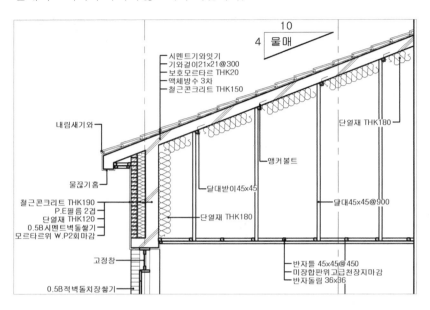

❷ 하부

실의 명칭, G.L, 축척의 표기가 누락되지 않도록 주의합니다.

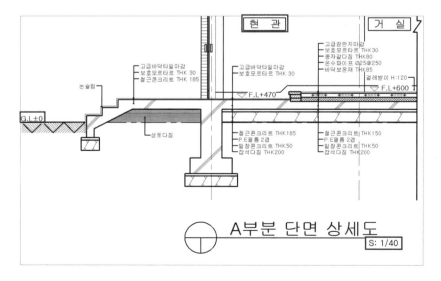

현관, 거실 해치 넣기

Type: User defined, Angle: 90°, Spacing: 300, 거실 해치는 작성 후 간격 20을 두고 우측 으로 Copy 합니다.

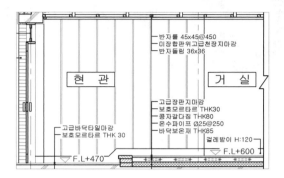

치수기입

파단선으로 인해 치수가 확인되지 않는 부분은 설계치수로 변경하고 각 실의 천장높이가 누락되지 않도록 주의합니다.

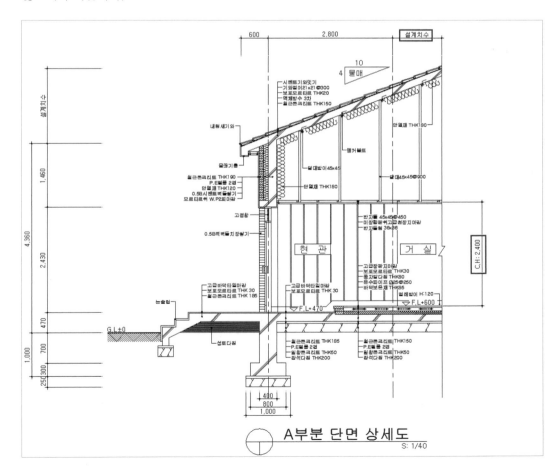

방+거실+현관

각 실의 바닥높이가 표시되지 않고 테라스에 난간과 상부 캔틸레버 표시가 있는 도면입니다. A 부분의 단면 상세도를 1/40로 작도하세요.

완성파일 부록DVD1\완성파일\Part06\Ch04\방거실현관.dwg

• **작성조건**

기초 및 지하실 구조: 철근콘크리트 구조로 한다.

바닥 구조: 철근콘크리트 일체식 구조로 한다. (단열재 85mm)

외벽: 1.5B공간쌓기 구조로 외부마감은 제물치장으로 한다. (단열재 120mm)

내벽: 1.0B쌓기 구조로 한다.

지붕: 철근콘크리트 경사슬래브 구조로 마감은 시멘트기와로 한다.

　　　물매는 4/10 이상으로 한다. (단열재 180mm)

처마나옴: 벽체 중심에서 550mm

반자높이: 2,400mm (처마반자 설치)

창호: 합성수지 2중창으로 한다.

각 실의 난방: 온수파이프 온돌난방으로 한다.

*기타 각 부분의 마감이나 치수 등 주어지지 않은 조건은 일반적인 시공수준으로 한다.

• 평면도

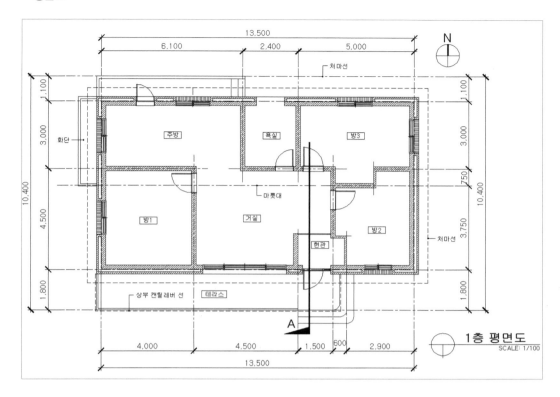

13,500
6,100　2,400　5,000

처마선

N

1,100

화단

주방　욕실　방3

3,000

마룻대

10,400

750

방1　거실

방2

현관

3,750

처마선

1,800

상부 캔틸레버 선　테라스

A

1층 평면도
SCALE: 1/100

4,000　4,500　1,500　600　2,900

13,500

01　골조 그리기

제시된 조건을 숙지하고 주요 구조의 뼈대를 작성합니다. 기준이 되는 선이나 구조를 작도할 경우 수시로 조건을 확인합니다.

❶ 도면작성에 필요한 도면층(LAYER) 등을 설정하고 1/40 축척으로 도면양식을 작성합니다 (Part 02의 Chapter 03~04를 참고합니다).

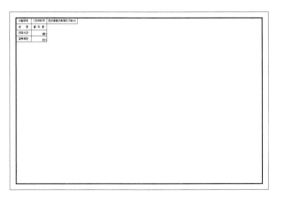

❷A부분 절단선 지나는 벽체의 중심선과 테라스, 파단선의 위치 등 주요 기준선을 설계조건에 맞도록 다음과 같이 표시합니다. 각 실의 바닥높이를 주지 않았으므로 계단 1단의 높이를 '150'으로 하여 거실을 '600'으로 설정합니다(150×4=600).

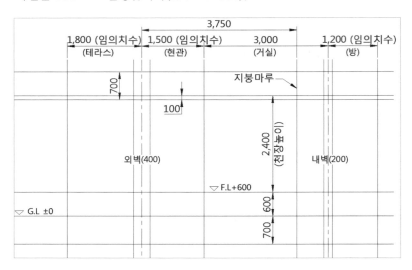

❸물매 4/10을 표시하고 지붕과 처마를 작성합니다.

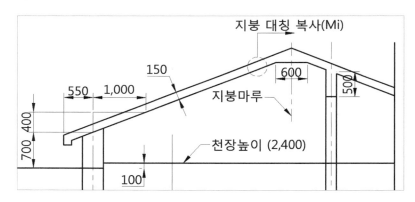

❹평면도의 테라스 부분에서 캔틸레버 크기를 확인한 후 다음과 같이 작성합니다.

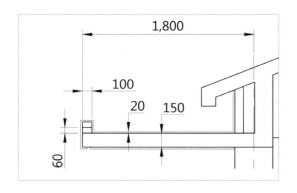

❺ 외벽과 내벽의 줄기초를 작성합니다.

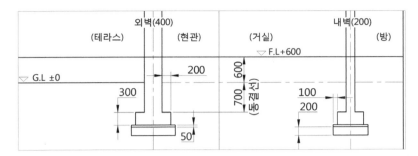

❻ 거실의 바닥높이(600)를 기준으로 바닥을 작성하며 거실바닥의 철근콘크리트(150) 선을 그대로 연장하여 현관과 테라스 바닥의 철근콘크리트를 작성합니다.

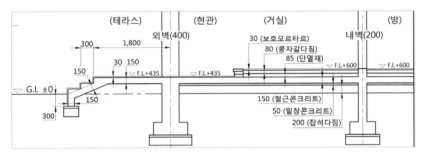

❼ 작성된 주요 구조의 뼈대가 조건과 치수가 맞는지 다시 한 번 확인합니다.

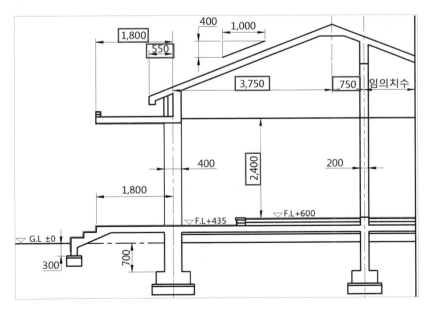

❶ 지붕

기와 배열전 지붕 방수를 했는지 확인합니다.

기와: [Polyline(PL)] 명령으로 그려 [Align(AL)] 명령으로 경사면에 정렬 후 [Array(AR)]나 [ARRAYCLASSIC] 명령으로 배열합니다.

캔틸레버: 벽돌 2단을 쌓아 마무리합니다.

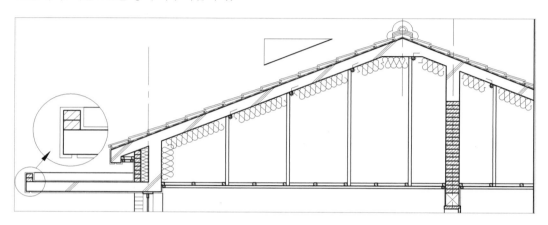

❷ 현관과 거실 바닥

거실과 현관에는 걸레받이를 표현하고, 테라스 바닥 하부에는 성토를 합니다.

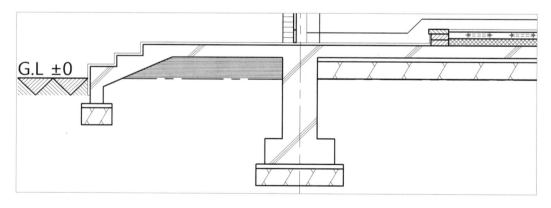

❸ 절단된 문과 입면으로 보이는 문

절단된 현관문과 방문을 작성하고 입면으로 보이는 현관의 벽과 방1의 문을 작성합니다.

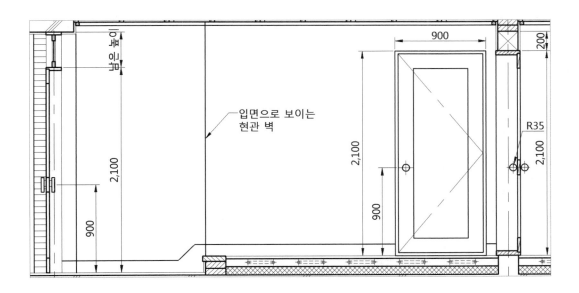

03 문자 쓰기

➊ 상부

물매의 표기가 누락되지 않도록 주의합니다.

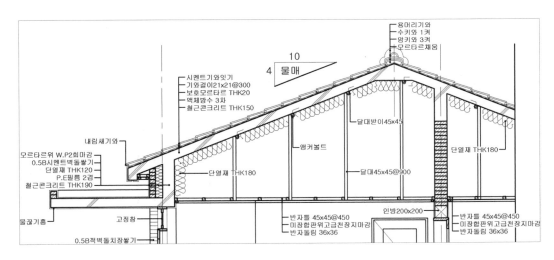

❷ 하부

실의 명칭, G.L, 축척의 표기가 누락되지 않도록 주의합니다.

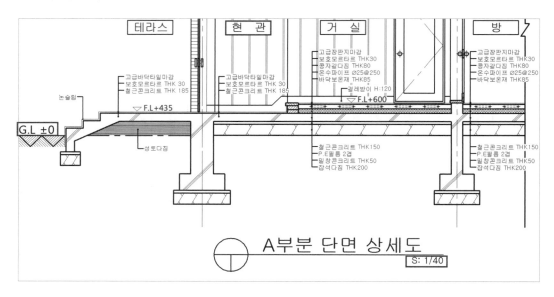

04 현관, 거실 해치 넣기

Type: User defined, Angle: 90°, Spacing: 300, 거실 해치는 작성 후 간격 20을 두고 우측으로
Copy 합니다.

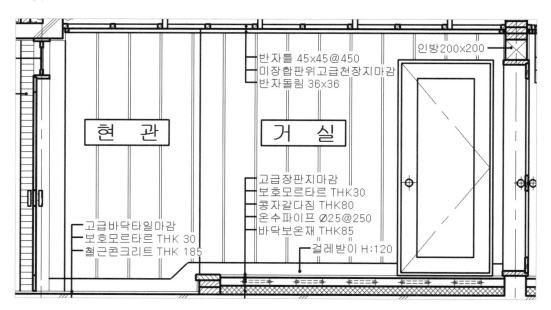

파단선으로 인해 치수가 확인되지 않는 부분은 설계치수로 변경하고 각 실의 천장높이가 누락되지 않도록 주의합니다.

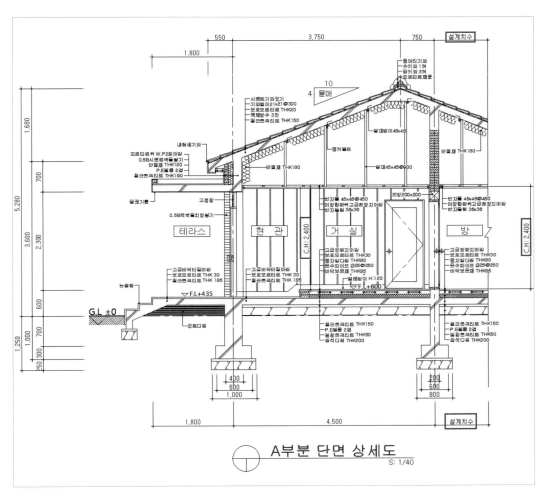

A부분 단면 상세도

S: 1/40

주방+지하실+거실+현관

각 실의 바닥높이가 표시되지 않고 지하실 일부와 현관의 중문이 절단된 도면입니다. 현관 우측으로 보이는 거실의 외벽까지 입면으로 작도해야 합니다. A부분의 단면 상세도를 1/40로 작도하세요.

완성파일 부록DVD1\완성파일\Part06\Ch05\주방지하실거실현관.dwg
동영상 부록DVD1\동영상\P06\P06-Ch05(주방 지하실 거실 현관의 단면).mp4

• **작성조건**

기초 및 지하실 구조: 철근콘크리트 구조로 한다.

바닥 구조: 철근콘크리트 일체식 구조로 한다. (단열재 85mm)

외벽: 1.5B공간쌓기 구조로 외부마감은 제물치장으로 한다. (단열재 120mm)

내벽: 1.0B쌓기 구조로 한다.

지붕: 철근콘크리트 경사슬래브 구조로 마감은 시멘트기와로 한다.

　　　물매는 3.5/10 이상으로 한다. (단열재 180mm)

처마나옴: 벽체 중심에서 650mm

반자높이: 2,300mm (처마반자 설치)

창호: 합성수지 2중창으로 한다.

각 실의 난방: 온수파이프 온돌난방으로 한다.

*기타 각 부분의 마감이나 치수 등 주어지지 않은 조건은 일반적인 시공수준으로 한다.

• 평면도

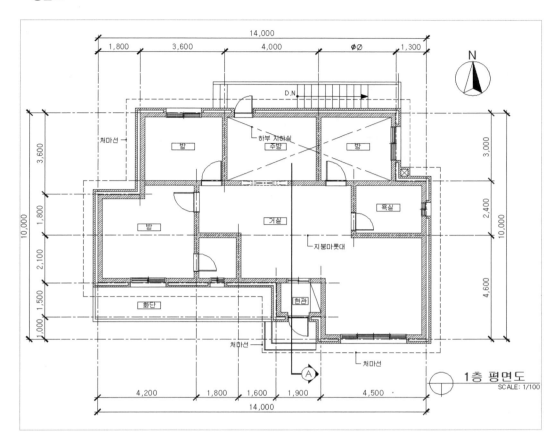

1층 평면도
SCALE: 1/100

01 골조 그리기

제시된 조건을 숙지하고 주요 구조의 뼈대를 작성합니다. 기준이 되는 선이나 구조를 작도할 경우 수시로 조건을 확인합니다.

❶ 도면작성에 필요한 도면층(LAYER) 등을 설정하고 1/40 축척으로 도면양식을 작성합니다 (Part 02의 Chapter 03~04를 참고합니다).

❷ A부분 절단선이 지나는 벽체의 중심선과 지붕마루, 파단선의 위치 등 주요 기준선을 설계조건에 맞도록 다음과 같이 표시합니다. 절단된 외벽은 지붕마루(마룻대)부터 가장 멀지 않으므로 제일 먼 벽체인 주방의 외벽(5,400) 중심선까지 표시합니다.

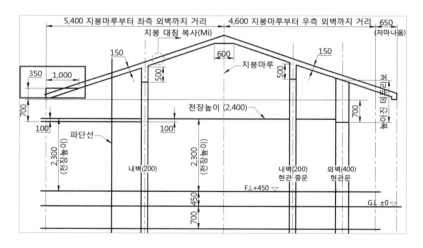

❸ 좌측 주방의 외벽에서 물매를 표시하고 지붕마루에서 대칭복사로 지붕과 처마를 작성합니다.

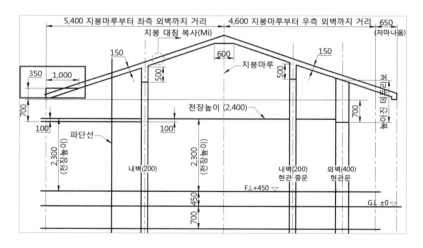

❹ 외벽과 내벽의 줄기초를 작성합니다. 주방은 하부가 지하실이므로 줄기초를 작성하지 않습니다.

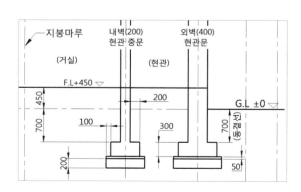

❺ 거실의 바닥높이(450)를 기준으로 바닥을 작성하며 거실바닥의 철근콘크리트(150) 선을 그대로 연장하여 현관 바닥의 철근콘크리트를 작성합니다. 주방의 하부는 철근콘크리트까지만 작성합니다.

주방과 거실부분

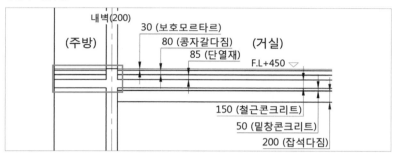

현관부분

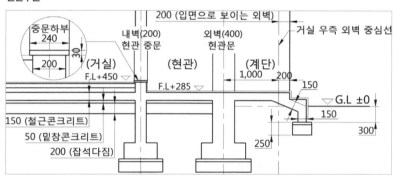

❻ 주방하부의 지하실(온통기초)을 다음과 같이 작성합니다.

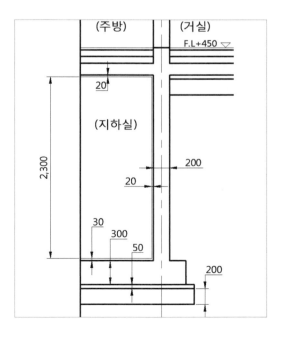

❼ 작성된 주요 구조의 뼈대가 조건과 치수가 맞는지 다시 한 번 확인합니다.

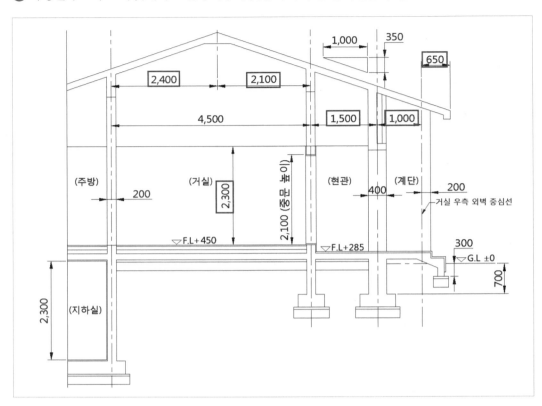

세부적인 재료의 표현

❶ 지붕

처마나옴의 길이가 900 이상이므로 달대를 설치합니다.

기와: [Polyline(PL)] 명령으로 그려 [Align(AL)] 명령으로 경사면에 정렬 후 [Array(AR)]나 [ARRAYCLASSIC] 명령으로 배열합니다.

현관 중문: 방문의 높이와 같은 2100으로 위치를 표시하고 상부에 인방(200×200)을 작성합니다.

처마: 우측 외벽을 기준으로 만들어진 처마에도 반자를 작성합니다.

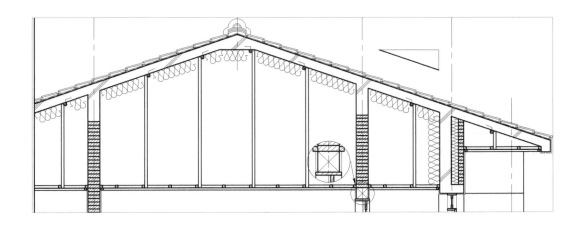

② 주방과 지하실

주방 하부에는 지하실이 있으므로 철근콘크리트 아래로 밑창콘크리트와 잡석다짐이 필요치 않습니다. 지하실의 높이는 2200~2300으로 하고 바닥과 벽은 지붕과 같이 방수를 해야 합니다.

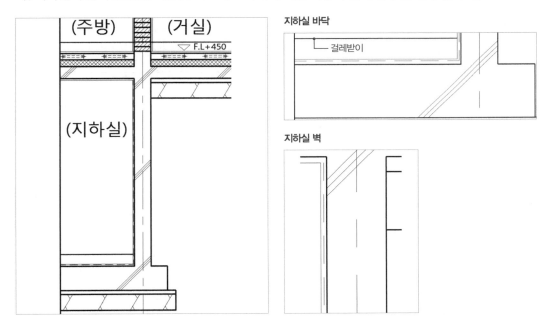

❸ 거실과 현관 바닥

거실과 현관에는 걸레받이를 표현하고, 테라스 바닥 하부에는 성토를 합니다.

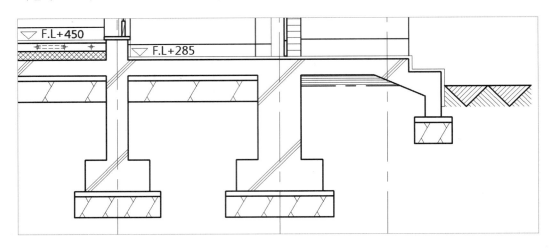

❹ 절단된 문과 입면으로 보이는 문

절단된 현관문과 중문을 작성하고 입면으로 보이는 현관의 신발장, 욕실문을 작성합니다.

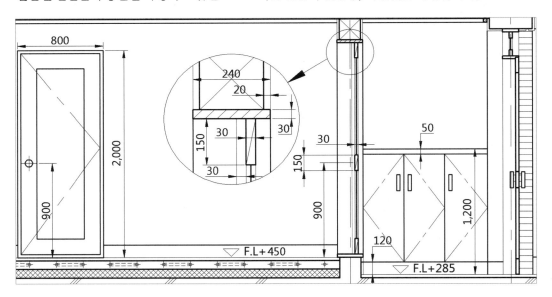

❶ 상부

물매의 표기가 누락되지 않도록 주의합니다.

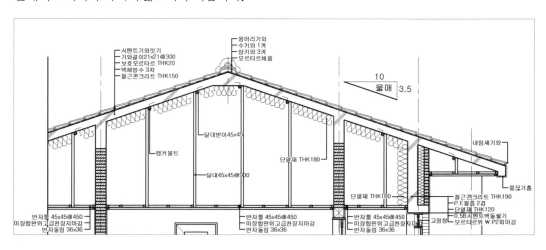

❷ 하부

실의 명칭, G.L, 축척의 표기가 누락되지 않도록 주의합니다.

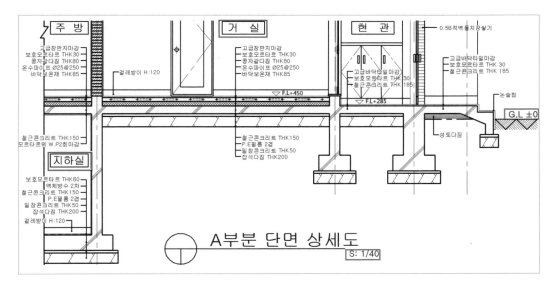

❶ 거실

Type: User defined, Angle: 90°, Spacing: 300, 거실 해치는 작성 후 간격 20을 두고 우측으로 Copy 합니다.

❷ 현관 상부

Type: Predefined, Pattern: AR-SAND, Angle: 0°, Scale: 3

❸ 외벽 입면

Type: Predefined, Pattern: AR-BRSTD, Angle: 0°, Scale: 1

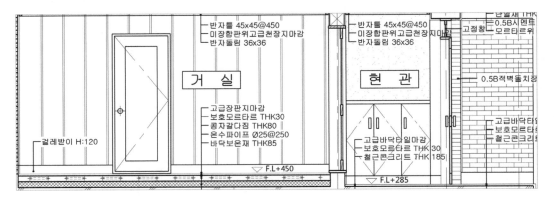

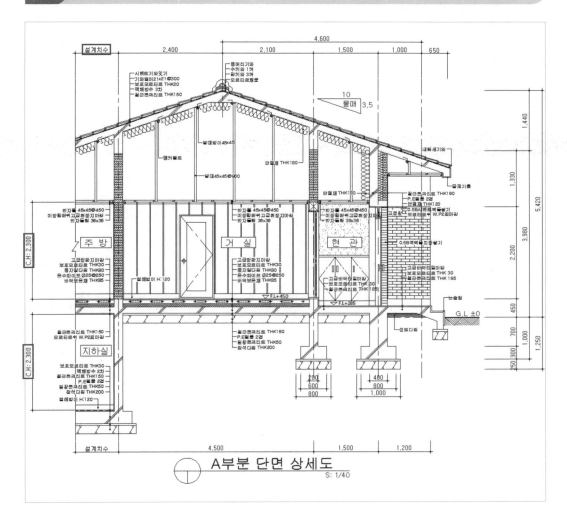

A부분 단면 상세도
S: 1/40

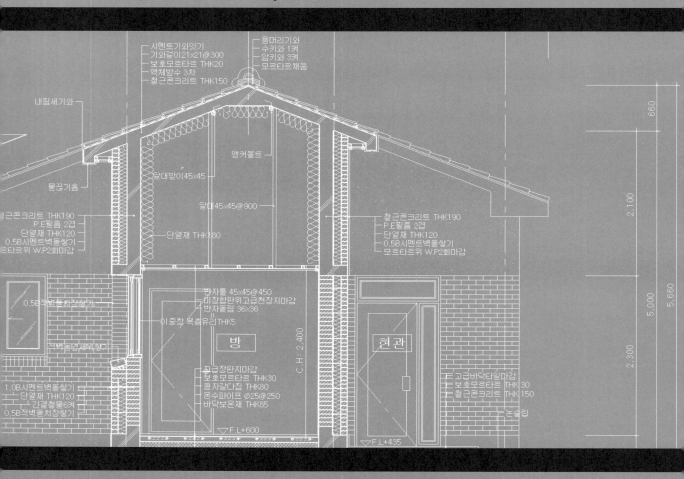

입면도 작성에 필요한 도면요소의 연습

입면도는 외부에서 벽면을 직각으로 바라본 모습을 표현한 도면입니다. 건축물의 전체적인 디자인과
분위기는 물론 외부의 장식요소, 마감, 창호, 시설물 등 주변요소를 나타내는 도면입니다.

기와

지붕에 올려진 기와의 모습을 단면이 아닌 입면상태로 표현합니다.

완성파일 부록DVD1\완성파일\Part07\Ch01\기와.dwg

동영상 부록DVD1\동영상\P07\P07-Ch01(입면도의 지붕과 기와).mp4

01 지붕마루를 수직방향에서 본 기와의 표현

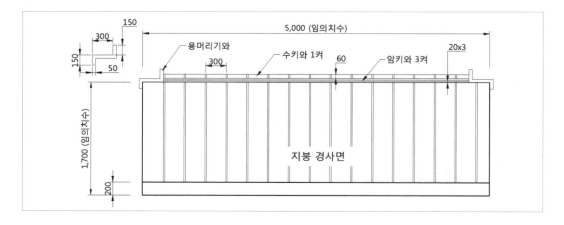

⊙ 작성과정

❶ 도면층(LAYER)과 표제란이 작성된 축척 1/50 도면양식을 준비합니다.

1/50 도면양식은 단면도의 1/40 양식을 [Scale] 명령으로 축척을 변경하여 사용합니다. (Part 02의 Chapter 04를 참고합니다.)

❷ 현재 도면층(Layer)을 단면선으로 설정합니다.
[Rectangle(REC)] 명령을 실행해 임의 크기로 지붕면을 만들고 [Offset] 명령으로 처마의 끝을 작성합니다.

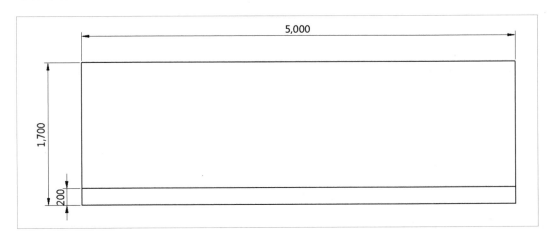

❸ [Line(L)] 명령으로 빈 여백에 용머리기와를 작성해 지붕면 좌측상단으로 이동합니다.
반대편 우측상단의 용머리기와는 [Mirror(MI)] 명령으로 대칭복사합니다.

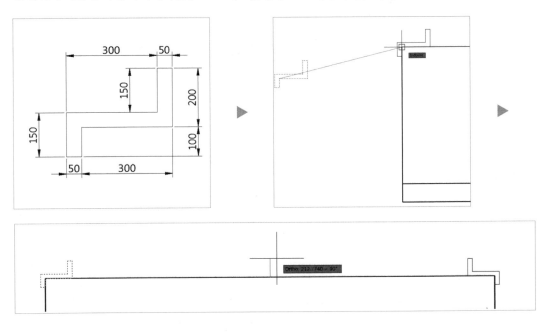

❹ 암키와와 수키와는 지붕마루 부분을 Offset(O)하여 작성하고 해칭선 도면층으로 변경합니다. [Trim(TR)] 명령으로 반대편도 동일하게 편집합니다.

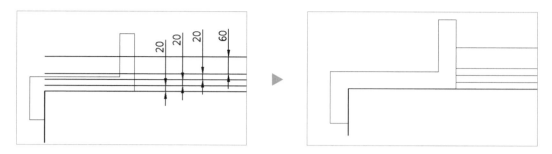

❺ 지붕면과 수키와는 [Hatch(H)] 명령을 실행해 300 간격으로 패턴을 작성한 후 작성한 패턴을 우측으로 복사합니다. 작성된 두 줄의 패턴은 해칭선 도면층으로 변경합니다.

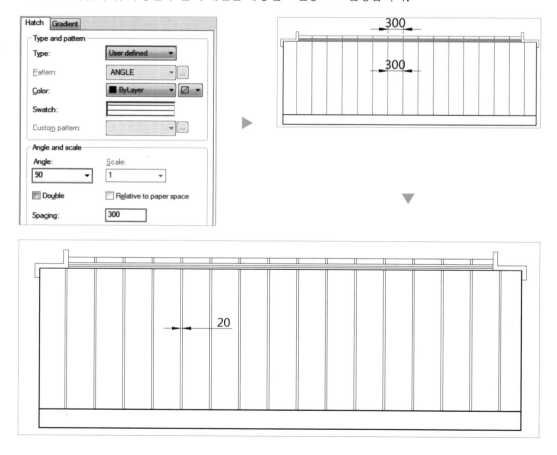

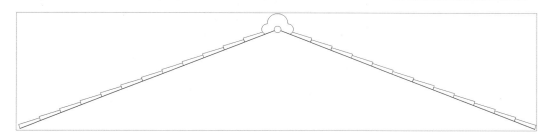

◉ 작성과정

❶ 도면층(LAYER)과 표제란이 작성된 축척 1/50 도면양식을 준비합니다.

1/50 도면양식은 단면도의 1/40 양식을 [Scale] 명령으로 축척을 변경하여 사용합니다(Part 02의 Chapter 04를 참고합니다).

❷ 현재 도면층(Layer)을 단면선으로 설정합니다. 다음과 같은 임의의 지붕경사면을 작성합니다.

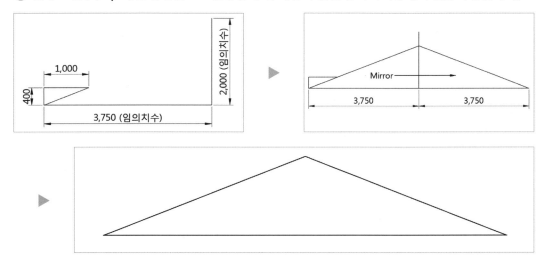

❸ 먼저 작성한 A 부분 단면 상세도에서 내림새 기와(처마끝 기와)를 제외한 기와 하나를 지붕면으로 복사합니다. 안쪽 선을 삭제하고 끝 부분을 연장하여 다음과 같이 편집합니다.

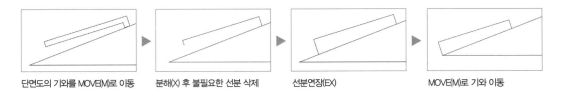

단면도의 기와를 MOVE(M)로 이동   분해(X) 후 불필요한 선분 삭제   선분연장(EX)   MOVE(M)로 기와 이동

❹ 입면형태로 편집한 기와를 [Array(AR)]나 [Arrayclassic](단축키 없음) 명령으로 경사선에 배열합니다. (AutoCAD 2011까지는 Array, AutoCAD 2013 이상은 Arrayclassic, AutoCAD 2012는 Array의 Path 옵션을 사용합니다. 자세한 과정은 Part 03의 Chapter 05를 참고합니다.)

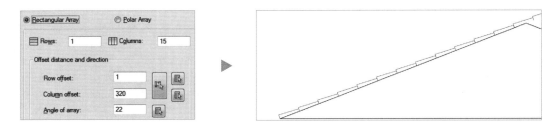

❺ 지붕마루 위로 벗어난 기와는 삭제하고 반대편은 [Mirror(MI)] 명령으로 대칭복사합니다.

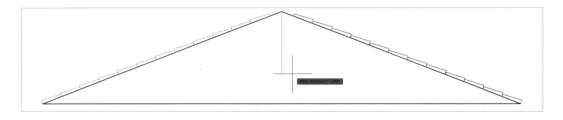

❻ 용머리기와를 빈 여백에 작성합니다. 원의 크기를 맞추어 그림과 유사한 형태로 배치하면 됩니다. 작성된 용머리기와는 마감선 도면층으로 변경합니다.

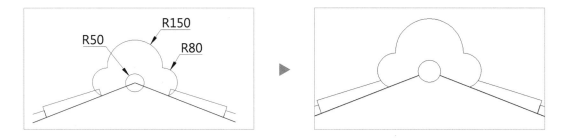

창호

창호의 크기는 평면도와 조건에 제시되지 않습니다. 평면도에 그려진 크기를 방문(900)과 비교하여 적절한 크기로 작성합니다. 방문보다 약간 크면 1,200, 1.5배 정도이면 1,500으로 작성합니다.

완성파일 부록DVD1\완성파일\Part07\Ch02\창호.dwg

동영상 부록DVD1\동영상\P07\P07-Ch02(입면도의 창호).mp4

01 방창, 거실창, 욕실창, 주방창

❶ 방창

평면도에 배치된 창의 크기를 가늠하여 창의 폭을 1,200 ~ 1,500정도로 작성합니다.

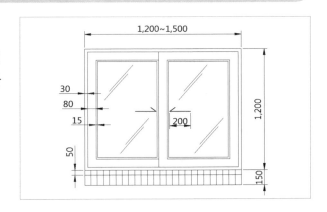

❷ 거실창

거실의 창도 치수가 주어지지 않으므로 평면도에 배치된 창의 크기를 보고 대략적인 크기를 가늠하여 작성합니다.
창 하나의 크기를 600으로 하면 4개의 전체 폭은 2,400이 되고 800으로 하면 3,200이 됩니다. 크기 선택은 작업자가 평면도의 주변 치수를 보고 판단합니다.

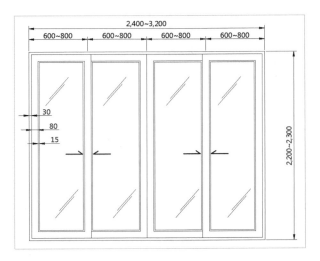

❸ 욕실창

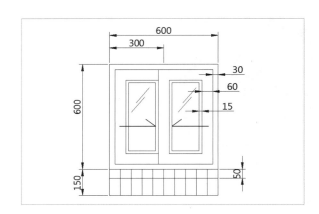

❹ 주방창

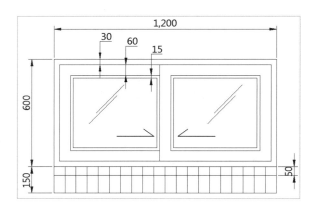

창의 작성과정

방창, 거실창, 욕실창, 주방창의 작성과정은 동일합니다(거실창은 옆세워쌓기를 하지 않습니다).

❶ [Rectangle] 명령으로 전체크기를 그리고 틀과 창틀은 [Offset] 명령으로 작성합니다. 작성된 틀과 창틀을 분해(X)합니다(욕실창과 주방창은 80을 60으로 작게 합니다).

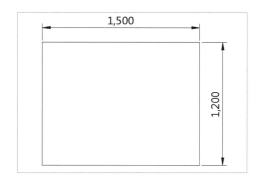

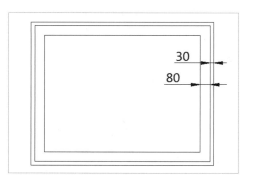

❷ 틀 중간에 선을 긋고 좌우로 Offset합니다. 가운데 선은 삭제하고 창틀이 가려지는 부분을 [Trim] 명령으로 편집합니다(거실창은 전체폭을 4등분하여 Offset. 예: 2,800이면 700 간격으로 4등분).

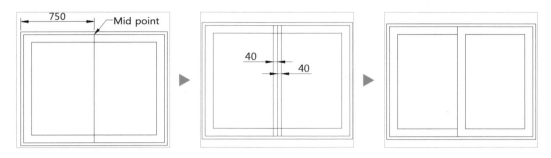

❸ 창틀 안쪽 선을 안으로 Offset하여 코킹부분을 표현합니다.

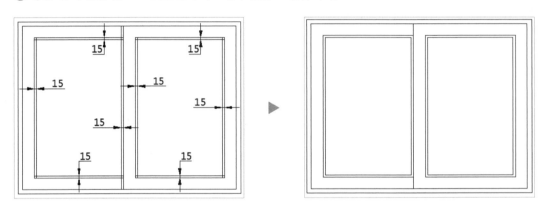

❹ 제일 아래 선분을 Offset하여 옆세워쌓기를 표현합니다. (거실창은 하지 않습니다.)

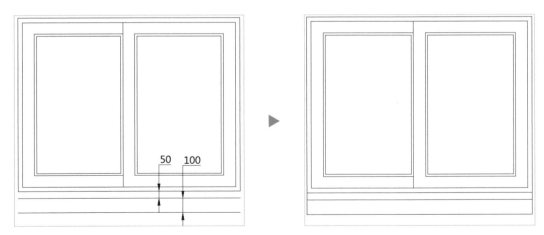

❺ [Hatch(H)] 명령으로 줄눈을 표현합니다.

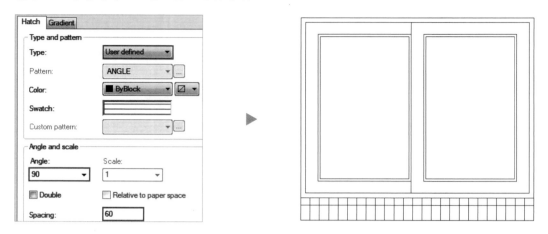

❻ Line으로 반사표현과 개폐방향 표시를 그려 창을 완성합니다.

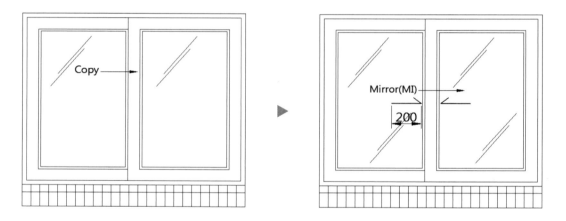

❶ 욕실, 주방, 다용도실, 보일러실의 문

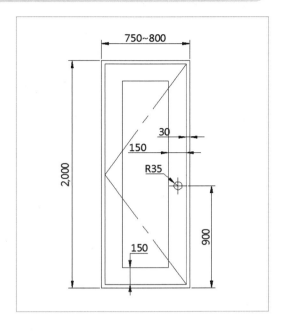

❷ 방문

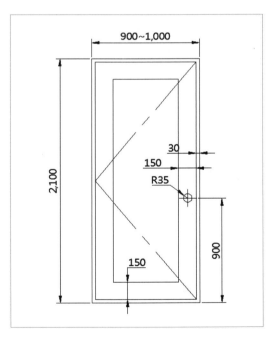

욕실문, 주방문, 다용도실문, 방문의 작성과정

욕실문, 주방문, 다용도실문, 방문의 작성과정은 동일합니다.

❶ [Rectangle] 명령으로 전체크기를 그려 문틀과 문의 디자인을 [Offset] 명령으로 간단히 작성하고 작성된 선은 모두 분해(X)합니다. 손잡이의 위치를 Offset으로 표시해 Circle로 작성합니다(욕실, 다용도실, 주방의 문은 폭을 900이 아닌 750~800 정도로 하고, 평면도를 보고 개폐방향과 손잡이 위치를 확인해야 합니다).

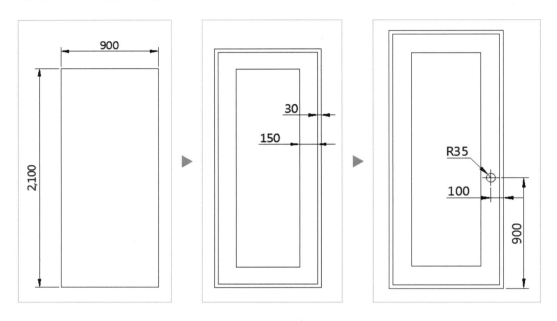

❷ Line으로 개폐방향을 표시하고 중심선 도면층으로 변경합니다.

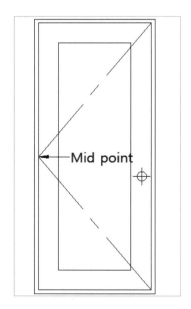

❸ 현관문

현관문은 폭 900~1,000, 높이 2,100으로 고정적이나 평면도 표시 상태에 따라 입면이 다음과 같이
달라질 수 있으니 주의해야 합니다.

• 측면에 고정창이 있는 경우   • 측면에 고정창이 없는 경우

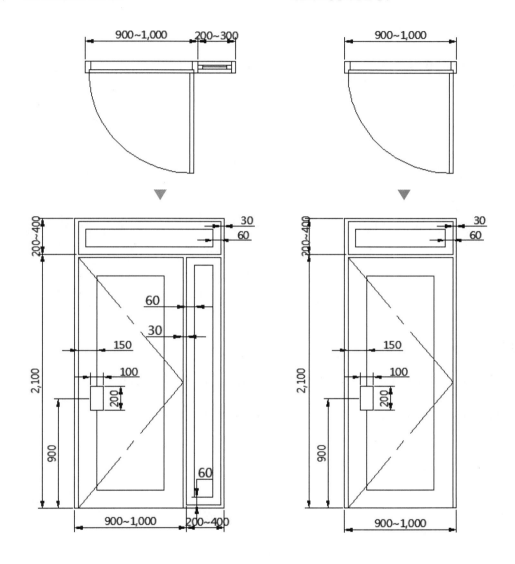

• 보조문이 있는 경우

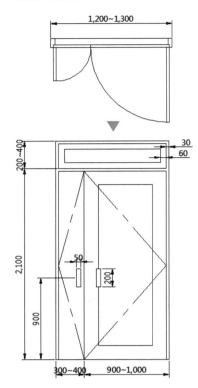

• 양쪽에 고정창이 있는 경우

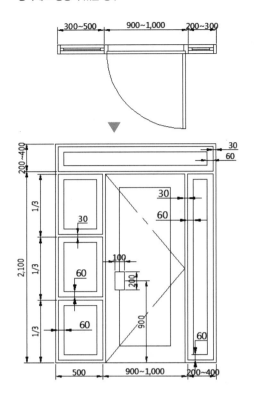

현관문의 작성과정

현관문 작성 시 평면도를 보고 고정창의 유무와 위치를 확인하고 작성해야 합니다.

❶ 현관문이 들어갈 공간을 다음과 같은 크기로 작성하고 [Offset] 명령으로 문의 크기를 표시합니다.

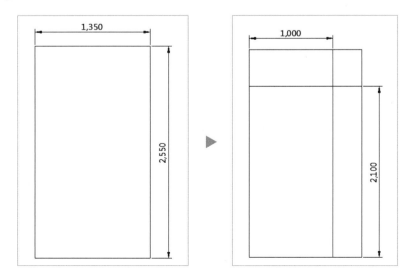

❷ 문과 고정창이 될 부분의 틀을 [Offset] 명령으로 표시합니다.

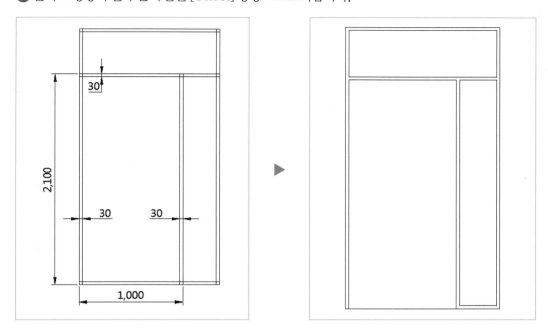

❸ 고정창과 문틀을 [Offset] 명령으로 표시하고, 손잡이는 위치를 [Offset] 명령으로 표시해 [Circle] 명령으로 작성합니다. [Line] 명령으로 개폐방향을 표시하고 중심선 도면층으로 변경합니다.

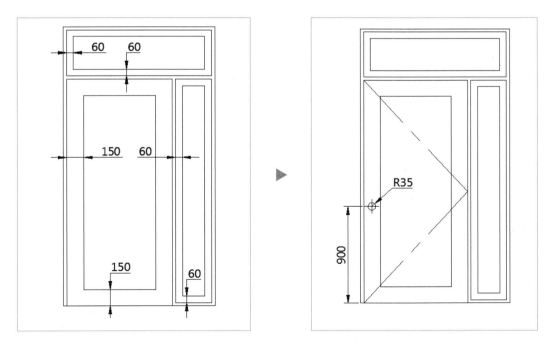

화단

화단은 문제로 제시되는 평면도에 문자로 표기되지 않는 경우가 많습니다. 문자로 표기되지 않아도 현관이나 테라스 주변에 두 줄로 그려진 부분은 화단으로 볼 수 있습니다.

완성파일 부록DVD1\완성파일\Part07\Ch03\화단.dwg

동영상 부록DVD1\동영상\P07\P07-Ch03(입면도의 화단).mp4

화단표시의 예

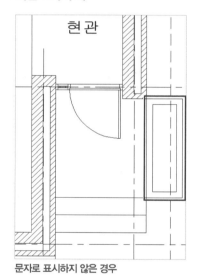

문자로 표시하지 않은 경우

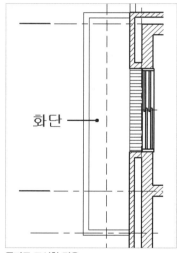

문자로 표시한 경우

01 화단 그리기

화단의 상단은 옆세워쌓기로 마무리 합니다.

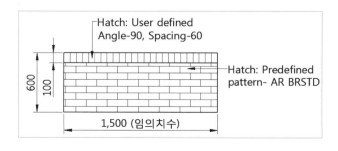

◉ **작성과정**

평면도를 보고 화단의 위치와 크기를 확인한 다음 작성해야 합니다.

❶ 화단을 다음과 같은 크기로 작성하고 [Offset]
명령으로 옆세워쌓기의 높이를 표시합니다.

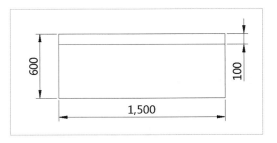

❷ [Hatch] 명령을 사용해 줄눈을 표현합니다.

상단

Type: User defined, Angle: 90°,
Spacing: 60

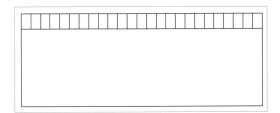

하단

Type: Predefined, Pattern: AR−BRSTD,
Angle: 0°, Scale: 1

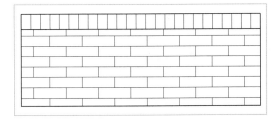

02 식재 표현하기

[Grip] 메뉴의 회전과 복사기능을 사용하여 식재를 표현합니다.

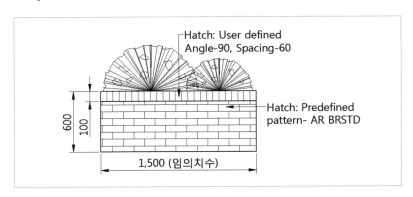

❶ 식재를 작성하기 위한 선을 그립니다.

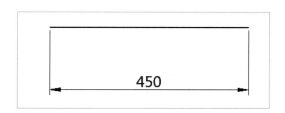

❷ 선분을 대기상태의 커서로 클릭한 다음 우측의 파란 Grip Point를 다시 클릭합니다.

❸ 메뉴를 사용하기 위해 마우스 오른쪽 버튼을 클릭해 [Rotate] 메뉴를 클릭, 다시 오른쪽 버튼을 클릭하고 [Copy] 메뉴를 클릭합니다.

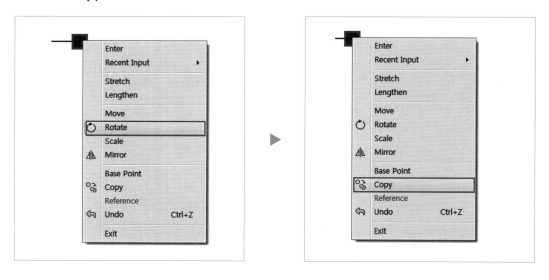

❹ 커서를 선 바깥쪽으로 돌면서 연속으로 클릭해 나갑니다(F8=Off).

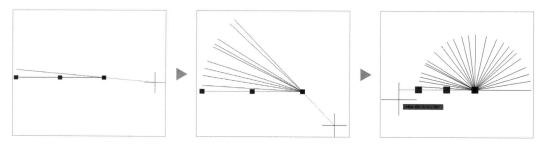

❺ Line을 실행해 직교(F8)를 끄고 테두리와 안쪽을 자연스럽게 그려나갑니다.

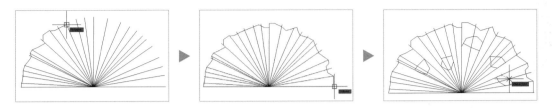

❻ [Copy] 명령으로 두 개를 추가로 복사하고 복사된 사본의 축척을 Scale 명령으로 각각 0.5배와 0.7배로 설정합니다.

❼ 크기가 조절된 식재를 Move로 보기 좋게 이동시킵니다.

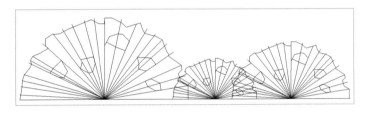

❽ 완성된 식재의 크기를 화단의 크기로 맞추어 이동시킵니다.

04 굴뚝

주어진 평면도에서 굴뚝이 있는지를 확인해 없으면 작성하지 않습니다.

완성파일 부록DVD1\완성파일\Part07\Ch04\굴뚝.dwg

동영상 부록DVD1\동영상\P07\P07-Ch04(입면도의 굴뚝).mp4

01 굴뚝 상부만 보이는 경우

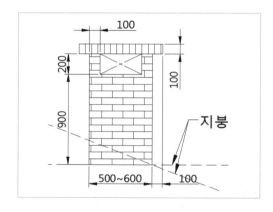

02 굴뚝 하부까지 보이는 경우

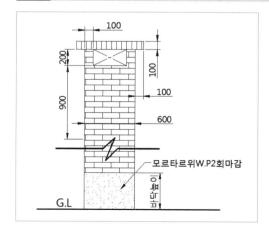

◉ **작성과정**

평면도를 보고 보이는 부분만 작성합니다.

❶ 다음과 같은 사각형 3개를 작성합니다.

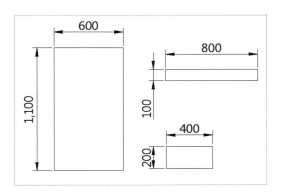

❷ [Move(M)] 명령으로 다음과 같이 이동합니다.

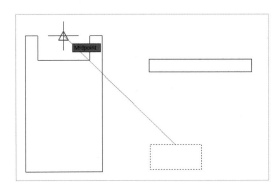 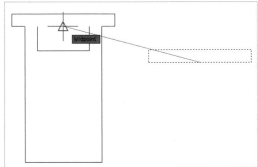

❸ [Hatch] 명령으로 줄눈을 표현하고 구멍이 난 부분은 중심선으로 표시합니다.

상단
Type: User defined, Angle: 90°,
Spacing: 60

하단
Type: Predefined, Pattern: AR−
BRSTD, Angle: 0°, Scale: 1

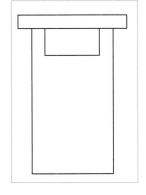 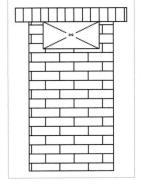

난간

평면도에서 테라스의 테두리나 계단 부분에서 난간의 유무를 확인합니다. 없으면 작성하지 않습니다.

완성파일 부록DVD1\완성파일\Part07\Ch05\간난.dwg

동영상 부록DVD1\동영상\P07\P07-Ch05,06(입면도의 난간과 식재).mp4

01 TYPE: A

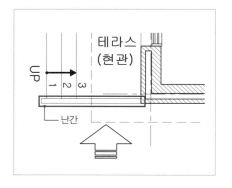
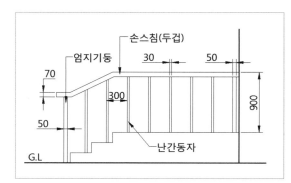

02 TYPE: B

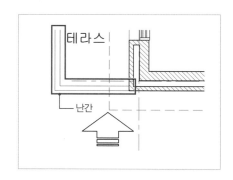
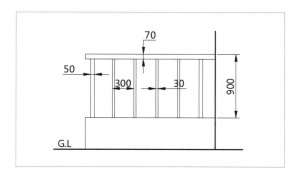

◉ **작성과정**

피난난간, 안전난간이 아니므로 난간의 높이와 부재의 크기는 크게 중요하지 않습니다.
일정한 간격으로 보기 좋게 작성합니다.

❶ 난간을 작성할 수 있도록 계단과 외벽선을 작성합니다.

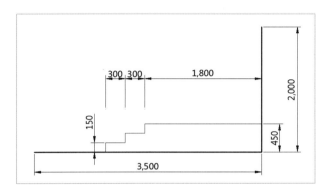

❷ [POLYLINE(PL)] 명령으로 그림과 같이 계단을 따라 난간두겁의 선을 작성합니다.

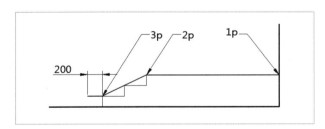

❸ 작성된 난간두겁 선을 [Move(M)] 명령으로 이동시키고 아래로 Offset합니다.

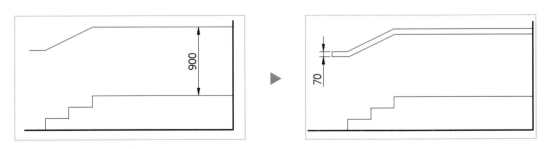

❹ Line을 그리고 Offset으로 엄지기둥과 난간동자의 위치를 표시합니다.
[Hatch] 명령을 사용해도 좋습니다.

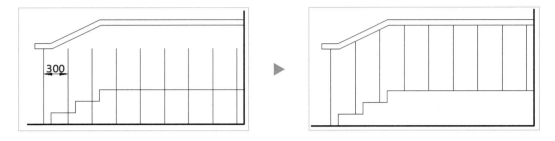

❺ Offset으로 두께를 주어 난간을 완성합니다.

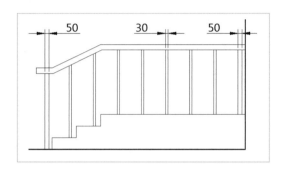

식재(나무)

식재는 가장 마지막에 남은 시간을 고려하여 작성합니다. 남은 시간이 부족한 경우 단순하게 도형을 이용하여 표현하고 여유가 있을 경우 자세하게 표현합니다.

완성파일 부록DVD1\완성파일\Part07\Ch06\식재.dwg

동영상 부록DVD1\동영상\P07\P07-Ch05,06(입면도의 난간과 식재).mp4

---

01 도형을 이용한 단순한 표현

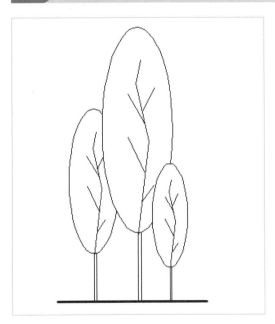

⊙ 작성과정

기입된 치수는 예시일뿐 중요치 않습니다. 완성된 건물보다 약간 작게 작성합니다.

❶[Ellipse(EL)] 명령을 사용해 다음과 같은 단순한 나무형태를 그리고 [Line] 명령으로 가지를 표현합니다.

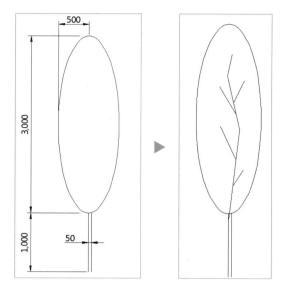

❷[Copy] 명령을 사용해 2개를 추가로 복사합니다.

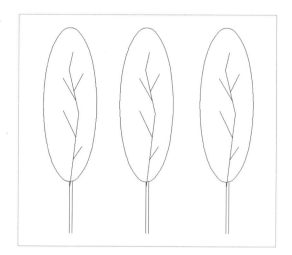

❸ 복사된 식재를 [SCALE(SC)] 명령으로 0.7배, 0.5배로 축소하고 [Move(M)] 명령으로 자연스럽게 배치합니다.

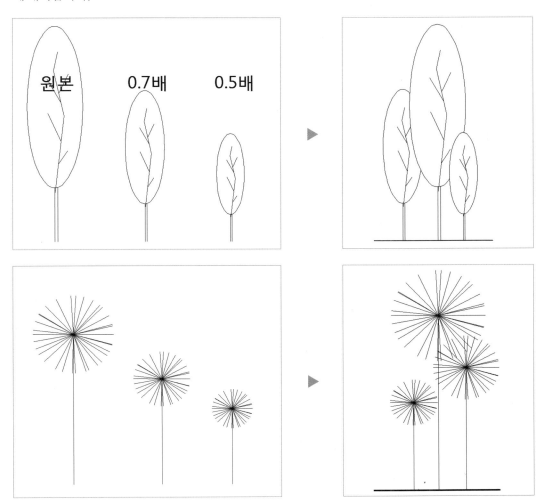

⊙ 작성과정

자연스럽게 스케치하기 위해 직교모드인 Ortho(F8)와 Osnap(F3)은 Off 상태에서 작성합니다.

❶ 수직선과 사선 두 개를 작성한 후 Ortho(F8)와 Osnap(F3)은 Off합니다. [Line] 명령으로 가지를 자연스럽게 표현합니다.

❷ 나뭇잎의 소스를 [Line] 명령으로 5~6개 정도 작성해 [Copy] 명령으로 고르게 복사합니다.

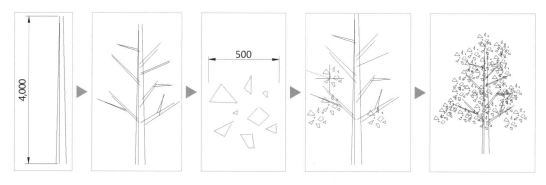

❸ 선의 두께를 자연스럽게 하려면 가지 선과 잎사귀 선을 무작위로 선택해 입면선 도면층으로 변경합니다. (하나만 변경 후 Match(MA)로 복사해도 좋습니다.)

❹ [Copy] 명령을 사용해 하나를 추가로 복사합니다.

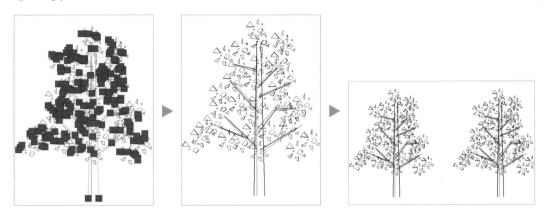

❺ 복사된 식재를 [SCALE(SC)] 명령으로 0.7배로 축소하고 [Move(M)] 명령으로 자연스럽게 배치합니다.

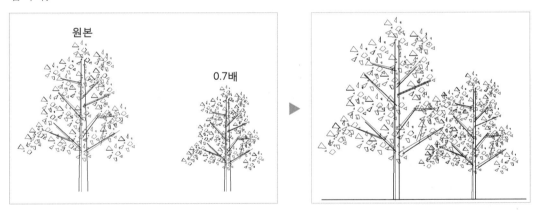

홈통(선택사항)

우천 시 지붕의 빗물을 지면으로 내려 보내는 홈통은 단면도와 입면도를 모두 작성하고 시간적으로 여유가 있을 경우에만 작성하고, 그렇지 않다면 작성하지 않아도 크게 문제되지 않습니다.

단, 캔틸레버처럼 평면도에 '홈통 설치'가 표시된 경우에는 작성합니다.

완성파일 부록DVD1₩완성파일₩part07₩ch07₩선홈통.dwg

홈통의 설치되는 위치는 건물의 코너나 외곽 등 처마 끝이나 캔틸레버에 설치됩니다.

표현 결과를 확인하고 주로 사용되는 선홈통을 작성해 보겠습니다.

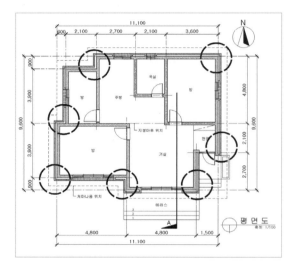

단면도의 선홈통 표현

입면도의 선홈통 표현

선홈통의 크기는 Ø75~100, 처마홈통과 깔대기 홈통은 150~200으로 작성하여 처마선에 적당히 맞추어 보기 좋게 배치하면 됩니다. 홈통의 모든 요소는 입면선 도면층으로 작성합니다.

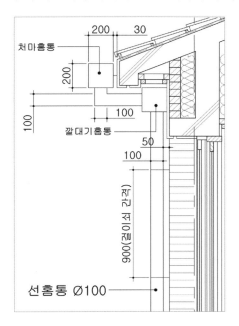

◉ 작성과정

단면도의 외벽과 처마부분을 완료한 다음 작성해야 합니다.

❶ 다음과 같이 Offset, Rectangle명령을 사용해 선홈통의 위치와 홈통을 표시합니다.

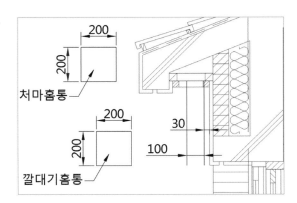

❷ 선은 연장하고 홈통을 이동합니다.

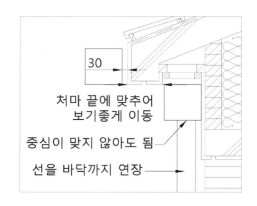

30

처마 끝에 맞추어
보기좋게 이동

중심이 맞지 않아도 됨

선을 바닥까지 연장

❸ 홈통걸이쇠를 선으로 표시하고 연결부분을 작성합니다.

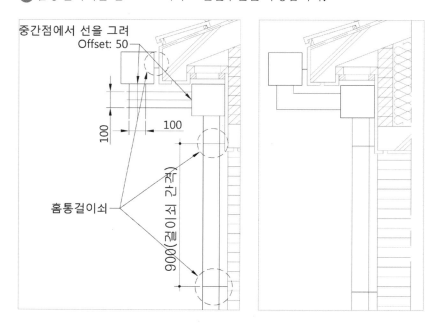

중간점에서 선을 그려
Offset: 50

100

100

홈통걸이쇠

900(걸이쇠 간격)

❹ 선홈통의 하부를 Arc명령을 사용하여 다음과 같이 Hidden선으로 작성합니다.

(호의 클릭 위치는 그림과 유사하게 클릭하면 됩니다.)

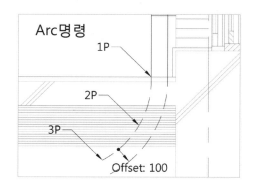

Arc명령

1P

2P

3P

Offset: 100

입면도 선홈통 그리기

단면도의 홈통과 같은 방법으로 입면도를 완성한 후 다음과 같이 작성합니다. 홈통의 모든 요소는 입면선 도면층으로 작성합니다.

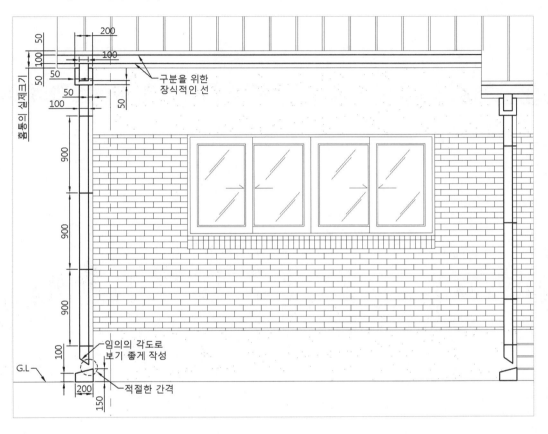

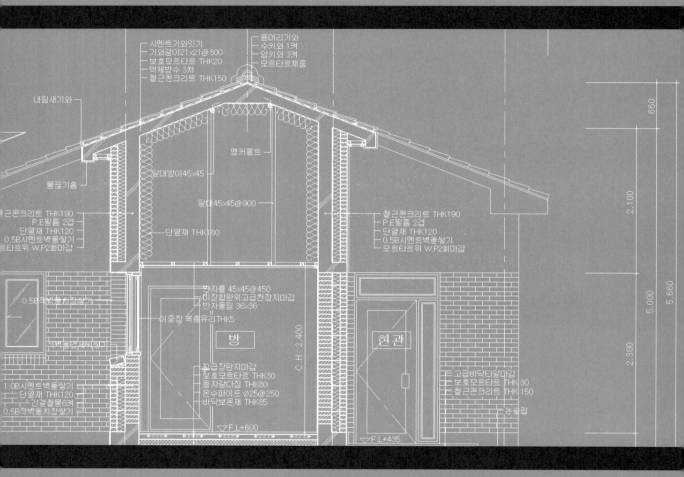

시멘트기와잇기
기와걸이21x21@300
보호모르타르 THK20
액체방수 3차
철근콘크리트 THK150

용머리기와
수키와 1켜
암키와 3켜
모르타르채움

내림새기와

앵커볼트

달대받이45x45

물끊기홈

달대45x45@900

철근콘크리트 THK190
P.E필름 2겹
단열재 THK120
0.5B시멘트벽돌쌓기
르타르위 W.P2회마감

단열재 THK180

철근콘크리트 THK190
P.E필름 2겹
단열재 THK120
0.5B시멘트벽돌쌓기
모르타르위 W.P2회마감

반자틀 45x45@450
미장합판위고급천장지마감
반자돌림 36x36

0.5B적벽돌치장쌓기

이중창 목흠유리THK5

방

현관

고급장판지마감
보호모르타르 THK30
콩자갈다짐 THK80
온수파이프 Ø25@250
바닥보온재 THK85

고급바닥타일마감
보호모르타르 THK 30
철근콘크리트 THK 150

1.0B시멘트벽돌쌓기
단열재 THK120
긴결철물6켜
0.5B적벽돌치장쌓기

C.H 2,400

▽F.L+600

▽F.L+435

논슬립

660
2,100
5,000
2,300
5,660

문제유형에 따른 입면도 작성과정

조건에서 제시한 방향의 입면도를 작성합니다. 지붕의 형태는 박공지붕이므로 바라보는 방향에 따라 지붕의 경사가 표현되거나 수평선으로 경사가 표현되지 않는 경우로 구분됩니다.

지붕마룻대와 수평방향

경사로 표현되는 지붕의 형태는 A 부분 단면도 작성 시 일부분만 작성되는 경우가 많습니다.

완성파일 부록DVD1\완성파일\Part08\Ch01\입면도A.dwg

동영상 부록DVD2\동영상\P08\P08-Ch01(입면도 작성 유형A).mp4

01 작성조건과 평면도 확인

조건에 명시된 방향에서 지붕마룻대(용마루 선)를 확인합니다. 단면도와 작성과정, 재료의 두께 등 많은 부분이 유사하므로 단면도를 생각하면서 작성합니다.

1. 요구사항

※ 주어진 평면도를 보고 CAD를 이용하여 아래 조건에 맞게 다음 도면을 작도한 후 지급된 용지에 본인이 직접 흑백으로 출력하여 USB 메모리에 저장하여 함께 제출하시오.

❶ A 부분 단면 상세도를 축척 1/40로 작도하시오.

❷ 동측 입면도를 축척 1/50로 작도하되 벽면의 마감재료 표시 및 주위의 배경 등 도면의 요소를 충분히 고려하시오.

2. 조건

• **기초 및 지하실 벽체**: 철근콘크리트 구조로 하시오

• **벽체**: 외벽 – 외부로부터 붉은벽돌 0.5B, 단열재, 시멘트벽돌 1.0B로 하시오.

　　　　내벽 – 두께 1.0B 시멘트벽돌 쌓기로 하시오.

• **단열재**: 외벽 120mm, 바닥 85mm, 지붕 180mm로 하시오.

• **지붕**: 철근콘크리트 경사슬래브 위 시멘트 기와잇기 마감으로 하시오. (물매 4/10 이상)

• **처마나옴**: 벽체 중심에서 600mm

• **반자높이**: 2,400mm, 처마반자 설치

- **창호**: 목재창호로 하되 2중창인 경우 외부창호 알루미늄 새시로 하시오.
- **각 실의 난방**: 온수파이프 온돌난방으로 하시오.
- 1층 바닥슬래브와 기초는 일체식으로 표현하시오. [2014년 3회부터 변경된 부분]
- 평면도에 표현되지 않은 현관 상부 캐노피는 작도하지 않습니다.

  [2014년 3회부터 변경된 부분]
- 기타 각 부분의 마감, 치수 등 주어지지 않은 조건은 일반적인 시공수준으로 하시오.

3. 평명도

방위표를 보고 동측방향을 확인합니다.

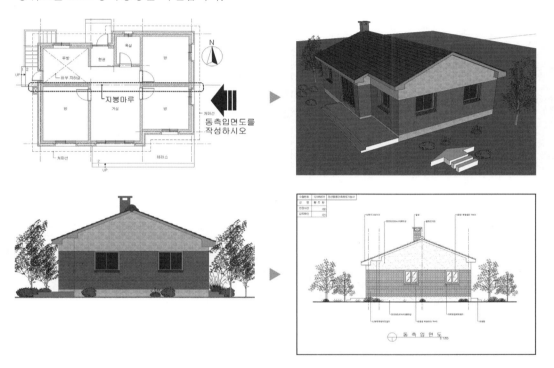

❶ 도면층(LAYER)과 표제란이 작성된 축척 1/50 도면양식을 준비합니다.

1/50 도면양식은 단면도의 1/40 양식을 [Scale] 명령으로 축척을 변경하여 사용합니다.

단면도 양식을 복사할 때 도면명과 축척을 함께 복사해 변경합니다.

(파트02의 챕터04장을 참고합니다.)

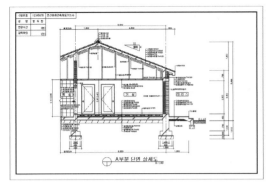

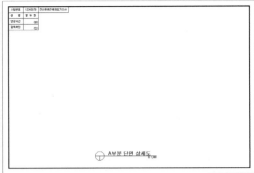

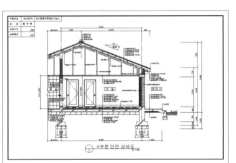

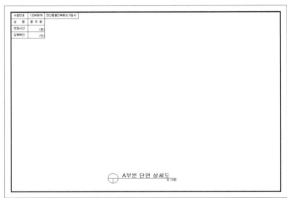

❷ 도면명과 축척을 수정합니다.

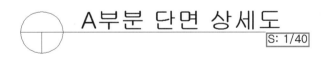

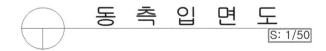

❸ 현재 도면층(Layer)을 단면선으로 설정하고 바라보는 방향에서 보이는 벽체의 중심선, G.L을 표시합니다.

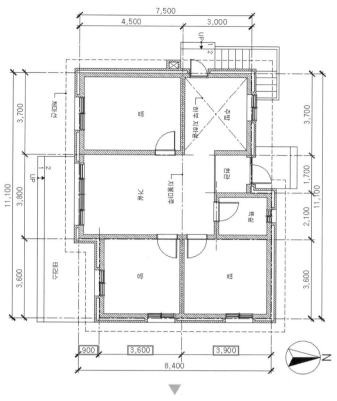

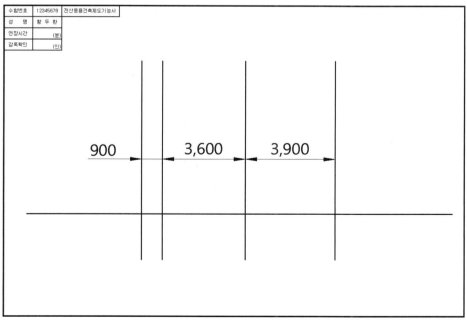

❹ 입면으로 보이는 벽체 두께의 선을 표시합니다. 외벽의 두께가 400이므로 중심에서 바깥쪽 방향으로 200씩 Offset으로 외벽선을 작성합니다. Offset 후 벽체의 중심은 중심선 도면층으로 변경합니다(외벽 두께: 90+120+190=400).

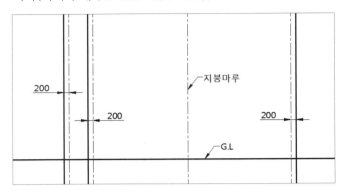

❺ 중심선에서 처마나옴 600선을 표시하고 혼동을 피하기 위해 복사한 처마나옴 선을 마감선 도면층으로 변경합니다.

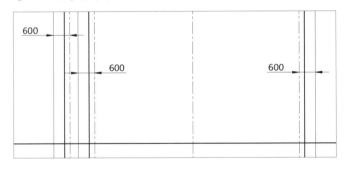

❻ G.L선에서부터 작업에 필요한 기준선을 Offset합니다.

바닥높이: 단의 수×150=450

테두리보의 하부: 천장높이(2,400)−100=2,300

테두리보의 높이: 700

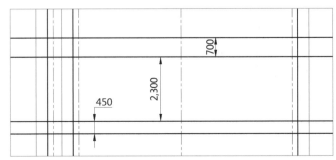

❼ 지붕마루 선에서 가장 먼 좌측 외벽을 기준으로 물매(4/10)를 표시합니다.

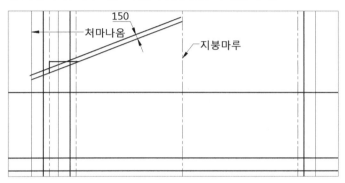

❽ 물매의 경사선을 지붕마루와 처마나옴까지 연장한 후 상단으로 Offset하여 지붕슬래브 두께를 표시합니다. 테두리보의 높이 700선은 삭제합니다.

❾ 경사슬래브의 지붕마루 부분을 [Fillet(F)]이나 [Extend(EX)] 명령으로 편집 후 [Mirror(MI)] 명령을 사용해 대칭복사를 합니다.

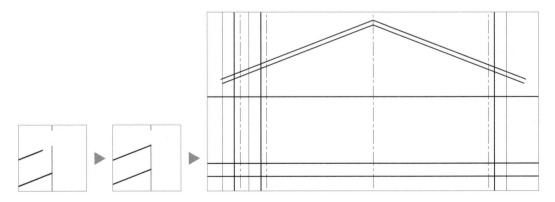

⑩ 처마부분을 다음과 같이 작성합니다. 처마의 치수는 문제와 관계없이 항상 같습니다.

좌측

우측

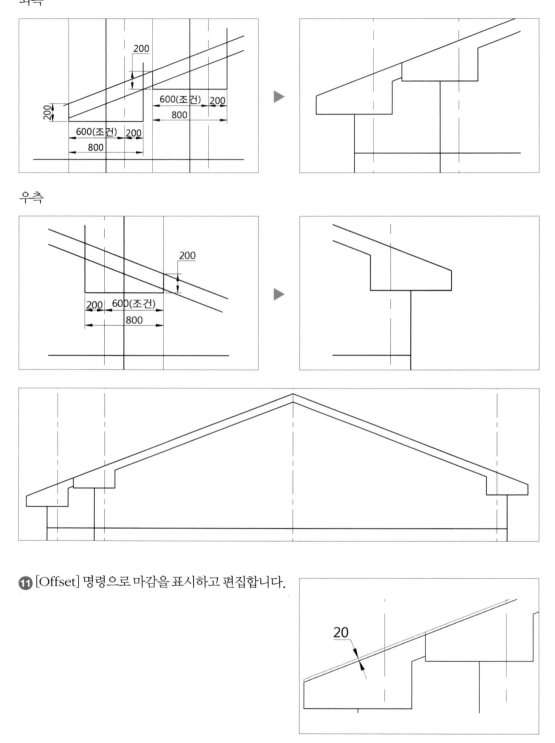

⑪ [Offset] 명령으로 마감을 표시하고 편집합니다.

⓬ 단면도에서 기와를 복사하거나 직접 그려 [Align(AL)] 명령으로 다음과 같이 처마 끝에 배치하고 기와는 마감선 도면층으로 변경합니다 (Part 07의 Chapter 01을 참고합니다).

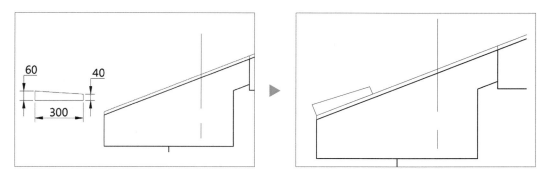

⓭ [Array(AR)] 또는 [Arrayclassic] 명령으로 기와를 배열하고, 반대편은 [Mirror(MI)] 명령을 사용해 대칭복사한 다음 편집합니다(Copy 명령으로 복사해도 됩니다).

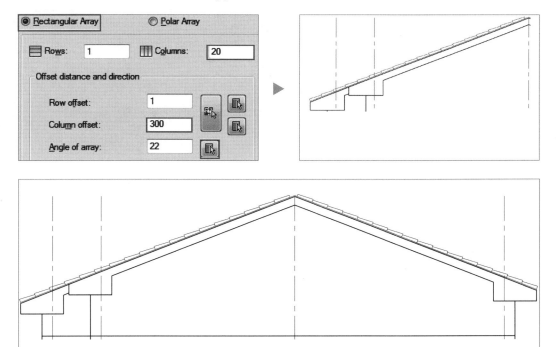

⑭ 용머리기와를 다음과 같이 작성합니다.

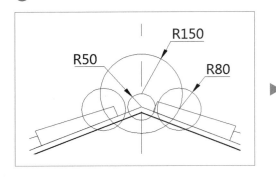
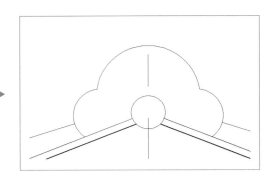

⑮ 좌측 테라스의 계단을 작성합니다. 평면도에
치수가 기입되지 않았으므로 주변치수를 참고하
여 적절한 크기로 다음과 같이 작성합니다. 계단
의 도면층은 입면선으로 합니다.

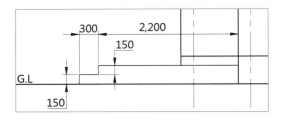

⑯ 우측 현관의 계단도 테라스와 같은 방법으로
작성합니다.

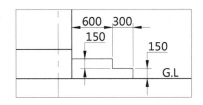

⑰ 동측 벽면에 보이는 방문을 빈 공간에 작성해 테두리보 하부 선에 배치합니다.

창의 위치는 치수가 기입되지 않았으므로 평면도와 유사하게 배치하면 됩니다. 창문의 도면층은 모
두 마감선으로 변경한 다음 코킹(15), 반사표현, 옆세워쌓기의 Hatch는 해칭선, 개폐기호는 입면선
으로 합니다.

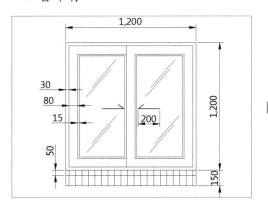
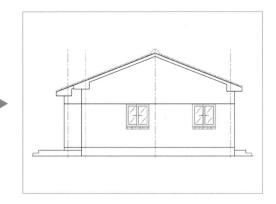

⑱ 평면도에서 주방문 옆에 있는 굴뚝을 확인합니다. 지붕마루 좌측에 굴뚝을 배치합니다. 굴뚝의 윤곽은 마감선, Hatch는 해칭선으로 합니다.

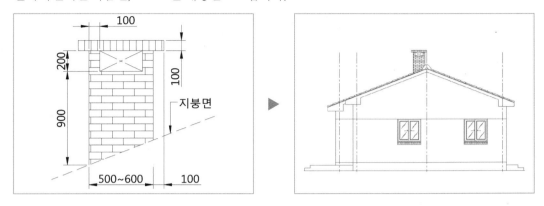

⑲ 입면도에 문자를 작성하기 위해 'Dimscale'을 '50'으로 설정합니다. [QLeader(LE)] 명령을 사용해 문자높이를 '120'으로 작성합니다.

・ **상단문자**

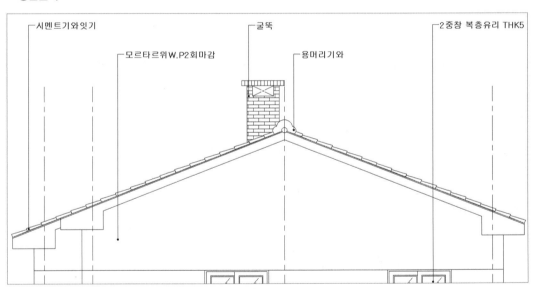

• **하단문자**

도면명은 높이300, 축척은150

(단면도 작성 후 양식복사 시 도면명과 축척까지 복사하면 문자만 수정합니다.)

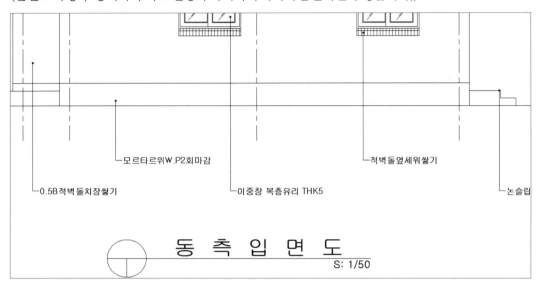

└ 0.5B적벽돌치장쌓기   └ 모르타르위W.P2회마감   └ 이중창 복층유리 THK5   └ 적벽돌옆세워쌓기   └ 논슬립

동 측 입 면 도
S: 1/50

㉟ [Hatch] 명령을 사용해 마감표현을 합니다 (중심선 도면층을 동결시키고 작업하면 더 좋습니다).

모르타르위W.P2회마감 부분

Type: Predefined, Pattern: AR−SAND, Angle: 0°, Scale: 7~8

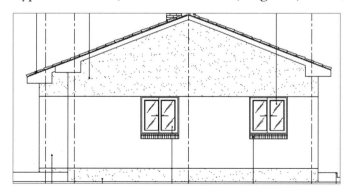

적벽돌치장쌓기 부분

Type : Predefined, Pattern : AR-BRSTD, Angle : 0°, Scale : 1

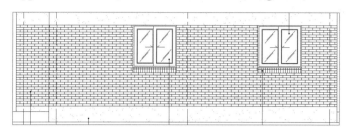

㉑ 식재를 작성해 배치하고 G.L선을 [Pedit(PE)] 명령으로 두께(50)를 주어 도면을 완성합니다 (Part 07의 Chapter 05를 참고합니다).

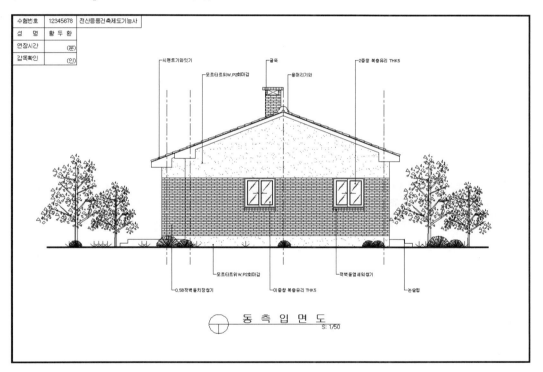

지붕마룻대와 수직방향

시험에는 주로 경사가 표현되지 않는 수평선 형태의 지붕모양으로 출제됩니다.

완성파일 부록DVD1\완성파일\Part08\Ch02\입면도B.dwg

동영상 부록DVD2\동영상\P08\P08-Ch02(입면도 작성 유형B).mp4

01 작성조건과 평면도 확인

조건에 명시된 방향에서 지붕마룻대(용마루 선)를 확인합니다. 단면도와 작성과정, 재료의 두께 등 많은 부분이 유사하므로 단면도를 생각하면서 작성합니다.

1. 요구사항

※ **주어진 평면도를 보고 CAD를 이용하여 아래 조건에 맞게 다음 도면을 작도한 후 지급된 용지에 본인이 직접 흑백으로 출력하여 USB 메모리에 저장하여 함께 제출하시오.**

❶ A 부분 단면 상세도를 축척 1/40로 작도하시오.

❷ 남측 입면도를 축척 1/50로 작도하되 벽면의 마감재료 표시 및 주위의 배경 등 도면의 요소를 충분히 고려하시오.

2. 조건

• **기초 및 지하실 벽체:** 철근콘크리트 구조로 하시오

• **벽체:** 외벽 – 외부로부터 붉은벽돌 0.5B, 단열재, 시멘트벽돌 1.0B로 하시오.

　　　　　내벽 – 두께 1.0B 시멘트벽돌 쌓기로 하시오.

• **단열재:** 외벽 120mm, 바닥 85mm, 지붕 180mm로 하시오.

• **지붕:** 철근콘크리트 경사슬래브 위 시멘트 기와잇기 마감으로 하시오. (물매 4/10 이상)

• **처마나옴:** 벽체 중심에서 600mm

• **반자높이:** 2,400mm, 처마반자 설치

- **창호**: 목재창호로 하되 2중창인 경우 외부창호 알루미늄 새시로 하시오.

- **각 실의 난방**: 온수파이프 온돌난방으로 하시오.

- 1층 바닥슬래브와 기초는 일체식으로 표현하시오. [2014년 3회부터 변경된 부분]

- 평면도에 표현되지 않은 현관 상부 캐노피는 작도하지 않습니다.

  [2014년 3회부터 변경된 부분]

- 기타 각 부분의 마감, 치수 등 주어지지 않은 조건은 일반적인 시공수준으로 하시오.

3. 평면도

방위표를 보고 남측방향을 확인합니다.

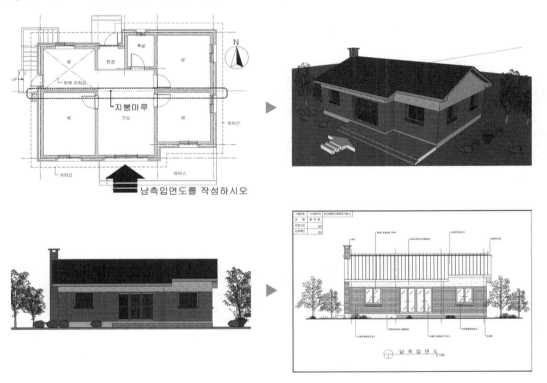

---

02 **작성과정**

① 도면층(LAYER)과 표제란이 작성된 축척 1/50 도면양식을 준비합니다.

1/50 도면양식은 단면도의 1/40 양식을 [Scale] 명령으로 축척을 변경하여 사용합니다.

단면도 양식을 복사할 때 도면명과 축척을 함께 복사해 변경합니다.

(파트02의 챕터04를 참고합니다.)

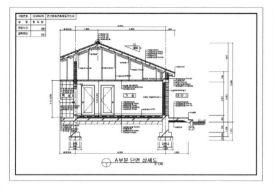

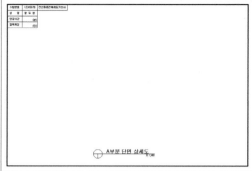

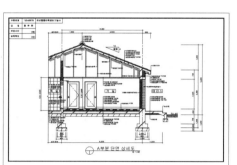

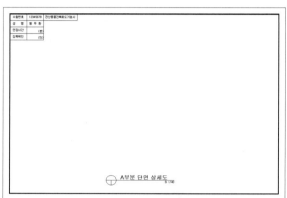

❷ 도면명과 축척을 수정합니다.

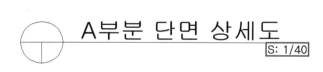

❸ 현재 도면층(Layer)을 단면선으로 설정하고 바라보는 방향에서 보이는 벽체의 중심선, G.L을 표시합니다.

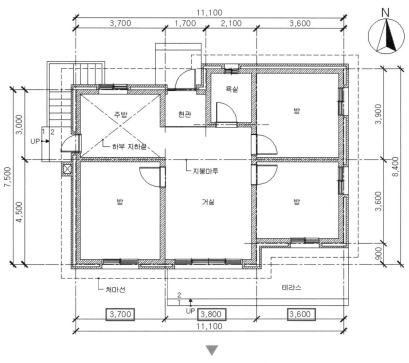

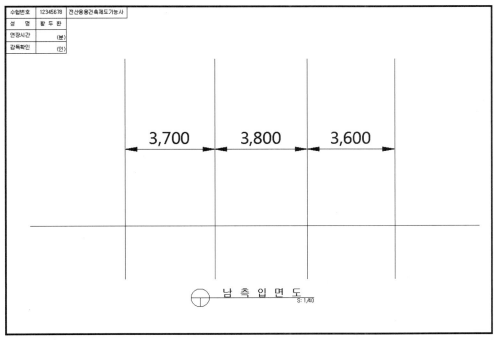

남 측 입 면 도
S: 1/40

❹ 입면으로 보이는 벽체 두께의 선을 표시합니다. 외벽의 두께가 400이므로 중심에서 바깥쪽 방향으로 200씩 Offset으로 외벽 선을 작성합니다. Offset 후 벽체의 중심은 중심선 도면층으로 변경합니다(외벽 두께: 90+120+190=400).

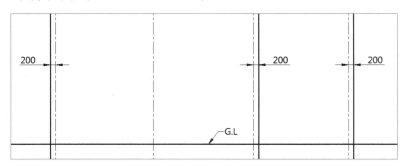

❺ 중심선에서 처마나옴 600선을 표시하고 혼동을 피하기 위해 복사한 처마나옴 선을 마감선 도면층으로 변경합니다.

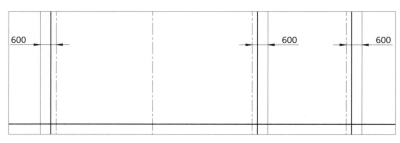

❻ G.L선에서부터 작업에 필요한 기준선을 Offset합니다.

바닥높이: 단의 수×150=450

테두리보의 하부: 천장높이(2,400)−100=2,300

테두리보의 높이: 700

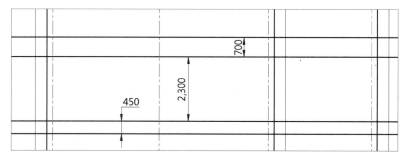

⑦ 외벽에서 지붕마루까지 가장 먼 거리를 Offset한 다음 경사선 상단을 [Extend(EX)] 명령으로 연장하여 지붕의 높이를 표시하고 물매와 테두리보의 높이 700선은 삭제합니다.

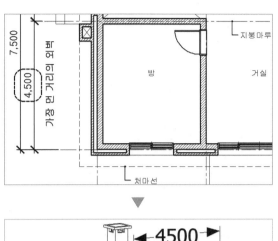

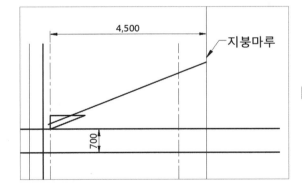

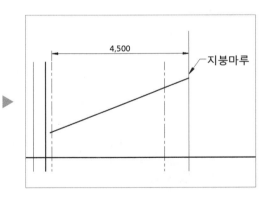

❽ 연장한 사선과 지붕마루가 만나는 부분이 지붕마루의 높이가 됩니다. [Xline(XL)]이나 [Line] 명령
으로 지붕의 높이를 표시하고 좌측 처마나옴 선까지 경사선을 [Extend(EX)] 명령으로 연장합니다.

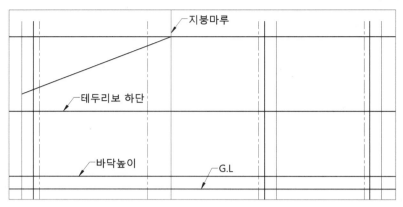

❾ 좌측 방과 거실 외벽에서 나오는 처마의 위치를 표시해야 합니다. 지붕마루에서 처마나옴까지의
거리를 평면도에서 확인합니다. 외벽까지의 거리는 4,500, 조건에 명시된 처마나옴은 600이므로
5,100까지의 선과 경사선이 교차하는 부분에 [Xline(XL)]이나 [Line] 명령으로 표시합니다.

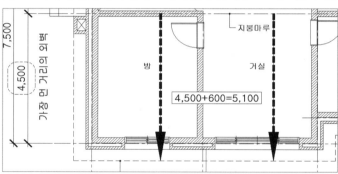

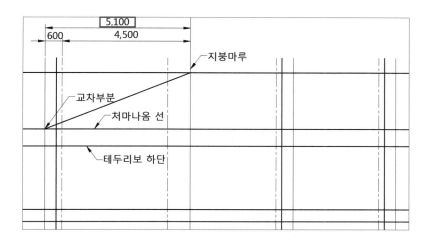

⑩ 처마나옴 선에서 아래로 Offset하여 처마의 두께를 표시합니다.

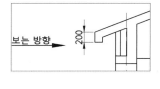

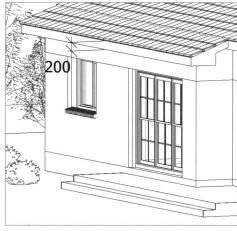

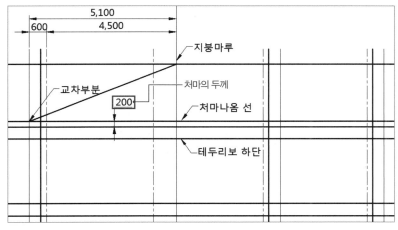

⓫ 평면도에서 좌측 방과 거실의 처마나옴 위치를 확인하고 [Trim(TR)] 명령으로 편집합니다.

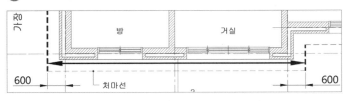

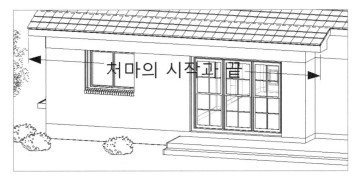

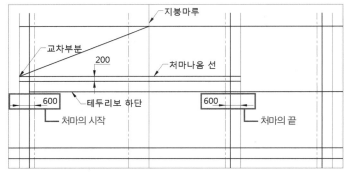

⓬ 우측 방 외벽의 처마나옴 위치도 동일한 방법(순서 ⑩~⑫)으로 작성합니다.

지붕마루에서 처마나옴까지의 거리를 평면도에서 확인합니다. 외벽까지의 거리는 3,600, 조건에 명시된 처마나옴은 600이므로 4,200까지의 선과 경사선이 교차하는 부분에 [Xline(XL)]이나 [Line] 명령으로 표시합니다.

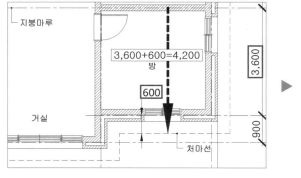

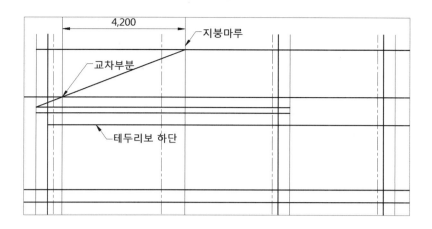

⑬ 처마나옴 선에서 아래로 Offset하여 처마의 두께를 표시합니다.

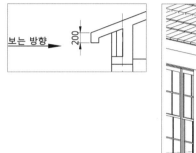

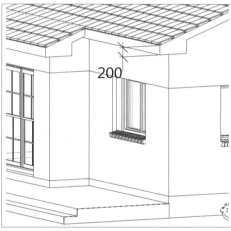

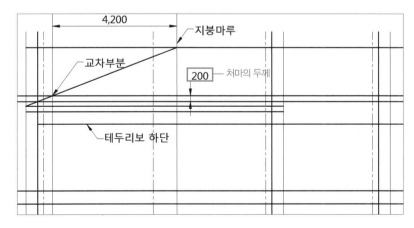

⓮ 평면도에서 우측 방의 처마나옴 위치를 확인하고 [Trim(TR)] 명령으로 편집합니다.

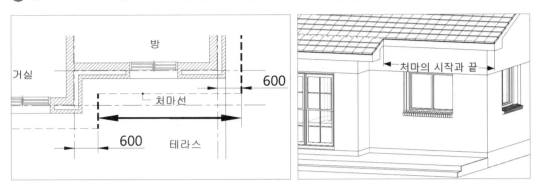

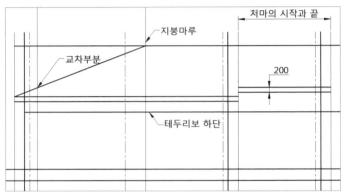

⓯ 지붕마루 반대편 우측의 처마까지 작성하면 더 좋습니다.

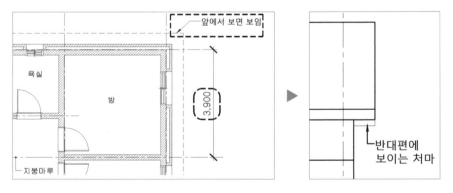

⓰ 경사선과 지붕마루 선을 삭제하고 다음과 같이 편집합니다. 중심선을 제외한 모든 선을 단면선 도면 층으로 변경합니다(입면도에서의 도면층은 단면도와는 다르게 건물의 윤곽을 단면선으로 합니다).

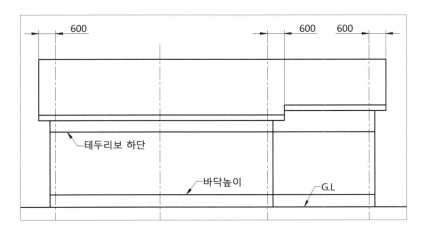

⓱ 지붕에서부터 상세히 표현합니다. 용머리기와, 암키와, 수키와를 작성해 배치하고 도면층은 마 감선이나 해칭선으로 변경합니다(Part 07의 Chapter 01을 참고합니다).

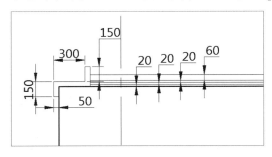

⓲ 지붕면과 수키와는 Hatch(H) 명령을 실행해 300간격으로 패턴을 작성한 후 작성한 패턴을 우측 으로 복사합니다. 작성된 두 줄의 패턴은 해칭선 도면층으로 변경합니다.

Type: User defined, Angle: 90°, Spacing: 300

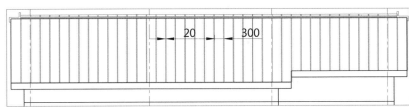

⑲ 우측 테라스의 계단을 작성합니다. 평면도에 치수가 기입되지 않았으므로 주변치수를 참고하여 적절한 크기로 다음과 같이 작성합니다. 계단의 도면층은 입면선으로 합니다. 계단의 높이는 작성된 단면도를 확인해 작성하거나 1단을 150으로 작성해도 됩니다.

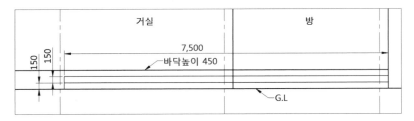

⑳ 계단선 아래로 Offset하여 논슬립을 표현하고 도면층은 해칭선으로 변경합니다.

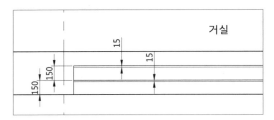

㉑ 좌측 주방의 계단도 테라스와 같은 방법으로 작성합니다.

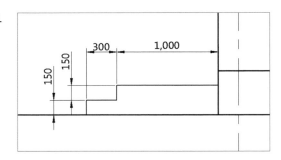

㉒ 주방계단 뒤로 지하실 옹벽을 표현합니다.

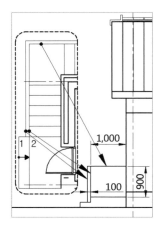

㉓ 각 실의 창을 작성해 배치합니다. 창의 위치는 정확한 치수가 없으므로 평면도를 보고 비슷한 위치에 적당히 배치합니다.

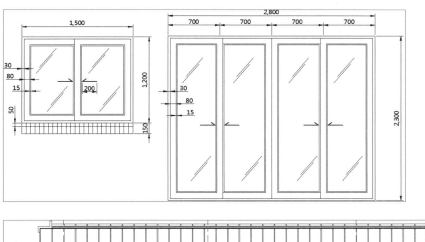

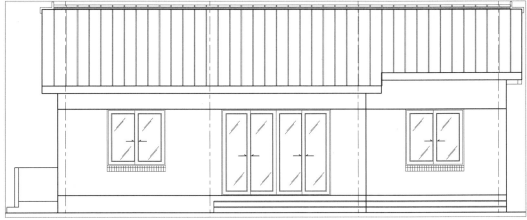

㉔ 평면도에서 주방문 옆에 있는 굴뚝을 확인합니다. 지붕마루 좌측에 굴뚝을 배치합니다.
굴뚝의 윤곽은 입면선, Hatch는 해칭선으로 합니다.

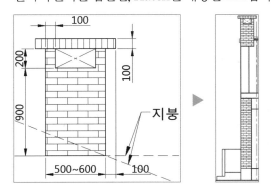

• **참고 이미지**

㉕ 입면도에 문자를 작성하기 위해 Dimscale을 '50'으로 설정합니다. [Qleader(LE)] 명령을 사용해 문자높이를 '120'으로 작성합니다.

상단

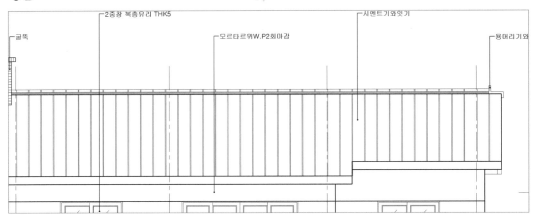

하단

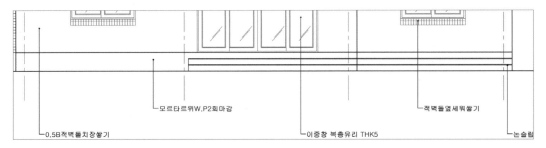

㉖ [Hatch] 명령을 사용해 마감표현을 합니다(중심선 도면층을 동결시키고 작업하면 더 좋습니다).

모르타르 위 W.P 2회 마감 부분

Type: Predefined, Pattern: AR-SAND, Angle: 0˚, Scale: 7~8

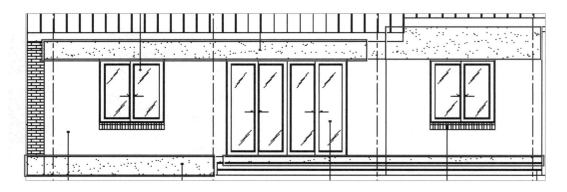

적벽돌치장쌓기 부분

Type : Predefined, Pattern : AR−BRSTD, Angle : 0°, Scale : 1

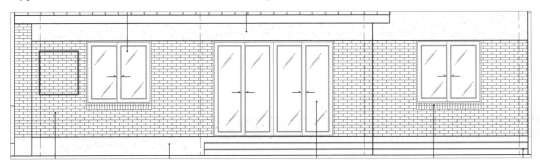

㉗ 식재를 작성해 배치하고 G.L선을 [Pedit(PE)] 명령으로 두께(50)를 주어 도면을 완성합니다
(Part 07의 Chapter 05를 참고합니다).

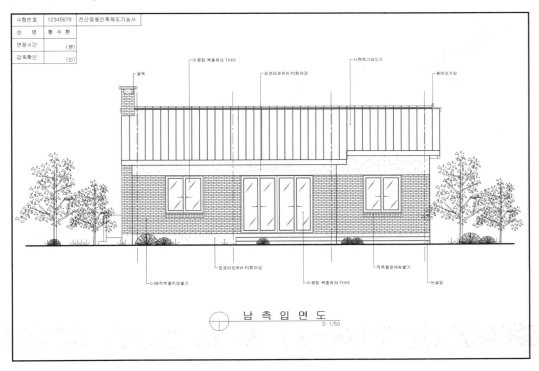

Craftsman Computer Aided Architectural Drawing

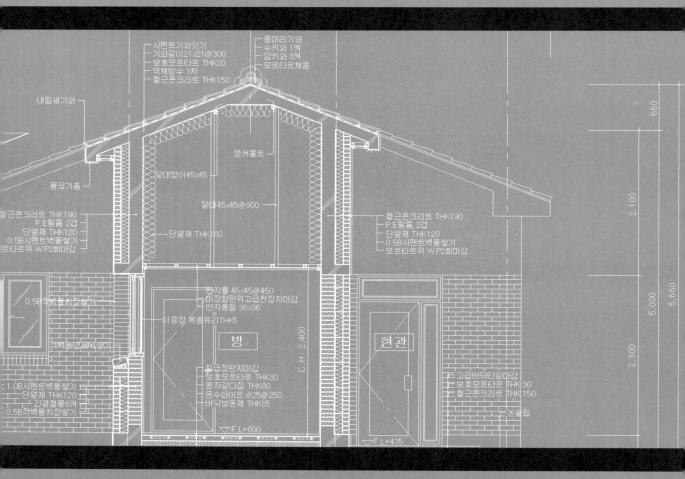

실기시험 처음부터 끝까지 따라하기

앞서 학습한 내용을 바탕으로 시험의 시작부터 도면출력까지의 과정을 알아보도록 하겠습니다. 실기시험은 4시간이 주어지고 연장시간은 20분입니다. 되도록 연장시간을 사용하지 않고 완성할 수 있도록 연습합니다.

환경설정 및 도면양식 작성

수험생의 실력과 연습량도 중요하지만, 시험장의 장비 또한 실기시험에 많은 영향을 줄 수 있습니다. 시험이 시작되고 나서 문제가 발생하면 당황하기도 하고 기분이 좋지 않은 상태에서 작업이 진행될 수 있으므로 시험이 시작되기 전에 미리 확인할 수 있도록 합니다.

동영상 부록DVD2\동영상\P09\P09-Ch01(단면도 따라하기).mp4

01　시작 전 장비 확인

마우스 휠과 버튼, 키보드에 문제가 있으면 시험 담당자에게 확인하고 좌석을 이동 또는 장비를 교체해야 합니다.

02　AutoCAD의 Workspace(작업모드)와 시스템 확인

❶ startup명령을 실행해 코드가 〈1〉로 설정되었는지 확인합니다.

값이 〈1〉이 아닌 경우 1로 변경 후 New명령을 실행해 새 도면에서 다시 시작합니다.

❷ AutoCAD 2007~2014버전의 경우에는 클래식(Classic) 모드로 전환하고 2015 이상의 버전은 기본설정인 제도 및 주석(Drawing & Annotation)으로 진행합니다.

❸ pickfirst명령을 실행해 코드가 〈1〉로 설정되었는지 확인합니다.

값이 〈1〉이 아닌 경우 Layer(도면층)가 변경되지 않고 더블클릭을 사용한 수정이나 Delete 를 입력해 객체를 삭제할 수 없습니다.

❹ 단위 설정 및 커서의 크기나 바탕색 등을 확인합니다(Part 02의 Chapter 03을 참고합니다).

03　선의 유형, 도면층, 글꼴, 치수의 설정

❶ 선의 유형을 [Linetype(LT)] 명령을 실행해 설정합니다(Part 03의 Chapter 03을 참고합니다).

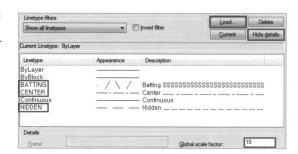

❷ 도면층을 [Layer(LA)] 명령을 실행해 다음과 같이 구성합니다.

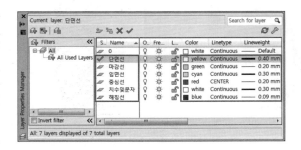

❸ 사용할 글꼴을 [Style(ST)] 명령을 실행해 설정합니다(신규 유형을 만들지 않고 Standard 유형의 글꼴만 굴림으로 변경합니다).

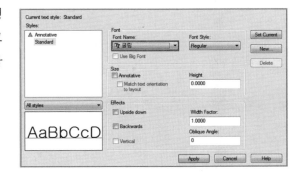

❹ 치수는 [Dimstyle(D)] 명령을 실행해 설정합니다(Part 05의 Chapter 02를 참조합니다).

화살표의 모양(Arrowheads): 모두 Dot small

치수선의 설정(Extend beyond ticks): 1.25

치수의 크기 설정(Use overall scale of): 40

치수의 단위 설정(Unit format): Windows Desktop

정밀도 설정(Precision): 0

04 도면양식 작성하기

단면도 양식을 A3 크기로 1/40 축척에 맞게 설정합니다(Part 02의 Chapter 04를 참조를 확인합니다).

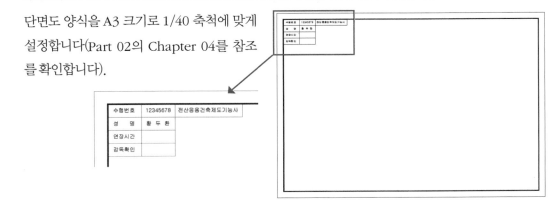

평면도와 작성조건 확인

Craftsman Computer Aided Architectural Drawing

평면도와 요구사항, 작성조건은 5~10분 정독합니다. 작성조건이 작업 중간에 파악되거나 도면 독해가 잘못되면 큰 감점과 오작으로 이어질 수 있습니다. 모든 작업 중에 작성조건의 확인이 가장 중요합니다.

01 요구사항과 조건의 확인

요구사항의 단면도, 입면도의 축척과 입면도 방향을 확인합니다.

조건에는 도면작성에 기준이 되는 부분이 많으므로 수치를 눈에 띄게 펜으로 표시합니다.

국가기술자격 실기시험문제

자 격 종 목	전산응용건축제도기능사	과 제 명	주 택

비번호 :

※ 시험시간 : [○표준시간 : 4시간 10분]

1. 요구사항

※ 주어진 평면도를 보고 CAD를 이용하여 아래 조건에 맞게 다음 도면을 작도한 후 지급된 용지에 본인이 직접 흑백으로 출력하여 USB 메모리에 저장하여 함께 제출하시오.

① A부분 단면 상세도를 축척 1/40로 작도하시오.

② 남측 입면도를 축척 1/50로 작도하되 벽면의 마감재료 표시 및 주위의 배경 등 도면의 요소를 충분히 고려하시오.

| 조건 |

- **기초 및 지하실 벽체:** 철근콘크리트 구조로 하시오.

- **벽체**: 외벽 – 외부로부터 붉은벽돌 0.5B, 단열재, 시멘트벽돌 1.0B로 하시오.

  내벽 – 두께 1.0B 시멘트벽돌 쌓기로 하시오.
- **단열재**: 외벽 120mm, 바닥 85mm, 지붕 180mm
- **지붕**: 철근콘크리트 경사슬래브위 시멘트 기와잇기 마감으로 하시오. (물매 4/10 이상)
- **처마나옴**: 벽체 중심에서 600mm
- **반자높이**: 2400mm, 처마반자 설치
- **창호**: 목재창호로 하되 2중창인 경우 외부창호 알루미늄 새시로 하시오.
- **각 실의 난방**: 온수파이프 온돌난방으로 하시오.
- 1층 바닥슬래브와 기초는 일체식으로 표현하시오. **[2014년 3회부터 변경된 부분]**
- 평면도에 표현되지 않은 현관 상부 캐노피는 작도하지 않습니다.

  [2014년 3회부터 변경된 부분]
- 기타 각 부분의 마감, 치수 등 주어지지 않은 조건은 일반적인 시공수준으로 하시오.

※ 선의 통일을 기하기 위하여 아래와 같이 선의 색을 정리하여 출력하시오.

- 흰색(7-White) – 0.3mm
- 노랑(2-Yellow) – 0.4mm
- 빨강(1-Red) – 0.2mm
- 녹색(3-Green) – 0.2mm
- 하늘색(4-Cyan) – 0.3mm
- 파랑(5-Blue) – 0.1mm

수험자 유의사항

매번 동일한 내용으로 제시되지만 표제란의 크기 등 변경될 수 있는 부분이 있으므로 정독합니다.

자 격 종 목	전산응용건축제도기능사	과 제 명	주 택

2. 수험자 유의사항

※ 다음 유의사항을 고려하여 요구사항을 완성하시오.

❶ 명기되지 않은 조건은 건축법, 건축구조 및 건축제도 원칙에 따릅니다.

❷ 시험시작 전 바탕화면에 본인 비번호로 폴더를 생성하고, 폴더 안에 작업내용을 저장하도록 합니다.

❸ 정전 및 기계 고장 등에 의한 자료손실을 방지하기 위하여 수시로 저장합니다.

❹ 다음과 같은 경우는 부정행위로 처리됩니다.

가) 노트 및 서적, 디스켓을 소지하거나 주고받는 행위

나) 건물의 구조부분의 상세나 글씨 등을 사전에 블록으로 설정하여 지참해 사용하는 경우

❺ 작업이 끝나면 감독위원의 확인을 받은 후 문제지를 제출하고 본부요원 입회하에 본인이 직접 A3 용지에 흑백으로 도면을 출력하도록 합니다. 이때 수험자의 운영 미숙으로 도면이 출력되지 않는 경우나 출력시간이 20분을 초과할 경우는 실격 처리됩니다.

❻ 장비 조작 미숙으로 장비의 파손 및 고장을 일으킬 염려가 있을 경우 실격됩니다.

❼ 다음과 같은 경우에는 채점대상에서 제외됩니다.

가) 시험시간(표준시간 및 연장시간 포함) 내에 요구사항을 완성하지 못한 경우

나) 시험시간 내에 제출된 작품이라도 다음과 같은 경우

(1) 주어진 조건을 지키지 않고 작도한 경우

(2) 요구한 전 도면을 작도하지 않은 경우

(3) 건축제도 통칙을 준수하지 않거나 건축 CAD의 기능이 없는 상태에서 완성된 도면으로 시험위원 전원이 합의하여 판단한 경우

❽ 수험번호, 성명은 도면좌측 상단에 아래와 같이 표제란을 만들어 기재합니다.

⑨ 감독위원은 시험시작 후 수검자에게 표제란을 우선 작도 후 도면을 작도하도록 하여야 하며 수험자가 감독위원의 동지시를 따르지 않을 경우 실격 처리됩니다.

⑩ 테두리선의 여백은 10mm로 합니다.

03 평면도 독해

단면도와 입면도 작성에 필요한 다음 내용을 확인하고 도면에 표시합니다.

❶ 평면도에 작성해야 할 입면도 방향을 방위표를 보고 표시합니다.

❷ 각 실의 바닥높이가 표기되어 있는지 확인합니다. 표기되었다면 표기된 값으로 작성하고 표기되지 않았다면 계단 수를 확인해 1단을 150으로 계산합니다.

❸ A 부분 절단선 방향으로 보이는 구조물을 확인합니다. (난간, 굴뚝, 외벽, 화단, 창호, 신발장)

❹ 지붕마루의 위치를 파악하고 절단된 외벽까지의 거리를 반대편 외벽과 비교합니다.

❺ 현관이나 테라스의 처마선이 조건보다 더 나와 있는지 확인합니다.

❻ 욕실이나 주방 하부에 지하실 표시가 있는지 확인합니다. A 부분 절단선이 지나면 작업범위에 포함됩니다.

❼ 현관으로 A부분 절단선이 지나거나 입면으로 보이는 경우 현관의 중문과 고정창 여부를 확인합니다.

❽ A부분 절단선이 지나는 벽체와 지붕마루의 치수를 확인하고 도면에 표시합니다.

❾ 상부 캔틸레버를 표시한 내용이 있는지 확인합니다. 표시가 있을 경우 표시된 영역만큼 캔틸레버(캐노피)를 작성해야 합니다.

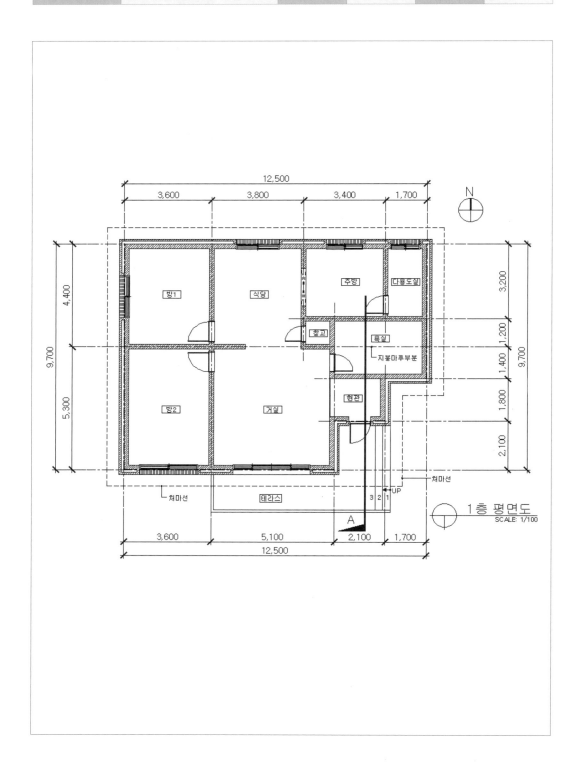

1층 평면도
SCALE: 1/100

A부분 단면상세도

CHAPTER 03

배점이 입면도보다 높지만 단면도의 작성시간은 2시간 30분을 넘지 않는 선에서 작도를 마칩니다.

완성파일 부록DVD1\완성파일\Part09\Ch05\단면도입면도.dwg
동영상 부록DVD2\동영상\P09\P09-Ch01(단면도 따라하기).mp4

01 기준선 작성

단면도 작성에 필요한 G.L, 벽체 중심, 지붕마루(마룻대) 등을 표시합니다. 평면도에는 테라스의 치수가 없으므로 작업자가 임의로 작성합니다.

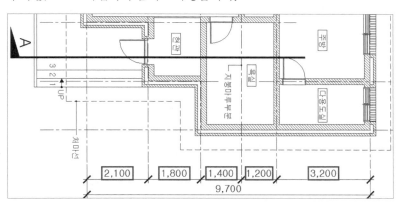

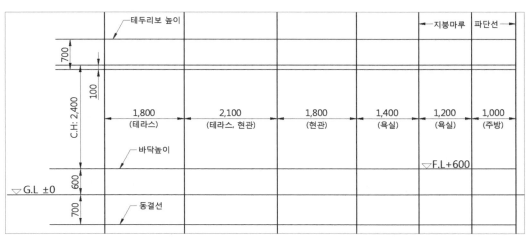

02 벽두께 표시

외벽과 내벽의 두께를 표시합니다.

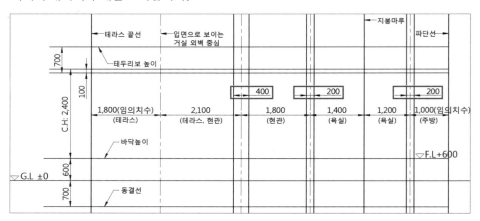

03 지붕물매의 표시와 지붕

물매 4/10를 표시하고 지붕과 처마를 작성합니다.

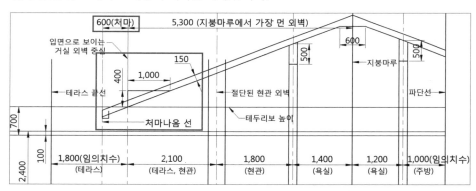

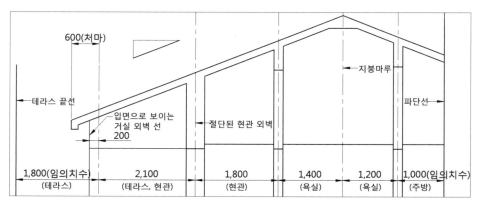

동결선 아래로 외벽과 내벽의 줄기초를 작성합니다. 동일한 부분은 [Copy] 명령으로 복사합니다.

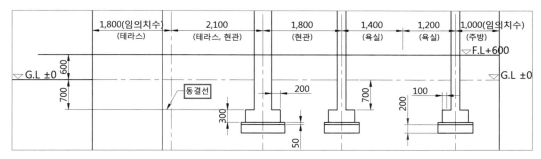

주방의 바닥높이(600)를 기준으로 바닥을 작성하며 거실바닥의 철근콘크리트(150) 선을 그대로 연장하여 현관, 테라스, 욕실 바닥의 철근콘크리트를 작성합니다.

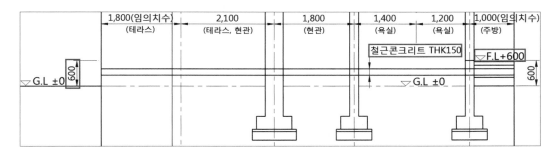

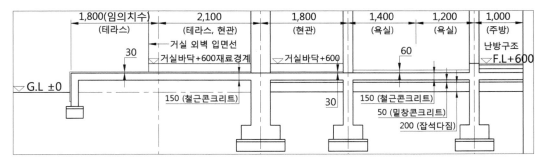

작성된 주요 구조의 뼈대가 조건과 치수가 맞는지 다시 한 번 확인합니다.

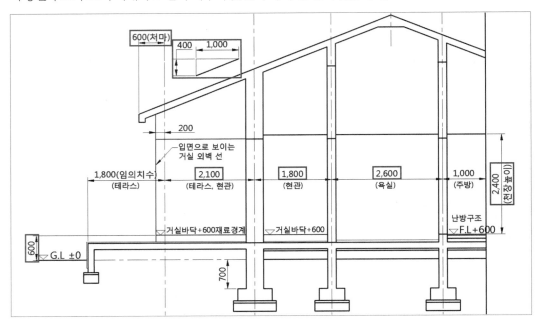

❶ 지붕

기와는 단면으로 보이는 형태를 작성하지만 두께가 얇아 도면층을 마감선으로 해야 출력시 잘 표현됩니다.

기와: [Polyline(PL)] 명령으로 그려 [Align(AL)] 명령으로 경사면에 정렬 후 Array(AR)나 [ARRAYCLASSIC] 명령으로 배열

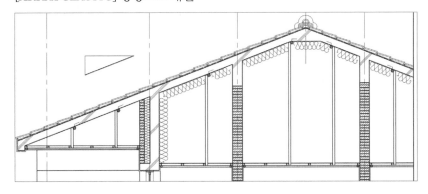

② 현관과 테라스 바닥

테라스에 난간 설치와 성토를 합니다.

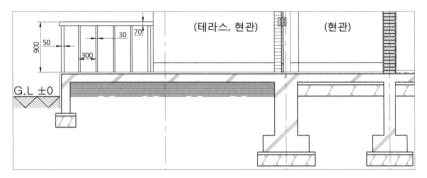

③ 욕실과 주방바닥

욕실에는 액체방수를 표현하고, 주방바닥
은 온수난방 구조로 작성합니다.

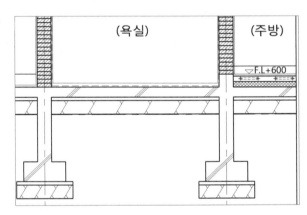

④ 절단된 현관문과 입면으로 보이는 욕실문을 작성합니다.

욕실문의 위치는 거실바닥을 기준으로 배치해야 합니다.

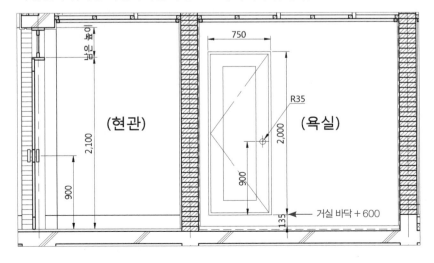

❶ 상부

물매의 표기가 누락되지 않도록 주의합니다.

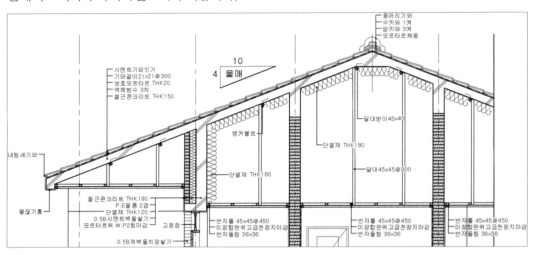

❷ 하부

실의 명칭, G.L, 축척의 표기가 누락되지 않도록 주의합니다.

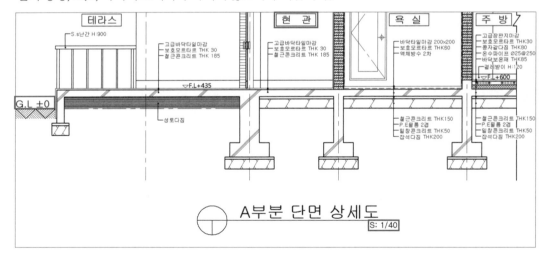

❶ 외벽

Type : Predefined, Pattern : AR−BRSTD, Angle : 0°, Scale : 1

❷ 거실(현관)

Type : User defined, Angle : 90°, Spacing : 300

거실 해치는 작성 후 간격 20을 두고 우측으로 Copy

❸ 욕실

Type : User defined, Angle : 90°, Spacing : 200, Double : 체크

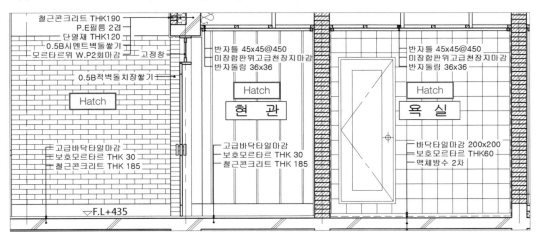

파단선 때문에 치수가 확인되지 않는 부분은 설계치수로 변경하고 각 실의 천장높이가 누락되지 않도록 주의합니다.

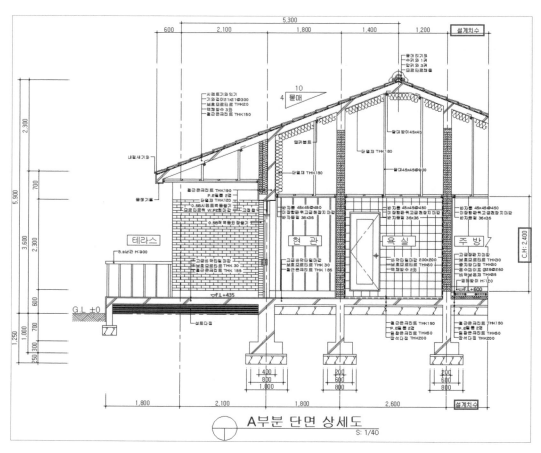

A부분 단면 상세도
S: 1/40

11　완성된 단면도 저장

완성된 단면도에서 누락되기 쉬운 부분인 물매, 실명, 천장높이, 도면명, 축척을 확인하고 이름을 단면도로 저장합니다. 파일 이름을 단면도입면도로 하여 다른 이름으로 한 번 더 저장(Save as)합니다. 이렇게 하면 완성된 단면도 파일과 단면도가 완성되고 입면도가 작성 중인 파일이 저장됩니다.

❶ 완성된 단면도에서 [Copy] 명령을 사용해 도면양식, 표제란, 도면명, 축척을 바로 옆으로 복사합니다.

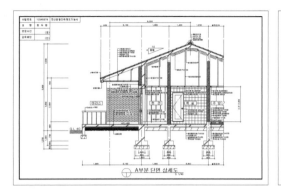 

❷ [SCALE(SC)] 명령을 실행해 복사된 양식을 선택하고 Reference(참조) 옵션을 사용하여 1/40 양식을 1/50 양식으로 변경합니다.

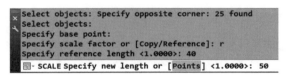

```
Select objects: Specify opposite corner: 25 found
Select objects:
Specify base point:
Specify scale factor or [Copy/Reference]: r
Specify reference length <1.0000>: 40
SCALE Specify new length or [Points] <1.0000>: 50
```

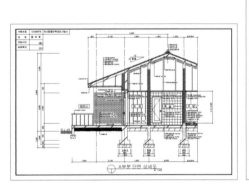 

❸ 복사한 양식의 도면명을 남측입면도로 축척은 1/50로 변경합니다(더블클릭으로 수정이 안 되면 [Ddedit(ED)] 명령으로 수정합니다).

Craftsman Computer Aided Architectural Drawing

04 입면도

입면도의 작성시간은 1시간을 넘지 않는 선에서 작도를 마칩니다. 연장시간을 사용한다는 것은 시험을 포기한다는 것과 같습니다. 남은 시간을 고려하여 창호와 식재 표현에서 시간을 조절합니다.

완성파일 부록DVD1\완성파일\Part09\Ch05\단면도입면도.dwg
동영상 부록DVD2\동영상\P09\P09-Ch02(입면도 따라하기).mp4

01 벽체 중심선 작성

현재 도면층(Layer)을 단면선으로 설정하고 바라보는 방향에서 보이는 벽체의 중심선 G.L을 표시합니다.

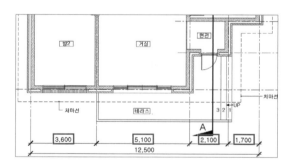

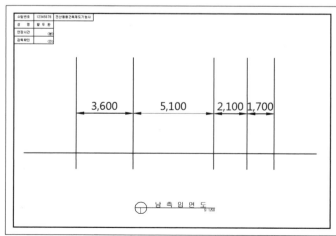

02 입면으로 보이는 벽두께 표시

외벽의 두께가 400이므로 중심에서 바깥쪽으로 200씩 Offset으로 외벽선을 작성합니다. Offset 후 벽체의 중심은 중심선 도면층으로 변경합니다(외벽 두께 : 90+120+190=400).

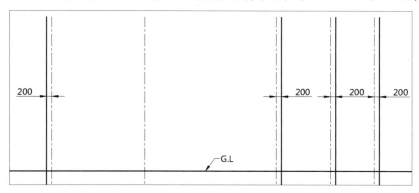

03 처마나옴 표시

중심선에서 처마나옴 600선을 표시하고 혼동을 피하기 위해 복사한 처마나옴 선을 마감선 도면층으로 변경합니다(거실 우측외벽의 처마는 현관까지 연장되므로 처마위치를 표시하지 않습니다. 도면을 보고 다시 한 번 확인합니다).

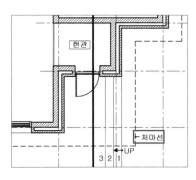

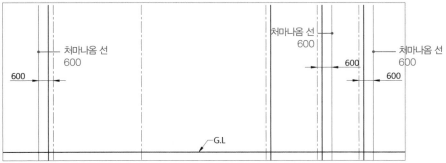

바닥높이: 단의 수×150 ⇨ 4×150=600

테두리보의 하부: 천장높이−100 ⇨ 2,400−100=2300

테두리보의 높이: 700

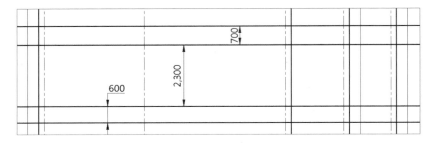

❶ 좌측 외벽에서 물매(4/10)를 표시하고 슬래브 두께(150)만큼 상단으로 Offset합니다.

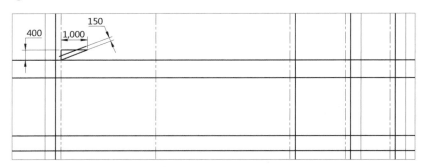

❷ 외벽에서 지붕마루까지 가장 먼 거리를 Offset한 다음 경사선 상단을 [Extend(EX)] 명령으로 연장하여 지붕의 높이를 표시하고 물매와 테두리보의 높이 700선은 삭제합니다.

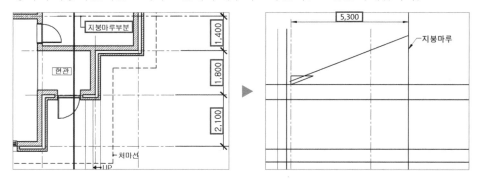

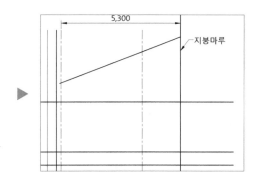

❸ 연장한 사선과 지붕마루가 만나는 부분이 지붕마루의 높이가 됩니다. [Xline(XL)]이나 [Line] 명령으로 지붕의 높이를 표시하고 좌측 처마나옴 선까지 경사선을 [Extend(EX)] 명령으로 연장합니다.

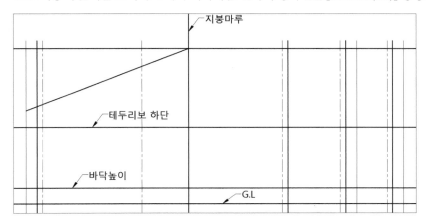

❹ 좌측 방2와 거실, 현관 외벽에서 나오는 처마의 위치를 표시해야 합니다. 지붕마루에서 처마나옴까지의 거리를 평면도에서 확인합니다. 외벽까지의 거리는 5,300, 조건에 명시된 처마나옴은 600이므로 5,900까지의 선과 경사선이 교차하는 부분에 [Xline(XL)]이나 [Line] 명령으로 표시합니다.

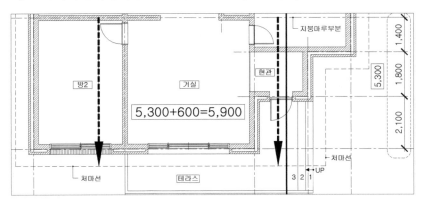

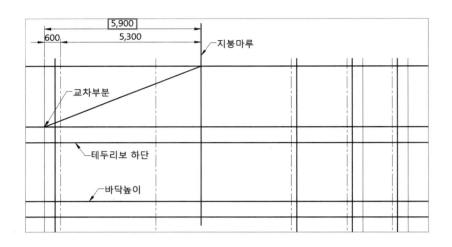

⑤ 처마나옴 선에서 아래로 Offset하여 처마의 두께를 표시합니다.

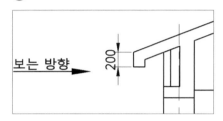

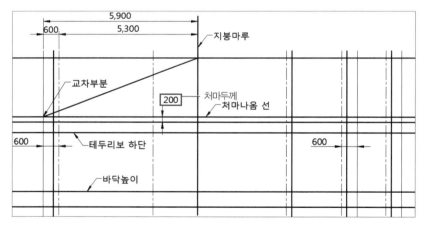

❻ 평면도에서 좌측 방2와 현관의 처마나옴 위치를 확인하고 [Trim(TR)] 명령으로 편집합니다.

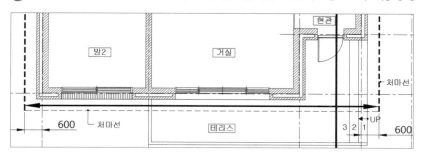

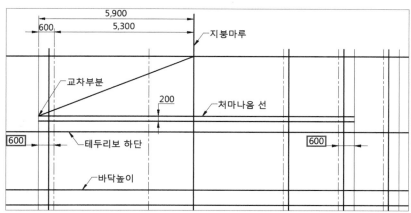

❼ 우측 욕실 외벽의 처마나옴 위치도 동일한 방법(순서④~⑥)으로 작성합니다.

지붕마루에서 처마나옴까지의 거리를 평면도에서 확인합니다. 외벽까지의 거리는 1,400, 조건에 명시된 처마나옴은 600이므로 2,000까지의 선과 경사선이 교차하는 부분에 [Xline(XL)]이나 [Line] 명령으로 표시합니다.

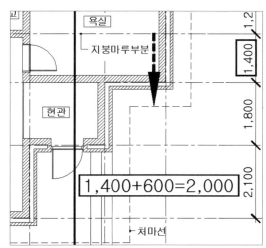

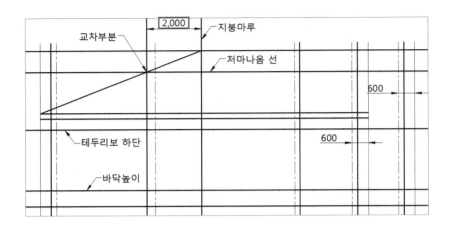

8 처마나옴 선에서 아래로 Offset하여 처마의 두께를 표시합니다.

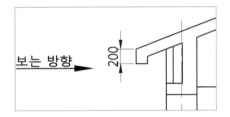

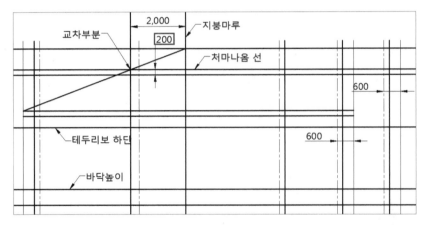

❾ 평면도에서 우측 욕실의 처마나옴 위치를 확인하고 [Trim(TR)] 명령으로 편집합니다.

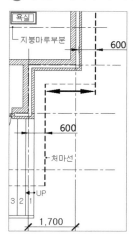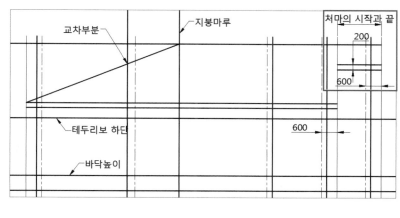

❿ 동일한 방법으로 지붕마루 반대편 우측의 처마까지 작성합니다.

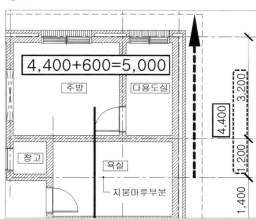

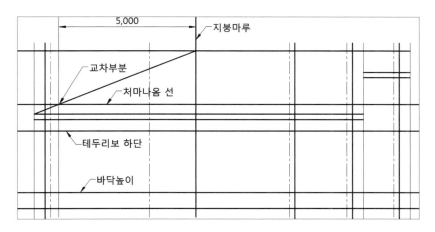

❶ 처마나옴 선에서 아래로 Offset하여 처마의 두께를 표시합니다.

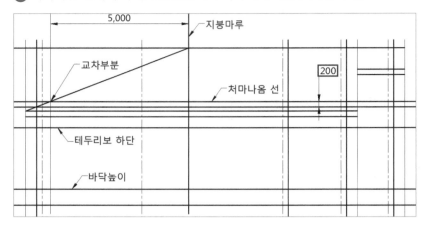

❷ 교차부분에 위치한 처마선은 삭제하고 Offset(200)한 처마선으로 다음과 같이 편집합니다. 간격이 50, 100인 선은 마감선 도면층, 간격이 300인 선은 해칭선 도면층으로 변경합니다.

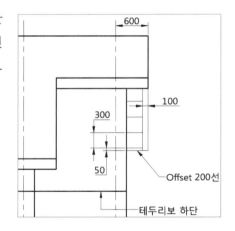

❸ 경사선과 지붕마루 선을 삭제하고 다음과 같이 편집합니다. 중심선을 제외한 모든 선을 단면선 도면층으로 변경합니다(입면도에서의 도면층은 단면도와는 다르게 건물의 윤곽을 단면선으로 합니다).

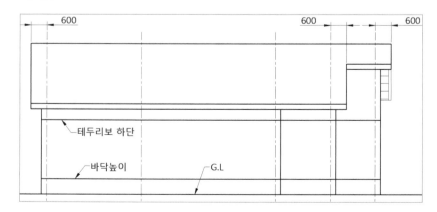

06　　기와의 표현

❶ 지붕에서부터 상세히 표현합니다. 용머리기와, 암키와, 수키와를 작성해 배치하고 도면층은 마감선으로 변경합니다(Part 07의 Chapter 01을 참고합니다).

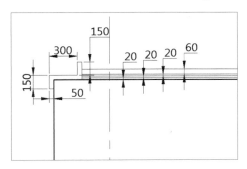

❷ 지붕면과 수키와는 [Hatch(H)] 명령을 실행해 300 간격으로 패턴을 작성한 후 작성한 패턴을 우측으로 복사합니다. 작성된 두 줄의 패턴은 해칭선 도면층으로 변경합니다.

Type: User defined, Angle: 90˚, Spacing: 300

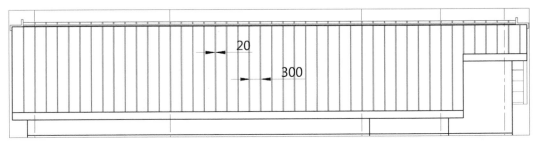

07　　테라스의 계단 작성

평면도에 치수가 기입되지 않았으므로 주변치수를 참고하여 적절한 크기로 다음과 같이 작성합니다. 계단의 도면층은 입면선으로 합니다.

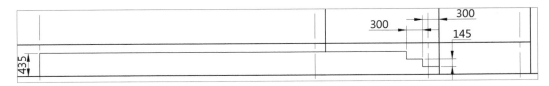

각 실의 창을 작성해 배치합니다.

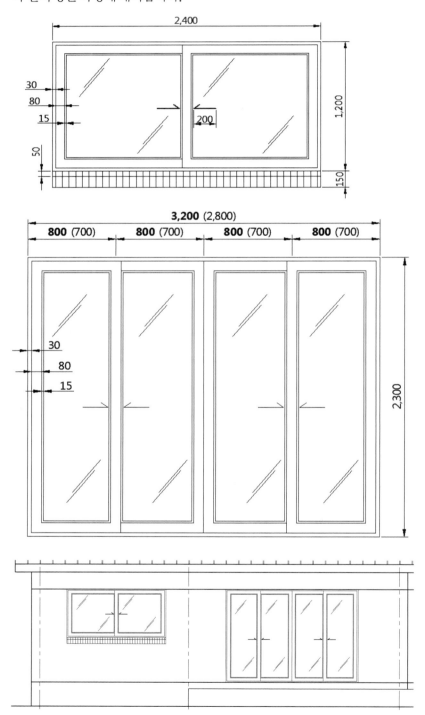

현관문을 작성해 배치합니다.

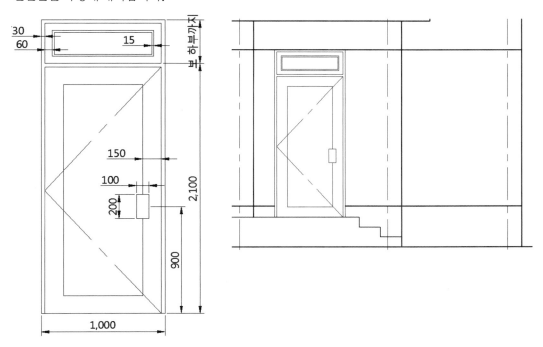

다음과 같이 난간을 작성 후 난간 뒤로 가려진 부분은 Trim으로 잘라내는 것이 좋습니다. 단 남은 시간이 부족한 경우 편집하지 않고 진행합니다.

작성된 난간은 마감선이나 입면선 도면층으로 변경합니다(Part 07의 Chapter 05를 참고합니다).

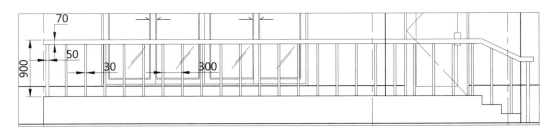

입면도에 문자를 작성하기 위해 Dimscale을 '50'으로 설정합니다. [QLeader(LE)] 명령을 사용해 문자높이 '120'으로 작성합니다. 문자는 위, 아래 4개 이상 작성하여 총 8개 이상을 표기해야 합니다 (문자 내용은 중복돼도 관계 없습니다).

❶ 상단

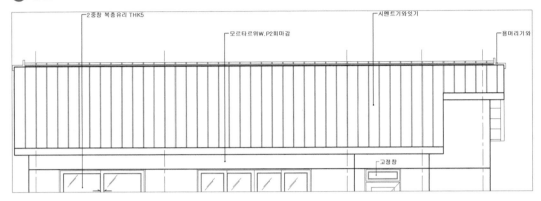

❷ 하단

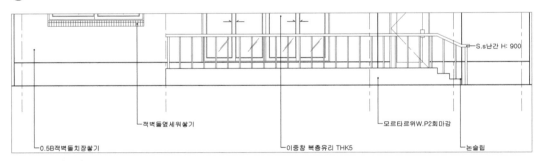

[Hatch] 명령을 사용해 마감표현을 합니다(중심선 도면충을 동결시키고 작업하면 더 좋습니다).

모르타르위W.P2회 마감 부분

Type: Predefined, Pattern: AR−SAND, Angle: 0°, Scale: 7

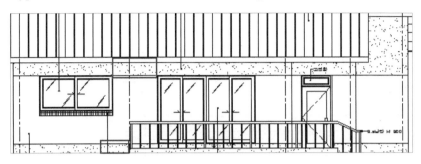

적벽돌치장쌓기 부분

Type: Predefined, Pattern: AR−BRSTD, Angle: 0°, Scale: 1

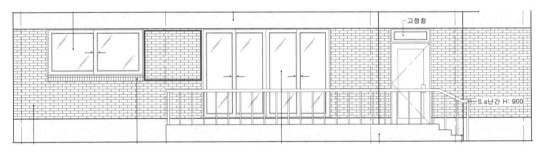

식재를 작성해 배치하고 G.L선을 [Pedit(PE)] 명령으로 두께(50)를 주어 도면을 완성합니다(Part 07의 Chapter 05를 참고합니다).

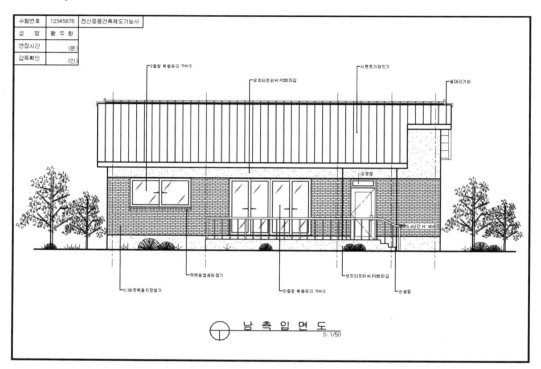

완성된 입면도에서 문자의 오타, 창호의 개폐기호, 주변 구조물의 누락 여부를 확인하고 저장합니다. 이후 단면도를 삭제한 다음 입면도만 남은 상태에서 파일 이름을 입면도로 하여 다른 이름으로 한 번 더 저장(Save as)합니다. 저장된 파일은 단면도, 입면도, 단면도입면도 총 3개입니다. 출력하기 위해 USB 메모리에는 단면도 파일과 입면도 파일 두 개만 복사하고 단면도입면도 파일은 나중에 문제가 될 경우 사용합니다.

출력

A부분 단면 상세도는 1/40 축척, 남측 입면도는 1/50 축척으로 A3 용지에 출력합니다. 출력 기회는 한 번씩이므로 실수하지 않도록 합니다.

01 A부분 단면도 출력

❶ USB에 저장된 단면도 파일을 더블클릭하여 불러옵니다.

❷ [Plot]([Ctrl]+[P]) 명령을 실행합니다. (아이콘이나 메뉴를 사용해도 됩니다.)

❸ 다음 그림과 같이 출력사항을 설정합니다. 축척(Scale) 설정 부분은 'Fit to paper' 항목을 체크 해제해야 직접 입력이 가능합니다.

(우측 'Plot style table' 설정이 보이지 않으면 우측하단의 화살표 아이콘⊙을 클릭, 'monochrome.ctb' 선택 시 메시지 대화상자가 나타나면 [예] 버튼을 클릭합니다.)

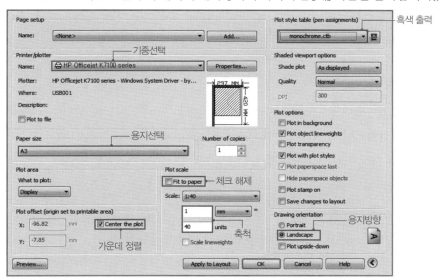

❹ 출력영역을 지정하기 위해 'Plot area'에서 'Window'를 클릭합니다. 단면도 양식의 좌측상단과 우측하단을 클릭하면 다시 설정창으로 돌아옵니다.

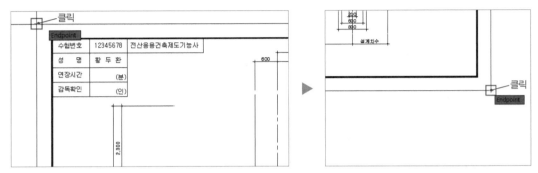

❺ 설정을 마친 후 좌측하단에 있는 미리보기(Preview) 버튼으로 출력범위와 인쇄결과를 미리 확인합니다. 문제가 없으면 인쇄 버튼을 클릭하고 잘못된 설정이 있으면 Esc를 눌러 다시 설정한 후 출력합니다.

02 　 남측 입면도 출력

축척 설정(1/50)을 제외한 모든 사항이 동일합니다.

❶ USB에 저장된 입면도 파일을 더블클릭하여 불러옵니다.

❷ [Plot](Ctrl+P) 명령을 실행합니다. (아이콘이나 메뉴를 사용해도 됩니다.)

❸ 다음 그림과 같이 출력사항을 설정합니다. 축척(Scale) 설정 부분은 'Fit to paper' 항목을 체크 해제해야 직접 입력이 가능합니다.

(우측 'Plot style table' 설정이 보이지 않으면 우측하단의 화살표 아이콘ⓢ을 클릭, 'monochrome.ctb' 선택 시 메시지 대화상자가 나타나면 [예] 버튼을 클릭합니다.)

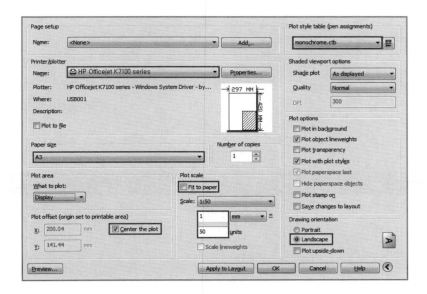

❹ 출력영역을 지정하기 위해 'Plot area'에서 'Window'를 클릭합니다. 입면도 양식의 좌측상단과 우측하단을 클릭하면 다시 설정창으로 돌아옵니다.

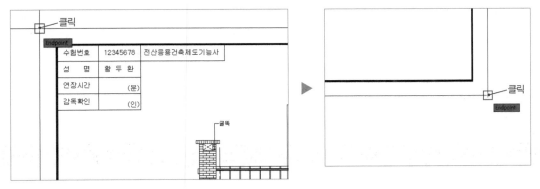

❺ 설정을 마친 후 좌측하단에 있는 미리보기(Preview) 버튼으로 출력범위와 인쇄결과를 미리 확인 합니다. 문제가 없으면 인쇄버튼을 클릭하고 잘못된 설정이 있으면 [Esc]를 눌러 다시 설정한 후 출력 합니다. 　완성파일 부록DVD1\완성파일\Part09\Ch05\단면도입면도.dwg

※ 실기시험 응시 전 반드시 출력한 결과물을 확인하고 응시하여야 합니다. 전산응용건축제도기능사를 준비하는 수험생 여러분의 합격을 기원합니다.

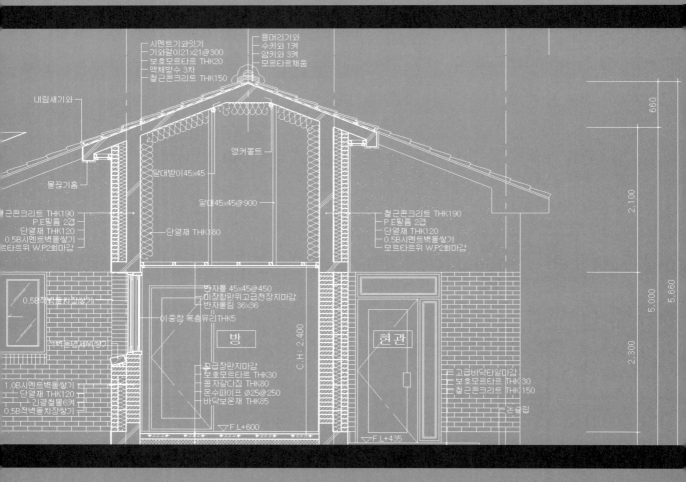

시멘트기와잇기
기와걸이21×21@300
보호모르타르 THK20
액체방수 3차
철근콘크리트 THK150

용머리기와
수키와 1켜
암키와 3켜
모르타르채움

내림새기와

앵커볼트

달대받이45×45

물끊기홈

달대45×45@900

근콘크리트 THK190
P.E필름 2겹
단열재 THK120
0.5B시멘트벽돌쌓기
르타르위 W.P2회마감

철근콘크리트 THK190
P.E필름 2겹
단열재 THK120
0.5B시멘트벽돌쌓기
모르타르위 W.P2회마감

단열재 THK180

반자틀 45×45@450
미장합판위고급천장지마감
반자돌림 36×36

0.5B적벽돌치장쌓기

이중창 복층유리THK5

방

적벽돌영롱쌓기

C.H : 2,400

고급장판지마감
보호모르타르 THK30
콩자갈다짐 THK80
온수파이프 Ø25@250
바닥보온재 THK85

현 관

고급바닥타일마감
보호모르타르 THK 30
철근콘크리트 THK 150

1.0B시멘트벽돌쌓기
단열재 THK120
긴결철물6켜
0.5B적벽돌치장쌓기

본슬립

▽F.L+600

▽F.L+435

660

2,100

5,000

5,660

2,300

과년도 문제로 본 예상문제와 기출문제
(과정평가형 과정 외부평가 공개문제 및 기출문제)

2014년 3회(의무검정) 시험부터 구조와 단열조건 등이 변경되었지만, 문제로 제시되는 평면도는
크게 변경된 사항이 없습니다. 과거에 출제되었던 문제를 변경된 조건을 적용해 재구성하였습니다.
실기 시험 전까지 모든 문제를 풀어보고 응시할 수 있도록 합니다.

바닥높이가 제시되지 않은 문제로 테라스, 거실, 방을 지나는 A부분 단면 상세도와 남측 입면도를 작성하는 문제입니다. 현관이나 테라스의 계단 수를 확인해 실의 바닥높이를 계산합니다.

국가기술자격 실기시험문제

자 격 종 목	전산응용건축제도기능사	과 제 명	주 택

비번호 :

※ 시험시간 : [○표준시간 : 4시간 10분]

1. 요구사항

※ 주어진 평면도를 보고 CAD를 이용하여 아래 조건에 맞게 다음 도면을 작도한 후, 지급된 용지에 본인이 직접 흑백으로 출력하여 USB 메모리에 저장하여 함께 제출하시오.

❶ A부분 단면 상세도를 축척 1/40로 작도하시오.

❷ 남측 입면도를 축척 1/50로 작도하되 벽면의 마감재료 표시 및 주위의 배경 등 도면의 요소를 충분히 고려하시오.

|조건|

• **기초 및 지하실 벽체:** 철근콘크리트 구조로 하시오

• **벽체:** 외벽– 외부로부터 붉은벽돌 0.5B, 단열재, 시멘트벽돌 1.0B로 하시오.

    내벽– 두께 1.0B 시멘트벽돌 쌓기로 하시오.

• **단열재:** 외벽 120mm, 바닥 85mm, 지붕 180mm 하시오.

• **지붕:** 철근콘크리트 경사슬래브위 시멘트 기와잇기 마감으로 하시오. (물매 4/10 이상)

• **처마나옴:** 벽체 중심에서 600mm

• **반자높이:** 2,400mm, 처마반자 설치

• **창호:** 목재창호로 하되 2중창인 경우 외부창호 알루미늄 새시로 하시오.

• **각 실의 난방:** 온수파이프 온돌난방으로 하시오.

• 1층 바닥슬래브와 기초는 일체식으로 표현하시오.

• 평면도에 표현되지 않은 현관 상부 캐노피는 작도하지 않습니다.

• 기타 각 부분의 마감, 치수 등 주어지지 않은 조건은 일반적인 시공수준으로 하시오.

※ 선의 통일을 기하기 위하여 아래와 같이 선의 색을 정리하여 출력하시오.

- 흰색(7–White) – 0.3mm
- 녹색(3–Green) – 0.2mm
- 노랑(2–Yellow) – 0.4mm
- 하늘색(4–Cyan) – 0.3mm
- 빨강(1–Red) – 0.2mm
- 파랑(5–Blue) – 0.1mm

※ 실기시험 응시 전 반드시 본인이 작성한 도면을 출력하여 확인한 후 응시할 수 있도록 합니다.

※ 예상문제와 기출문제를 모두 풀어본 다음 저자의 블로그 http://blog.naver.com/hdh1470에서 추가된 기출문제 등 정보를 확인할 수 있도록 합니다. 수험생 여러분의 합격을 기원합니다.

자 격 종 목	전산응용건축제도기능사	과 제 명	주 택

2. 수험자 유의사항

※ 다음 유의사항을 고려하여 요구사항을 완성하시오.

❶ 명기되지 않은 조건은 건축법, 건축구조 및 건축제도 원칙에 따릅니다.

❷ 시험시작 전 바탕화면에 본인 비번호로 폴더를 생성하고, 폴더 안에 작업내용을 저장하도록 합니다.

❸ 정전 및 기계 고장 등에 의한 자료손실을 방지하기 위하여 수시로 저장합니다.

❹ 다음과 같은 경우는 부정행위로 처리됩니다.

  가) 노트 및 서적, 디스켓을 소지하거나 주고받는 행위

  나) 건물의 구조 부분의 상세나 글씨 등을 사전에 블록으로 설정하여 지참해 사용하는 경우

❺ 작업이 끝나면 감독위원의 확인을 받은 후 문제지를 제출하고 본부요원 입회하에 본인이 직접 A3 용지에 흑백으로 도면을 출력하도록 합니다. 이때 수험자의 운영 미숙으로 도면이 출력되지 않는 경우나 출력시간이 20분을 초과할 경우는 실격 처리됩니다.

❻ 장비 조작 미숙으로 장비의 파손 및 고장을 일으킬 염려가 있을 경우 실격됩니다.

❼ 다음과 같은 경우에는 채점대상에서 제외됩니다.

  가) 시험시간(표준시간 및 연장시간 포함) 내에 요구사항을 완성하지 못한 경우

  나) 시험시간 내에 제출된 작품이라도 다음과 같은 경우

   (1) 주어진 조건을 지키지 않고 작도한 경우

   (2) 요구한 전 도면을 작도하지 않은 경우

   (3) 건축제도 통칙을 준수하지 않거나 건축 CAD의 기능이 없는 상태에서 완성된 도면으로 시험위원 전원이 합의하여 판단한 경우

❽ 수험번호, 성명은 도면좌측 상단에 아래와 같이 표제란을 만들어 기재합니다.

	100

	수험번호		전산응용건축제도기능사
성 명		
감독확인		

(30 / 10) 세로 치수, 50 가로 치수

❾ 감독위원은 시험시작 후 수검자에게 표제란을 우선 작도 후 도면을 작도하도록 하여야 하며 수험자가 감독위원의 동지시를 따르지 않을 경우 실격 처리됩니다.

❿ 테두리선의 여백은 10mm로 합니다.

※ 수험자 유의사항은 다음 예상문제부터 생략합니다.

3. 도면

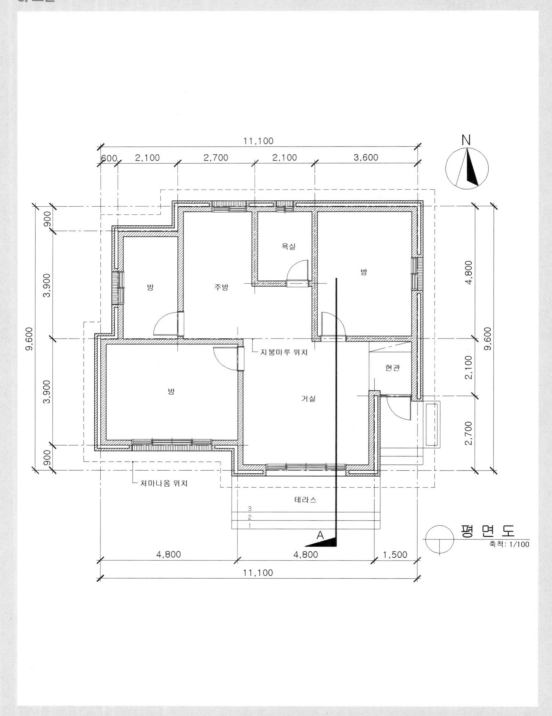

평 면 도
축척: 1/100

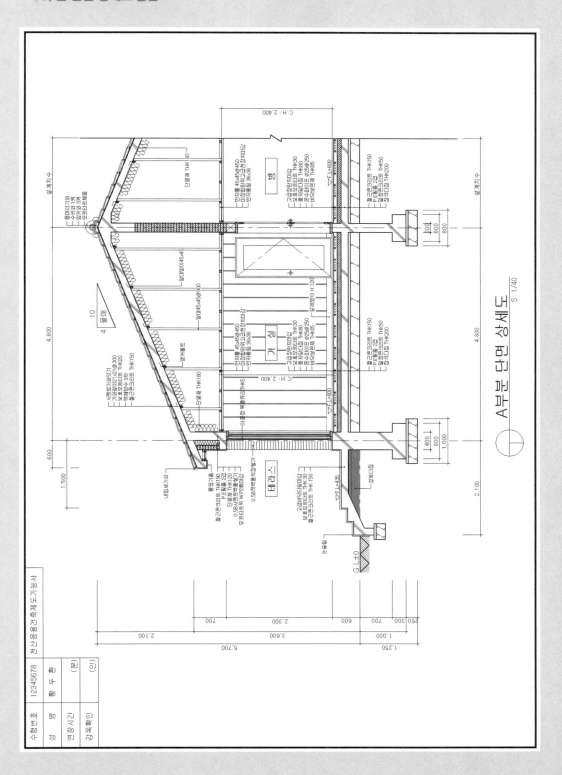

A부분 단면 상세도

S : 1/40

• 입면도 답안

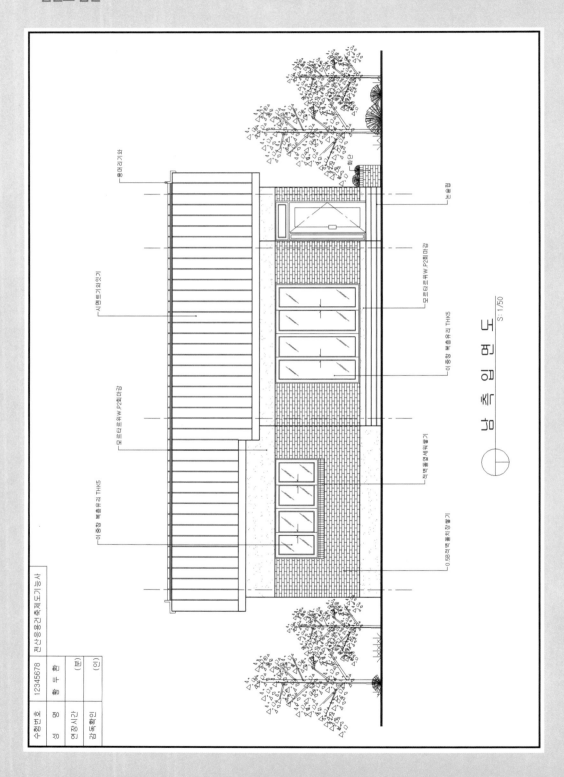

남측입면도
S : 1/50

02 예상문제 실의 바닥높이가 평면도에 제시되고 거실과 현관을 지나는 A부분 단면 상세도와 남측입면도를 작성하는 문제입니다. 거실의 바닥높이는 G.L부터 제시된 높이 480, 현관은 320으로 작성해야 합니다. 바닥의 높이 차이를 맞추기 위해 콩자갈다짐을 75로 하여 작성합니다.(콩자갈다짐의 두께는 70~100 사이로 작성하면 됩니다.)

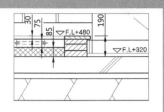

국가기술자격 실기시험문제

자격종목	전산응용건축제도기능사	과제명	주 택

비번호 :

※ 시험시간 : [○ 표준시간 : 4시간, ○ 연장시간 : 20분]

1. 요구사항

※ 주어진 평면도를 보고 CAD를 이용하여 아래 조건에 맞게 다음 도면을 작도한 후, 지급된 용지에 본인이 직접 흑백으로 출력하여 USB 메모리에 저장하여 함께 제출하시오.

❶ A부분 단면 상세도를 축척 1/40로 작도하시오.

❷ 남측 입면도를 축척 1/50로 작도하되 벽면의 마감재료 표시 및 주위의 배경 등 도면의 요소를 충분히 고려하시오.

|조건|

- 기초 및 지하실 벽체: 철근콘크리트 구조로 하시오

- **벽체**: 외벽 – 외부로부터 붉은벽돌 0.5B, 단열재, 시멘트벽돌 1.0B로 하시오.

   내벽 – 두께 1.0B 시멘트벽돌 쌓기로 하시오.

- **단열재**: 외벽 120mm, 바닥 85mm, 지붕 180mm 하시오.

- **지붕**: 철근콘크리트 경사슬래브위 시멘트 기와잇기 마감으로 하시오. (물매 4/10 이상)

- **처마나옴**: 벽체 중심에서 600mm

- **반자높이**: 2,350mm, 처마반자 설치

- **창호**: 목재창호로 하되 2중창인 경우 외부창호 알루미늄 새시로 하시오.

- **각 실의 난방**: 온수파이프 온돌난방으로 하시오.

- 1층 바닥슬래브와 기초는 일체식으로 표현하시오.

- 평면도에 표현되지 않은 현관 상부 캐노피는 작도하지 않습니다.

- 기타 각 부분의 마감, 치수 등 주어지지 않은 조건은 일반적인 시공수준으로 하시오.

※ 선의 통일을 기하기 위하여 아래와 같이 선의 색을 정리하여 출력하시오.

- 흰색(7–White) – 0.3mm
- 녹색(3–Green) – 0.2mm
- 노랑(2–Yellow) – 0.4mm
- 하늘색(4–Cyan) – 0.3mm
- 빨강(1–Red) – 0.2mm
- 파랑(5–Blue) – 0.1mm

※ 수험자 유의사항은 생략

3. 도면

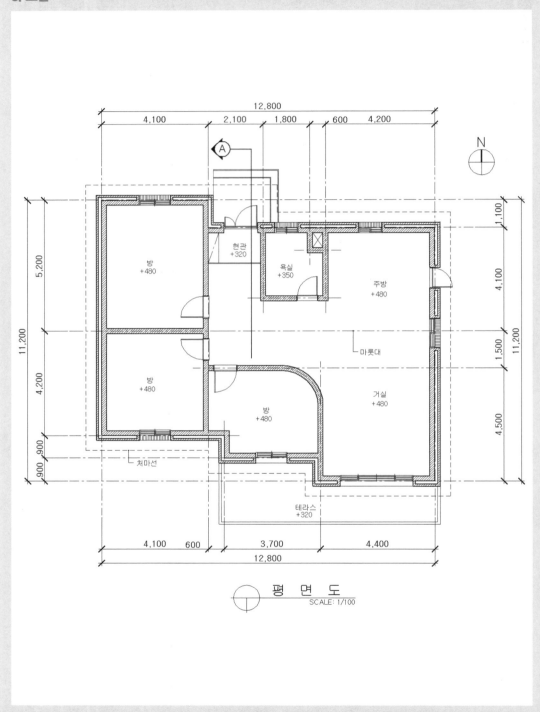

평 면 도
SCALE: 1/100

- A부분 단면 상세도 답안

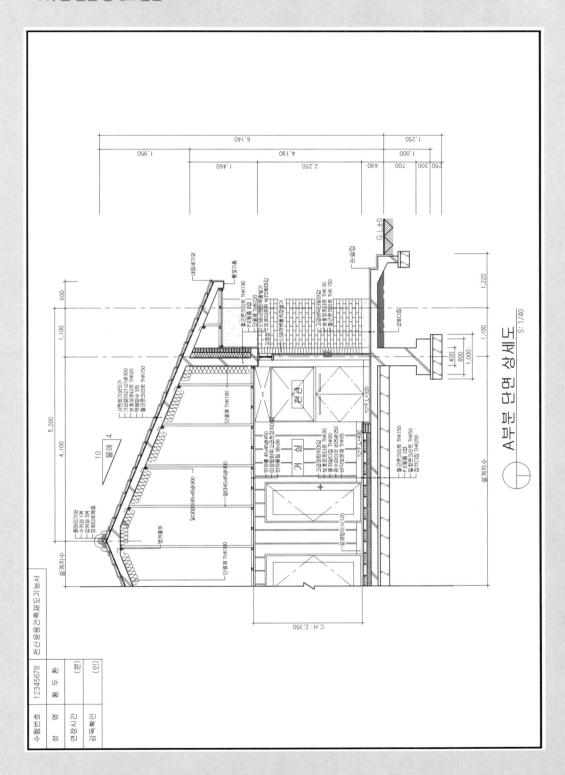

341

• 남측 입면도 답안

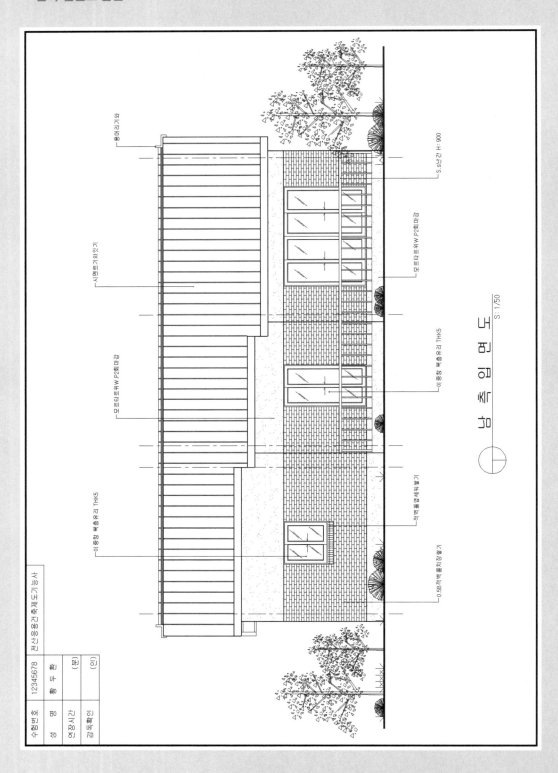

바닥높이가 제시되지 않은 문제로 욕실, 거실, 현관을 지나는 A부분 단면 상세도와 남측 입면도를 작성하는 문제입니다. A부분 절단선 표시가 직선으로 표시되지 않고 꺾여있습니다. 이는 단면도 작성 시 꺾는 위치(파단선)를 기준으로 나누어지는 것을 뜻합니다. 주방의 좌측은 화단으로 해석합니다(단면도 답안을 참고).

국가기술자격 실기시험문제

자 격 종 목	전산응용건축제도기능사	과 제 명	주 택

비번호 :

※ 시험시간 : [○ 표준시간 : 4시간, ○ 연장시간 : 20분]

1. 요구사항

※ 주어진 평면도를 보고 CAD를 이용하여 아래 조건에 맞게 다음 도면을 작도한 후, 지급된 용지에 본인이 직접 흑백으로 출력하여 USB 메모리에 저장하여 함께 제출하시오.

❶ A부분 단면 상세도를 축척 1/40로 작도하시오.

❷ 남측 입면도를 축척 1/50로 작도하되 벽면의 마감재료 표시 및 주위의 배경 등 도면의 요소를 충분히 고려하시오.

|조건|

- **기초 및 지하실 벽체**: 철근콘크리트 구조로 하시오

- **벽체**: 외벽- 외부로부터 붉은벽돌 0.5B, 단열재, 시멘트벽돌 1.0B로 하시오.

  내벽- 두께 1.0B 시멘트벽돌 쌓기로 하시오.

- **단열재**: 외벽 120mm, 바닥 85mm, 지붕 180mm 하시오.

- **지붕**: 철근콘크리트 경사슬래브위 시멘트 기와잇기 마감으로 하시오. (물매 4/10 이상)

- **처마나옴**: 벽체 중심에서 600mm

- **반자높이**: 2,300mm, 처마반자 설치

- **창호**: 목재창호로 하되 2중창인 경우 외부창호 알루미늄 새시로 하시오.

- **각 실의 난방**: 온수파이프 온돌난방으로 하시오.

- 1층 바닥슬래브와 기초는 일체식으로 표현하시오.

- 평면도에 표현되지 않은 현관 상부 캐노피는 작도하지 않습니다.

- 기타 각 부분의 마감, 치수 등 주어지지 않은 조건은 일반적인 시공수준으로 하시오.

※ **선의 통일을 기하기 위하여 아래와 같이 선의 색을 정리하여 출력하시오.**

- 흰색(7-White) - 0.3mm
- 녹색(3-Green) - 0.2mm
- 노랑(2-Yellow) - 0.4mm
- 하늘색(4-Cyan) - 0.3mm
- 빨강(1-Red) - 0.2mm
- 파랑(5-Blue) - 0.1mm

※ 수험자 유의사항은 생략

3. 도면

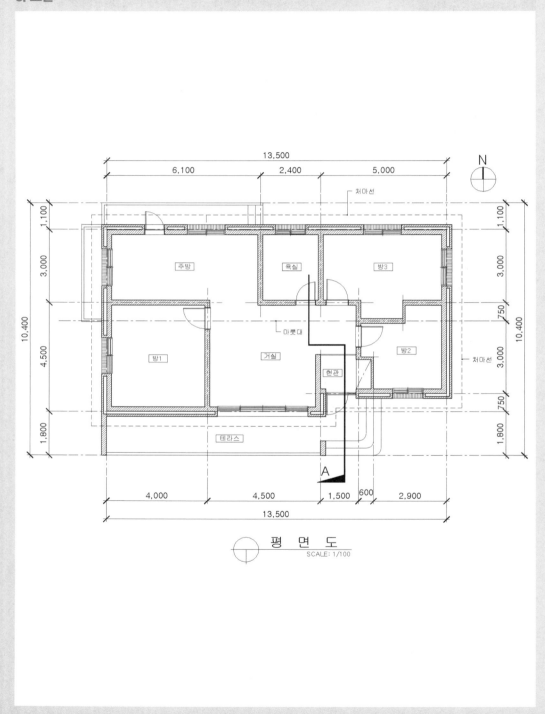

평 면 도
SCALE: 1/100

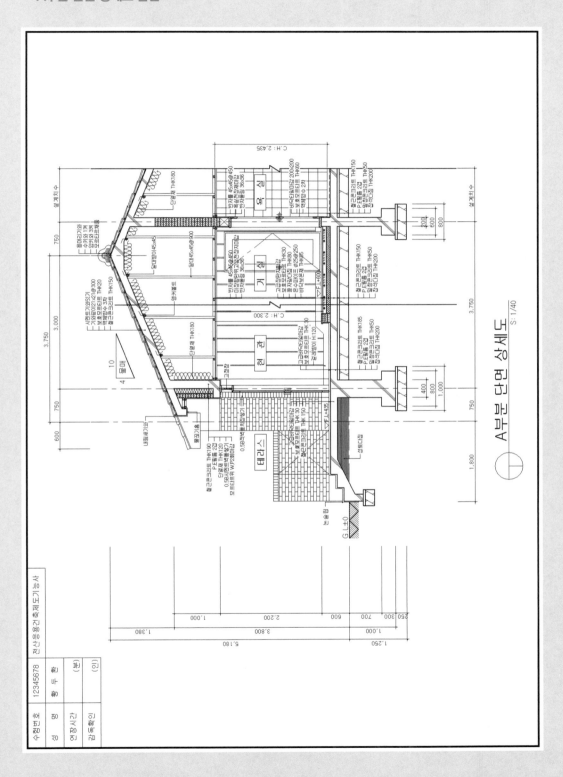

A부분 단면 상세도
S : 1/40

• 남측 입면도 답안

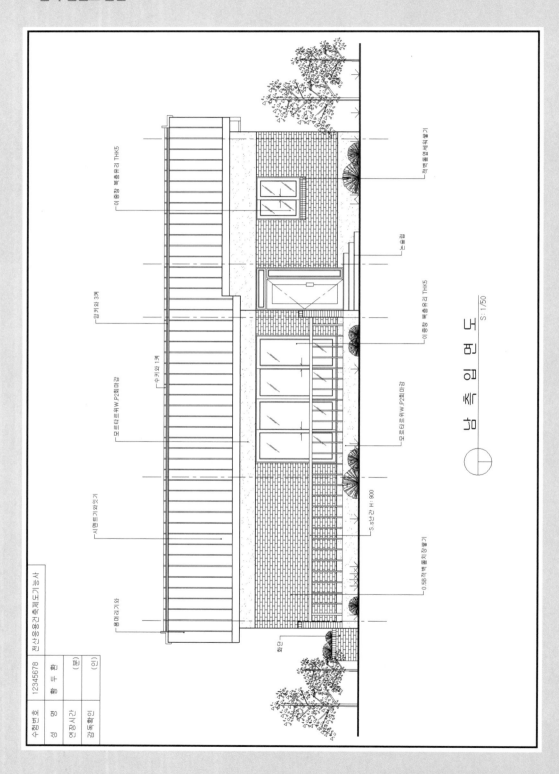

남측입면도
S : 1/50

실의 바닥높이가 평면도에 제시되고 거실과 현관을 지나는 A부분 단면 상세도와 남측 입면도를 작성하는 문제입니다. 거실의 바닥높이는 G.L부터 제시된 높이 1300, 현관은 750으로 작성해야 합니다. 실내에 계단이 있는 구조로 반자높이(천장높이) 지정 시 가장 높은 거실을 기준으로 합니다.

국가기술자격 실기시험문제

자 격 종 목	전산응용건축제도기능사	과 제 명	주 택

비번호 :

※ 시험시간 : [○ 표준시간 : 4시간, ○ 연장시간 : 20분]

1. 요구사항

※ 주어진 평면도를 보고 CAD를 이용하여 아래 조건에 맞게 다음 도면을 작도한 후, 지급된 용지에 본인이 직접 흑백으로 출력하여 USB 메모리에 저장하여 함께 제출하시오.

❶ A부분 단면 상세도를 축척 1/40로 작도하시오.

❷ 남측 입면도를 축척 1/50로 작도하되 벽면의 마감재료 표시 및 주위의 배경 등 도면의 요소를 충분히 고려하시오.

|조건|

- **기초 및 지하실 벽체:** 철근콘크리트 구조로 하시오
- **벽체:** 외벽– 외부로부터 붉은벽돌 0.5B, 단열재, 시멘트벽돌 1.0B로 하시오.

  내벽– 두께 1.0B 시멘트벽돌 쌓기로 하시오.
- **단열재:** 외벽 120mm, 바닥 85mm, 지붕 180mm 하시오.
- **지붕:** 철근콘크리트 경사슬래브위 시멘트 기와잇기 마감으로 하시오. (물매 3.5/10 이상)
- **처마나옴:** 벽체 중심에서 600mm
- **반자높이:** 2,400mm, 처마반자 설치
- **창호:** 목재창호로 하되 2중창인 경우 외부창호 알루미늄 새시로 하시오.
- **각 실의 난방:** 온수파이프 온돌난방으로 하시오.
- 1층 바닥슬래브와 기초는 일체식으로 표현하시오.
- 평면도에 표현되지 않은 현관 상부 캐노피는 작도하지 않습니다.
- 기타 각 부분의 마감, 치수 등 주어지지 않은 조건은 일반적인 시공수준으로 하시오.

※ 선의 통일을 기하기 위하여 아래와 같이 선의 색을 정리하여 출력하시오.

- 흰색(7–White) – 0.3mm
- 녹색(3–Green) – 0.2mm
- 노랑(2–Yellow) – 0.4mm
- 하늘색(4–Cyan) – 0.3mm
- 빨강(1–Red) – 0.2mm
- 파랑(5–Blue) – 0.1mm

※ 수험자 유의사항은 생략

3. 도면

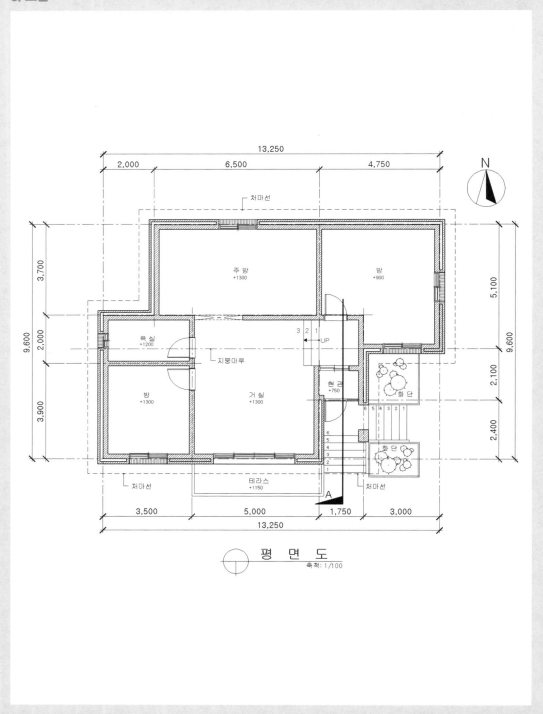

처마선

13,250

2,000 6,500 4,750

3,700

주 방
+1300

방
+900

5,100

9,600

2,000

욕 실
+1200

지붕마루

3 2 1

UP

9,600

방
+1300

거 실
+1300

현 관
+750

화 단

2,100

6 5 4 3 2 1

6
5
4
3
2
1

화 단

2,400

처마선

테라스
+1150

A

처마선

3,500 5,000 1,750 3,000

13,250

평 면 도
축척: 1/100

- **A부분 단면 상세도 답안**

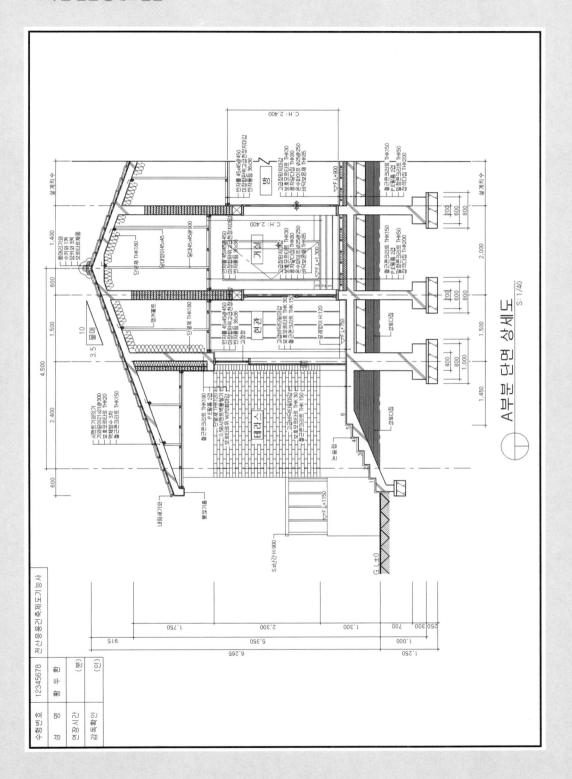

A부분 단면 상세도
S: 1/40

349

• 남측 입면도 답안

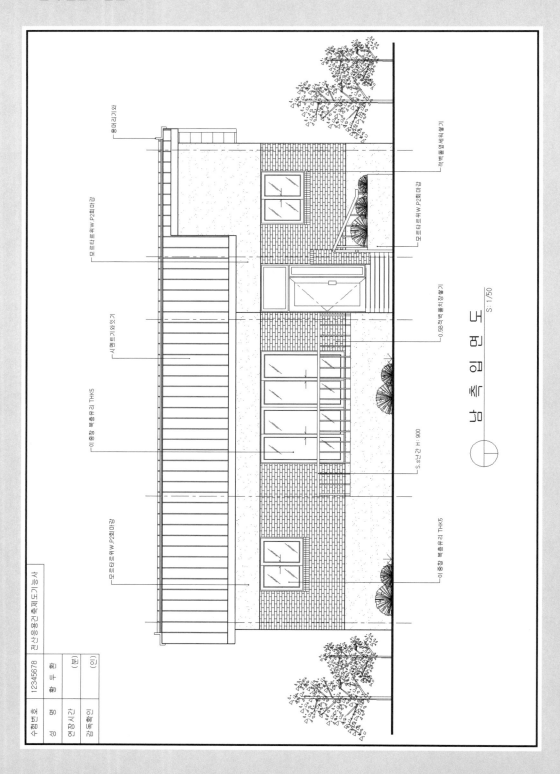

국가기술자격 실기시험문제

자 격 종 목	전산응용건축제도기능사	과 제 명	주　택

비번호 :

※ 시험시간 : [○ 표준시간 : 4시간,　○ 연장시간 : 20분]

1. 요구사항

※ 주어진 평면도를 보고 CAD를 이용하여 아래 조건에 맞게 다음 도면을 작도한 후, 지급된 용지에 본인이 직접 흑백으로 출력하여 USB 메모리에 저장하여 함께 제출하시오.

❶ A부분 단면 상세도를 축척 1/40로 작도하시오.

❷ 남측 입면도를 축척 1/50로 작도하되 벽면의 마감재료 표시 및 주위의 배경 등 도면의 요소를 충분히 고려하시오.

┃조건┃

- **기초 및 지하실 벽체:** 철근콘크리트 구조로 하시오
- **벽체:** 외벽– 외부로부터 붉은벽돌 0.5B, 단열재, 시멘트벽돌 1.0B로 하시오.
  　　　　내벽– 두께 1.0B 시멘트벽돌 쌓기로 하시오.
- **단열재:** 외벽 120mm, 바닥 85mm, 지붕 180mm 하시오.
- **지붕:** 철근콘크리트 경사슬래브위 시멘트 기와잇기 마감으로 하시오. (물매 4/10 이상)
- **처마나옴:** 벽체 중심에서 550mm
- **반자높이:** 2,400mm, 처마반자 설치
- **창호:** 목재창호로 하되 2중창인 경우 외부창호 알루미늄 새시로 하시오.
- **각 실의 난방:** 온수파이프 온돌난방으로 하시오.
- 1층 바닥슬래브와 기초는 일체식으로 표현하시오.
- 평면도에 표현되지 않은 현관 상부 캐노피는 작도하지 않습니다.
- 기타 각 부분의 마감, 치수 등 주어지지 않은 조건은 일반적인 시공수준으로 하시오.

※ **선의 통일을 기하기 위하여 아래와 같이 선의 색을 정리하여 출력하시오.**

- 흰색(7-White) – 0.3mm
- 녹색(3-Green) – 0.2mm
- 노랑(2-Yellow) – 0.4mm
- 하늘색(4-Cyan) – 0.3mm
- 빨강(1-Red) – 0.2mm
- 파랑(5-Blue) – 0.1mm

※ 수험자 유의사항은 생략

3. 도면

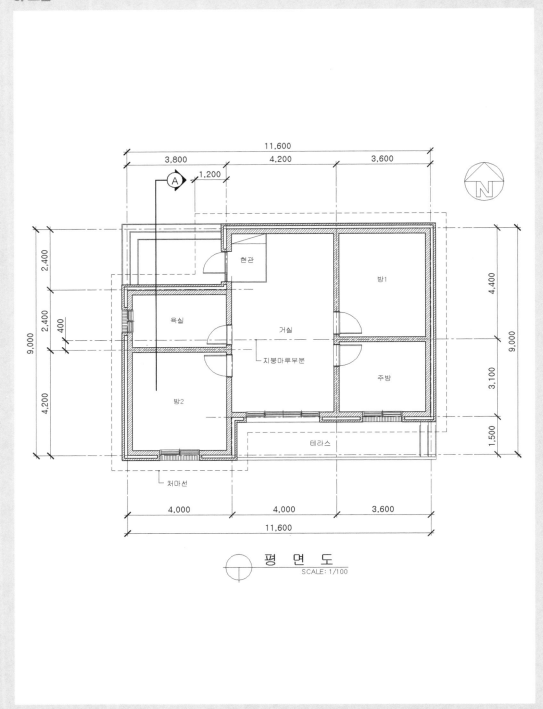

평 면 도
SCALE: 1/100

- ## A부분 단면 상세도 답안

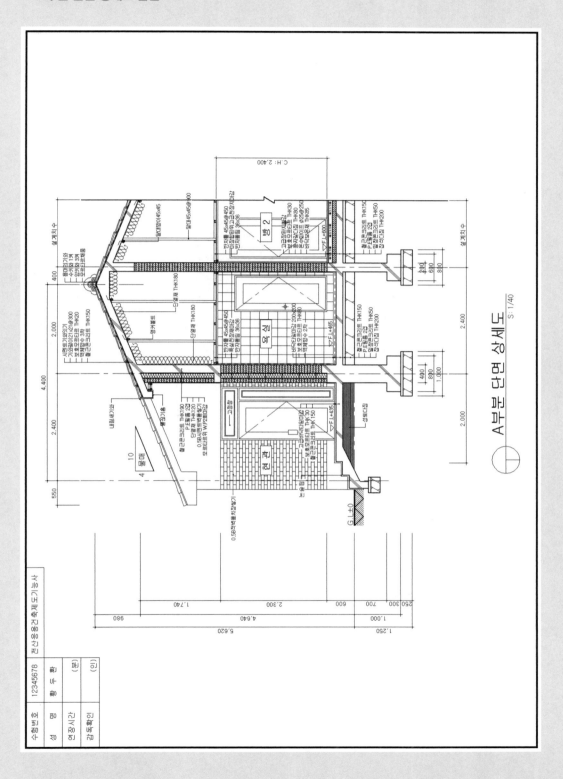

353

• 남측 입면도 답안

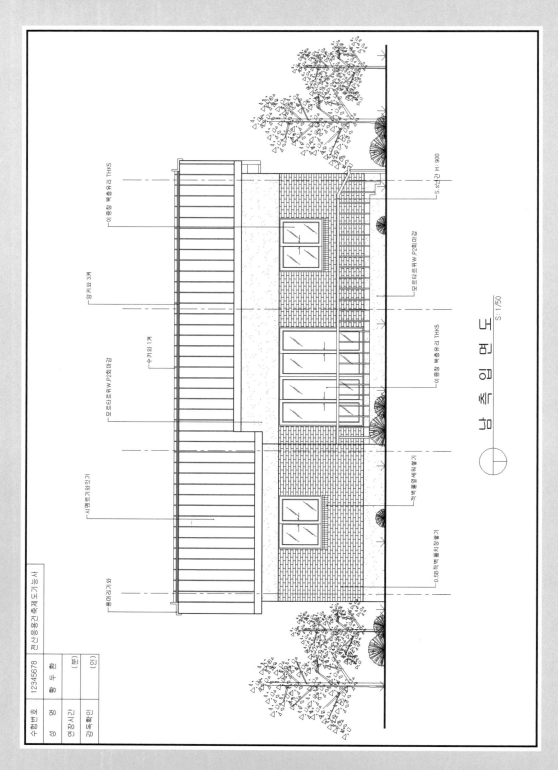

남측입면도
S: 1/50

국가기술자격 실기시험문제

자 격 종 목	전산응용건축제도기능사	과 제 명	주 택

비번호 :

※ 시험시간 : [○ 표준시간 : 4시간, ○ 연장시간 : 20분]

1. 요구사항

※ 주어진 평면도를 보고 CAD를 이용하여 아래 조건에 맞게 다음 도면을 작도한 후, 지급된 용지에 본인이 직접 흑백으로 출력하여 USB 메모리에 저장하여 함께 제출하시오.

❶ A부분 단면 상세도를 축척 1/40로 작도하시오.

❷ 남측 입면도를 축척 1/50로 작도하되 벽면의 마감재료 표시 및 주위의 배경 등 도면의 요소를 충분히 고려하시오.

|조건|

- **기초 및 지하실 벽체:** 철근콘크리트 구조로 하시오.
- **벽체:** 외벽- 외부로부터 붉은벽돌 0.5B, 단열재, 시멘트벽돌 1.0B로 하시오.

  내벽- 두께 1.0B 시멘트벽돌 쌓기로 하시오.
- **단열재:** 외벽 120mm, 바닥 85mm, 지붕 180mm 하시오.
- **지붕:** 철근콘크리트 경사슬래브위 시멘트 기와잇기 마감으로 하시오. (물매 4/10 이상)
- **처마나옴:** 벽체 중심에서 600mm
- **반자높이:** 2,400mm, 처마반자 설치
- **창호:** 목재창호로 하되 2중창인 경우 외부창호 알루미늄 새시로 하시오.
- **각 실의 난방:** 온수파이프 온돌난방으로 하시오.
- 1층 바닥슬래브와 기초는 일체식으로 표현하시오.
- 평면도에 표현되지 않은 현관 상부 캐노피는 작도하지 않습니다.
- 기타 각 부분의 마감, 치수 등 주어지지 않은 조건은 일반적인 시공수준으로 하시오.

※ **선의 통일을 기하기 위하여 아래와 같이 선의 색을 정리하여 출력하시오.**

- 흰색(7-White) - 0.3mm
- 녹색(3-Green) - 0.2mm
- 노랑(2-Yellow) - 0.4mm
- 하늘색(4-Cyan) - 0.3mm
- 빨강(1-Red) - 0.2mm
- 파랑(5-Blue) - 0.1mm

※ 수험자 유의사항은 생략

3. 도면

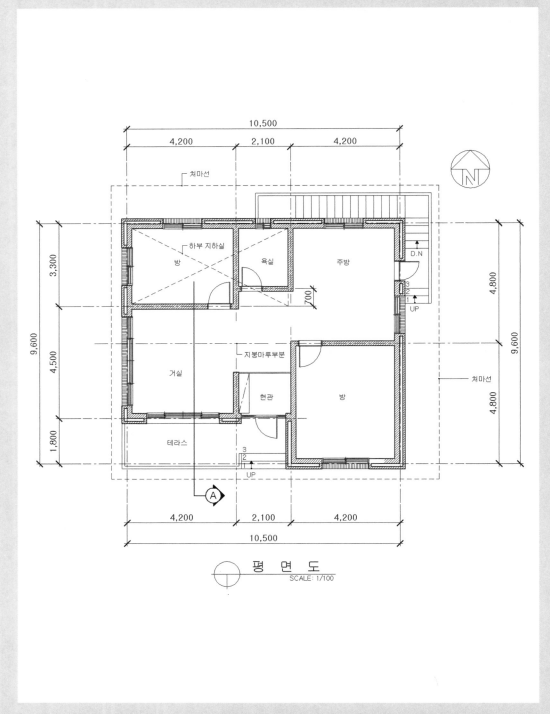

평 면 도
SCALE: 1/100

- **A부분 단면 상세도 답안**

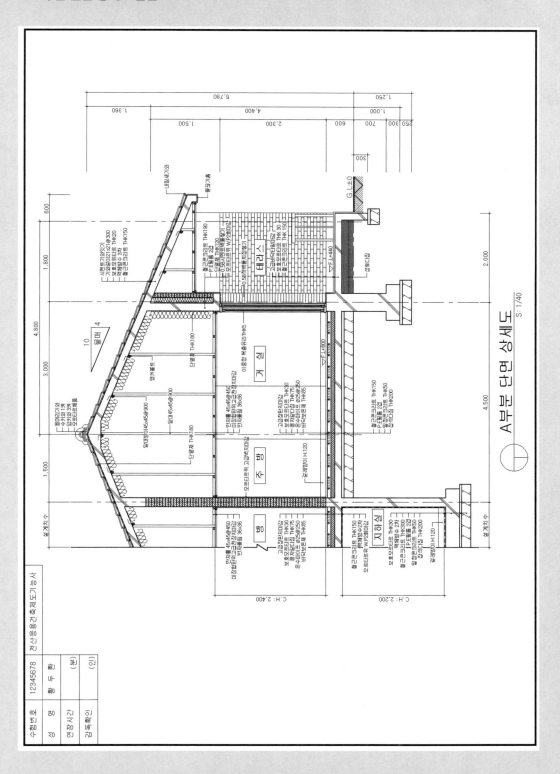

357

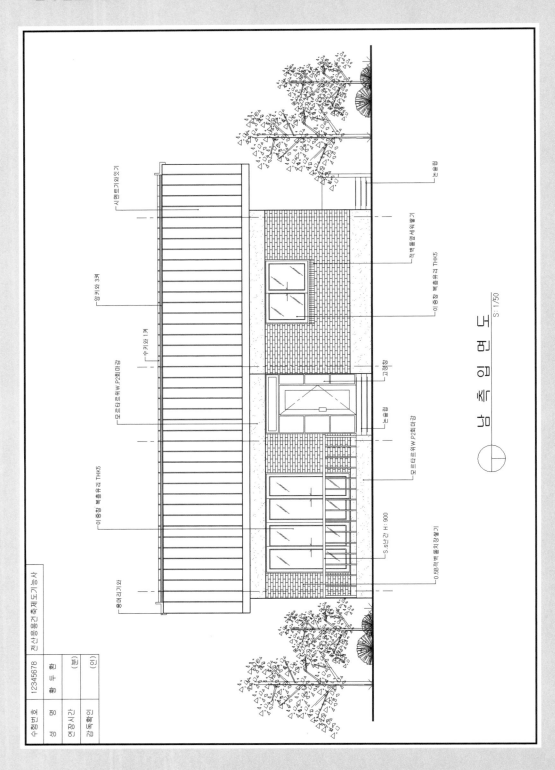

남 측 입 면 도
S : 1/50

바닥높이가 제시되지 않은 문제로 주방, 거실, 현관, 테라스를 지나는 A부분 단면 상세도와 남측입면도를 작성하는 문제입니다. 현관의 처마선 길이에 주의하고 주방 우측에 굴뚝이 보이므로 입면도 작성 시 굴뚝을 작성해야 합니다.

국가기술자격 실기시험문제

자 격 종 목	전산응용건축제도기능사	과 제 명	주 택

비번호 :

※ 시험시간 : [○ 표준시간 : 4시간, ○ 연장시간 : 20분]

1. 요구사항

※ 주어진 평면도를 보고 CAD를 이용하여 아래 조건에 맞게 다음 도면을 작도한 후, 지급된 용지에 본인이 직접 흑백으로 출력하여 USB 메모리에 저장하여 함께 제출하시오.

❶ A부분 단면 상세도를 축척 1/40로 작도하시오.

❷ 남측 입면도를 축척 1/50로 작도하되 벽면의 마감재료 표시 및 주위의 배경 등 도면의 요소를 충분히 고려하시오.

|조건|

- **기초 및 지하실 벽체**: 철근콘크리트 구조로 하시오
- **벽체**: 외벽– 외부로부터 붉은벽돌 0.5B, 단열재, 시멘트벽돌 1.0B로 하시오.
    내벽– 두께 1.0B 시멘트벽돌 쌓기로 하시오.
- **단열재**: 외벽 120mm, 바닥 85mm, 지붕 180mm 하시오.
- **지붕**: 철근콘크리트 경사슬래브위 시멘트 기와잇기 마감으로 하시오. (물매 4/10 이상)
- **처마나옴**: 벽체 중심에서 650mm
- **반자높이**: 2,400mm, 처마반자 설치
- **창호**: 목재창호로 하되 2중창인 경우 외부창호 알루미늄 새시로 하시오.
- **각 실의 난방**: 온수파이프 온돌난방으로 하시오.
- 1층 바닥슬래브와 기초는 일체식으로 표현하시오.
- 평면도에 표현되지 않은 현관 상부 캐노피는 작도하지 않습니다.
- 기타 각 부분의 마감, 치수 등 주어지지 않은 조건은 일반적인 시공수준으로 하시오.

※ **선의 통일을 기하기 위하여 아래와 같이 선의 색을 정리하여 출력하시오.**

- 흰색(7–White) – 0.3mm
- 녹색(3–Green) – 0.2mm
- 노랑(2–Yellow) – 0.4mm
- 하늘색(4–Cyan) – 0.3mm
- 빨강(1–Red) – 0.2mm
- 파랑(5–Blue) – 0.1mm

※ 수험자 유의사항은 생략

3. 도면

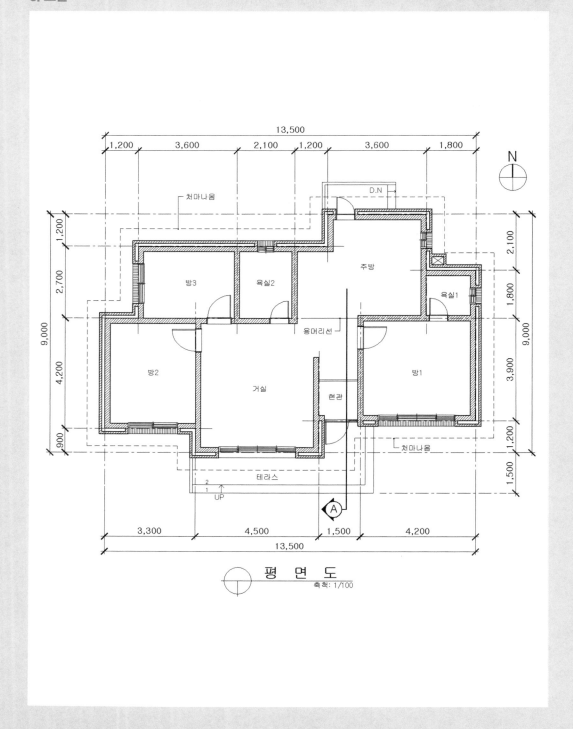

평 면 도
축척: 1/100

- A부분 단면 상세도 답안

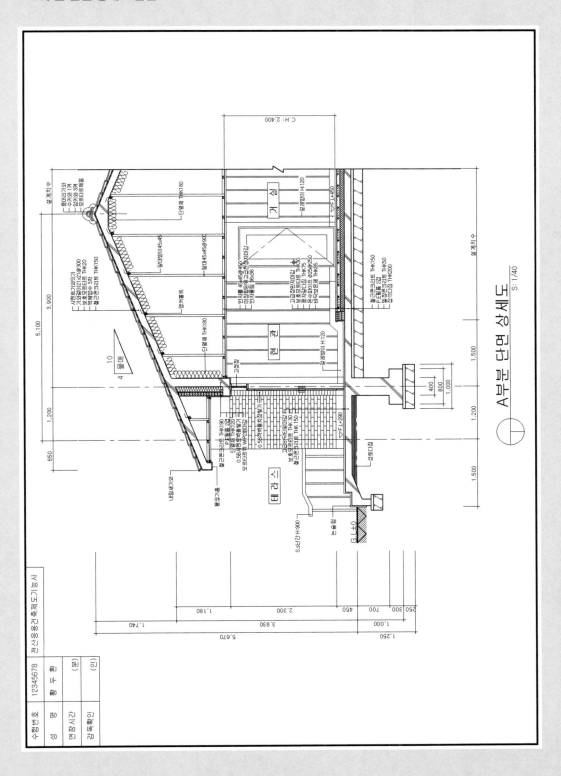

A부분 단면 상세도
S: 1/40

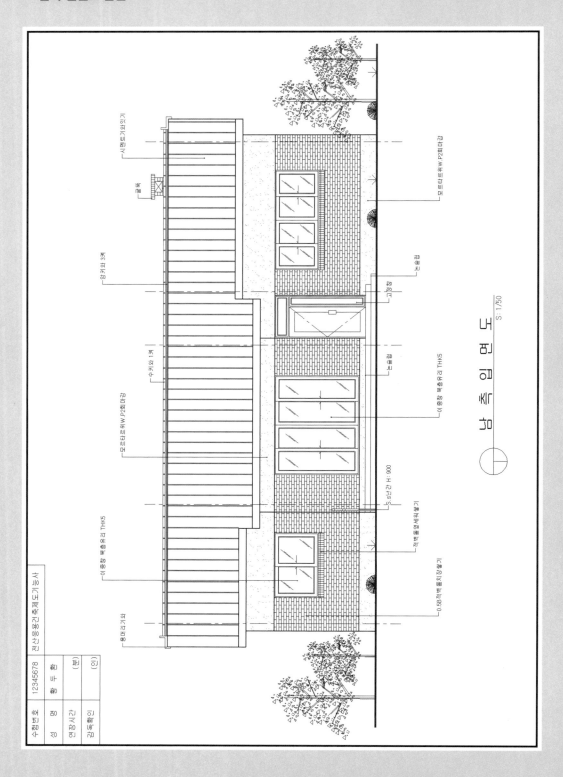

바닥높이가 제시되지 않은 문제로 거실, 테라스를 지나는 A부분 단면 상세도와 남측입면 도를 작성하는 문제입니다. A부분 절단선 앞으로 보이는 방3의 외벽과 처마를 입면으로 작성하고 테라스 상부에는 캔틸레버를 설치합니다.

국가기술자격 실기시험문제

자 격 종 목	전산응용건축제도기능사	과 제 명	주 택

비번호 :

※ 시험시간 : [○ 표준시간 : 4시간, ○ 연장시간 : 20분]

1. 요구사항

※ 주어진 평면도를 보고 CAD를 이용하여 아래 조건에 맞게 다음 도면을 작도한 후, 지급된 용지에 본인이 직접 흑백으로 출력하여 USB 메모리에 저장하여 함께 제출하시오.

❶ A부분 단면 상세도를 축척 1/40로 작도하시오.

❷ 남측 입면도를 축척 1/50로 작도하되 벽면의 마감재료 표시 및 주위의 배경 등 도면의 요소를 충분히 고려하시오.

|조건|

- **기초 및 지하실 벽체:** 철근콘크리트 구조로 하시오
- **벽체–** 외벽– 외부로부터 붉은벽돌 0.5B, 단열재, 시멘트벽돌 1.0B로 하시오.

  내벽– 두께 1.0B 시멘트벽돌 쌓기로 하시오.
- **단열재:** 외벽 120mm, 바닥 85mm, 지붕 180mm 하시오.
- **지붕:** 철근콘크리트 경사슬래브위 시멘트 기와잇기 마감으로 하시오. (물매 4/10 이상)
- **처마나옴:** 벽체 중심에서 600mm
- **반자높이:** 2,400mm, 처마반자 설치
- **창호:** 목재창호로 하되 2중창인 경우 외부창호 알루미늄 새시로 하시오.
- **각 실의 난방:** 온수파이프 온돌난방으로 하시오.
- 1층 바닥슬래브와 기초는 일체식으로 표현하시오.
- 평면도에 표현되지 않은 현관 상부 캐노피는 작도하지 않습니다.
- 기타 각 부분의 마감, 치수 등 주어지지 않은 조건은 일반적인 시공수준으로 하시오.

※ 선의 통일을 기하기 위하여 아래와 같이 선의 색을 정리하여 출력하시오.

- 흰색(7–White) – 0.3mm
- 노랑(2–Yellow) – 0.4mm
- 빨강(1–Red) – 0.2mm
- 녹색(3–Green) – 0.2mm
- 하늘색(4–Cyan) – 0.3mm
- 파랑(5–Blue) – 0.1mm

※ 수험자 유의사항은 생략

3. 도면

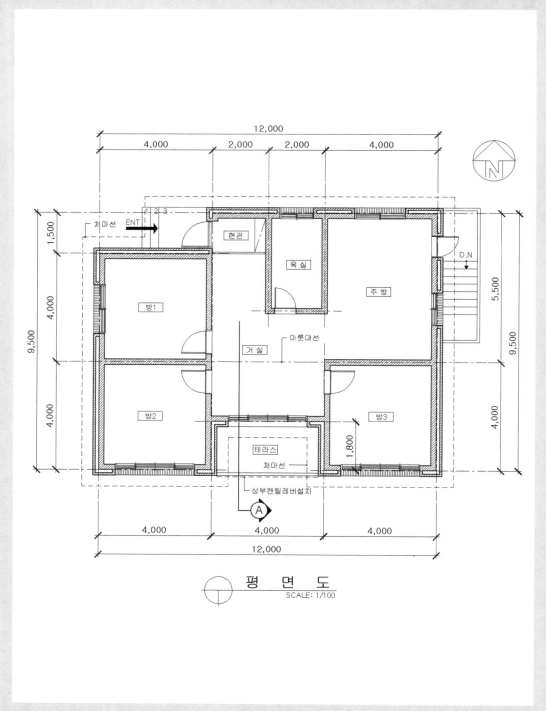

평 면 도
SCALE: 1/100

• A부분 단면 상세도 답안

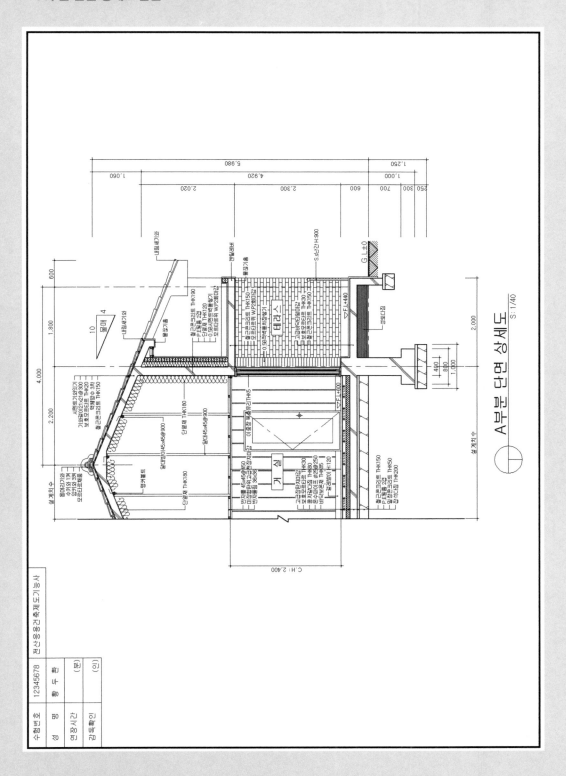

A부분 단면 상세도
S: 1/40

365

• 남측 입면도 답안

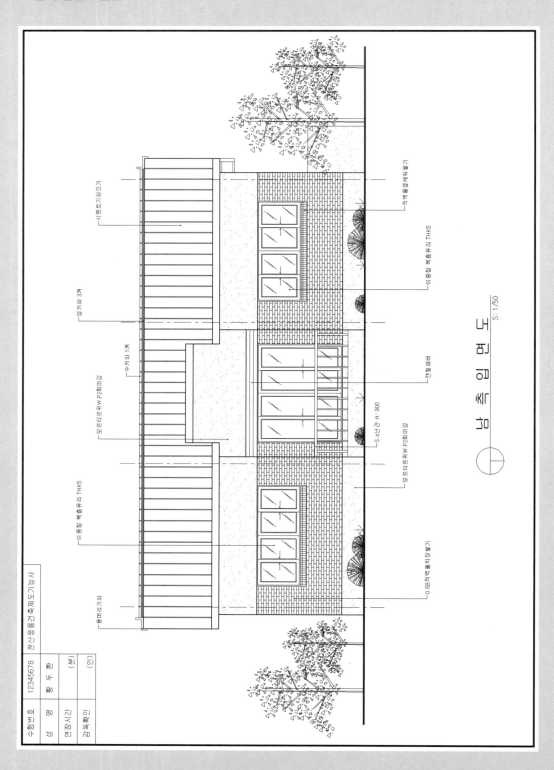

바닥높이가 제시되지 않은 문제로 욕실, 방을 지나는 A부분 단면 상세도와 남측입면도를 작성하는 문제입니다. 벽체의 구조가 조적구조 공간 쌓기가 아닌 철근콘크리트 옹벽구조이므로 외벽과 내벽에 1.0B시멘트 벽돌 대신 철근콘크리트(두께 150)로 작성해야 합니다.
A부분 절단선 앞으로 보이는 외벽과 현관문을 입면으로 모두 표현합니다.

국가기술자격 실기시험문제

자 격 종 목	전산응용건축제도기능사	과 제 명	주 택

비번호 :

※ 시험시간 : [○ 표준시간 : 4시간, ○ 연장시간 : 20분]

1. 요구사항

※ 주어진 평면도를 보고 CAD를 이용하여 아래 조건에 맞게 다음 도면을 작도한 후, 지급된 용지에 본인이 직접 흑백으로 출력하여 USB 메모리에 저장하여 함께 제출하시오.

❶ A부분 단면 상세도를 축척 1/40로 작도하시오.

❷ 남측 입면도를 축척 1/50로 작도하되 벽면의 마감재료 표시 및 주위의 배경 등 도면의 요소를 충분히 고려하시오.

│조건│

- **기초 및 지하실 벽체:** 철근콘크리트 구조로 하시오

- **벽체:** 외벽─ 외부로부터 붉은벽돌 0.5B, 단열재, 철근콘크리트 옹벽─ 두께 150
  내벽─ 철근콘크리트 옹벽─ 두께 150으로 하시오.

- **단열재:** 외벽 120mm, 바닥 85mm, 지붕 180mm 하시오.

- **지붕:** 철근콘크리트 경사슬래브위 시멘트 기와잇기 마감으로 하시오. (물매 4/10 이상)

- **처마나옴:** 벽체 중심에서 650mm

- **반자높이:** 2,400mm, 처마반자 설치

- **창호:** 목재창호로 하되 2중창인 경우 외부창호 알루미늄 새시로 하시오.

- **각 실의 난방:** 온수파이프 온돌난방으로 하시오.

- 1층 바닥슬래브와 기초는 일체식으로 표현하시오.

- 평면도에 표현되지 않은 현관 상부 캐노피는 작도하지 않습니다.

- 기타 각 부분의 마감, 치수 등 주어지지 않은 조건은 일반적인 시공수준으로 하시오.

※ **선의 통일을 기하기 위하여 아래와 같이 선의 색을 정리하여 출력하시오.**

- 흰색(7─White) ─ 0.3mm
- 녹색(3─Green) ─ 0.2mm
- 노랑(2─Yellow) ─ 0.4mm
- 하늘색(4─Cyan) ─ 0.3mm
- 빨강(1─Red) ─ 0.2mm
- 파랑(5─Blue) ─ 0.1mm

※ 수험자 유의사항은 생략

3. 도면

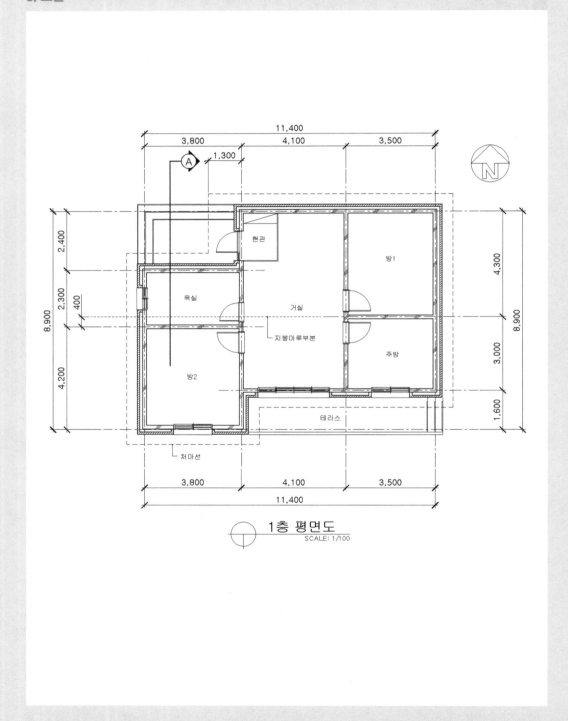

1층 평면도
SCALE: 1/100

- A부분 단면 상세도 답안

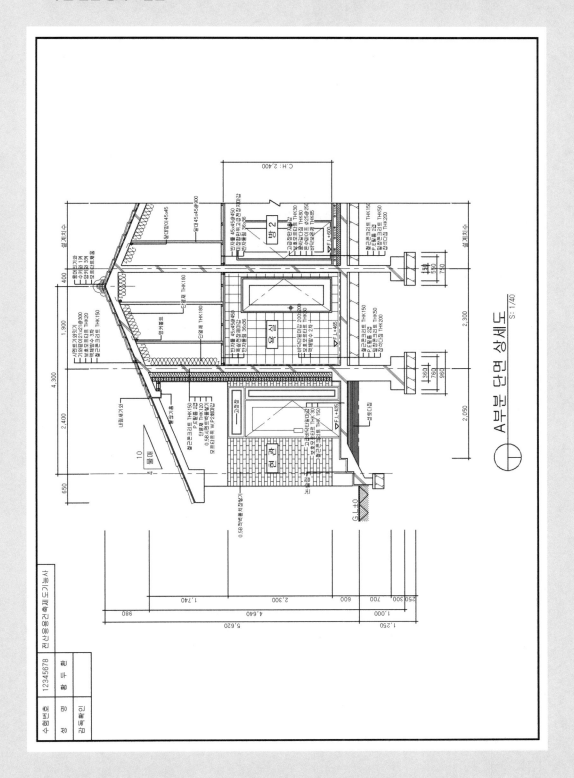

• 남측 입면도 답안

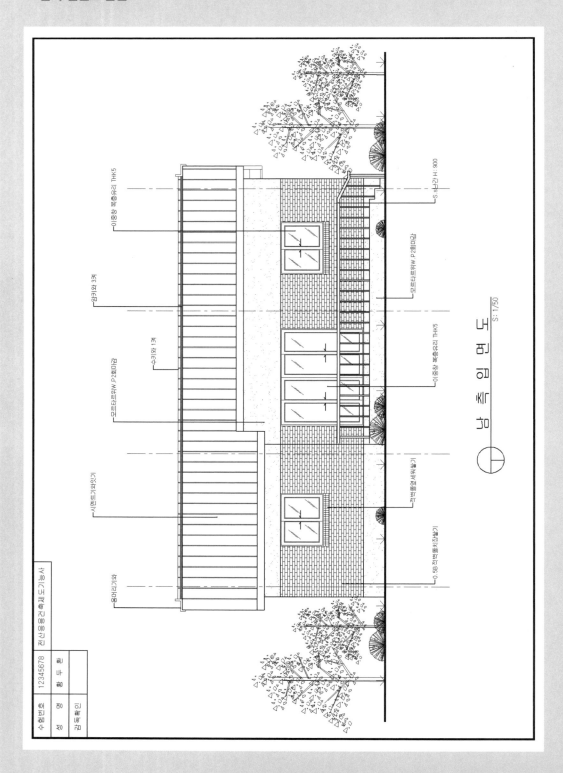

바닥높이가 제시되지 않은 문제로 주방, 욕실, 현관, 테라스를 지나는 A부분 단면 상세도와 남측입면도를 작성하는 문제입니다. 현관의 처마나옴 위치가 테라스까지 연장되므로 길이에 주의합니다.

국가기술자격 실기시험문제

자 격 종 목	전산응용건축제도기능사	과 제 명	주　택

비번호 :

※ 시험시간 : [○ 표준시간 : 4시간, ○ 연장시간 : 20분]

1. 요구사항

※ 주어진 평면도를 보고 CAD를 이용하여 아래 조건에 맞게 다음 도면을 작도한 후, 지급된 용지에 본인이 직접 흑백으로 출력하여 USB 메모리에 저장하여 함께 제출하시오.

❶ A부분 단면 상세도를 축척 1/40로 작도하시오.

❷ 남측 입면도를 축척 1/50로 작도하되 벽면의 마감재료 표시 및 주위의 배경 등 도면의 요소를 충분히 고려하시오.

|조건|

- **기초 및 지하실 벽체**: 철근콘크리트 구조로 하시오
- **벽체**: 외벽 – 외부로부터 붉은벽돌 0.5B, 단열재, 시멘트벽돌 1.0B로 하시오.
  내벽 – 두께 1.0B 시멘트벽돌 쌓기로 하시오.
- **단열재**: 외벽 120mm, 바닥 85mm, 지붕 180mm 하시오.
- **지붕**: 철근콘크리트 경사슬래브위 시멘트 기와잇기 마감으로 하시오. (물매 3.5/10 이상)
- **처마나옴**: 벽체 중심에서 550mm
- **반자높이**: 2,400mm, 처마반자 설치
- **창호**: 목재창호로 하되 2중창인 경우 외부창호 알루미늄 새시로 하시오.
- **각 실의 난방**: 온수파이프 온돌난방으로 하시오.
- 1층 바닥슬래브와 기초는 일체식으로 표현하시오.
- 평면도에 표현되지 않은 현관 상부 캐노피는 작도하지 않습니다.
- 기타 각 부분의 마감, 치수 등 주어지지 않은 조건은 일반적인 시공수준으로 하시오.

※ **선의 통일을 기하기 위하여 아래와 같이 선의 색을 정리하여 출력하시오.**

- 흰색(7-White) – 0.3mm
- 녹색(3-Green) – 0.2mm
- 노랑(2-Yellow) – 0.4mm
- 하늘색(4-Cyan) – 0.3mm
- 빨강(1-Red) – 0.2mm
- 파랑(5-Blue) – 0.1mm

※ 수험자 유의사항은 생략

3. 도면

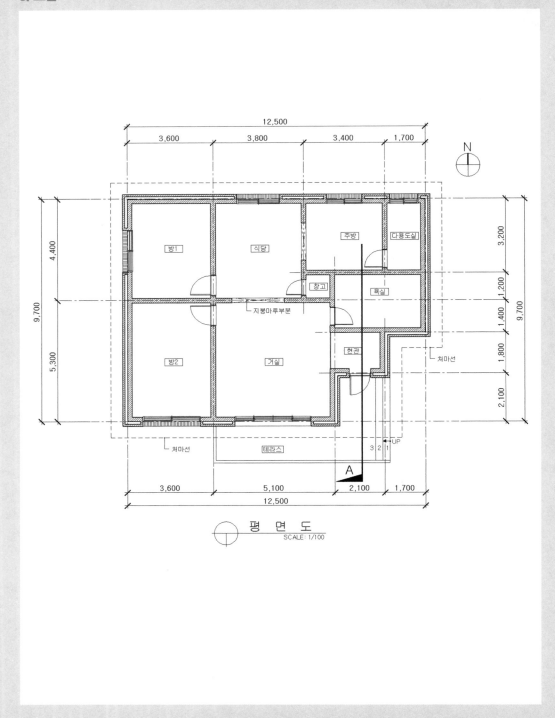

평 면 도
SCALE: 1/100

• A부분 단면 상세도 답안

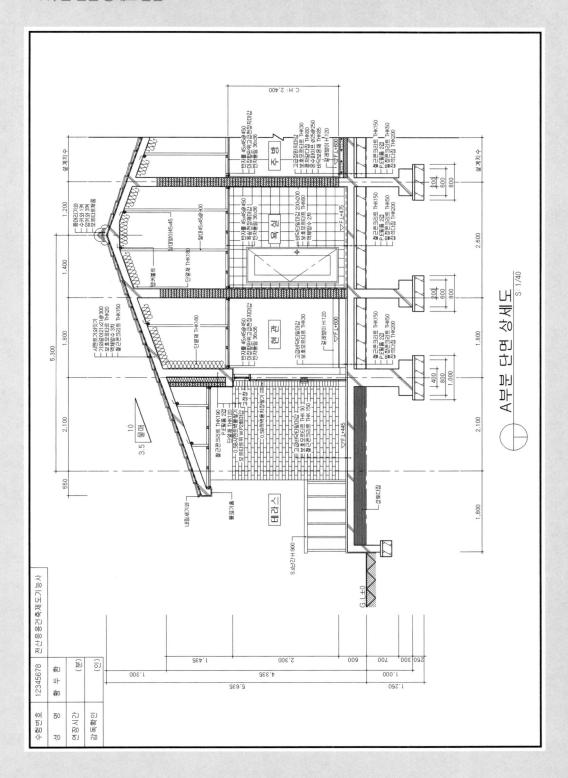

A부분 단면 상세도
S: 1/40

373

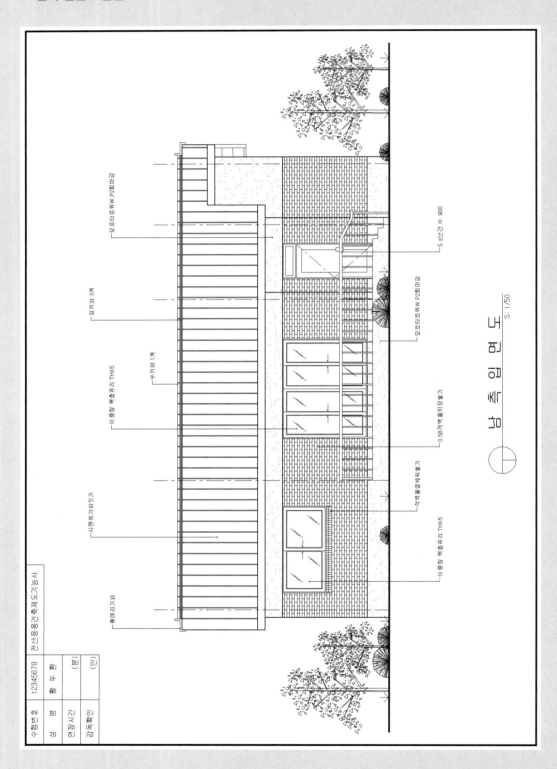

남 측 입 면 도

S : 1/50

실의 바닥높이가 평면도에 제시되고 거실과 현관을 지나는 A부분 단면 상세도와 남측입면도를 작성하는 문제입니다. 거실의 바닥높이는 G.L부터 제시된 높이 630, 현관은 480으로 작성해야 합니다. (현관의 처마선 길이에 주의하고 거실과 현관 사이의 중문을 작성합니다.)

국가기술자격 실기시험문제

자 격 종 목	전산응용건축제도기능사	과 제 명	주 택

비번호 :

※ 시험시간 : [○ 표준시간 : 4시간, ○ 연장시간 : 20분]

1. 요구사항

※ 주어진 평면도를 보고 CAD를 이용하여 아래 조건에 맞게 다음 도면을 작도한 후, 지급된 용지에 본인이 직접 흑백으로 출력하여 USB 메모리에 저장하여 함께 제출하시오.

❶ A부분 단면 상세도를 축척 1/40로 작도하시오.

❷ 남측 입면도를 축척 1/50로 작도하되 벽면의 마감재료 표시 및 주위의 배경 등 도면의 요소를 충분히 고려하시오.

|조건|

- **기초 및 지하실 벽체**: 철근콘크리트 구조로 하시오
- **벽체**: 외벽– 외부로부터 붉은벽돌 0.5B, 단열재, 시멘트벽돌 1.0B로 하시오.
  내벽– 두께 1.0B 시멘트벽돌 쌓기로 하시오.
- **단열재**: 외벽 120mm, 바닥 85mm, 지붕 180mm 하시오.
- **지붕**: 철근콘크리트 경사슬래브위 시멘트 기와잇기 마감으로 하시오. (물매 3.5/10 이상)
- **처마나옴**: 벽체 중심에서 600mm
- **반자높이**: 2,400mm, 처마반자 설치
- **창호**: 목재창호로 하되 2중창인 경우 외부창호 알루미늄 새시로 하시오.
- **각 실의 난방**: 온수파이프 온돌난방으로 하시오.
- 1층 바닥슬래브와 기초는 일체식으로 표현하시오.
- 평면도에 표현되지 않은 현관 상부 캐노피는 작도하지 않습니다.
- 기타 각 부분의 마감, 치수 등 주어지지 않은 조건은 일반적인 시공수준으로 하시오.

※ **선의 통일을 기하기 위하여 아래와 같이 선의 색을 정리하여 출력하시오.**

- 흰색(7–White) – 0.3mm
- 녹색(3–Green) – 0.2mm
- 노랑(2–Yellow) – 0.4mm
- 하늘색(4–Cyan) – 0.3mm
- 빨강(1–Red) – 0.2mm
- 파랑(5–Blue) – 0.1mm

※ 수험자 유의사항은 생략

3. 도면

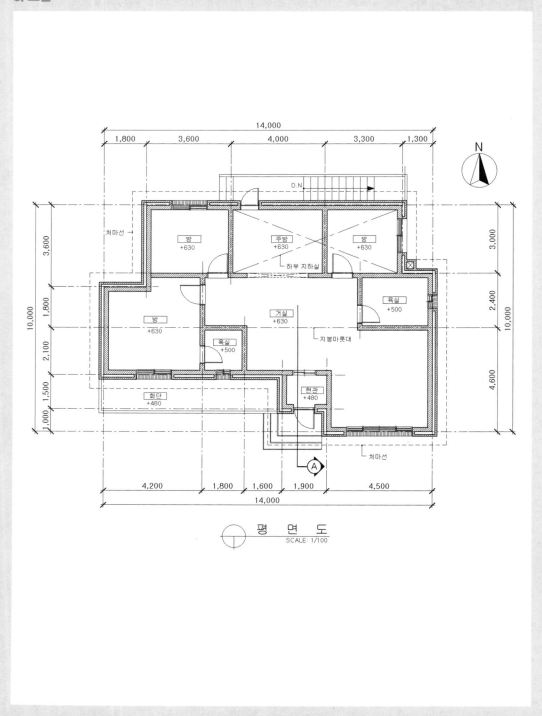

평 면 도
SCALE: 1/100

• A부분 단면 상세도 답안

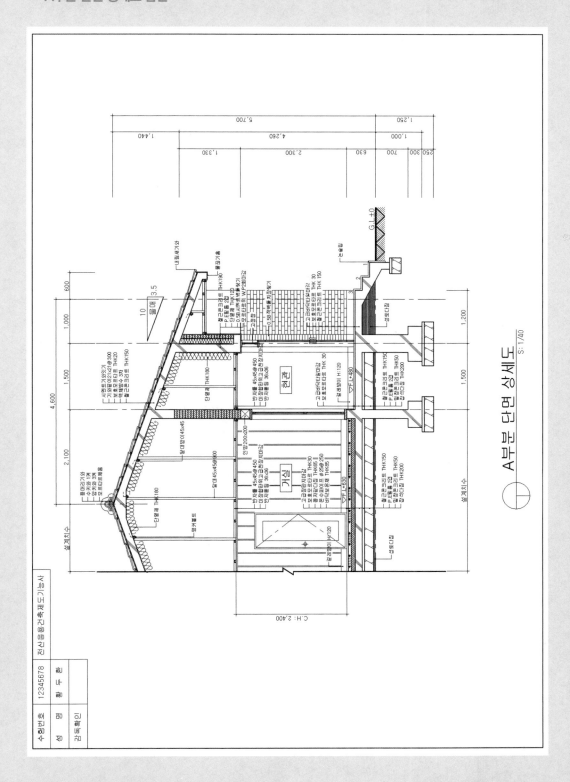

A부분 단면 상세도
S: 1/40

377

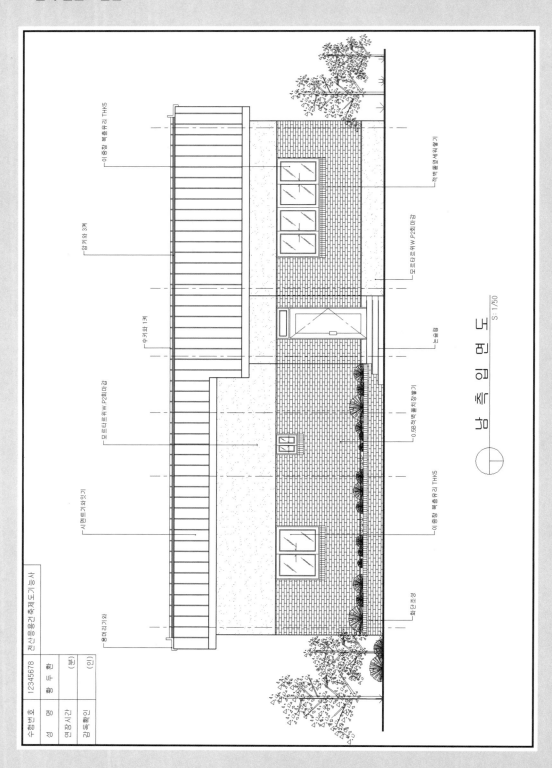

남측입면도

S : 1/50

예상 문제 12

바닥높이가 제시되지 않은 문제로 테라스, 거실, 방을 지나는 A부분 단면 상세도와 남측입면도를 작성하는 문제입니다. 중문과 현관 사이에 다음과 같은 목조 마루를 작성합니다.

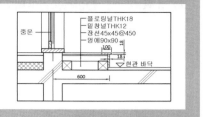

국가기술자격 실기시험문제

자 격 종 목	전산응용건축제도기능사	과 제 명	주 택

비번호 :

※ 시험시간 : [○ 표준시간 : 4시간, ○ 연장시간 : 20분]

1. 요구사항

※ 주어진 평면도를 보고 CAD를 이용하여 아래 조건에 맞게 다음 도면을 작도한 후, 지급된 용지에 본인이 직접 흑백으로 출력하여 USB 메모리에 저장하여 함께 제출하시오.

❶ A부분 단면 상세도를 축척 1/40로 작도하시오.

❷ 남측 입면도를 축척 1/50로 작도하되 벽면의 마감재료 표시 및 주위의 배경 등 도면의 요소를 충분히 고려하시오.

|조건|

- **기초 및 지하실 벽체**: 철근콘크리트 구조로 하시오
- **벽체**: 외벽– 외부로부터 붉은벽돌 0.5B, 단열재, 시멘트벽돌 1.0B로 하시오.
   내벽– 두께 1.0B 시멘트벽돌 쌓기로 하시오.
- **단열재**: 외벽 120mm, 바닥 85mm, 지붕 180mm 하시오.
- **지붕**: 철근콘크리트 경사슬래브위 시멘트 기와잇기 마감으로 하시오. (물매 4/10 이상)
- **처마나옴**: 벽체 중심에서 600mm
- **반자높이**: 2,400mm, 처마반자 설치
- **창호**: 목재창호로 하되 2중창인 경우 외부창호 알루미늄 새시로 하시오.
- **각 실의 난방**: 온수파이프 온돌난방으로 하시오.
- 1층 바닥슬래브와 기초는 일체식으로 표현하시오.
- 평면도에 표현되지 않은 현관 상부 캐노피는 작도하지 않습니다.
- 기타 각 부분의 마감, 치수 등 주어지지 않은 조건은 일반적인 시공수준으로 하시오.

※ 선의 통일을 기하기 위하여 아래와 같이 선의 색을 정리하여 출력하시오.

- 흰색(7–White) – 0.3mm
- 노랑(2–Yellow) – 0.4mm
- 빨강(1–Red) – 0.2mm
- 녹색(3–Green) – 0.2mm
- 하늘색(4–Cyan) – 0.3mm
- 파랑(5–Blue) – 0.1mm

※ 수험자 유의사항은 생략

3. 도면

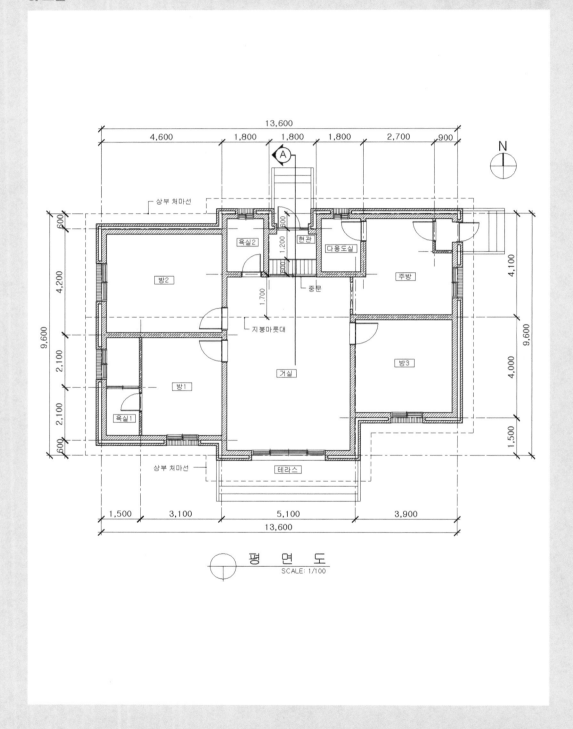

평 면 도
SCALE: 1/100

- **A부분 단면 상세도 답안**

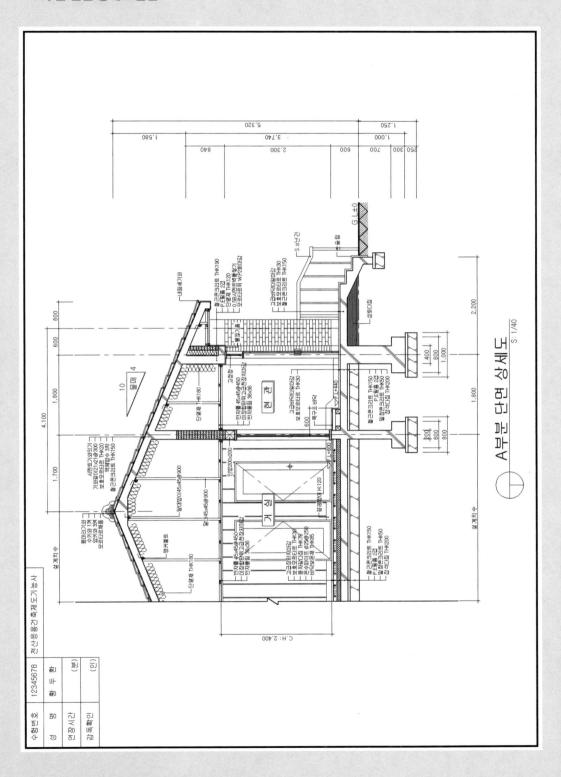

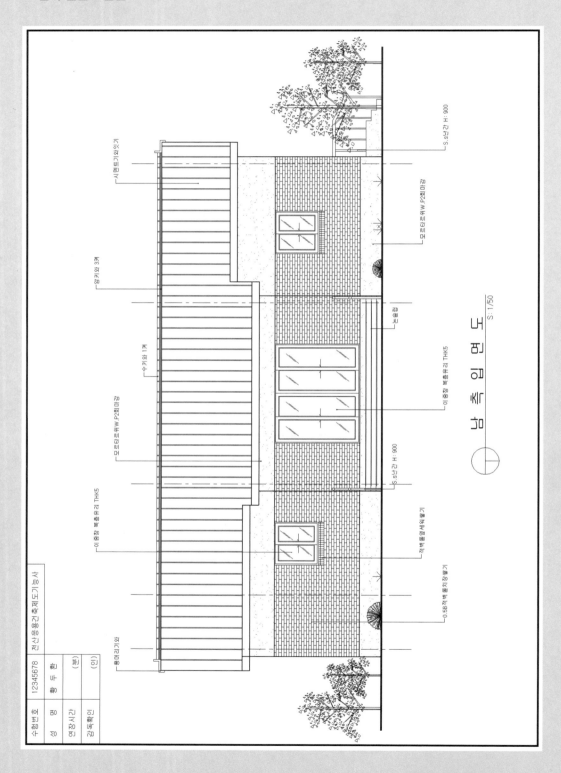

남측입면도
S : 1/50

실의 바닥높이가 평면도에 제시되고 주방, 거실, 테라스를 지나는 A부분 단면 상세도와 남측입면도를 작성하는 문제입니다. 주방의 바닥높이는 G.L부터 제시된 높이 1,010, 거실 650, 테라스 470으로 작성해야 합니다. 실내에 계단이 있는 구조로 반자높이(천장) 지정 시 가장 높은 주방을 기준으로 합니다. (주방 하부에 지하실까지 작성합니다. 단면도 답안을 참고)

국가기술자격 실기시험문제

자 격 종 목	전산응용건축제도기능사	과 제 명	주 택

비번호 :

※ 시험시간 : [○ 표준시간 : 4시간, ○ 연장시간 : 20분]

1. 요구사항

※ 주어진 평면도를 보고 CAD를 이용하여 아래 조건에 맞게 다음 도면을 작도한 후, 지급된 용지에 본인이 직접 흑백으로 출력하여 USB 메모리에 저장하여 함께 제출하시오.

❶ A부분 단면 상세도를 축척 1/40로 작도하시오.

❷ 남측 입면도를 축척 1/50로 작도하되 벽면의 마감재료 표시 및 주위의 배경 등 도면의 요소를 충분히 고려하시오.

|조건|

- **기초 및 지하실 벽체**: 철근콘크리트 구조로 하시오
- **벽체**: 외벽 – 외부로부터 붉은벽돌 0.5B, 단열재, 시멘트벽돌 1.0B로 하시오.
  내벽 – 두께 1.0B 시멘트벽돌 쌓기로 하시오.
- **단열재**: 외벽 120mm, 바닥 85mm, 지붕 180mm 하시오.
- **지붕**: 철근콘크리트 경사슬래브위 시멘트 기와잇기 마감으로 하시오. (물매 3.5/10 이상)
- **처마나옴**: 벽체 중심에서 600mm
- **반자높이**: 2,400mm, 처마반자 설치
- **창호**: 목재창호로 하되 2중창인 경우 외부창호 알루미늄 새시로 하시오.
- **각 실의 난방**: 온수파이프 온돌난방으로 하시오.
- 1층 바닥슬래브와 기초는 일체식으로 표현하시오.
- 평면도에 표현되지 않은 현관 상부 캐노피는 작도하지 않습니다.
- 기타 각 부분의 마감, 치수 등 주어지지 않은 조건은 일반적인 시공수준으로 하시오.

※ **선의 통일을 기하기 위하여 아래와 같이 선의 색을 정리하여 출력하시오.**

- 흰색(7–White) – 0.3mm
- 녹색(3–Green) – 0.2mm
- 노랑(2–Yellow) – 0.4mm
- 하늘색(4–Cyan) – 0.3mm
- 빨강(1–Red) – 0.2mm
- 파랑(5–Blue) – 0.1mm

※ 수험자 유의사항은 생략

3. 도면

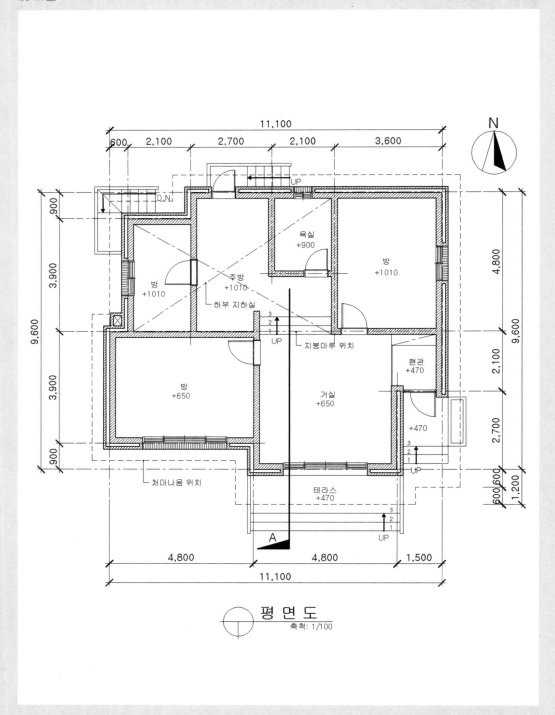

평 면 도
축척: 1/100

• A부분 단면 상세도 답안

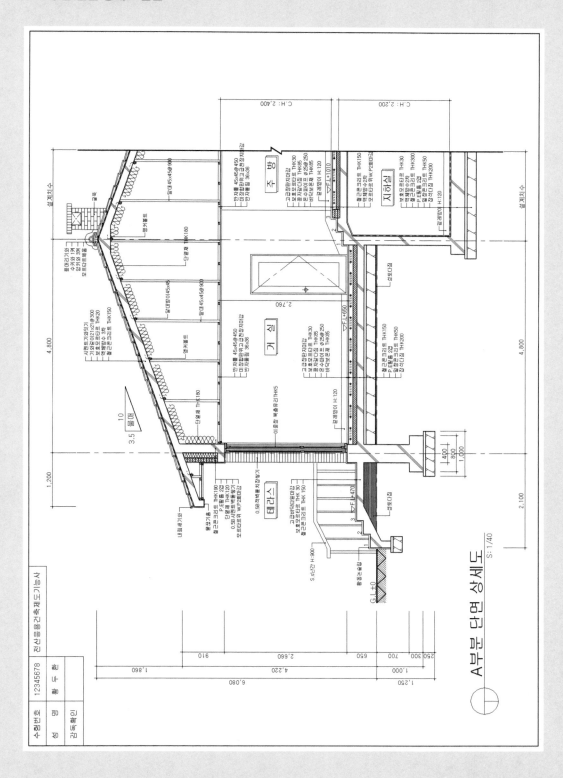

A부분 단면 상세도

S : 1/40

• 남측 입면도 답안

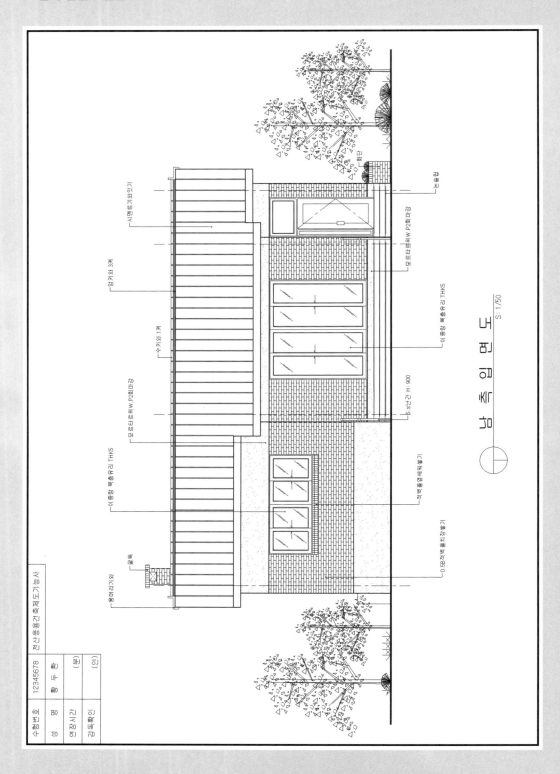

남측입면도
S : 1/50

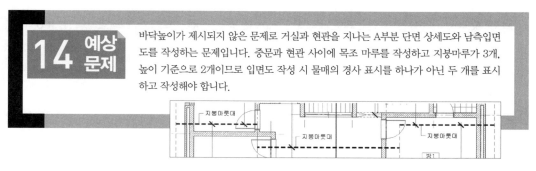

바닥높이가 제시되지 않은 문제로 거실과 현관을 지나는 A부분 단면 상세도와 남측입면
도를 작성하는 문제입니다. 중문과 현관 사이에 목조 마루를 작성하고 지붕마루가 3개,
높이 기준으로 2개이므로 입면도 작성 시 물매의 경사 표시를 하나가 아닌 두 개를 표시
하고 작성해야 합니다.

국가기술자격 실기시험문제

자 격 종 목	전산응용건축제도기능사	과 제 명	주 택

비번호 :

※ 시험시간 : [○ 표준시간 : 4시간, ○ 연장시간 : 20분]

1. 요구사항

※ 주어진 평면도를 보고 CAD를 이용하여 아래 조건에 맞게 다음 도면을 작도한 후, 지급된 용지에 본인이 직접 흑백으로 출력하여
USB 메모리에 저장하여 함께 제출하시오.

❶ A부분 단면 상세도를 축척 1/40로 작도하시오.

❷ 남측 입면도를 축척 1/50로 작도하되 벽면의 마감재료 표시 및 주위의 배경 등 도면의 요소를 충분히 고려하시오.

|조건|

- **기초 및 지하실 벽체:** 철근콘크리트 구조로 하시오

- **벽체:** 외벽– 외부로부터 붉은벽돌 0.5B, 단열재, 시멘트벽돌 1.0B로 하시오.

  내벽– 두께 1.0B 시멘트벽돌 쌓기로 하시오.

- **단열재:** 외벽 120mm, 바닥 85mm, 지붕 180mm 하시오.

- **지붕:** 철근콘크리트 경사슬래브위 시멘트 기와잇기 마감으로 하시오. (물매 4/10 이상)

- **처마나옴:** 벽체 중심에서 600mm

- **반자높이:** 2,400mm, 처마반자 설치

- **창호:** 목재창호로 하되 2중창인 경우 외부창호 알루미늄 새시로 하시오.

- **각 실의 난방:** 온수파이프 온돌난방으로 하시오.

- 1층 바닥슬래브와 기초는 일체식으로 표현하시오.

- 평면도에 표현되지 않은 현관 상부 캐노피는 작도하지 않습니다.

- 기타 각 부분의 마감, 치수 등 주어지지 않은 조건은 일반적인 시공수준으로 하시오.

※ **선의 통일을 기하기 위하여 아래와 같이 선의 색을 정리하여 출력하시오.**

- 흰색(7–White) – 0.3mm
- 녹색(3–Green) – 0.2mm
- 노랑(2–Yellow) – 0.4mm
- 하늘색(4–Cyan) – 0.3mm
- 빨강(1–Red) – 0.2mm
- 파랑(5–Blue) – 0.1mm

※ 수험자 유의사항은 생략

3. 도면

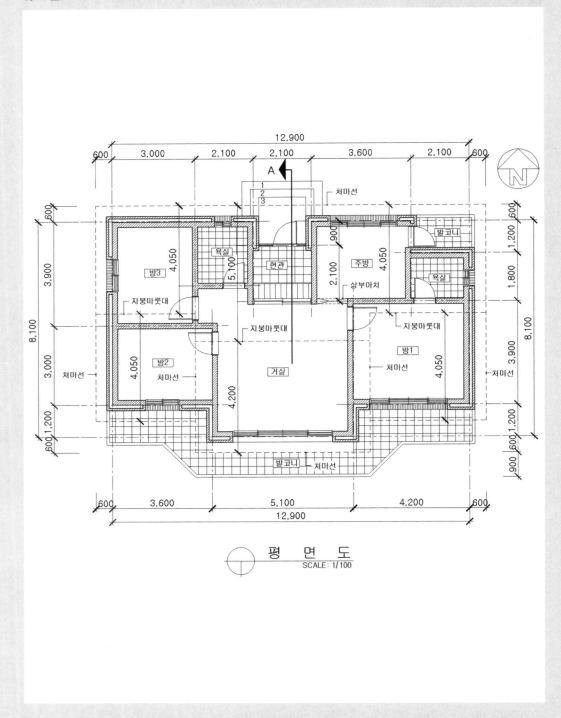

평　면　도
SCALE: 1/100

• A부분 단면 상세도 답안

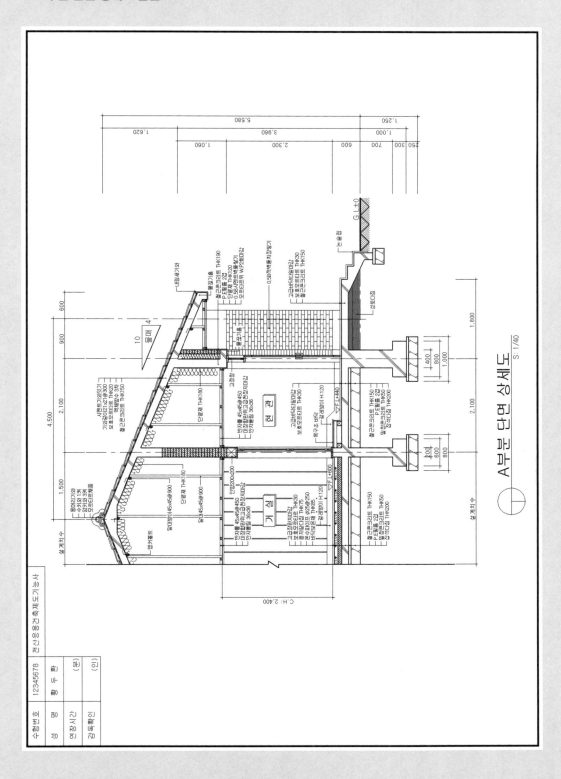

• 남측 입면도 답안

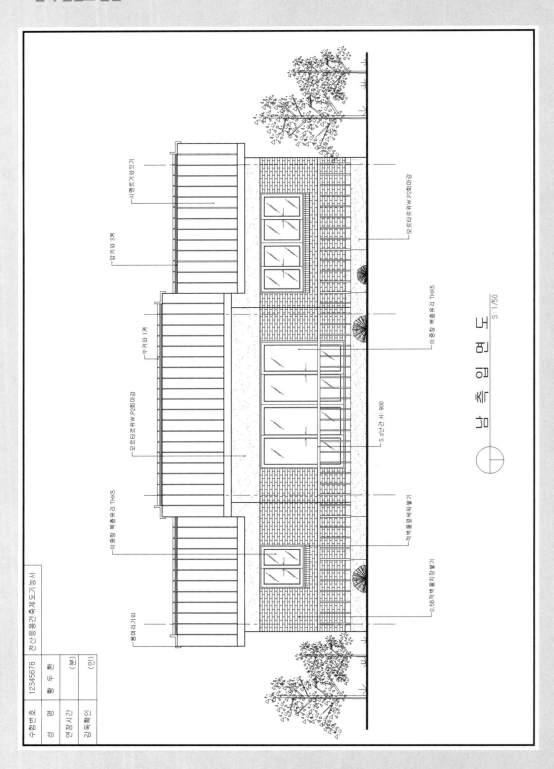

남 측 입 면 도
S : 1/50

바닥높이가 제시된 문제로 테라스, 현관, 거실, 방을 지나는 A부분 단면 상세도와 남측입면도를 작성하는 문제입니다. 외벽으로부터 처마의 길이가 상당히 길어 물매의 기준을 외벽으로 할 경우 처마의 끝이 처지므로 물매의 기준을 테라스의 끝으로 하여 작성합니다.

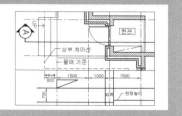

국가기술자격 실기시험문제

자 격 종 목	전산응용건축제도기능사	과 제 명	주 택

비번호 :

※ 시험시간 : [○ 표준시간 : 4시간, ○ 연장시간 : 20분]

1. 요구사항

※ 주어진 평면도를 보고 CAD를 이용하여 아래 조건에 맞게 다음 도면을 작도한 후, 지급된 용지에 본인이 직접 흑백으로 출력하여 USB 메모리에 저장하여 함께 제출하시오.

❶ A부분 단면 상세도를 축척 1/40로 작도하시오.

❷ 남측 입면도를 축척 1/50로 작도하되 벽면의 마감재료 표시 및 주위의 배경 등 도면의 요소를 충분히 고려하시오.

|조건|

- **기초 및 지하실 벽체**: 철근콘크리트 구조로 하시오.

- **벽체**: 외벽– 외부로부터 붉은벽돌 0.5B, 단열재, 시멘트벽돌 1.0B로 하시오.

  내벽– 두께 1.0B 시멘트벽돌 쌓기로 하시오.

- **단열재**: 외벽 120mm, 바닥 85mm, 지붕 180mm 하시오.

- **지붕**: 철근콘크리트 경사슬래브위 시멘트 기와잇기 마감으로 하시오. (물매 4/10 이상)

- **처마나옴**: 벽체 중심에서 600mm

- **반자높이**: 2,300mm, 처마반자 설치

- **창호**: 목재창호로 하되 2중창인 경우 외부창호 알루미늄 새시로 하시오.

- **각 실의 난방**: 온수파이프 온돌난방으로 하시오.

- 1층 바닥슬래브와 기초는 일체식으로 표현하시오.

- 평면도에 표현되지 않은 현관 상부 캐노피는 작도하지 않습니다.

- 기타 각 부분의 마감, 치수 등 주어지지 않은 조건은 일반적인 시공수준으로 하시오.

※ **선의 통일을 기하기 위하여 아래와 같이 선의 색을 정리하여 출력하시오.**

- 흰색(7–White) – 0.3mm
- 녹색(3–Green) – 0.2mm
- 노랑(2–Yellow) – 0.4mm
- 하늘색(4–Cyan) – 0.3mm
- 빨강(1–Red) – 0.2mm
- 파랑(5–Blue) – 0.1mm

※ 수험자 유의사항은 생략

3. 도면

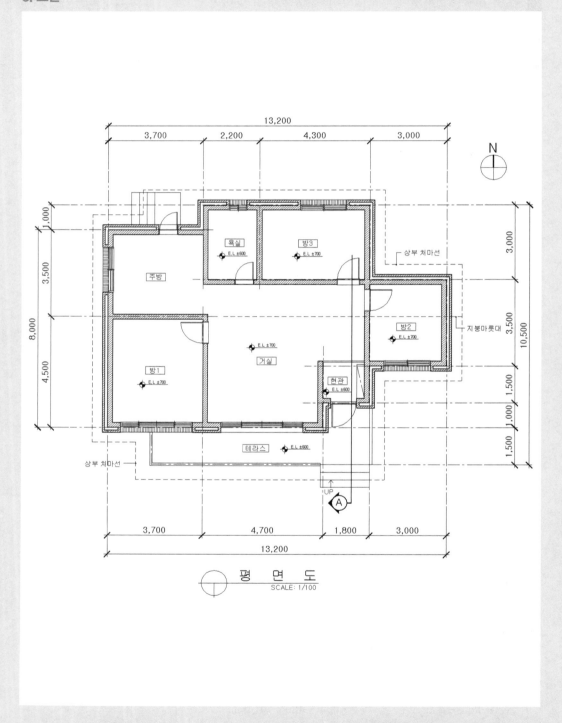

- A부분 단면 상세도 답안

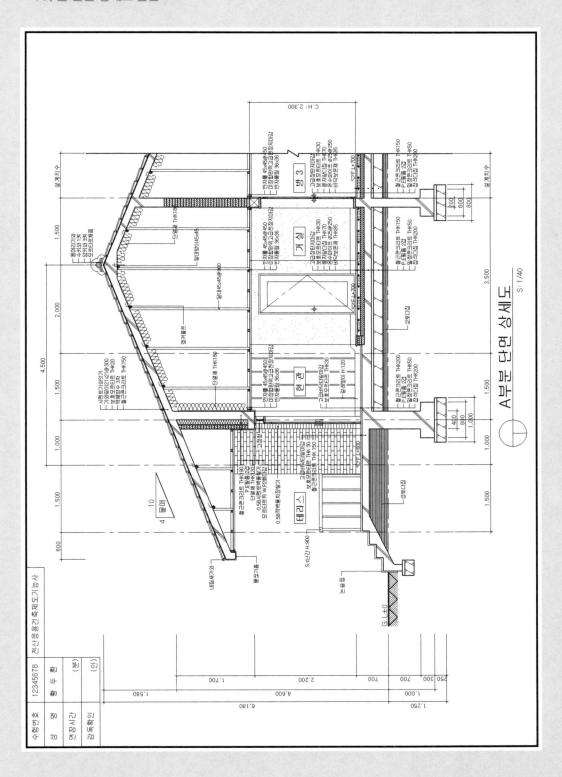

A부분 단면 상세도
S : 1/40

• 남측 입면도 답안

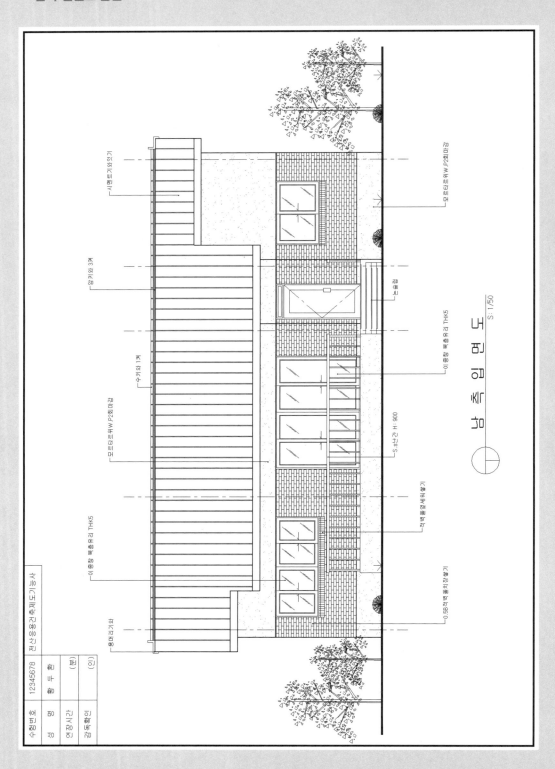

남 측 입 면 도
S: 1/50

수험번호	12345678	전산응용건축제도기능사
성 명	홍길동	
연장시간	(분)	
감독확인	(인)	

바닥높이가 제시되지 않은 문제로 현관, 거실, 방을 지나는 A부분 단면 상세도와 남측입면도를 작성하는 문제입니다. 남측입면도 작성 시 욕실 앞에 화단을 조성합니다.

국가기술자격 실기시험문제

자 격 종 목	전산응용건축제도기능사	과 제 명	주　택

비번호 :

※ 시험시간 : [○ 표준시간 : 4시간, ○ 연장시간 : 20분]

1. 요구사항

※ 주어진 평면도를 보고 CAD를 이용하여 아래 조건에 맞게 다음 도면을 작도한 후, 지급된 용지에 본인이 직접 흑백으로 출력하여 USB 메모리에 저장하여 함께 제출하시오.

❶ A부분 단면 상세도를 축척 1/40로 작도하시오.

❷ 남측 입면도를 축척 1/50로 작도하되 벽면의 마감재료 표시 및 주위의 배경 등 도면의 요소를 충분히 고려하시오.

|조건|

- **기초 및 지하실 벽체**: 철근콘크리트 구조로 하시오
- **벽체**: 외벽– 외부로부터 붉은벽돌 0.5B, 단열재, 시멘트벽돌 1.0B로 하시오.
  내벽– 두께 1.0B 시멘트벽돌 쌓기로 하시오.
- **단열재**: 외벽 120mm, 바닥 85mm, 지붕 180mm 하시오.
- **지붕**: 철근콘크리트 경사슬래브위 시멘트 기와잇기 마감으로 하시오. (물매 4/10 이상)
- **처마나옴**: 벽체 중심에서 600mm
- **반자높이**: 2,300mm, 처마반자 설치
- **창호**: 목재창호로 하되 2중창인 경우 외부창호 알루미늄 새시로 하시오.
- **각 실의 난방**: 온수파이프 온돌난방으로 하시오.
- 1층 바닥슬래브와 기초는 일체식으로 표현하시오.
- 평면도에 표현되지 않은 현관 상부 캐노피는 작도하지 않습니다.
- 기타 각 부분의 마감, 치수 등 주어지지 않은 조건은 일반적인 시공수준으로 하시오.

※ **선의 통일을 기하기 위하여 아래와 같이 선의 색을 정리하여 출력하시오.**

- 흰색(7–White) – 0.3mm
- 녹색(3–Green) – 0.2mm
- 노랑(2–Yellow) – 0.4mm
- 하늘색(4–Cyan) – 0.3mm
- 빨강(1–Red) – 0.2mm
- 파랑(5–Blue) – 0.1mm

※ 수험자 유의사항은 생략

3. 도면

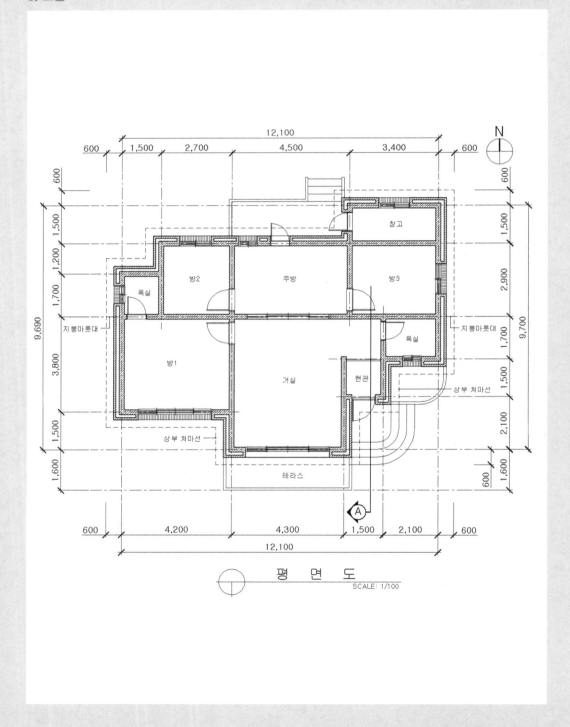

평 면 도
SCALE: 1/100

• A부분 단면 상세도 답안

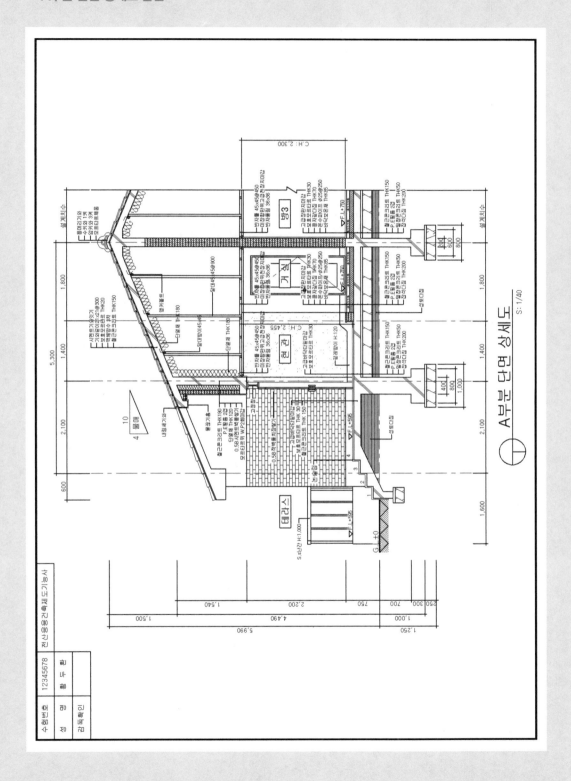

A부분 단면 상세도
S : 1/40

397

• 남측 입면도 답안

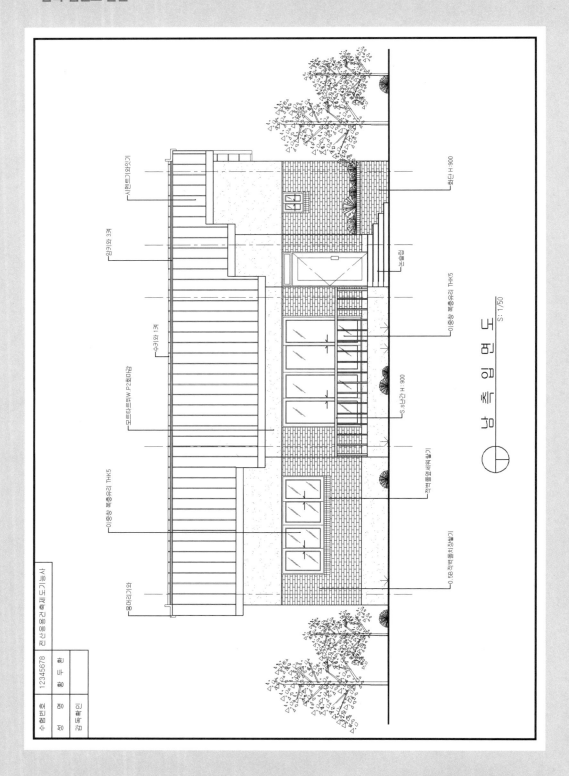

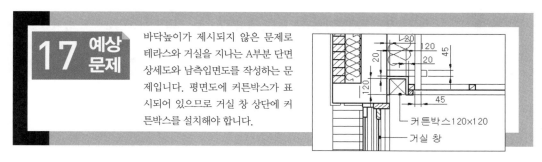

17 예상문제

바닥높이가 제시되지 않은 문제로 테라스와 거실을 지나는 A부분 단면상세도와 남측입면도를 작성하는 문제입니다. 평면도에 커튼박스가 표시되어 있으므로 거실 창 상단에 커튼박스를 설치해야 합니다.

커튼박스120×120
거실 창

국가기술자격 실기시험문제

자 격 종 목	전산응용건축제도기능사	과 제 명	주 택

비번호 :

※ 시험시간 : [○ 표준시간 : 4시간, ○ 연장시간 : 20분]

1. 요구사항

※ 주어진 평면도를 보고 CAD를 이용하여 아래 조건에 맞게 다음 도면을 작도한 후, 지급된 용지에 본인이 직접 흑백으로 출력하여 USB 메모리에 저장하여 함께 제출하시오.

❶ A부분 단면 상세도를 축척 1/40로 작도하시오.

❷ 남측 입면도를 축척 1/50로 작도하되 벽면의 마감재료 표시 및 주위의 배경 등 도면의 요소를 충분히 고려하시오.

|조건|

• **기초 및 지하실 벽체**: 철근콘크리트 구조로 하시오

• **벽체**: 외벽─ 외부로부터 붉은벽돌 0.5B, 단열재, 시멘트벽돌 1.0B로 하시오.
　　　　 내벽─ 두께 1.0B 시멘트벽돌 쌓기로 하시오.

• **단열재**: 외벽 120mm, 바닥 85mm, 지붕 180mm 하시오.

• **지붕**: 철근콘크리트 경사슬래브위 시멘트 기와잇기 마감으로 하시오. (물매 4/10 이상)

• **처마나옴**: 벽체 중심에서 600mm

• **반자높이**: 2,400mm, 처마반자 설치

• **창호**: 목재창호로 하되 2중창인 경우 외부창호 알루미늄 새시로 하시오.

• **각 실의 난방**: 온수파이프 온돌난방으로 하시오.

• 1층 바닥슬래브와 기초는 일체식으로 표현하시오.

• 평면도에 표현되지 않은 현관 상부 캐노피는 작도하지 않습니다.

• 기타 각 부분의 마감, 치수 등 주어지지 않은 조건은 일반적인 시공수준으로 하시오.

※ **선의 통일을 기하기 위하여 아래와 같이 선의 색을 정리하여 출력하시오.**

• 흰색(7─White) ─ 0.3mm　　• 녹색(3─Green) ─ 0.2mm

• 노랑(2─Yellow) ─ 0.4mm　　• 하늘색(4─Cyan) ─ 0.3mm

• 빨강(1─Red) ─ 0.2mm　　　• 파랑(5─Blue) ─ 0.1mm

※ 수험자 유의사항은 생략

3. 도면

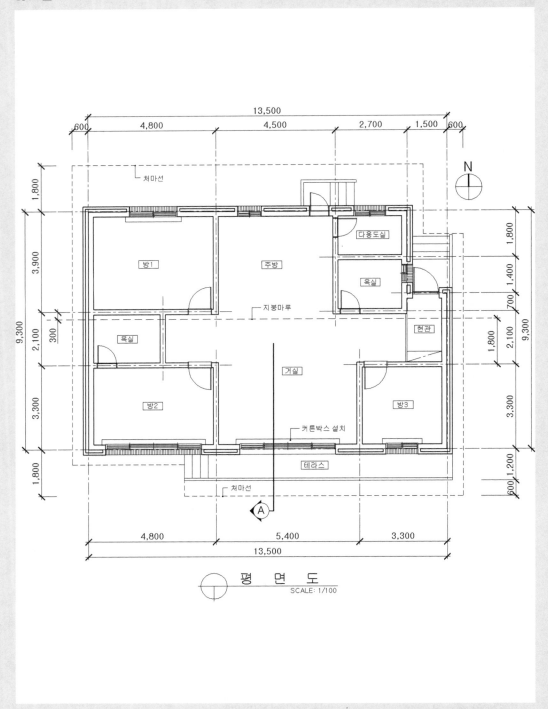

평 면 도
SCALE: 1/100

• A부분 단면 상세도 답안

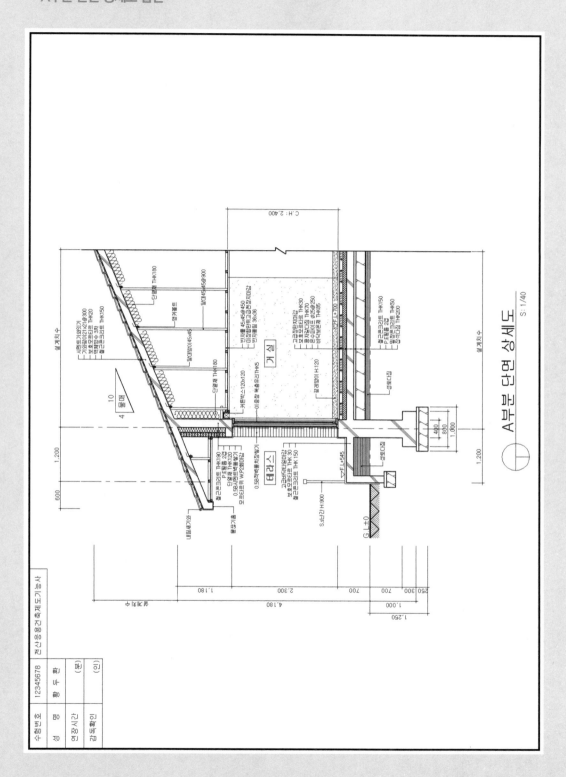

A부분 단면 상세도
S : 1/40

401

- **남측 입면도 답안**

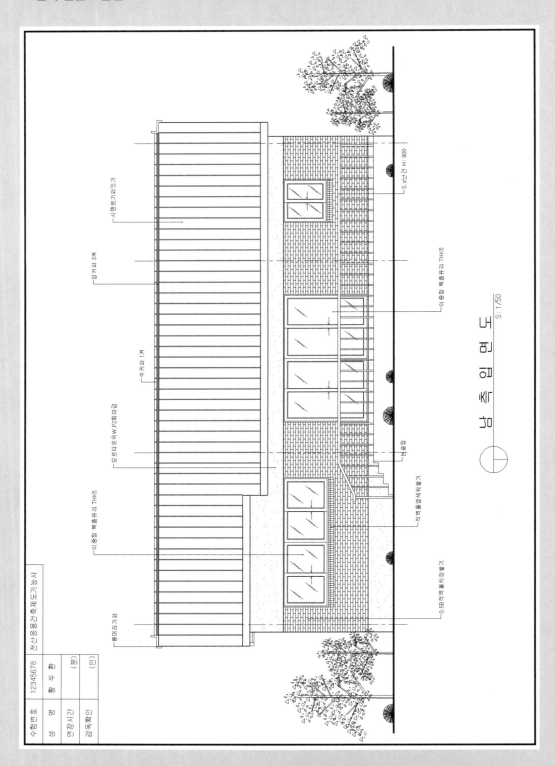

남 측 입 면 도
S : 1/50

- 시멘트기와잇기
- 암키와 3켜
- 숫키와 1켜
- 멀른타르W.P2회마감
- 이중창 복층유리 THK5
- 용마루기와
- 이중창 복층유리 THK5
- S.S난간 H : 900
- 적벽영어세워쌓기
- 0.5B쌓기 영식쌓기

수험번호	12345678	전산응용건축제도기능사
성 명	홍길동	
연장시간	(분)	
감독확인	(인)	

바닥높이가 제시되지 않은 문제로 테라스, 현관, 거실, 방을 지나는 A부분 단면 상세도와 남측입면도를 작성하는 문제입니다. 현관과 거실 사이의 중문과 테라스의 상부 아치를 작성해야 합니다.

국가기술자격 실기시험문제

자 격 종 목	전산응용건축제도기능사	과 제 명	주 택

비번호 :

※ 시험시간 : [○ 표준시간 : 4시간, ○ 연장시간 : 20분]

1. 요구사항

※ 주어진 평면도를 보고 CAD를 이용하여 아래 조건에 맞게 다음 도면을 작도한 후, 지급된 용지에 본인이 직접 흑백으로 출력하여 USB 메모리에 저장하여 함께 제출하시오.

❶ A부분 단면 상세도를 축척 1/40로 작도하시오.

❷ 남측 입면도를 축척 1/50로 작도하되 벽면의 마감재료 표시 및 주위의 배경 등 도면의 요소를 충분히 고려하시오.

|조건|

- **기초 및 지하실 벽체:** 철근콘크리트 구조로 하시오

- **벽체:** 외벽– 외부로부터 붉은벽돌 0.5B, 단열재, 시멘트벽돌 1.0B로 하시오.
  내벽– 두께 1.0B 시멘트벽돌 쌓기로 하시오.

- **단열재:** 외벽 120mm, 바닥 85mm, 지붕 180mm 하시오.

- **지붕:** 철근콘크리트 경사슬래브위 시멘트 기와잇기 마감으로 하시오. (물매 3.5/10 이상)

- **처마나옴:** 벽체 중심에서 600mm

- **반자높이:** 2,400mm, 처마반자 설치

- **창호:** 목재창호로 하되 2중창인 경우 외부창호 알루미늄 새시로 하시오.

- **각 실의 난방:** 온수파이프 온돌난방으로 하시오.

- 1층 바닥슬래브와 기초는 일체식으로 표현하시오.

- 평면도에 표현되지 않은 현관 상부 캐노피는 작도하지 않습니다.

- 기타 각 부분의 마감, 치수 등 주어지지 않은 조건은 일반적인 시공수준으로 하시오.

※ **선의 통일을 기하기 위하여 아래와 같이 선의 색을 정리하여 출력하시오.**

- 흰색(7–White) – 0.3mm
- 녹색(3–Green) – 0.2mm
- 노랑(2–Yellow) – 0.4mm
- 하늘색(4–Cyan) – 0.3mm
- 빨강(1–Red) – 0.2mm
- 파랑(5–Blue) – 0.1mm

※ 수험자 유의사항은 생략

3. 도면

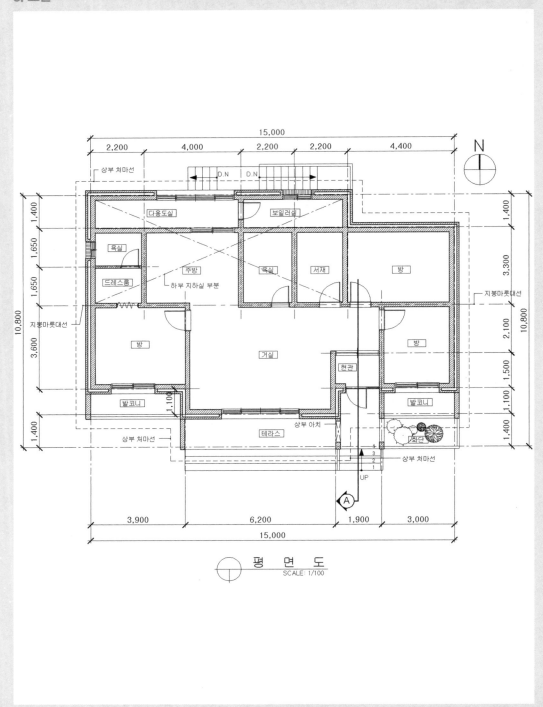

평 면 도
SCALE: 1/100

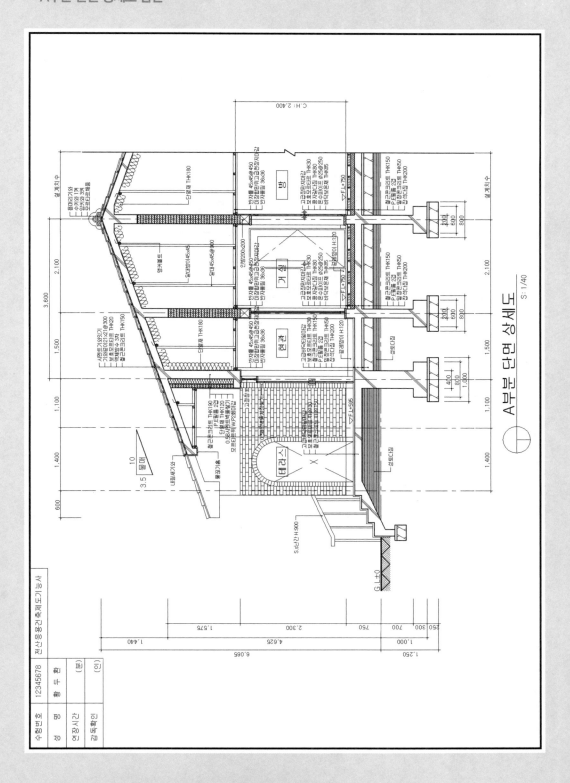

- **남측 입면도 답안**

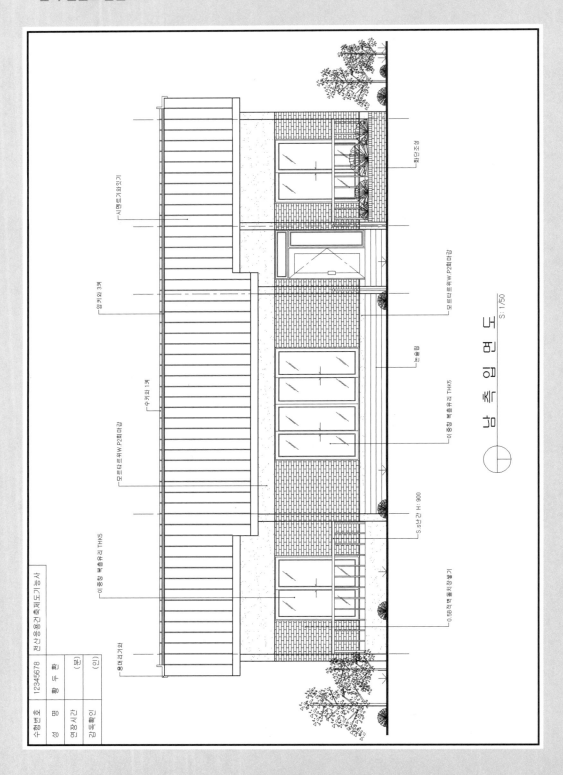

남측입면도
S : 1/50

19 예상
문제

바닥높이가 제시되지 않은 문제로 주택 일부가 아닌 주택 전체를 지나는 A부분 단면 상세도와 남측입면도를 작성하는 문제입니다. 양 끝의 벽을 모두 외벽으로 작성합니다.

국가기술자격 실기시험문제

자 격 종 목	전산응용건축제도기능사	과 제 명	주 택

비번호 :

※ 시험시간 : [○ 표준시간 : 4시간, ○ 연장시간 : 20분]

1. 요구사항

※ 주어진 평면도를 보고 CAD를 이용하여 아래 조건에 맞게 다음 도면을 작도한 후, 지급된 용지에 본인이 직접 흑백으로 출력하여 USB 메모리에 저장하여 함께 제출하시오.

❶ A부분 단면 상세도를 축척 1/40로 작도하시오.

❷ 남측 입면도를 축척 1/50로 작도하되 벽면의 마감재료 표시 및 주위의 배경 등 도면의 요소를 충분히 고려하시오.

│조건│

- **기초 및 지하실 벽체**: 철근콘크리트 구조로 하시오
- **벽체**: 외벽– 외부로부터 붉은벽돌 0.5B, 단열재, 시멘트벽돌 1.0B로 하시오.
  내벽– 두께 1.0B 시멘트벽돌 쌓기로 하시오.
- **단열재**: 외벽 120mm, 바닥 85mm, 지붕 180mm 하시오.
- **지붕**: 철근콘크리트 경사슬래브위 시멘트 기와잇기 마감으로 하시오. (물매 4/10 이상)
- **처마나옴**: 벽체 중심에서 600mm
- **반자높이**: 2,400mm, 처마반자 설치
- **창호**: 목재창호로 하되 2중창인 경우 외부창호 알루미늄 새시로 하시오.
- **각 실의 난방**: 온수파이프 온돌난방으로 하시오.
- 1층 바닥슬래브와 기초는 일체식으로 표현하시오.
- 평면도에 표현되지 않은 현관 상부 캐노피는 작도하지 않습니다.
- 기타 각 부분의 마감, 치수 등 주어지지 않은 조건은 일반적인 시공수준으로 하시오.

※ **선의 통일을 기하기 위하여 아래와 같이 선의 색을 정리하여 출력하시오.**

- 흰색(7–White) – 0.3mm
- 녹색(3–Green) – 0.2mm
- 노랑(2–Yellow) – 0.4mm
- 하늘색(4–Cyan) – 0.3mm
- 빨강(1–Red) – 0.2mm
- 파랑(5–Blue) – 0.1mm

※ 수험자 유의사항은 생략

3. 도면

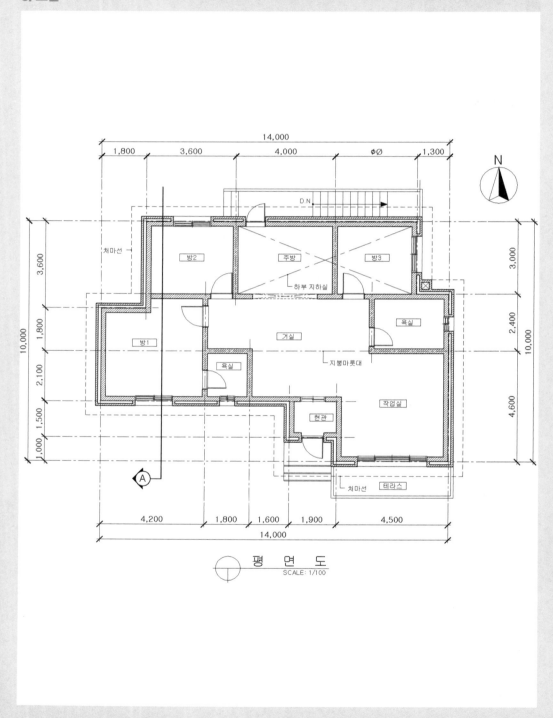

평　면　도
SCALE: 1/100

• A부분 단면 상세도 답안

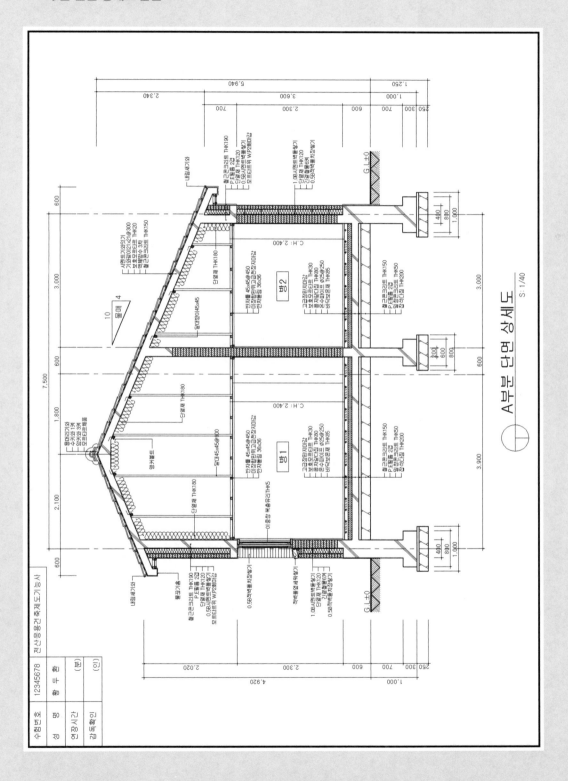

A부분 단면 상세도
S : 1/40

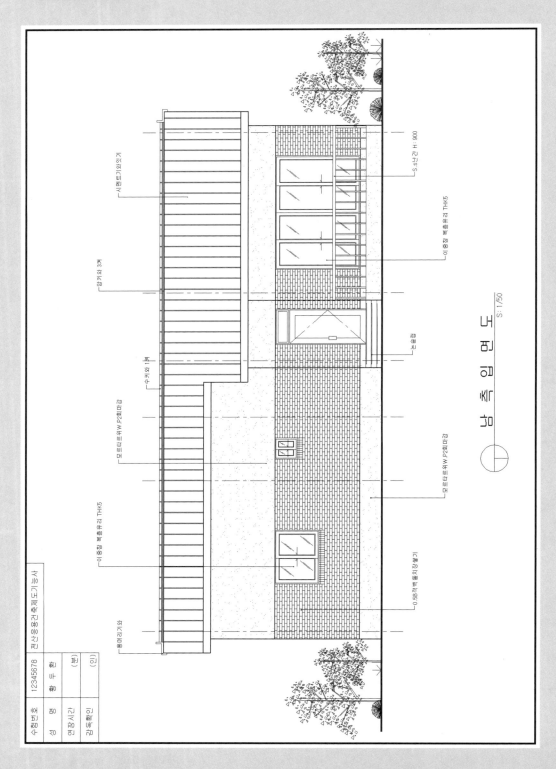

20 예상문제	바닥높이가 제시되지 않은 문제로 방과 하부의 지하실이 지나는 A부분 단면 상세도와 남측입면도를 작성하는 문제입니다. 우측 외벽에 지하실로 내려가는 계단실의 구조까지 작성해야 합니다.

국가기술자격 실기시험문제

자 격 종 목	전산응용건축제도기능사	과 제 명	주　택

비번호 :

※ 시험시간 : [○ 표준시간 : 4시간, ○ 연장시간 : 20분]

1. 요구사항

※ 주어진 평면도를 보고 CAD를 이용하여 아래 조건에 맞게 다음 도면을 작도한 후, 지급된 용지에 본인이 직접 흑백으로 출력하여 USB 메모리에 저장하여 함께 제출하시오.

❶ A부분 단면 상세도를 축척 1/40로 작도하시오.

❷ 남측 입면도를 축척 1/50로 작도하되 벽면의 마감재료 표시 및 주위의 배경 등 도면의 요소를 충분히 고려하시오.

│조건│

- **기초 및 지하실 벽체**: 철근콘크리트 구조로 하시오

- **벽체**: 외벽- 외부로부터 붉은벽돌 0.5B, 단열재, 시멘트벽돌 1.0B로 하시오.

  내벽- 두께 1.0B 시멘트벽돌 쌓기로 하시오.

- **단열재**: 외벽 120mm, 바닥 85mm, 지붕 180mm 하시오.

- **지붕**: 철근콘크리트 경사슬래브위 시멘트 기와잇기 마감으로 하시오. (물매 4/10 이상)

- **처마나옴**: 벽체 중심에서 600mm

- **반자높이**: 2,300mm, 처마반자 설치

- **창호**: 목재창호로 하되 2중창인 경우 외부창호 알루미늄 새시로 하시오.

- **각 실의 난방**: 온수파이프 온돌난방으로 하시오.

- 1층 바닥슬래브와 기초는 일체식으로 표현하시오.

- 평면도에 표현되지 않은 현관 상부 캐노피는 작도하지 않습니다.

- 기타 각 부분의 마감, 치수 등 주어지지 않은 조건은 일반적인 시공수준으로 하시오.

※ **선의 통일을 기하기 위하여 아래와 같이 선의 색을 정리하여 출력하시오.**

- 흰색(7-White) - 0.3mm
- 녹색(3-Green) - 0.2mm
- 노랑(2-Yellow) - 0.4mm
- 하늘색(4-Cyan) - 0.3mm
- 빨강(1-Red) - 0.2mm
- 파랑(5-Blue) - 0.1mm

※ 수험자 유의사항은 생략

3. 도면

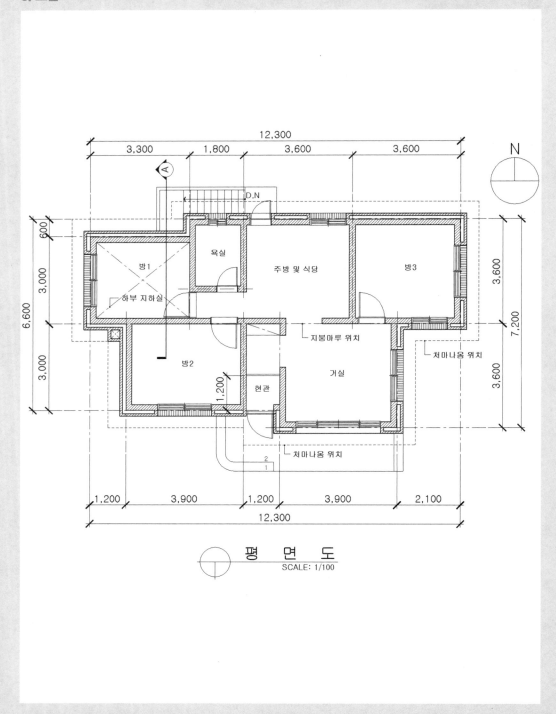

평 면 도
SCALE: 1/100

- A부분 단면 상세도 답안

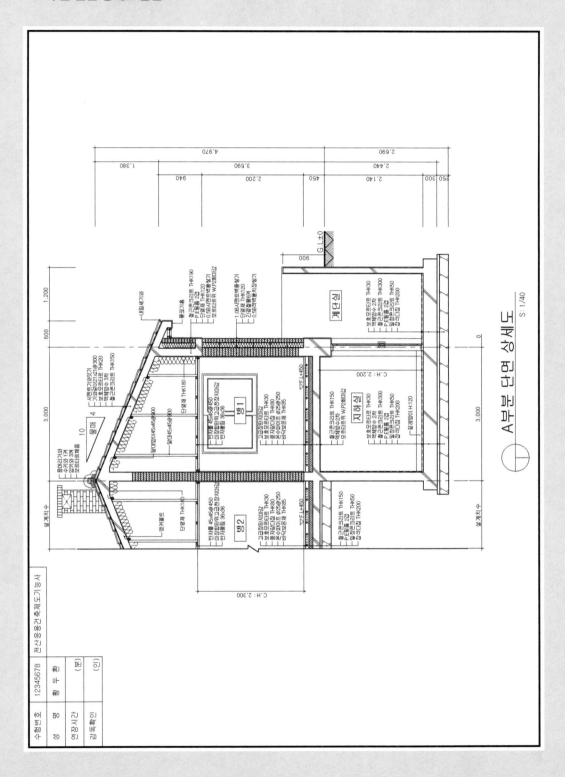

- **남측 입면도 답안**

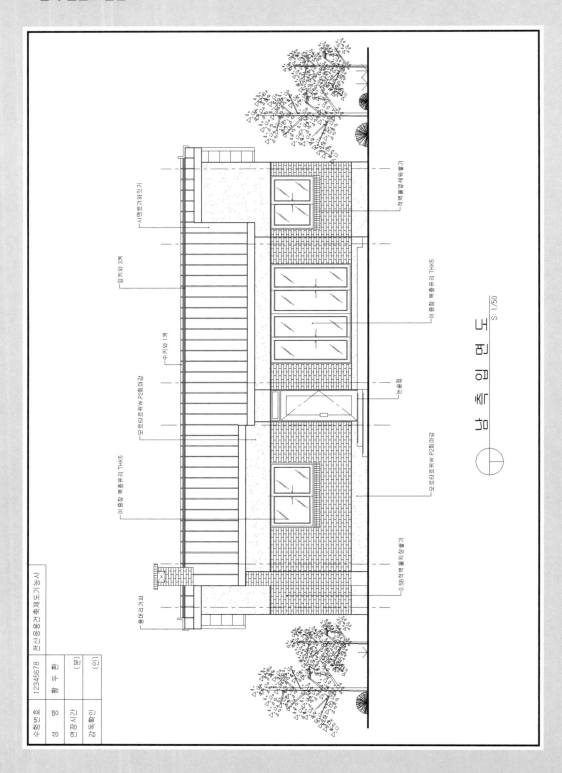

남측입면도
S: 1/50

수험번호	12345678	전산응용건축제도기능사
성 명	홍길동	
연장시간	(분)	
감독확인	(인)	

2019년 3회 문제는 이전 기출문제의 형식과 동일하게 출제되었습니다. 단 지붕의 처마나
옴 값이 작성조건 항목에 표기되지 않고 평면도 문제도면에 치수로만 표시되어 출제되었
습니다. 본 문제는 2019년 3회에 출제된 문제유형과 향후 개정에 따른 변경사항을 예상
한 문제입니다. 벽체구조는 철근콘크리트, 단열은 외단열로 조건을 변경하고 지붕재 등
마감재와 일부표현을 변경하였습니다. 본 교재의 학습상태가 마무리된 학습자는 본 문제
를 작성해 갑작스런 문제유형 변화에 대응할 수 있도록 합니다.

국가기술자격 실기시험문제

자 격 종 목	전산응용건축제도기능사	과 제 명	주　택

비번호 :

※ 시험시간 : [○ 표준시간 : 4시간10분, ○ 연장시간 : 없음]

1. 요구사항

※ 주어진 평면도를 보고 CAD를 이용하여 아래 조건에 맞게 다음 도면을 작도한 후 지급된 용지에 본인이 직접 흑백으로 출력하여 USB
메모리에 저장하여 함께 제출하시오.

❶ A부분 단면 상세도를 축척 1/40로 작도하시오.

❷ 남측 입면도를 축척 1/50로 작도하되 벽면의 마감재료 표시 및 주위의 배경 등 도면의 요소를 충분히 고려하시오.

│조건│

- **기초 및 지하실 벽체:** 철근콘크리트 구조로 하시오.
- **바닥:** 철근콘크리트 150mm, 단열재 200mm로 하시오.
- **벽체:** 외벽 – 철근콘크리트 벽체 150mm, 단열재 200mm(외단열 시스템)로 하시오.
  내벽 – 철근콘크리트 벽체 150mm로 하시오.
- **지붕:** 철근콘크리트슬라브 150mm, 금속지붕재
  단열재 200mm, 물매 3.5/10 이상으로 하시오.
- **처마나옴:** 평면도에 표시된 치수로 하시오.
- **반자높이:** 2,400mm, 처마반자 설치
- **창호:** 목재창호로 하되 2중창인 경우 외부창호 알루미늄 새시로 하시오.
- **각 실의 난방:** 온수파이프 온돌난방으로 하시오.
- 1층 바닥슬래브와 기초는 일체식으로 표현하시오.
- 평면도에 표현되지 않은 현관 상부 캐노피는 작도하지 않습니다.
- 기타 각 부분의 마감, 치수 등 주어지지 않은 조건은 KS 건축제도통칙에 따릅니다.

※ 선의 통일을 기하기 위하여 아래와 같이 선의 색을 정리하여 출력하시오.

- 흰색(7-White) – 0.3mm
- 녹색(3-Green) – 0.2mm
- 노랑(2-Yellow) – 0.4mm
- 하늘색(4-Cyan) – 0.3mm
- 빨강(1-Red) – 0.2mm
- 파랑(5-Blue) – 0.1mm

3. 도면

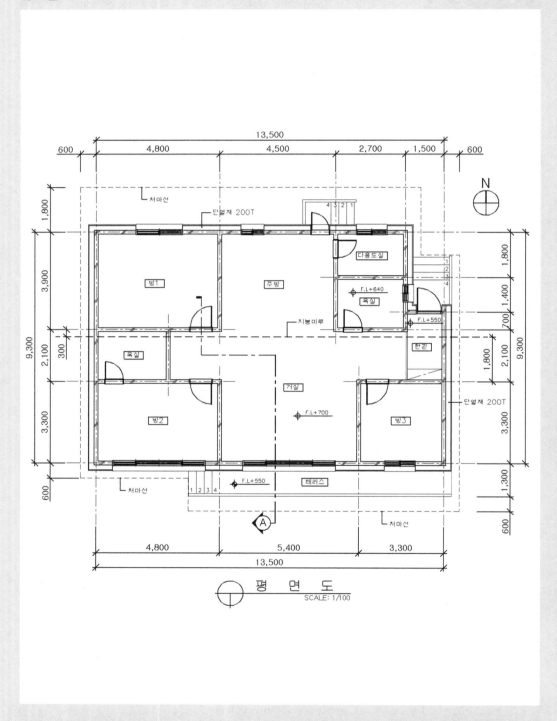

• A부분 단면 상세도 답안

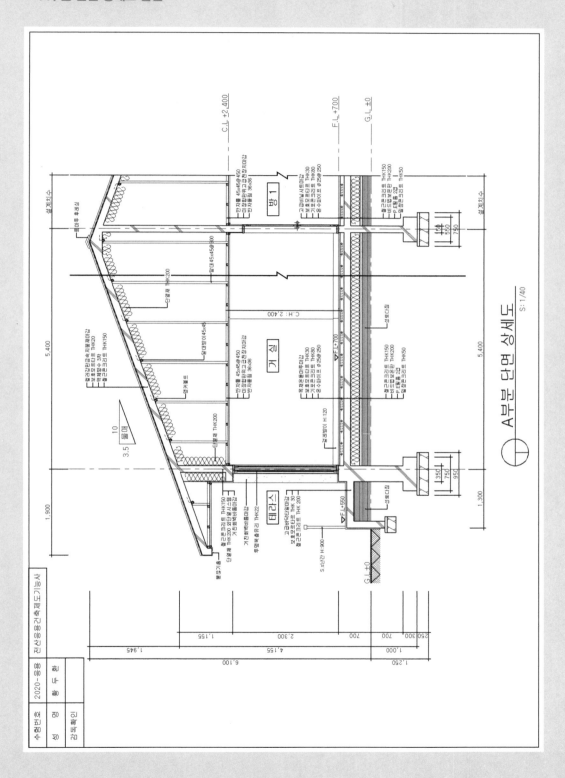

A부분 단면 상세도
S: 1/40

417

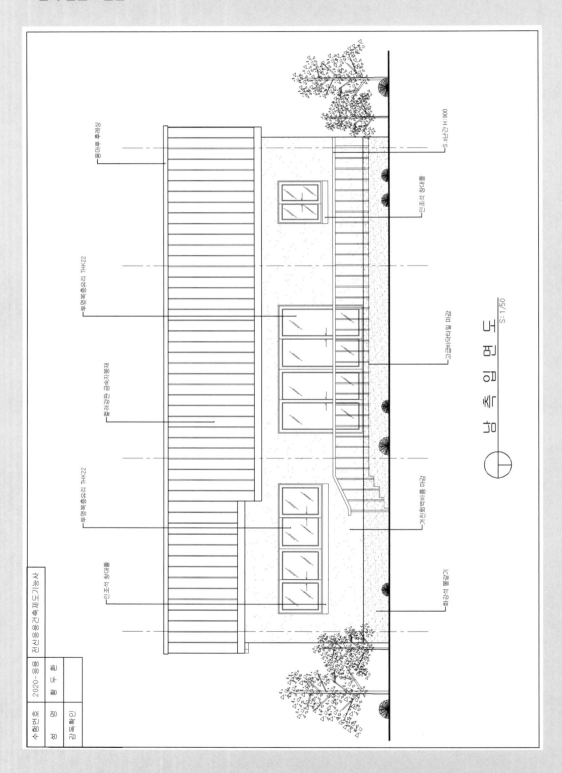

※ 2014년 3회(의무검정) 시험부터 구조와 단열조건 등이 변경된 기출문제입니다.
동영상 부록DVD2\동영상\P10\P10-01(2014년 3회 해설).mp4

국가기술자격 실기시험문제

자 격 종 목	전산응용건축제도기능사	과 제 명	주 택

비번호 :

※ 시험시간 : [○ 표준시간 : 4시간, ○ 연장시간 : 20분]

1. 요구사항

※ 주어진 평면도를 보고 CAD를 이용하여 아래 조건에 맞게 다음 도면을 작도한 후, 지급된 용지에 본인이 직접 흑백으로 출력하여 USB 메모리에 저장하여 함께 제출하시오.

❶ A부분 단면 상세도를 축척 1/40로 작도하시오.

❷ 남측 입면도를 축척 1/50로 작도하되 벽면의 마감재료 표시 및 주위의 배경 등 도면의 요소를 충분히 고려하시오.

|조건|

- **기초 및 지하실 벽체:** 철근콘크리트 구조로 하시오

- **벽체:** 외벽- 외부로부터 붉은벽돌 0.5B, 단열재, 시멘트벽돌 1.0B로 하시오.
  내벽- 두께 1.0B 시멘트벽돌 쌓기로 하시오.

- **단열재:** 외벽 120mm, 바닥 85mm, 지붕 180mm 하시오.

- **지붕:** 철근콘크리트 경사슬래브위 시멘트 기와잇기 마감으로 하시오. (물매 4/10 이상)

- **처마나옴:** 벽체 중심에서 600mm

- **반자높이:** 2,400mm, 처마반자 설치

- **창호:** 목재창호로 하되 2중창인 경우 외부창호 알루미늄 새시로 하시오.

- **각 실의 난방:** 온수파이프 온돌난방으로 하시오.

- 1층 바닥슬래브와 기초는 일체식으로 표현하시오.

- 평면도에 표현되지 않은 현관 상부 캐노피는 작도하지 않습니다.

- 기타 각 부분의 마감, 치수 등 주어지지 않은 조건은 일반적인 시공수준으로 하시오.

※ 선의 통일을 기하기 위하여 아래와 같이 선의 색을 정리하여 출력하시오.

- 흰색(7-White) - 0.3mm
- 녹색(3-Green) - 0.2mm
- 노랑(2-Yellow) - 0.4mm
- 하늘색(4-Cyan) - 0.3mm
- 빨강(1-Red) - 0.2mm
- 파랑(5-Blue) - 0.1mm

자 격 종 목	전산응용건축제도기능사	과 제 명	주 택

2. 수험자 유의사항

※ 다음 유의사항을 고려하여 요구사항을 완성하시오.

❶ 명기되지 않은 조건은 건축법, 건축구조 및 건축제도 원칙에 따릅니다.

❷ 시험시작 전 바탕화면에 본인 비밀번호로 폴더를 생성하고, 폴더 안에 작업내용을 저장하도록 합니다.

❸ 정전 및 기계 고장 등에 의한 자료손실을 방지하기 위하여 수시로 저장합니다.

❹ 다음과 같은 경우는 부정행위로 처리됩니다.

    가) 노트 및 서적, 디스켓을 소지하거나 주고받는 행위

    나) 건물의 구조 부분의 상세나 글씨 등을 사전에 블록으로 설정하여 지참해 사용하는 경우

❺ 작업이 끝나면 감독위원의 확인을 받은 후 문제지를 제출하고 본부요원 입회하에 본인이 직접 A3용지에 흑백으로 도면을 출력하도록 합니다. 이때 수험자의 운영 미숙으로 도면이 출력되지 않는 경우나 출력시간이 20분을 초과할 경우는 실격 처리됩니다.

❻ 장비 조작 미숙으로 장비의 파손 및 고장을 일으킬 염려가 있을 경우 실격됩니다.

❼ 다음과 같은 경우에는 채점대상에서 제외됩니다.

    가) 시험시간(표준시간 및 연장시간 포함) 내에 요구사항을 완성하지 못한 경우

    나) 시험시간 내에 제출된 작품이라도 다음과 같은 경우

        (1) 주어진 조건을 지키지 않고 작도한 경우

        (2) 요구한 전 도면을 작도하지 않은 경우

        (3) 건축제도 통칙을 준수하지 않거나 건축 CAD의 기능이 없는 상태에서 완성된 도면으로 시험위원 전원이 합의하여 판단한 경우

❽ 주어진 표준시간을 초과하여 연장시간을 사용한 경우 초과된 시간 10분 이내마다 전체 득점에서 5점씩 감점됩니다.

❾ 수험번호, 성명은 도면 좌측 상단에 아래와 같이 표제란을 만들어 기재합니다.

❿ 감독위원은 시험시작 후 수검자에게 표제란을 우선 작도 후 도면을 작도하도록 하여야 하며 수험자가 감독위원의 동지시를 따르지 않을 경우 실격 처리됩니다.

⓫ 테두리선의 여백은 10mm로 합니다.

3. 도면

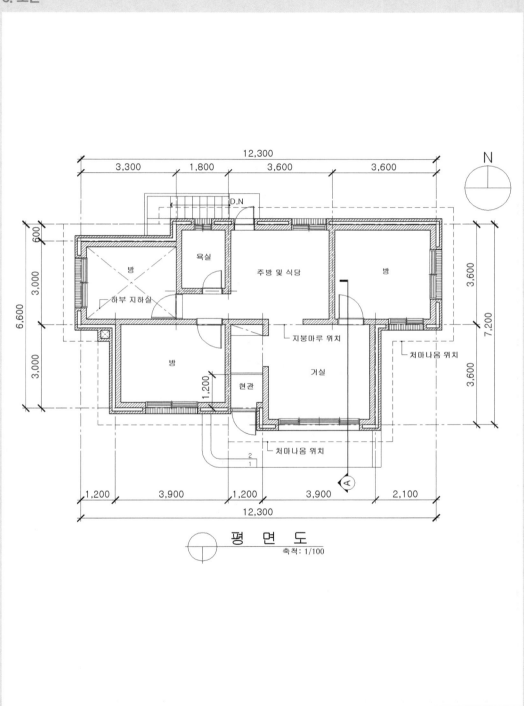

평 면 도
축척: 1/100

- **A부분 단면 상세도 답안**

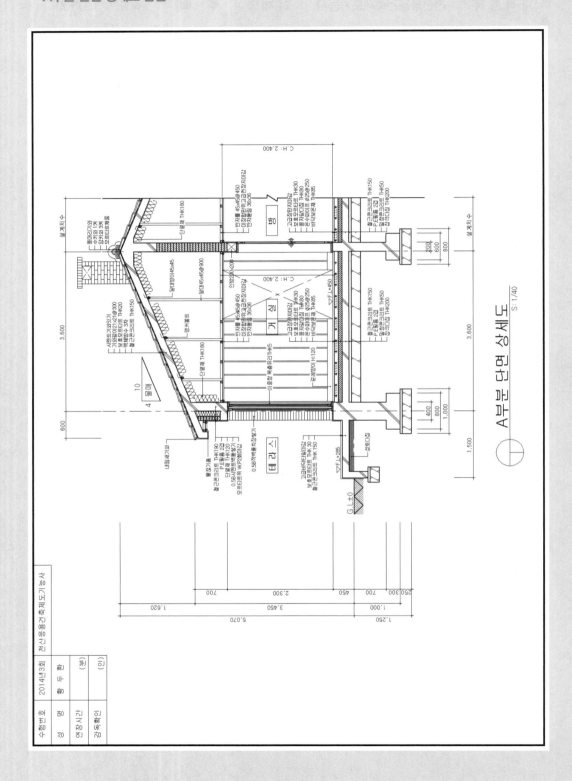

A부분 단면 상세도
S : 1/40

• 남측 입면도 답안

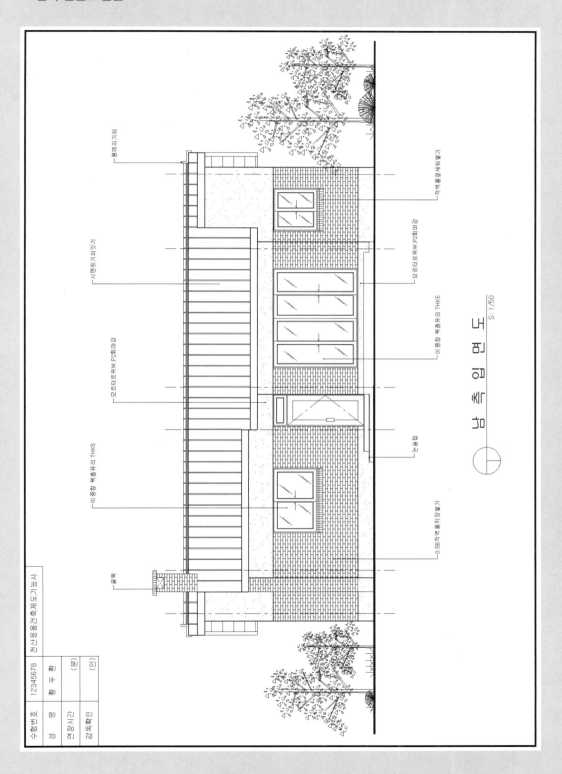

남측입면도 S:1/50

용마루기와

적벽돌옆세워쌓기

모르타르위W·P2회마감

시멘트기와잇기

이중창복층유리 THK5

모르타르위W·P2회마감

노출창

이중창복층유리 THK5

0.5B적벽돌치장쌓기

굴뚝

수험번호	12345678	전산응용건축제도기능사
성 명	홍길동	
연장시간	(분)	
감독확인	(인)	

국가기술자격 실기시험문제

자 격 종 목	전산응용건축제도기능사	과 제 명	주 택

비번호 :

※ 시험시간 : [○ 표준시간 : 4시간, ○ 연장시간 : 20분]

1. 요구사항

※ 주어진 평면도를 보고 CAD를 이용하여 아래 조건에 맞게 다음 도면을 작도한 후, 지급된 용지에 본인이 직접 흑백으로 출력하여 USB 메모리에 저장하여 함께 제출하시오.

❶ A부분 단면 상세도를 축척 1/40로 작도하시오.

❷ 동측 입면도를 축척 1/50로 작도하되 벽면의 마감재료 표시 및 주위의 배경 등 도면의 요소를 충분히 고려하시오.

|조건|

- **기초 및 지하실 벽체:** 철근콘크리트 구조로 하시오
- **벽체:** 외벽 – 외부로부터 붉은벽돌 0.5B, 단열재, 시멘트벽돌 1.0B로 하시오.
    내벽 – 두께 1.0B 시멘트벽돌 쌓기로 하시오.
- **단열재:** 외벽 120mm, 바닥 85mm, 지붕 180mm 하시오.
- **지붕:** 철근콘크리트 경사슬래브위 시멘트 기와잇기 마감으로 하시오. (물매 3.5/10 이상)
- **처마나옴:** 벽체 중심에서 600mm
- **반자높이:** 2,400mm, 처마반자 설치
- **창호:** 목재창호로 하되 2중창인 경우 외부창호 알루미늄 새시로 하시오.
- **각 실의 난방:** 온수파이프 온돌난방으로 하시오.
- 1층 바닥슬래브와 기초는 일체식으로 표현하시오.
- 평면도에 표현되지 않은 현관 상부 캐노피는 작도하지 않습니다.
- 기타 각 부분의 마감, 치수 등 주어지지 않은 조건은 일반적인 시공수준으로 하시오.

※ 선의 통일을 기하기 위하여 아래와 같이 선의 색을 정리하여 출력하시오.

- 흰색(7-White) – 0.3mm
- 녹색(3-Green) – 0.2mm
- 노랑(2-Yellow) – 0.4mm
- 하늘색(4-Cyan) – 0.3mm
- 빨강(1-Red) – 0.2mm
- 파랑(5-Blue) – 0.1mm

자 격 종 목	전산응용건축제도기능사	과 제 명	주 택

2. 수험자 유의사항

※ 다음 유의사항을 고려하여 요구사항을 완성하시오.

❶ 명기되지 않은 조건은 건축법, 건축구조 및 건축제도 원칙에 따릅니다.

❷ 시험시작 전 바탕화면에 본인 비번호로 폴더를 생성하고, 폴더 안에 작업내용을 저장하도록 합니다.

❸ 정전 및 기계 고장 등에 의한 자료손실을 방지하기 위하여 수시로 저장합니다.

❹ 다음과 같은 경우는 부정행위로 처리됩니다.

　가) 노트 및 서적, 디스켓을 소지하거나 주고받는 행위

　나) 건물의 구조 부분의 상세나 글씨 등을 사전에 블록으로 설정하여 지참해 사용하는 경우

❺ 작업이 끝나면 감독위원의 확인을 받은 후 문제지를 제출하고 본부요원 입회하에 본인이 직접 A3용지에 흑백으로 도면을 출력하도록 합니다. 이때 수험자의 운영 미숙으로 도면이 출력되지 않는 경우나 출력시간이 20분을 초과할 경우는 실격 처리됩니다.

❻ 장비 조작 미숙으로 장비의 파손 및 고장을 일으킬 염려가 있을 경우 실격됩니다.

❼ 다음과 같은 경우에는 채점대상에서 제외됩니다.

　가) 시험시간(표준시간 및 연장시간 포함) 내에 요구사항을 완성하지 못한 경우

　나) 시험시간 내에 제출된 작품이라도 다음과 같은 경우

　　(1) 주어진 조건을 지키지 않고 작도한 경우

　　(2) 요구한 전 도면을 작도하지 않은 경우

　　(3) 건축제도 통칙을 준수하지 않거나 건축 CAD의 기능이 없는 상태에서 완성된 도면으로 시험위원 전원이 합의하여 판단한 경우

❽ 주어진 표준시간을 초과하여 연장시간을 사용한 경우 초과된 시간 10분 이내마다 전체 득점에서 5점씩 감점됩니다.

❾ 수험번호, 성명은 도면 좌측 상단에 아래와 같이 표제란을 만들어 기재합니다.

수험번호		전산응용건축제도기능사
성　　명		
연장시간		
감독확인		

❿ 감독위원은 시험시작 후 수검자에게 표제란을 우선 작도 후 도면을 작도하도록 하여야 하며 수험자가 감독위원의 동지시를 따르지 않을 경우 실격 처리됩니다.

⓫ 테두리선의 여백은 10mm로 합니다.

3. 도면

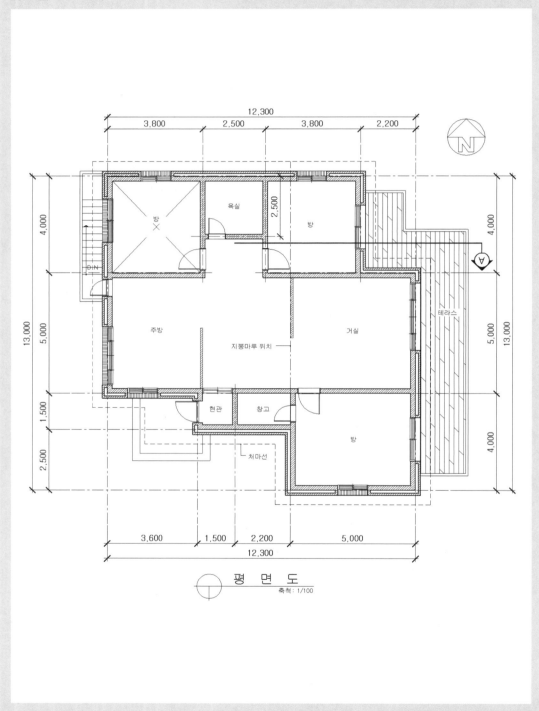

평 면 도
축척 : 1/100

- ## A부분 단면 상세도 답안

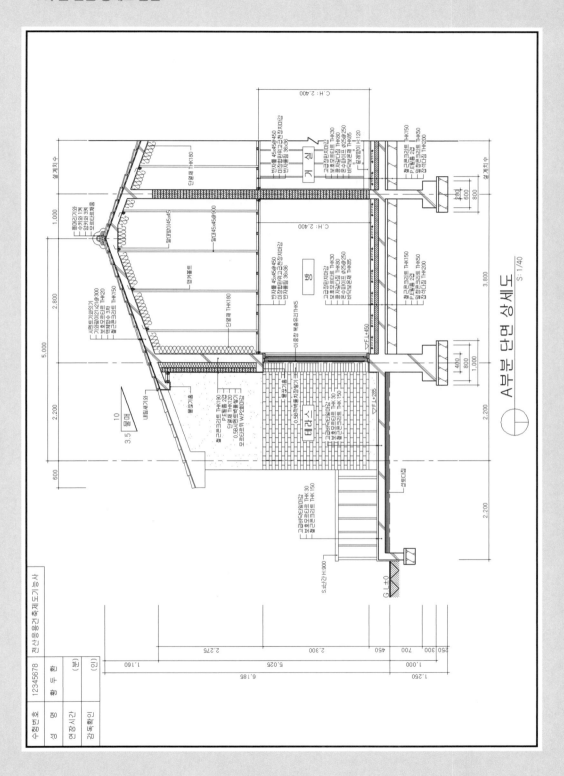

A부분 단면 상세도   S: 1/40

427

• 동측 입면도 답안

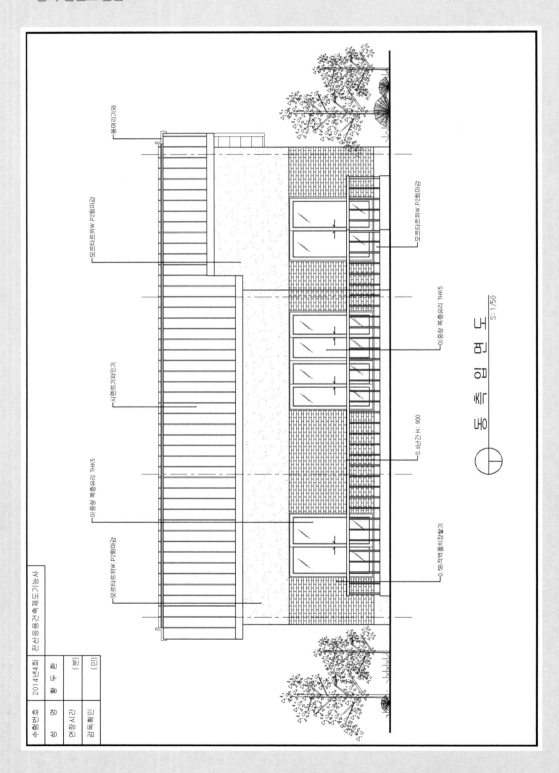

국가기술자격 실기시험문제

자 격 종 목	전산응용건축제도기능사	과 제 명	주 택

비번호 :
_____

※ 시험시간 : [○ 표준시간 : 4시간, ○ 연장시간 : 20분]

1. 요구사항

※ 주어진 평면도를 보고 CAD를 이용하여 아래 조건에 맞게 다음 도면을 작도한 후, 지급된 용지에 본인이 직접 흑백으로 출력하여 USB 메모리에 저장하여 함께 제출하시오.

❶ A부분 단면 상세도를 축척 1/40로 작도하시오.

❷ 남측 입면도를 축척 1/50로 작도하되 벽면의 마감재료 표시 및 주위의 배경 등 도면의 요소를 충분히 고려하시오.

|조건|

- **기초 및 지하실 벽체**: 철근콘크리트 구조로 하시오

- **벽체**: 외벽– 외부로부터 붉은벽돌 0.5B, 단열재, 시멘트벽돌 1.0B로 하시오.
  내벽– 두께 1.0B 시멘트벽돌 쌓기로 하시오.

- **단열재**: 외벽 120mm, 바닥 85mm, 지붕 180mm 하시오.

- **지붕**: 철근콘크리트 경사슬래브위 시멘트 기와잇기 마감으로 하시오. (물매 4/10 이상)

- **처마나옴**: 벽체 중심에서 600mm

- **반자높이**: 2,400mm, 처마반자 설치

- **창호**: 목재창호로 하되 2중창인 경우 외부창호 알루미늄 새시로 하시오.

- **각 실의 난방**: 온수파이프 온돌난방으로 하시오.

- 1층 바닥슬래브와 기초는 일체식으로 표현하시오.

- 평면도에 표현되지 않은 현관 상부 캐노피는 작도하지 않습니다.

- 기타 각 부분의 마감, 치수 등 주어지지 않은 조건은 일반적인 시공수준으로 하시오.

※ 선의 통일을 기하기 위하여 아래와 같이 선의 색을 정리하여 출력하시오.

- 흰색(7–White) – 0.3mm
- 녹색(3–Green) – 0.2mm
- 노랑(2–Yellow) – 0.4mm
- 하늘색(4–Cyan) – 0.3mm
- 빨강(1–Red) – 0.2mm
- 파랑(5–Blue) – 0.1mm

자 격 종 목	전산응용건축제도기능사	과 제 명	주 택

2. 수험자 유의사항

※ 다음 유의사항을 고려하여 요구사항을 완성하시오.

❶ 명기되지 않은 조건은 건축법, 건축구조 및 건축제도 원칙에 따릅니다.

❷ 시험시작 전 바탕화면에 본인 비번호로 폴더를 생성하고, 폴더 안에 작업내용을 저장하도록 합니다.

❸ 정전 및 기계 고장 등에 의한 자료손실을 방지하기 위하여 수시로 저장합니다.

❹ 다음과 같은 경우는 부정행위로 처리됩니다.

　　가) 노트 및 서적, 디스켓을 소지하거나 주고받는 행위

　　나) 건물의 구조 부분의 상세나 글씨 등을 사전에 블록으로 설정하여 지참해 사용하는 경우

❺ 작업이 끝나면 감독위원의 확인을 받은 후 문제지를 제출하고 본부요원 입회하에 본인이 직접 A3용지에 흑백으로 도면을 출력하도록 합니다. 이때 수험자의 운영 미숙으로 도면이 출력되지 않는 경우나 출력시간이 20분을 초과할 경우는 실격 처리됩니다.

❻ 장비 조작 미숙으로 장비의 파손 및 고장을 일으킬 염려가 있을 경우 실격됩니다.

❼ 다음과 같은 경우에는 채점대상에서 제외됩니다.

　　가) 시험시간(표준시간 및 연장시간 포함) 내에 요구사항을 완성하지 못한 경우

　　나) 시험시간 내에 제출된 작품이라도 다음과 같은 경우

　　　　(1) 주어진 조건을 지키지 않고 작도한 경우

　　　　(2) 요구한 전 도면을 작도하지 않은 경우

　　　　(3) 건축제도 통칙을 준수하지 않거나 건축 CAD의 기능이 없는 상태에서 완성된 도면으로 시험위원 전원이 합의하여 판단한 경우

❽ 주어진 표준시간을 초과하여 연장시간을 사용한 경우 초과된 시간 10분 이내마다 전체 득점에서 5점씩 감점됩니다.

❾ 수험번호, 성명은 도면 좌측 상단에 아래와 같이 표제란을 만들어 기재합니다.

수험번호		전산응용건축제도기능사
성　　명		
연장시간		
감독확인		

❿ 감독위원은 시험시작 후 수검자에게 표제란을 우선 작도 후 도면을 작도하도록 하여야 하며 수험자가 감독위원의 동지시를 따르지 않을 경우 실격 처리됩니다.

⓫ 테두리선의 여백은 10mm로 합니다.

3. 도면

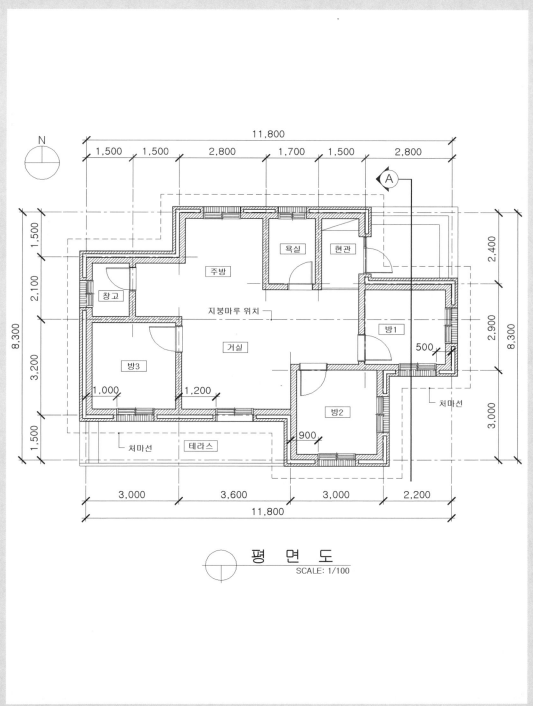

평 면 도
SCALE: 1/100

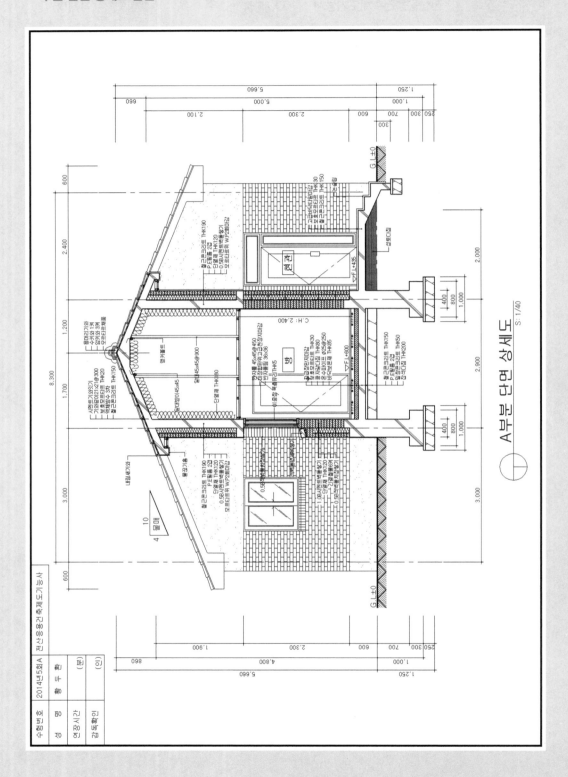

A부분 단면 상세도
S : 1/40

• 남측 입면도 답안

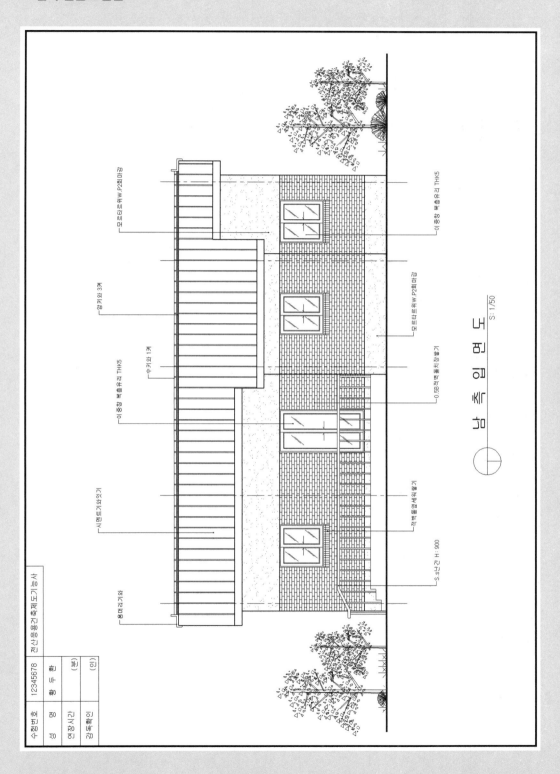

남측입면도
S: 1/50

433

동영상 부록DVD2\동영상\P10\P10-03(2014년 5회 B유형 해설).mp4

국가기술자격 실기시험문제

자 격 종 목	전산응용건축제도기능사	과 제 명	주 택

비번호 :

※ 시험시간 : [○ 표준시간 : 4시간, ○ 연장시간 : 20분]

1. 요구사항

※ 주어진 평면도를 보고 CAD를 이용하여 아래 조건에 맞게 다음 도면을 작도한 후, 지급된 용지에 본인이 직접 흑백으로 출력하여 USB 메모리에 저장하여 함께 제출하시오.

❶ A부분 단면 상세도를 축척 1/40로 작도하시오.

❷ 남측 입면도를 축척 1/50로 작도하되 벽면의 마감재료 표시 및 주위의 배경 등 도면의 요소를 충분히 고려하시오.

|조건|

- **기초 및 지하실 벽체:** 철근콘크리트 구조로 하시오

- **벽체:** 외벽- 외부로부터 붉은벽돌 0.5B, 단열재, 시멘트벽돌 1.0B로 하시오.
  내벽- 두께 1.0B 시멘트벽돌 쌓기로 하시오.

- **단열재:** 외벽 120mm, 바닥 85mm, 지붕 180mm 하시오.

- **지붕:** 철근콘크리트 경사슬래브위 시멘트 기와잇기 마감으로 하시오. (물매 4/10 이상)

- **처마나옴:** 벽체 중심에서 600mm

- **반자높이:** 2,400mm, 처마반자 설치

- **창호:** 목재창호로 하되 2중창인 경우 외부창호 알루미늄 새시로 하시오.

- **각 실의 난방:** 온수파이프 온돌난방으로 하시오.

- 1층 바닥슬래브와 기초는 일체식으로 표현하시오.

- 평면도에 표현되지 않은 현관 상부 캐노피는 작도하지 않습니다.

- 기타 각 부분의 마감, 치수 등 주어지지 않은 조건은 일반적인 시공수준으로 하시오.

※ 선의 통일을 기하기 위하여 아래와 같이 선의 색을 정리하여 출력하시오.

- 흰색(7-White) − 0.3mm
- 녹색(3-Green) − 0.2mm
- 노랑(2-Yellow) − 0.4mm
- 하늘색(4-Cyan) − 0.3mm
- 빨강(1-Red) − 0.2mm
- 파랑(5-Blue) − 0.1mm

자 격 종 목	전산응용건축제도기능사	과 제 명	주　택

2. 수험자 유의사항

※ 다음 유의사항을 고려하여 요구사항을 완성하시오.

❶ 명기되지 않은 조건은 건축법, 건축구조 및 건축제도 원칙에 따릅니다.

❷ 시험시작 전 바탕화면에 본인 비번호로 폴더를 생성하고, 폴더 안에 작업내용을 저장하도록 합니다.

❸ 정전 및 기계 고장 등에 의한 자료손실을 방지하기 위하여 수시로 저장합니다.

❹ 다음과 같은 경우는 부정행위로 처리됩니다.

　가) 노트 및 서적, 디스켓을 소지하거나 주고받는 행위

　나) 건물의 구조 부분의 상세나 글씨 등을 사전에 블록으로 설정하여 지참해 사용하는 경우

❺ 작업이 끝나면 감독위원의 확인을 받은 후 문제지를 제출하고 본부요원 입회하에 본인이 직접 A3용지에 흑백으로 도면을 출력하도록 합니다. 이때 수험자의 운영 미숙으로 도면이 출력되지 않는 경우나 출력시간이 20분을 초과할 경우는 실격 처리됩니다.

❻ 장비 조작 미숙으로 장비의 파손 및 고장을 일으킬 염려가 있을 경우 실격됩니다.

❼ 다음과 같은 경우에는 채점대상에서 제외됩니다.

　가) 시험시간(표준시간 및 연장시간 포함) 내에 요구사항을 완성하지 못한 경우

　나) 시험시간 내에 제출된 작품이라도 다음과 같은 경우

　　(1) 주어진 조건을 지키지 않고 작도한 경우

　　(2) 요구한 전 도면을 작도하지 않은 경우

　　(3) 건축제도 통칙을 준수하지 않거나 건축 CAD의 기능이 없는 상태에서 완성된 도면으로 시험위원 전원
　　　 이 합의하여 판단한 경우

❽ 주어진 표준시간을 초과하여 연장시간을 사용한 경우 초과된 시간 10분 이내마다 전체 득점에서 5점씩 감점됩니다.

❾ 수험번호, 성명은 도면 좌측 상단에 아래와 같이 표제란을 만들어 기재합니다.

❿ 감독위원은 시험시작 후 수검자에게 표제란을 우선 작도 후 도면을 작도하도록 하여야 하며 수험자가 감독위
　원의 동지시를 따르지 않을 경우 실격 처리됩니다.

⓫ 테두리선의 여백은 10mm로 합니다.

3. 도면

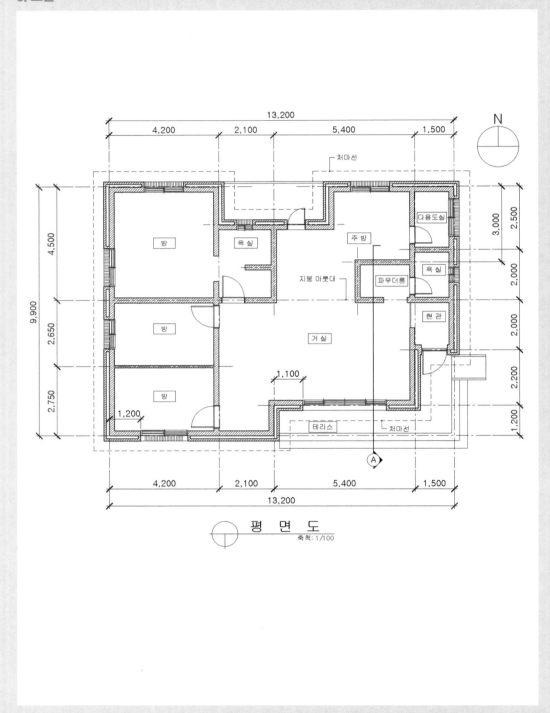

평 면 도
축척: 1/100

- A부분 단면 상세도 답안

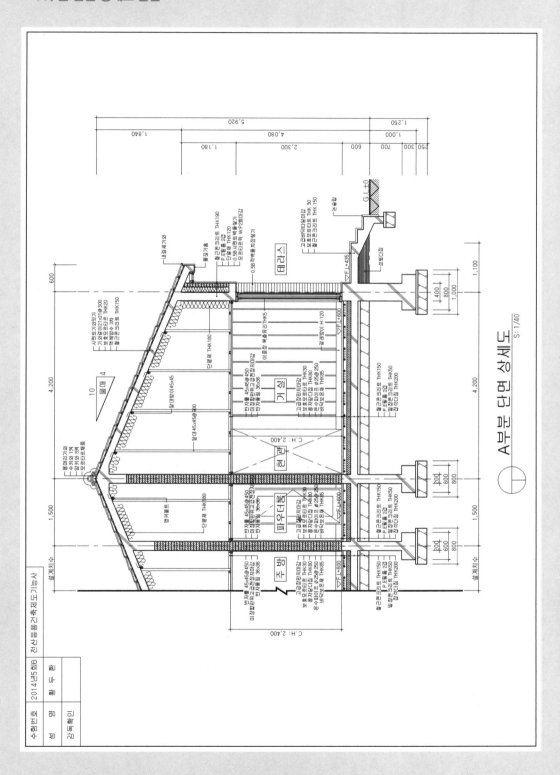

A부분 단면 상세도
S: 1/40

437

- 남측 입면도 답안

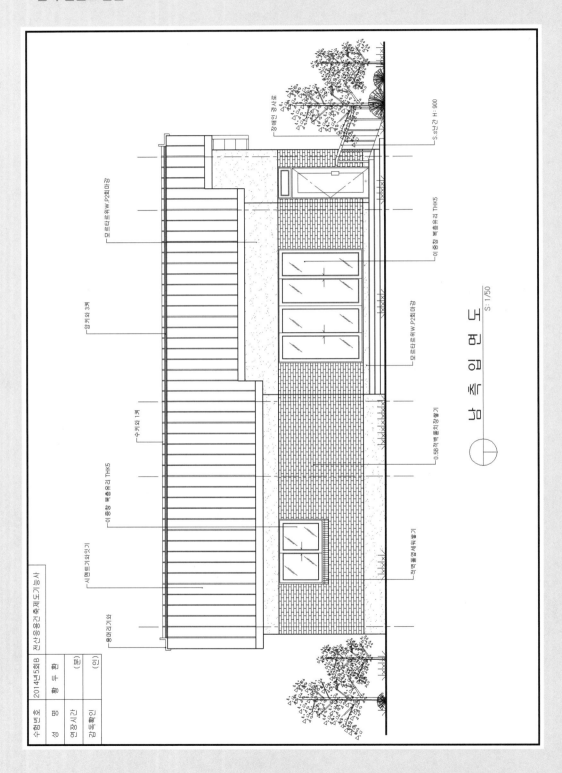

국가기술자격 실기시험문제

자 격 종 목	전산응용건축제도기능사	과 제 명	주 택

비번호 :

※ 시험시간 : [○ 표준시간 : 4시간, ○ 연장시간 : 20분]

1. 요구사항

※ 주어진 평면도를 보고 CAD를 이용하여 아래 조건에 맞게 다음 도면을 작도한 후, 지급된 용지에 본인이 직접 흑백으로 출력하여 USB 메모리에 저장하여 함께 제출하시오.

❶ A부분 단면 상세도를 축척 1/40로 작도하시오.

❷ 남측 입면도를 축척 1/50로 작도하되 벽면의 마감재료 표시 및 주위의 배경 등 도면의 요소를 충분히 고려하시오.

│조건│

- **기초 및 지하실 벽체**: 철근콘크리트 구조로 하시오
- **벽체**: 외벽– 외부로부터 붉은벽돌 0.5B, 단열재, 시멘트벽돌 1.0B로 하시오.

  내벽– 두께 1.0B 시멘트벽돌 쌓기로 하시오.
- **단열재**: 외벽 120mm, 바닥 85mm, 지붕 180mm 하시오.
- **지붕**: 철근콘크리트 경사슬래브위 시멘트 기와잇기 마감으로 하시오. (물매 4/10 이상)
- **처마나옴**: 벽체 중심에서 600mm
- **반자높이**: 2,400mm, 처마반자 설치
- **창호**: 목재창호로 하되 2중창인 경우 외부창호 알루미늄 새시로 하시오.
- **각 실의 난방**: 온수파이프 온돌난방으로 하시오.
- 1층 바닥슬래브와 기초는 일체식으로 표현하시오.
- 평면도에 표현되지 않은 현관 상부 캐노피는 작도하지 않습니다.
- 기타 각 부분의 마감, 치수 등 주어지지 않은 조건은 일반적인 시공수준으로 하시오.

※ 선의 통일을 기하기 위하여 아래와 같이 선의 색을 정리하여 출력하시오.

- 흰색(7–White) – 0.3mm
- 녹색(3–Green) – 0.2mm
- 노랑(2–Yellow) – 0.4mm
- 하늘색(4–Cyan) – 0.3mm
- 빨강(1–Red) – 0.2mm
- 파랑(5–Blue) – 0.1mm

자 격 종 목	전산응용건축제도기능사	과 제 명	주 택

2. 수험자 유의사항

※ 다음 유의사항을 고려하여 요구사항을 완성하시오.

❶ 명기되지 않은 조건은 건축법, 건축구조 및 건축제도 원칙에 따릅니다.

❷ 시험시작 전 바탕화면에 본인 비번호로 폴더를 생성하고, 폴더 안에 작업내용을 저장하도록 합니다.

❸ 정전 및 기계 고장 등에 의한 자료손실을 방지하기 위하여 수시로 저장합니다.

❹ 다음과 같은 경우는 부정행위로 처리됩니다.

　　가) 노트 및 서적, 디스켓을 소지하거나 주고받는 행위

　　나) 건물의 구조 부분의 상세나 글씨 등을 사전에 블록으로 설정하여 지참해 사용하는 경우

❺ 작업이 끝나면 감독위원의 확인을 받은 후 문제지를 제출하고 본부요원 입회하에 본인이 직접 A3용지에 흑백으로 도면을 출력하도록 합니다. 이때 수험자의 운영 미숙으로 도면이 출력되지 않는 경우나 출력시간이 20분을 초과할 경우는 실격 처리됩니다.

❻ 장비 조작 미숙으로 장비의 파손 및 고장을 일으킬 염려가 있을 경우 실격됩니다.

❼ 다음과 같은 경우에는 채점대상에서 제외됩니다.

　　가) 시험시간(표준시간 및 연장시간 포함) 내에 요구사항을 완성하지 못한 경우

　　나) 시험시간 내에 제출된 작품이라도 다음과 같은 경우

　　　　(1) 주어진 조건을 지키지 않고 작도한 경우

　　　　(2) 요구한 전 도면을 작도하지 않은 경우

　　　　(3) 건축제도 통칙을 준수하지 않거나 건축 CAD의 기능이 없는 상태에서 완성된 도면으로 시험위원 전원이 합의하여 판단한 경우

❽ 주어진 표준시간을 초과하여 연장시간을 사용한 경우 초과된 시간 10분 이내마다 전체 득점에서 5점씩 감점됩니다.

❾ 수험번호, 성명은 도면 좌측 상단에 아래와 같이 표제란을 만들어 기재합니다.

수험번호		전산응용건축제도기능사
성　　명		
연장시간		
감독확인		

❿ 감독위원은 시험시작 후 수검자에게 표제란을 우선 작도 후 도면을 작도하도록 하여야 하며 수험자가 감독위원의 동지시를 따르지 않을 경우 실격 처리됩니다.

⓫ 테두리선의 여백은 10mm로 합니다.

3. 도면

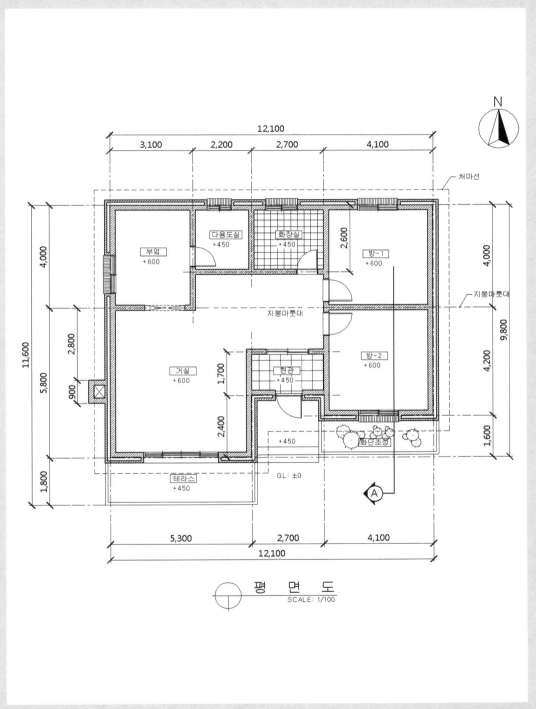

평 면 도
SCALE: 1/100

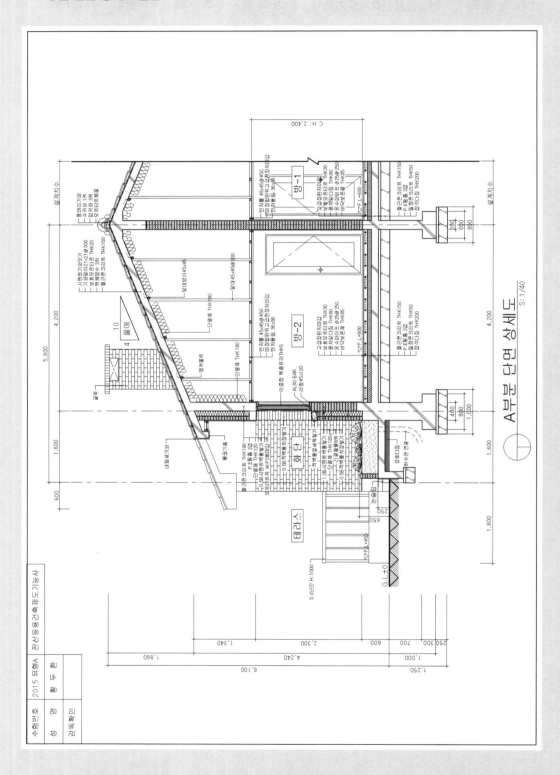

A부분 단면 상세도

S: 1/40

• 남측 입면도 답안

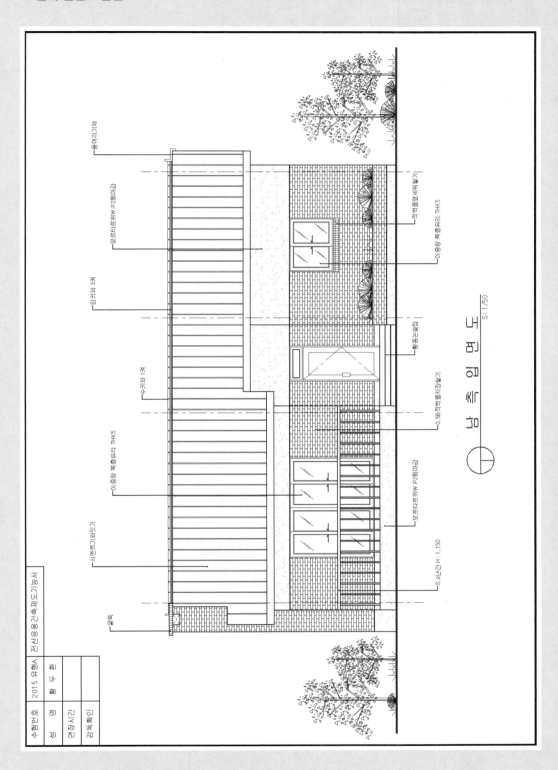

국가기술자격 실기시험문제

자 격 종 목	전산응용건축제도기능사	과 제 명	주 택

비번호 :

※ 시험시간 : [○ 표준시간 : 4시간, ○ 연장시간 : 20분]

1. 요구사항

※ 주어진 평면도를 보고 CAD를 이용하여 아래 조건에 맞게 다음 도면을 작도한 후, 지급된 용지에 본인이 직접 흑백으로 출력하여 USB 메모리에 저장하여 함께 제출하시오.

  ❶ A부분 단면 상세도를 축척 1/40로 작도하시오.

  ❷ 남측 입면도를 축척 1/50로 작도하되 벽면의 마감재료 표시 및 주위의 배경 등 도면의 요소를 충분히 고려하시오.

│조건│

• **기초 및 지하실 벽체:** 철근콘크리트 구조로 하시오

• **벽체:** 외벽- 외부로부터 붉은벽돌 0.5B, 단열재, 시멘트벽돌 1.0B로 하시오.

       내벽- 두께 1.0B 시멘트벽돌 쌓기로 하시오.

• **단열재:** 외벽 120mm, 바닥 85mm, 지붕 180mm 하시오.

• **지붕:** 철근콘크리트 경사슬래브위 시멘트 기와잇기 마감으로 하시오. (물매 3.5/10 이상)

• **처마나옴:** 벽체 중심에서 650mm

• **반자높이:** 2,400mm, 처마반자 설치

• **창호:** 합성수지 2중창으로 하시오.

• **각 실의 난방:** 온수파이프 온돌난방으로 하시오.

• 1층 바닥슬래브와 기초는 일체식으로 표현하시오.

• 평면도에 표현되지 않은 현관 상부 캐노피는 작도하지 않습니다.

• 기타 각 부분의 마감, 치수 등 주어지지 않은 조건은 일반적인 시공수준으로 하시오.

※ **선의 통일을 기하기 위하여 아래와 같이 선의 색을 정리하여 출력하시오.**

  • 흰색(7-White) - 0.3mm   • 녹색(3-Green) - 0.2mm

  • 노랑(2-Yellow) - 0.4mm   • 하늘색(4-Cyan) - 0.3mm

  • 빨강(1-Red) - 0.2mm   • 파랑(5-Blue) - 0.1mm

자 격 종 목	전산응용건축제도기능사	과 제 명	주 택

2. 수험자 유의사항

※ 다음 유의사항을 고려하여 요구사항을 완성하시오.

❶ 명기되지 않은 조건은 건축법, 건축구조 및 건축제도 원칙에 따릅니다.

❷ 시험시작 전 바탕화면에 본인 비번호로 폴더를 생성하고, 폴더 안에 작업내용을 저장하도록 합니다.

❸ 정전 및 기계 고장 등에 의한 자료손실을 방지하기 위하여 수시로 저장합니다.

❹ 다음과 같은 경우는 부정행위로 처리됩니다.

   가) 노트 및 서적, 디스켓을 소지하거나 주고받는 행위

   나) 건물의 구조 부분의 상세나 글씨 등을 사전에 블록으로 설정하여 지참해 사용하는 경우

❺ 작업이 끝나면 감독위원의 확인을 받은 후 문제지를 제출하고 본부요원 입회하에 본인이 직접 A3용지에 흑백으로 도면을 출력하도록 합니다. 이때 수험자의 운영 미숙으로 도면이 출력되지 않는 경우나 출력시간이 20분을 초과할 경우는 실격 처리됩니다.

❻ 장비 조작 미숙으로 장비의 파손 및 고장을 일으킬 염려가 있을 경우 실격됩니다.

❼ 다음과 같은 경우에는 채점대상에서 제외됩니다.

   가) 시험시간(표준시간 및 연장시간 포함) 내에 요구사항을 완성하지 못한 경우

   나) 시험시간 내에 제출된 작품이라도 다음과 같은 경우

      (1) 주어진 조건을 지키지 않고 작도한 경우

      (2) 요구한 전 도면을 작도하지 않은 경우

      (3) 건축제도 통칙을 준수하지 않거나 건축 CAD의 기능이 없는 상태에서 완성된 도면으로 시험위원 전원이 합의하여 판단한 경우

❽ 주어진 표준시간을 초과하여 연장시간을 사용한 경우 초과된 시간 10분 이내마다 전체 득점에서 5점씩 감점됩니다.

❾ 수험번호, 성명은 도면 좌측 상단에 아래와 같이 표제란을 만들어 기재합니다.

❿ 감독위원은 시험시작 후 수검자에게 표제란을 우선 작도 후 도면을 작도하도록 하여야 하며 수험자가 감독위원의 동지시를 따르지 않을 경우 실격 처리됩니다.

⓫ 테두리선의 여백은 10mm로 합니다.

3. 도면

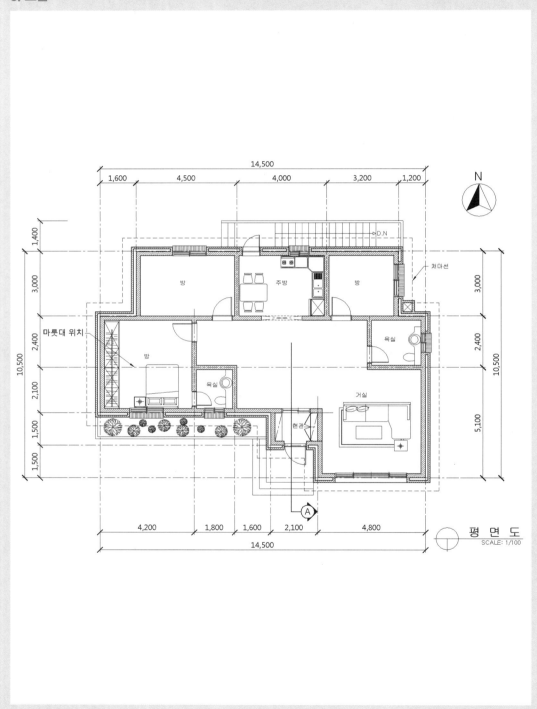

• A부분 단면 상세도 답안

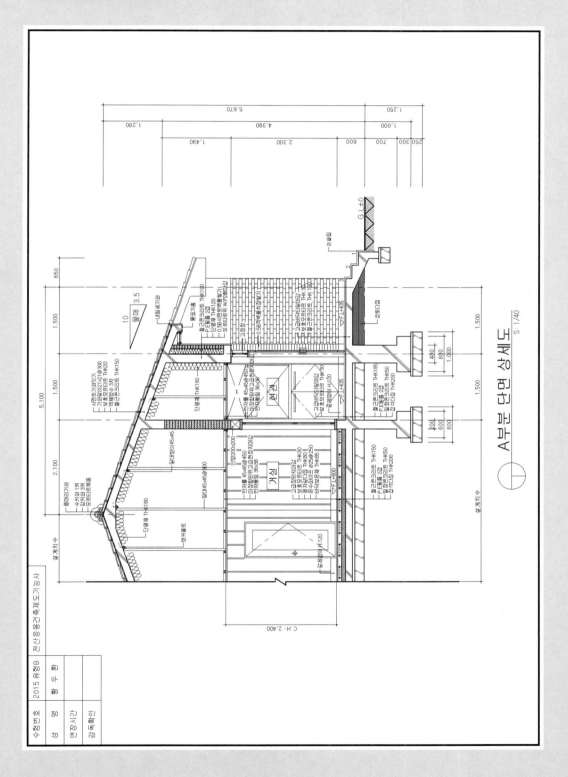

A부분 단면 상세도
S : 1/40

447

• 남측 입면도 답안

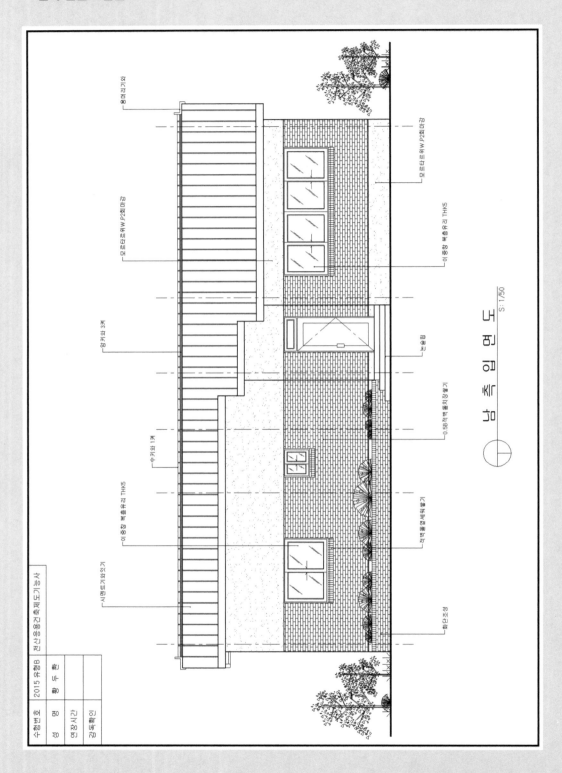

남 측 입 면 도
S : 1/50

국가기술자격 실기시험문제

자 격 종 목	전산응용건축제도기능사	과 제 명	주 택

비번호 :

※ 시험시간 : [○ 표준시간 : 4시간, ○ 연장시간 : 20분]

1. 요구사항

※ 주어진 평면도를 보고 CAD를 이용하여 아래 조건에 맞게 다음 도면을 작도한 후, 지급된 용지에 본인이 직접 흑백으로 출력하여 USB 메모리에 저장하여 함께 제출하시오.

❶ A부분 단면 상세도를 축척 1/40로 작도하시오.

❷ 남측 입면도를 축척 1/50로 작도하되 벽면의 마감재료 표시 및 주위의 배경 등 도면의 요소를 충분히 고려하시오.

│조건│

- **기초 및 지하실 벽체:** 철근콘크리트 구조로 하시오

- **벽체:** 외벽 – 외부로부터 붉은벽돌 0.5B, 단열재, 철근콘크리트 180mm로 하시오.
  내벽 – 철근콘크리트 180mm로 하시오.

- **단열재:** 외벽 120mm, 바닥 85mm, 지붕 180mm 하시오.

- **지붕:** 철근콘크리트 경사슬래브위 시멘트 기와잇기 마감으로 하시오. (물매 3.5/10 이상)

- **처마나옴:** 벽체 중심에서 900mm

- **반자높이:** 2,350mm, 처마반자 설치

- **창호:** 목재창호로 하되 2중창인 경우 외부창호 알루미늄 새시로 하시오.

- **각 실의 난방:** 온수파이프 온돌난방으로 하시오.

- 1층 바닥슬래브와 기초는 일체식으로 표현하시오.

- 평면도에 표현되지 않은 현관 상부 캐노피는 작도하지 않습니다.

- 기타 각 부분의 마감, 치수 등 주어지지 않은 조건은 일반적인 시공수준으로 하시오.

※ **선의 통일을 기하기 위하여 아래와 같이 선의 색을 정리하여 출력하시오.**

- 흰색(7–White) – 0.3mm
- 녹색(3–Green) – 0.2mm
- 노랑(2–Yellow) – 0.4mm
- 하늘색(4–Cyan) – 0.3mm
- 빨강(1–Red) – 0.2mm
- 파랑(5–Blue) – 0.1mm

2. 수험자 유의사항

※ 다음 유의사항을 고려하여 요구사항을 완성하시오.

❶ 명기되지 않은 조건은 건축법, 건축구조 및 건축제도 원칙에 따릅니다.

❷ 시험시작 전 바탕화면에 본인 비번호로 폴더를 생성하고, 폴더 안에 작업내용을 저장하도록 합니다.

❸ 정전 및 기계 고장 등에 의한 자료손실을 방지하기 위하여 수시로 저장합니다.

❹ 다음과 같은 경우는 부정행위로 처리됩니다.

　　가) 노트 및 서적, 디스켓을 소지하거나 주고받는 행위

　　나) 건물의 구조 부분의 상세나 글씨 등을 사전에 블록으로 설정하여 지참해 사용하는 경우

❺ 작업이 끝나면 감독위원의 확인을 받은 후 문제지를 제출하고 본부요원 입회하에 본인이 직접 A3용지에 흑백으로 도면을 출력하도록 합니다. 이때 수험자의 운영 미숙으로 도면이 출력되지 않는 경우나 출력시간이 20분을 초과할 경우는 실격 처리됩니다.

❻ 장비 조작 미숙으로 장비의 파손 및 고장을 일으킬 염려가 있을 경우 실격됩니다.

❼ 다음과 같은 경우에는 채점대상에서 제외됩니다.

　　가) 시험시간(표준시간 및 연장시간 포함) 내에 요구사항을 완성하지 못한 경우

　　나) 시험시간 내에 제출된 작품이라도 다음과 같은 경우

　　　　(1) 주어진 조건을 지키지 않고 작도한 경우

　　　　(2) 요구한 전 도면을 작도하지 않은 경우

　　　　(3) 건축제도 통칙을 준수하지 않거나 건축 CAD의 기능이 없는 상태에서 완성된 도면으로 시험위원 전원이 합의하여 판단한 경우

❽ 주어진 표준시간을 초과하여 연장시간을 사용한 경우 초과된 시간 10분 이내마다 전체 득점에서 5점씩 감점됩니다.

❾ 수험번호, 성명은 도면 좌측 상단에 아래와 같이 표제란을 만들어 기재합니다.

100

수험번호		전산응용건축제도기능사
성　　명		
연장시간		
감독확인		

40

50

❿ 감독위원은 시험시작 후 수검자에게 표제란을 우선 작도 후 도면을 작도하도록 하여야 하며 수험자가 감독위원의 동지시를 따르지 않을 경우 실격 처리됩니다.

⓫ 테두리선의 여백은 10mm로 합니다.

3. 도면

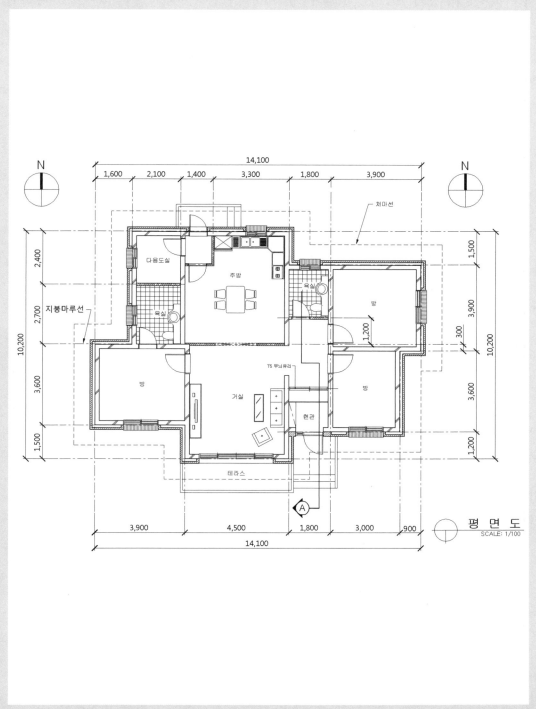

평 면 도
SCALE: 1/100

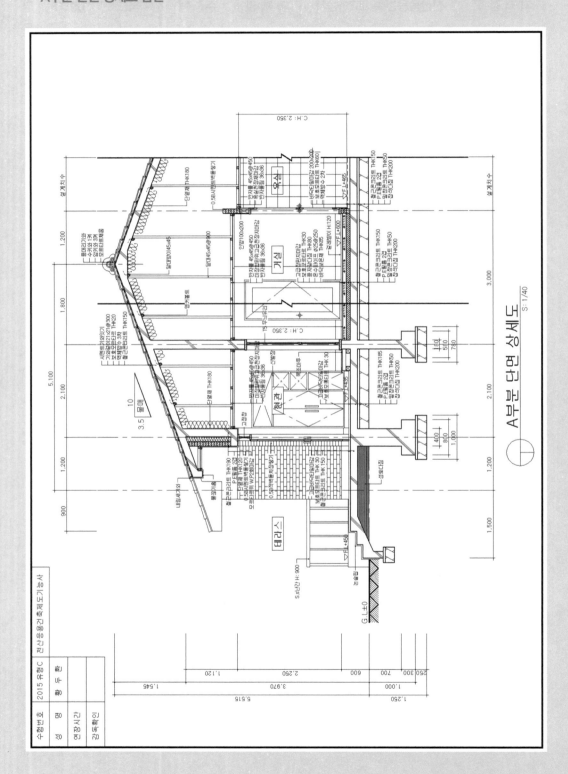

A부분 단면 상세도

S: 1/40

- **남측 입면도 답안**

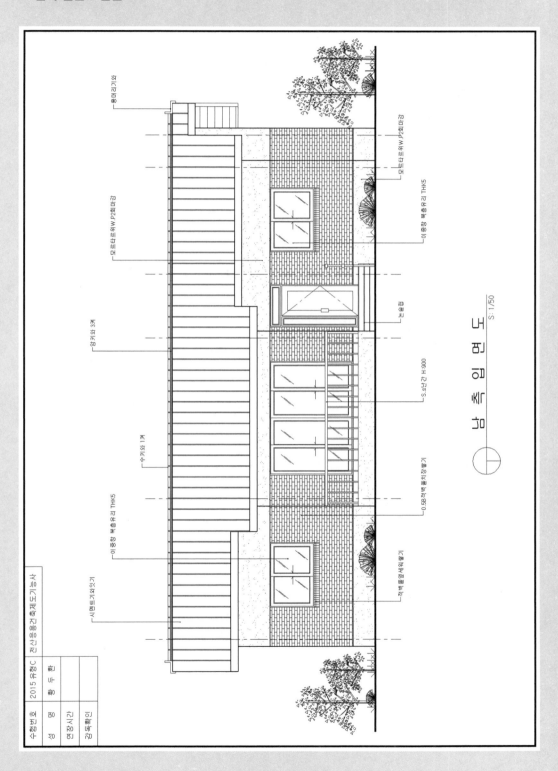

453

국가기술자격 실기시험문제

자 격 종 목	전산응용건축제도기능사	과 제 명	주 택

비번호 :

※ 시험시간 : [○ 표준시간 : 4시간, ○ 연장시간 : 20분]

1. 요구사항

※ 주어진 평면도를 보고 CAD를 이용하여 아래 조건에 맞게 다음 도면을 작도한 후, 지급된 용지에 본인이 직접 흑백으로 출력하여 USB 메모리에 저장하여 함께 제출하시오.

❶ A부분 단면 상세도를 축척 1/40로 작도하시오.

❷ 남측 입면도를 축척 1/50로 작도하되 벽면의 마감재료 표시 및 주위의 배경 등 도면의 요소를 충분히 고려하시오.

|조건|

- **기초 및 지하실 벽체**: 철근콘크리트 구조로 하시오
- **벽체**: 외벽- 외부로부터 붉은벽돌 0.5B, 단열재, 시멘트벽돌 1.0B로 하시오.
  내벽- 두께 1.0B 시멘트벽돌 쌓기로 하시오.
- **단열재**: 외벽 120mm, 바닥 85mm, 지붕 180mm 하시오.
- **지붕**: 철근콘크리트 경사슬래브위 시멘트 기와잇기 마감으로 하시오. (물매 4/10 이상)
- **처마나옴**: 벽체 중심에서 600mm
- **반자높이**: 2,350mm, 처마반자 설치
- **창호**: 목재창호로 하되 2중창인 경우 외부창호 알루미늄 새시로 하시오.
- **각 실의 난방**: 온수파이프 온돌난방으로 하시오.
- 1층 바닥슬래브와 기초는 일체식으로 표현하시오.
- 평면도에 표현되지 않은 현관 상부 캐노피는 작도하지 않습니다.
- 기타 각 부분의 마감, 치수 등 주어지지 않은 조건은 일반적인 시공수준으로 하시오.

※ 선의 통일을 기하기 위하여 아래와 같이 선의 색을 정리하여 출력하시오.

- 흰색(7-White) – 0.3mm
- 녹색(3-Green) – 0.2mm
- 노랑(2-Yellow) – 0.4mm
- 하늘색(4-Cyan) – 0.3mm
- 빨강(1-Red) – 0.2mm
- 파랑(5-Blue) – 0.1mm

자 격 종 목	전산응용건축제도기능사	과 제 명	주　택

2. 수험자 유의사항

※ 다음 유의사항을 고려하여 요구사항을 완성하시오.

❶ 명기되지 않은 조건은 건축법, 건축구조 및 건축제도 원칙에 따릅니다.

❷ 시험시작 전 바탕화면에 본인 비번호로 폴더를 생성하고, 폴더 안에 작업내용을 저장하도록 합니다.

❸ 정전 및 기계 고장 등에 의한 자료손실을 방지하기 위하여 수시로 저장합니다.

❹ 다음과 같은 경우는 부정행위로 처리됩니다.

　　가) 노트 및 서적, 디스켓을 소지하거나 주고받는 행위

　　나) 건물의 구조 부분의 상세나 글씨 등을 사전에 블록으로 설정하여 지참해 사용하는 경우

❺ 작업이 끝나면 감독위원의 확인을 받은 후 문제지를 제출하고 본부요원 입회하에 본인이 직접 A3용지에 흑백으로 도면을 출력하도록 합니다. 이때 수험자의 운영 미숙으로 도면이 출력되지 않는 경우나 출력시간이 20분을 초과할 경우는 실격 처리됩니다.

❻ 장비 조작 미숙으로 장비의 파손 및 고장을 일으킬 염려가 있을 경우 실격됩니다.

❼ 다음과 같은 경우에는 채점대상에서 제외됩니다.

　　가) 시험시간(표준시간 및 연장시간 포함) 내에 요구사항을 완성하지 못한 경우

　　나) 시험시간 내에 제출된 작품이라도 다음과 같은 경우

　　　　(1) 주어진 조건을 지키지 않고 작도한 경우

　　　　(2) 요구한 전 도면을 작도하지 않은 경우

　　　　(3) 건축제도 통칙을 준수하지 않거나 건축 CAD의 기능이 없는 상태에서 완성된 도면으로 시험위원 전원이 합의하여 판단한 경우

❽ 주어진 표준시간을 초과하여 연장시간을 사용한 경우 초과된 시간 10분 이내마다 전체 득점에서 5점씩 감점됩니다.

❾ 수험번호, 성명은 도면 좌측 상단에 아래와 같이 표제란을 만들어 기재합니다.

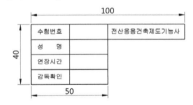

❿ 감독위원은 시험시작 후 수검자에게 표제란을 우선 작도 후 도면을 작도하도록 하여야 하며 수험자가 감독위원의 동지시를 따르지 않을 경우 실격 처리됩니다.

⓫ 테두리선의 여백은 10mm로 합니다.

자격종목	전산응용건축제도기능사	과제명	주 택	척도	1/100

3. 도면

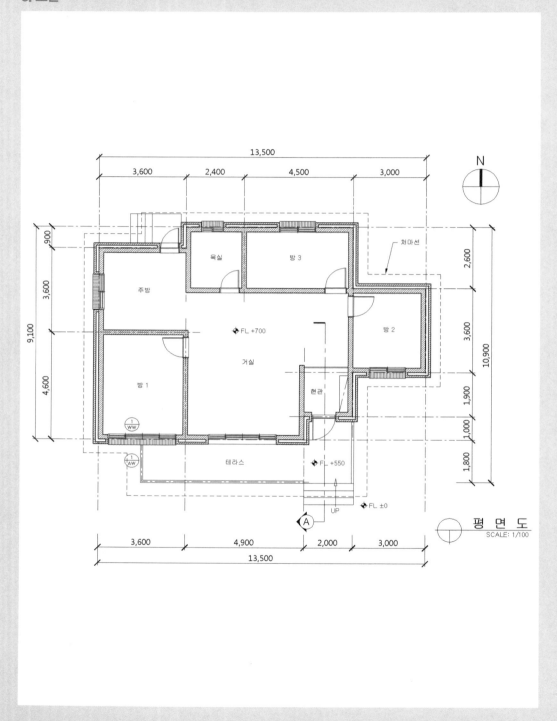

평 면 도
SCALE: 1/100

4. 도면

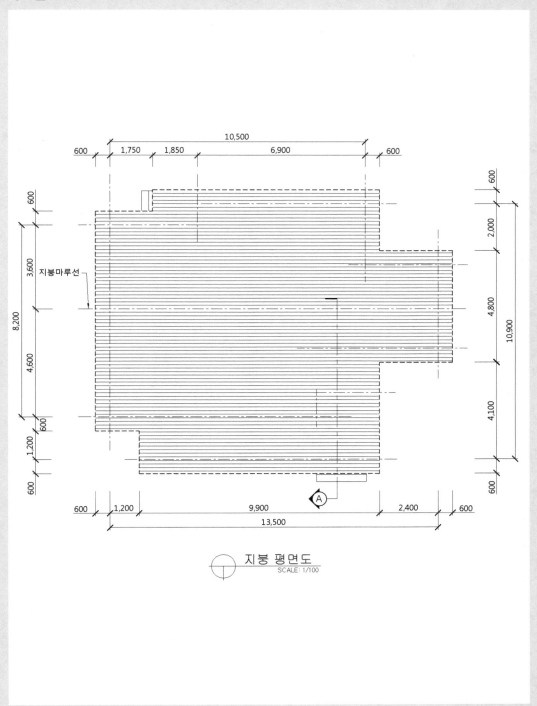

지붕 평면도
SCALE: 1/100

- **A부분 단면 상세도 답안**

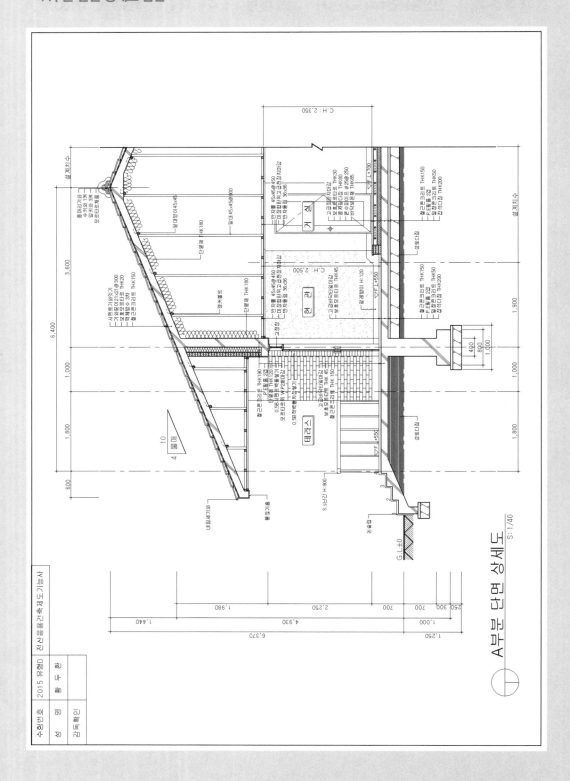

A부분 단면 상세도 S: 1/40

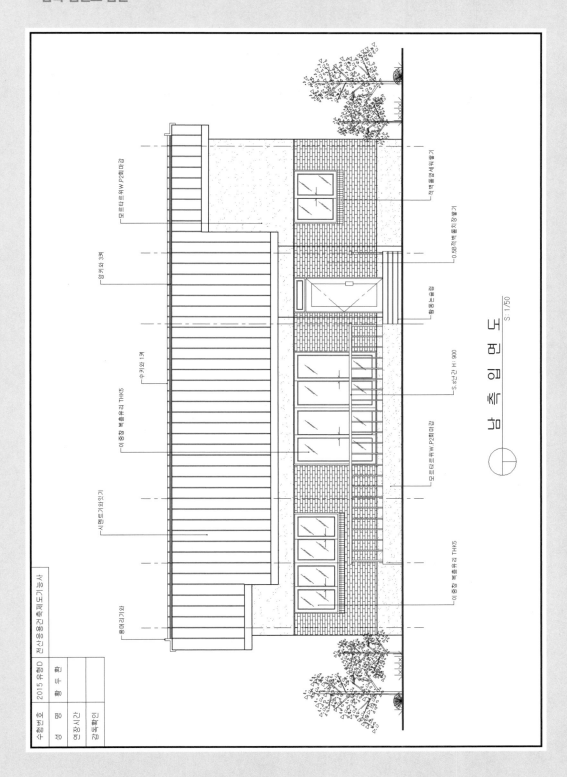

남측입면도
S: 1/50

국가기술자격 실기시험문제

자 격 종 목	전산응용건축제도기능사	과 제 명	주 택

비번호 :

※ 시험시간 : [○ 표준시간 : 4시간, ○ 연장시간 : 20분]

1. 요구사항

※ 주어진 평면도를 보고 CAD를 이용하여 아래 조건에 맞게 다음 도면을 작도한 후, 지급된 용지에 본인이 직접 흑백으로 출력하여 USB 메모리에 저장하여 함께 제출하시오.

❶ A부분 단면 상세도를 축척 1/40로 작도하시오.

❷ 남측 입면도를 축척 1/50로 작도하되 벽면의 마감재료 표시 및 주위의 배경 등 도면의 요소를 충분히 고려하시오.

|조건|

- **기초 및 지하실 벽체**: 철근콘크리트 구조로 하시오
- **벽체**: 외벽 – 외부로부터 붉은벽돌 0.5B, 단열재, 시멘트벽돌 1.0B로 하시오.
   내벽 – 두께 1.0B 시멘트벽돌 쌓기로 하시오.
- **단열재**: 외벽 120mm, 바닥 85mm, 지붕 180mm 하시오.
- **지붕**: 철근콘크리트 경사슬래브위 시멘트 기와잇기 마감으로 하시오. (물매 3.5/10 이상)
- **처마나옴**: 벽체 중심에서 600mm
- **반자높이**: 2,400mm, 처마반자 설치
- **창호**: 목재창호로 하되 2중창인 경우 외부창호 알루미늄 새시로 하시오.
- **각 실의 난방**: 온수파이프 온돌난방으로 하시오.
- 1층 바닥슬래브와 기초는 일체식으로 표현하시오.
- 평면도에 표현되지 않은 현관 상부 캐노피는 작도하지 않습니다.
- 기타 각 부분의 마감, 치수 등 주어지지 않은 조건은 일반적인 시공수준으로 하시오.

※ 선의 통일을 기하기 위하여 아래와 같이 선의 색을 정리하여 출력하시오.

- 흰색(7-White) – 0.3mm
- 녹색(3-Green) – 0.2mm
- 노랑(2-Yellow) – 0.4mm
- 하늘색(4-Cyan) – 0.3mm
- 빨강(1-Red) – 0.2mm
- 파랑(5-Blue) – 0.1mm

자 격 종 목	전산응용건축제도기능사	과 제 명	주 택

2. 수험자 유의사항

※ 다음 유의사항을 고려하여 요구사항을 완성하시오.

❶ 명기되지 않은 조건은 건축법, 건축구조 및 건축제도 원칙에 따릅니다.

❷ 시험시작 전 바탕화면에 본인 비번호로 폴더를 생성하고, 폴더 안에 작업내용을 저장하도록 합니다.

❸ 정전 및 기계 고장 등에 의한 자료손실을 방지하기 위하여 수시로 저장합니다.

❹ 다음과 같은 경우는 부정행위로 처리됩니다.

　　가) 노트 및 서적, 디스켓을 소지하거나 주고받는 행위

　　나) 건물의 구조 부분의 상세나 글씨 등을 사전에 블록으로 설정하여 지참해 사용하는 경우

❺ 작업이 끝나면 감독위원의 확인을 받은 후 문제지를 제출하고 본부요원 입회하에 본인이 직접 A3용지에 흑백으로 도면을 출력하도록 합니다. 이때 수험자의 운영 미숙으로 도면이 출력되지 않는 경우나 출력시간이 20분을 초과할 경우는 실격 처리됩니다.

❻ 장비 조작 미숙으로 장비의 파손 및 고장을 일으킬 염려가 있을 경우 실격됩니다.

❼ 다음과 같은 경우에는 채점대상에서 제외됩니다.

　　가) 시험시간(표준시간 및 연장시간 포함) 내에 요구사항을 완성하지 못한 경우

　　나) 시험시간 내에 제출된 작품이라도 다음과 같은 경우

　　　　(1) 주어진 조건을 지키지 않고 작도한 경우

　　　　(2) 요구한 전 도면을 작도하지 않은 경우

　　　　(3) 건축제도 통칙을 준수하지 않거나 건축 CAD의 기능이 없는 상태에서 완성된 도면으로 시험위원 전원이 합의하여 판단한 경우

❽ 주어진 표준시간을 초과하여 연장시간을 사용한 경우 초과된 시간 10분 이내마다 전체 득점에서 5점씩 감점됩니다.

❾ 수험번호, 성명은 도면 좌측 상단에 아래와 같이 표제란을 만들어 기재합니다.

❿ 감독위원은 시험시작 후 수검자에게 표제란을 우선 작도 후 도면을 작도하도록 하여야 하며 수험자가 감독위원의 동지시를 따르지 않을 경우 실격 처리됩니다.

⓫ 테두리선의 여백은 10mm로 합니다.

3. 도면

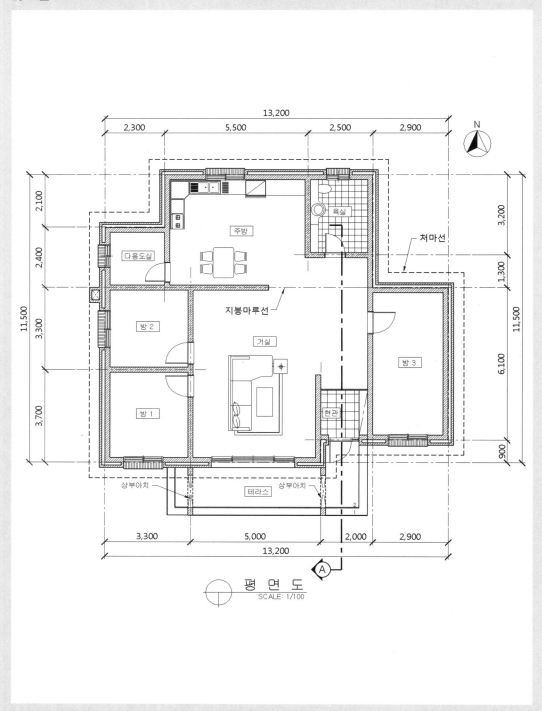

평 면 도
SCALE: 1/100

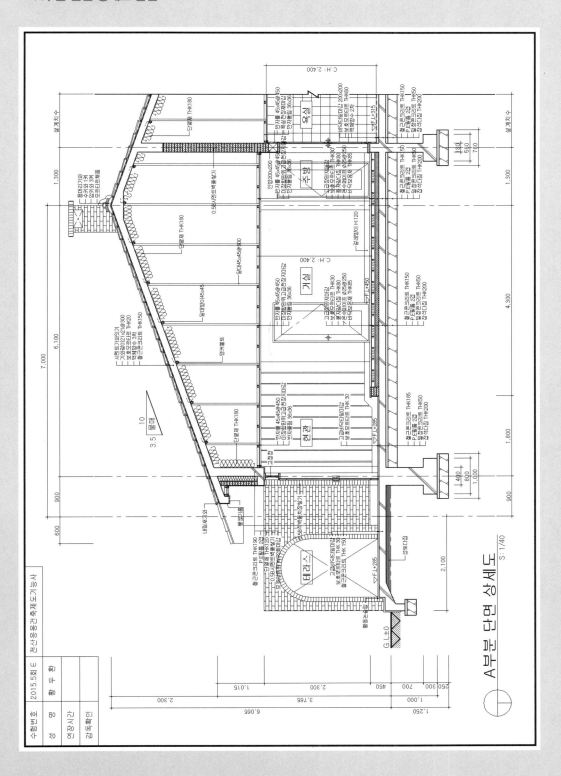

A부분 단면 상세도
S: 1/40

- 남측 입면도 답안

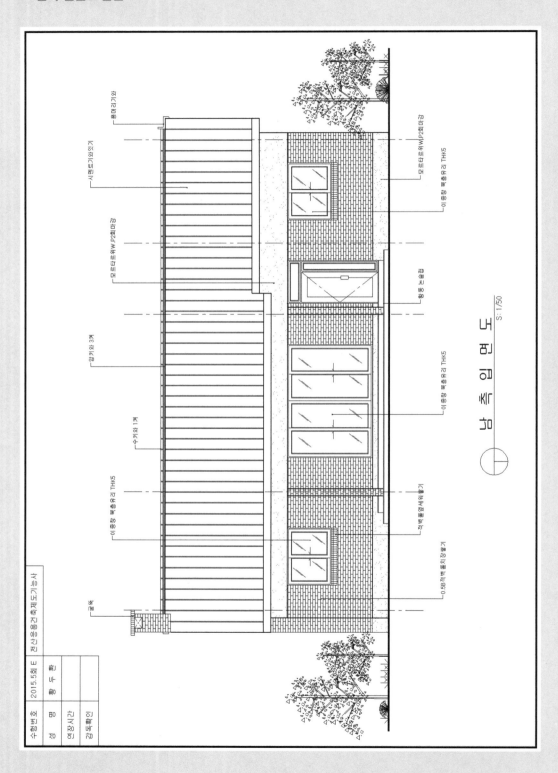

남측입면도
S : 1/50

※ 2016년 1회 시험부터 연장시간의 폐지로 표제란의 규격과 시험시간이 변경되었습니다.

국가기술자격 실기시험문제

자 격 종 목	전산응용건축제도기능사	과 제 명	주 택

비번호 :

※ 시험시간 : [○ 표준시간 : 4시간10분, ○ 연장시간 : 없음]

1. 요구사항

※ 주어진 평면도를 보고 CAD를 이용하여 아래 조건에 맞게 다음 도면을 작도한 후 지급된 용지에 본인이 직접 흑백으로 출력하여 USB 메모리에 저장하여 함께 제출하시오.

❶ A부분 단면 상세도를 축척 1/40로 작도하시오.

❷ 남측 입면도를 축척 1/50로 작도하되 벽면의 마감재료 표시 및 주위의 배경 등 도면의 요소를 충분히 고려하시오.

|조건|

- **기초 및 지하실 벽체**: 철근콘크리트 구조로 하시오.
- **벽체**: 외벽− 외부로부터 붉은벽돌 0.5B, 단열재, 시멘트벽돌 1.0B로 하시오.

   내벽− 두께 1.0B 시멘트벽돌 쌓기로 하시오.
- **단열재**: 외벽 120mm, 바닥 85mm, 지붕 180mm 하시오.
- **지붕**: 철근콘크리트 경사슬래브위 시멘트 기와잇기 마감으로 하시오. (물매 4/10 이상)
- **처마나옴**: 벽체 중심에서 600mm
- **반자높이**: 2,400mm, 처마반자 설치
- **창호**: 목재창호로 하되 2중창인 경우 외부창호 알루미늄 새시로 하시오.
- **각 실의 난방**: 온수파이프 온돌난방으로 하시오.
- 1층 바닥슬래브와 기초는 일체식으로 표현하시오.
- 평면도에 표현되지 않은 현관 상부 캐노피는 작도하지 않습니다.
- 기타 각 부분의 마감, 치수 등 주어지지 않은 조건은 일반적인 시공수준으로 하시오.

※ 선의 통일을 기하기 위하여 아래와 같이 선의 색을 정리하여 출력하시오.

- 흰색(7−White) − 0.3mm
- 녹색(3−Green) − 0.2mm
- 노랑(2−Yellow) − 0.4mm
- 하늘색(4−Cyan) − 0.3mm
- 빨강(1−Red) − 0.2mm
- 파랑(5−Blue) − 0.1mm

2. 수험자 유의사항

※ 다음 유의사항을 고려하여 요구사항을 완성하시오.

❶ 명기되지 않은 조건은 건축법, 건축구조 및 건축제도 원칙에 따릅니다.

❷ 시험시작 전 바탕화면에 본인 비번호로 폴더를 생성하고, 폴더 안에 작업내용을 저장하도록 합니다.

❸ 정전 및 기계 고장 등에 의한 자료손실을 방지하기 위하여 수시로 저장합니다.

❹ 다음과 같은 경우는 부정행위로 처리됩니다.

　가) 노트 및 서적, 디스켓을 소지하거나 주고받는 행위

　나) 건물의 구조 부분의 상세나 글씨 등을 사전에 블록으로 설정하여 지참해 사용하는 경우

❺ 작업이 끝나면 감독위원의 확인을 받은 후 문제지를 제출하고 본부요원 입회하에 본인이 직접 A3용지에 흑백으로 도면을 출력하도록 합니다. 이때 수험자의 운영 미숙으로 도면이 출력되지 않는 경우나 출력시간이 20분을 초과할 경우는 실격 처리됩니다.

❻ 장비 조작 미숙으로 장비의 파손 및 고장을 일으킬 염려가 있을 경우 실격됩니다.

❼ 다음과 같은 경우에는 채점대상에서 제외됩니다.

　가) 시험시간(표준시간 및 연장시간 포함) 내에 요구사항을 완성하지 못한 경우

　나) 시험시간 내에 제출된 작품이라도 다음과 같은 경우

　　(1) 주어진 조건을 지키지 않고 작도한 경우

　　(2) 요구한 전 도면을 작도하지 않은 경우

　　(3) 건축제도 통칙을 준수하지 않거나 건축 CAD의 기능이 없는 상태에서 완성된 도면으로 시험위원 전원이 합의하여 판단한 경우

❽ 수험번호, 성명은 도면 좌측 상단에 아래와 같이 표제란을 만들어 기재합니다.

❾ 감독위원은 시험시작 후 수검자에게 표제란을 우선 작도 후 도면을 작도하도록 하여야 하며, 수험자가 감독위원의 동지시를 따르지 않을 경우 실격 처리됩니다.

❿ 테두리선의 여백은 10mm로 합니다.

3. 도면

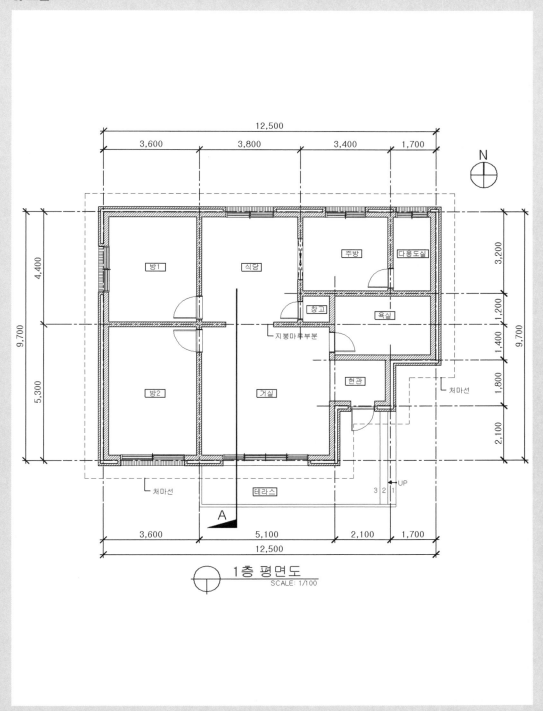

1층 평면도
SCALE: 1/100

• A부분 단면 상세도 답안

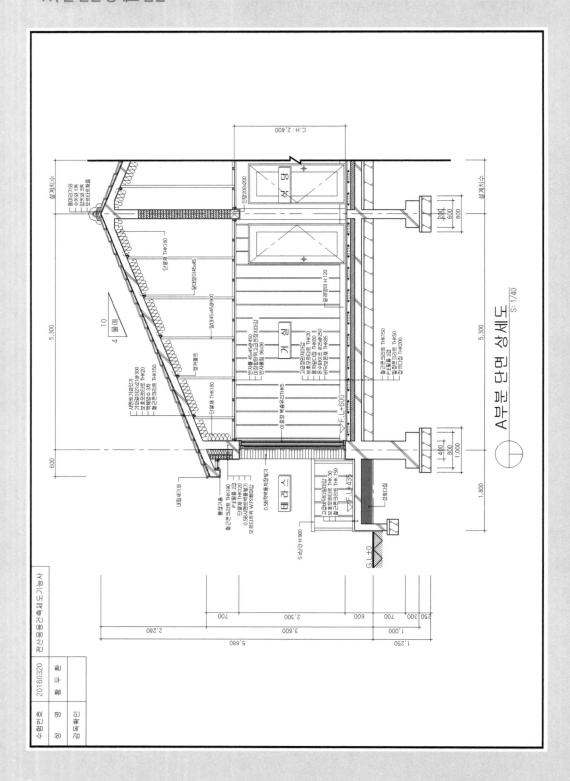

A부분 단면 상세도   S : 1/40

• 남측 입면도 답안

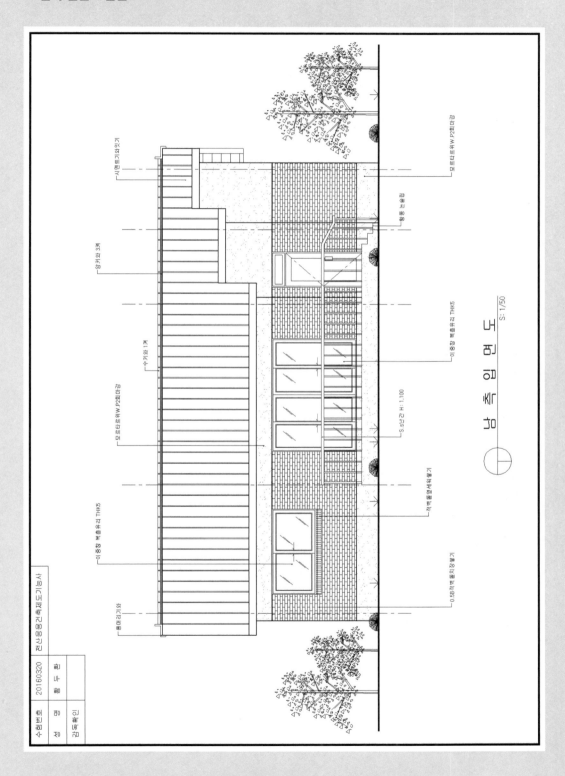

남측입면도
S: 1/50

※ 2016년 1회 시험부터 연장시간의 폐지로 표제란의 규격과 시험시간이 변경되었습니다.

국가기술자격 실기시험문제

자 격 종 목	전산응용건축제도기능사	과 제 명	주 택

비번호 :

※ 시험시간 : [○ 표준시간 : 4시간10분, ○ 연장시간 : 없음]

1. 요구사항

※ 주어진 평면도를 보고 CAD를 이용하여 아래 조건에 맞게 다음 도면을 작도한 후 지급된 용지에 본인이 직접 흑백으로 출력하여 USB 메모리에 저장하여 함께 제출하시오.

    ❶ A부분 단면 상세도를 축척 1/40로 작도하시오.

    ❷ 남측 입면도를 축척 1/50로 작도하되 벽면의 마감재료 표시 및 주위의 배경 등 도면의 요소를 충분히 고려하시오.

| 조건 |

- **기초 및 지하실 벽체**: 철근콘크리트 구조로 하시오.
- **벽체**: 외벽– 외부로부터 붉은벽돌 0.5B, 단열재, 시멘트벽돌 1.0B로 하시오.
        내벽– 두께 1.0B 시멘트벽돌 쌓기로 하시오.
- **단열재**: 외벽 120mm, 바닥 85mm, 지붕 180mm 하시오.
- **지붕**: 철근콘크리트 경사슬래브위 시멘트 기와잇기 마감으로 하시오. (물매 3.5/10 이상)
- **처마나옴**: 벽체 중심에서 600mm
- **반자높이**: 2,400mm, 처마반자 설치
- **창호**: 목재창호로 하되 2중창인 경우 외부창호 알루미늄 새시로 하시오.
- **각 실의 난방**: 온수파이프 온돌난방으로 하시오.
- 1층 바닥슬래브와 기초는 일체식으로 표현하시오.
- 평면도에 표현되지 않은 현관 상부 캐노피는 작도하지 않습니다.
- 기타 각 부분의 마감, 치수 등 주어지지 않은 조건은 일반적인 시공수준으로 하시오.

※ **선의 통일을 기하기 위하여 아래와 같이 선의 색을 정리하여 출력하시오.**

- 흰색(7–White) – 0.3mm
- 녹색(3–Green) – 0.2mm
- 노랑(2–Yellow) – 0.4mm
- 하늘색(4–Cyan) – 0.3mm
- 빨강(1–Red) – 0.2mm
- 파랑(5–Blue) – 0.1mm

자 격 종 목	전산응용건축제도기능사	과 제 명	주　택

2. 수험자 유의사항

※ 다음 유의사항을 고려하여 요구사항을 완성하시오.

❶ 명기되지 않은 조건은 건축법, 건축구조 및 건축제도 원칙에 따릅니다.

❷ 시험시작 전 바탕화면에 본인 비번호로 폴더를 생성하고, 폴더 안에 작업내용을 저장하도록 합니다.

❸ 정전 및 기계 고장 등에 의한 자료손실을 방지하기 위하여 수시로 저장합니다.

❹ 다음과 같은 경우는 부정행위로 처리됩니다.

　가) 노트 및 서적, 디스켓을 소지하거나 주고받는 행위

　나) 건물의 구조 부분의 상세나 글씨 등을 사전에 블록으로 설정하여 지참해 사용하는 경우

❺ 작업이 끝나면 감독위원의 확인을 받은 후 문제지를 제출하고 본부요원 입회하에 본인이 직접 A3용지에 흑백으로 도면을 출력하도록 합니다. 이때 수험자의 운영 미숙으로 도면이 출력되지 않는 경우나 출력시간이 20분을 초과할 경우는 실격 처리됩니다.

❻ 장비 조작 미숙으로 장비의 파손 및 고장을 일으킬 염려가 있을 경우 실격됩니다.

❼ 다음과 같은 경우에는 채점대상에서 제외됩니다.

　가) 시험시간(표준시간 및 연장시간 포함) 내에 요구사항을 완성하지 못한 경우

　나) 시험시간 내에 제출된 작품이라도 다음과 같은 경우

　　(1) 주어진 조건을 지키지 않고 작도한 경우

　　(2) 요구한 전 도면을 작도하지 않은 경우

　　(3) 건축제도 통칙을 준수하지 않거나 건축 CAD의 기능이 없는 상태에서 완성된 도면으로 시험위원 전원이 합의하여 판단한 경우

❽ 수험번호, 성명은 도면 좌측 상단에 아래와 같이 표제란을 만들어 기재합니다.

❾ 감독위원은 시험시작 후 수검자에게 표제란을 우선 작도 후 도면을 작도하도록 하여야 하며, 수험자가 감독위원의 동지시를 따르지 않을 경우 실격 처리됩니다.

❿ 테두리선의 여백은 10mm로 합니다.

3. 도면

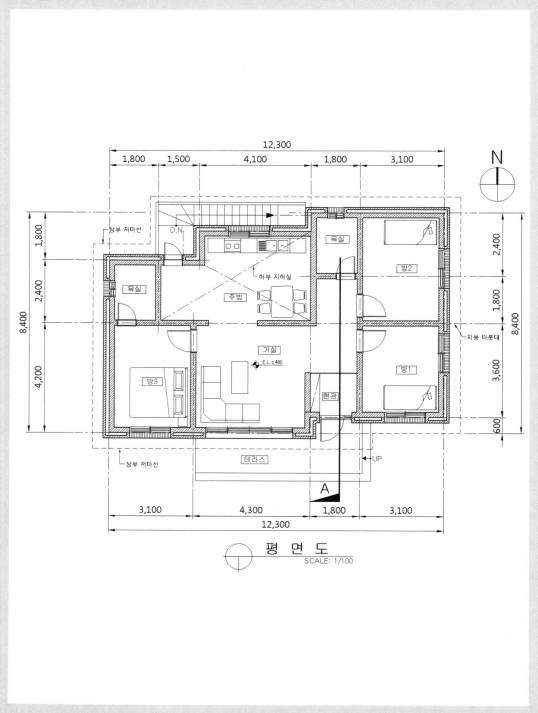

• A부분 단면 상세도 답안

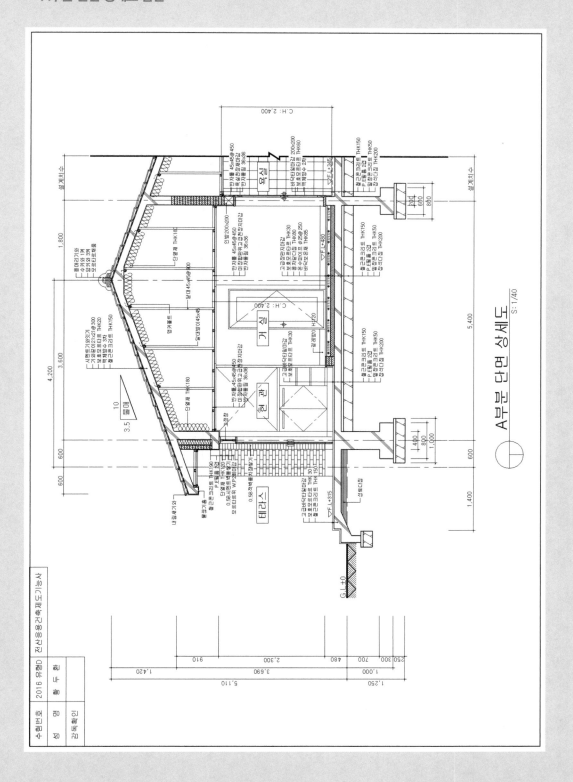

A부분 단면 상세도

S: 1/40

473

• 남측 입면도 답안

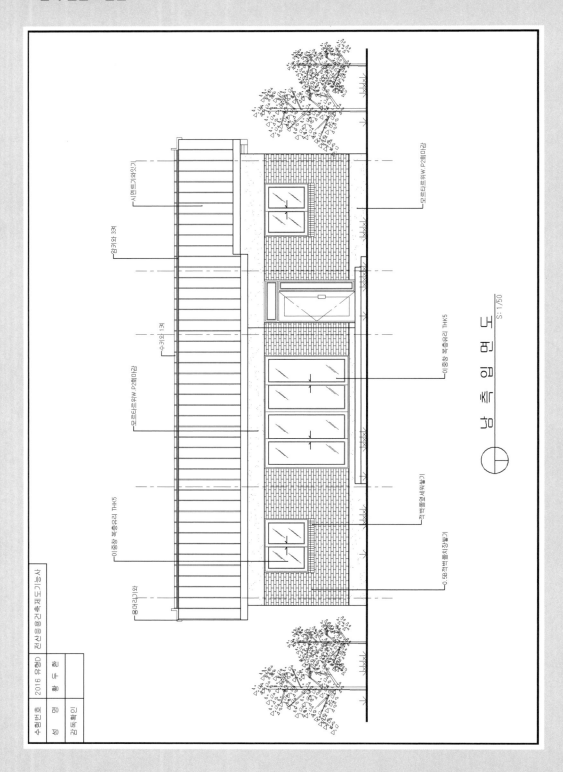

남측입면도
S : 1/50

※ 2016년 1회 시험부터 연장시간의 폐지로 표제란의 규격과 시험시간이 변경되었습니다.

국가기술자격 실기시험문제

자 격 종 목	전산응용건축제도기능사	과 제 명	주 택

비번호 :

※ 시험시간 : [○ 표준시간 : 4시간10분, ○ 연장시간 : 없음]

1. 요구사항

※ 주어진 평면도를 보고 CAD를 이용하여 아래 조건에 맞게 다음 도면을 작도한 후 지급된 용지에 본인이 직접 흑백으로 출력하여 USB 메모리에 저장하여 함께 제출하시오.

❶ A부분 단면 상세도를 축척 1/40로 작도하시오.

❷ 남측 입면도를 축척 1/50로 작도하되 벽면의 마감재료 표시 및 주위의 배경 등 도면의 요소를 충분히 고려하시오.

|조건|

- **기초 및 지하실 벽체:** 철근콘크리트 구조로 하시오.
- **벽체:** 외벽− 외부로부터 붉은벽돌 0.5B, 단열재, 시멘트벽돌 1.0B로 하시오.

  내벽− 두께 1.0B 시멘트벽돌 쌓기로 하시오.
- **단열재:** 외벽 120mm, 바닥 85mm, 지붕 180mm 하시오.
- **지붕:** 철근콘크리트 경사슬래브위 시멘트 기와잇기 마감으로 하시오. (물매 3.5/10 이상)
- **처마나옴:** 벽체 중심에서 500mm
- **반자높이:** 2,400mm, 처마반자 설치
- **창호:** 목재창호로 하되 2중창인 경우 외부창호 알루미늄 새시로 하시오.
- **각 실의 난방:** 온수파이프 온돌난방으로 하시오.
- 1층 바닥슬래브와 기초는 일체식으로 표현하시오.
- 평면도에 표현되지 않은 현관 상부 캐노피는 작도하지 않습니다.
- 기타 각 부분의 마감, 치수 등 주어지지 않은 조건은 일반적인 시공수준으로 하시오.

※ 선의 통일을 기하기 위하여 아래와 같이 선의 색을 정리하여 출력하시오.

- 흰색(7−White) − 0.3mm
- 녹색(3−Green) − 0.2mm
- 노랑(2−Yellow) − 0.4mm
- 하늘색(4−Cyan) − 0.3mm
- 빨강(1−Red) − 0.2mm
- 파랑(5−Blue) − 0.1mm

자 격 종 목	전산응용건축제도기능사	과 제 명	주 택

2. 수험자 유의사항

※ 다음 유의사항을 고려하여 요구사항을 완성하시오.

❶ 명기되지 않은 조건은 건축법, 건축구조 및 건축제도 원칙에 따릅니다.

❷ 시험시작 전 바탕화면에 본인 비번호로 폴더를 생성하고, 폴더 안에 작업내용을 저장하도록 합니다.

❸ 정전 및 기계 고장 등에 의한 자료손실을 방지하기 위하여 수시로 저장합니다.

❹ 다음과 같은 경우는 부정행위로 처리됩니다.

　가) 노트 및 서적, 디스켓을 소지하거나 주고받는 행위

　나) 건물의 구조 부분의 상세나 글씨 등을 사전에 블록으로 설정하여 지참해 사용하는 경우

❺ 작업이 끝나면 감독위원의 확인을 받은 후 문제지를 제출하고 본부요원 입회하에 본인이 직접 A3용지에 흑백으로 도면을 출력하도록 합니다. 이때 수험자의 운영 미숙으로 도면이 출력되지 않는 경우나 출력시간이 20분을 초과할 경우는 실격 처리됩니다.

❻ 장비 조작 미숙으로 장비의 파손 및 고장을 일으킬 염려가 있을 경우 실격됩니다.

❼ 다음과 같은 경우에는 채점대상에서 제외됩니다.

　가) 시험시간(표준시간 및 연장시간 포함) 내에 요구사항을 완성하지 못한 경우

　나) 시험시간 내에 제출된 작품이라도 다음과 같은 경우

　　⑴ 주어진 조건을 지키지 않고 작도한 경우

　　⑵ 요구한 전 도면을 작도하지 않은 경우

　　⑶ 건축제도 통칙을 준수하지 않거나 건축 CAD의 기능이 없는 상태에서 완성된 도면으로 시험위원 전원이 합의하여 판단한 경우

❽ 수험번호, 성명은 도면 좌측 상단에 아래와 같이 표제란을 만들어 기재합니다.

	수험번호		전산응용건축제도기능사
30	성 명		
	감독확인		
	50		

❾ 감독위원은 시험시작 후 수검자에게 표제란을 우선 작도 후 도면을 작도하도록 하여야 하며, 수험자가 감독위원의 동지시를 따르지 않을 경우 실격 처리됩니다.

❿ 테두리선의 여백은 10mm로 합니다.

3. 도면

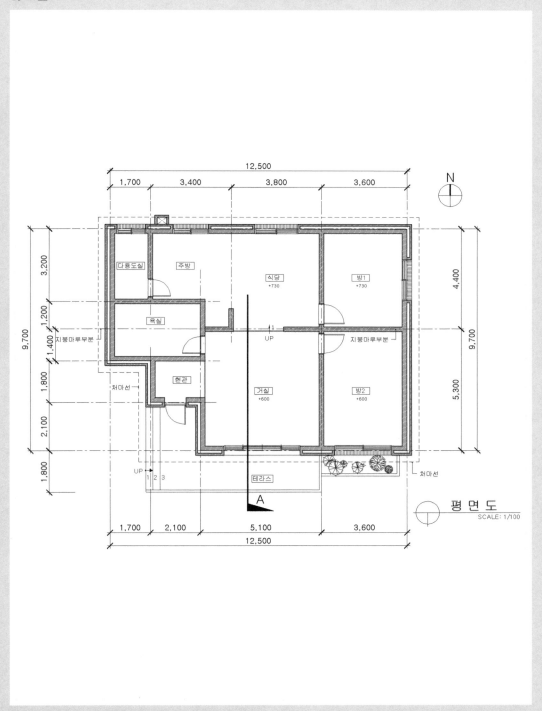

평 면 도
SCALE: 1/100

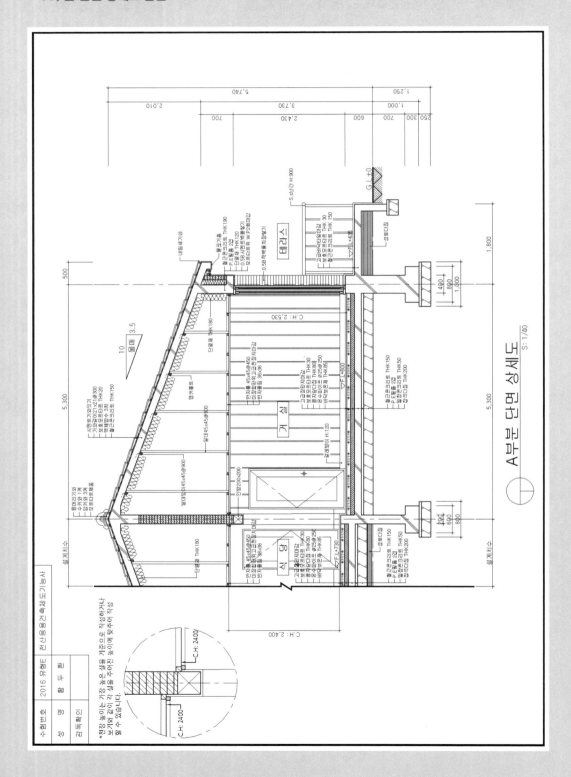

• 남측 입면도 답안

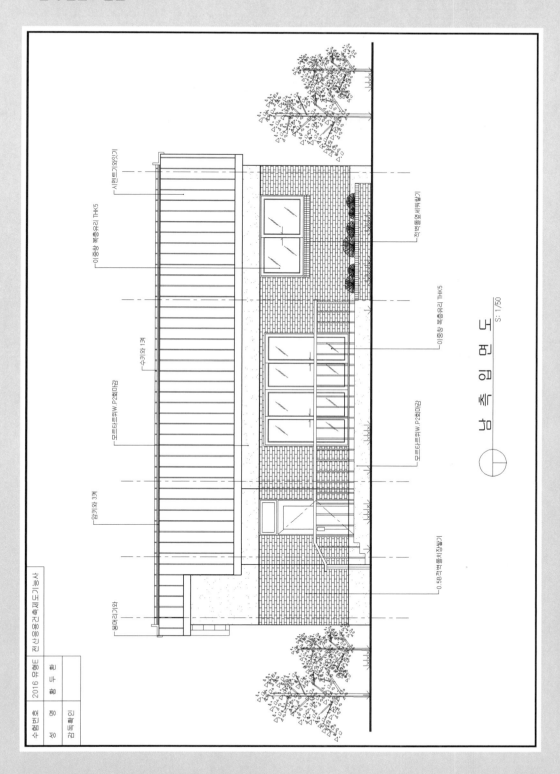

남 측 입 면 도
S: 1/50

479

※ 2016년 1회 시험부터 연장시간의 폐지로 표제란의 규격과 시험시간이 변경되었습니다.

국가기술자격 실기시험문제

자 격 종 목	전산응용건축제도기능사	과 제 명	주 택

비번호 :

※ 시험시간 : [○ 표준시간 : 4시간10분, ○ 연장시간 : 없음]

1. 요구사항

※ 주어진 평면도를 보고 CAD를 이용하여 아래 조건에 맞게 다음 도면을 작도한 후 지급된 용지에 본인이 직접 흑백으로 출력하여 USB 메모리에 저장하여 함께 제출하시오.

❶ A부분 단면 상세도를 축척 1/40로 작도하시오.

❷ 남측 입면도를 축척 1/50로 작도하되 벽면의 마감재료 표시 및 주위의 배경 등 도면의 요소를 충분히 고려하시오.

|조건|

- **기초 및 지하실 벽체:** 철근콘크리트 구조로 하시오.
- **벽체:** 외벽- 외부로부터 붉은벽돌 0.5B, 단열재, 시멘트벽돌 1.0B로 하시오.
  내벽- 두께 1.0B 시멘트벽돌 쌓기로 하시오.
- **단열재:** 외벽 120mm, 바닥 85mm, 지붕 180mm 하시오.
- **지붕:** 철근콘크리트 경사슬래브위 시멘트 기와잇기 마감으로 하시오. (물매 4/10 이상)
- **처마나옴:** 벽체 중심에서 600mm
- **반자높이:** 2,400mm, 처마반자 설치
- **창호:** 목재창호로 하되 2중창인 경우 외부창호 알루미늄 새시로 하시오.
- **각 실의 난방:** 온수파이프 온돌난방으로 하시오.
- 1층 바닥슬래브와 기초는 일체식으로 표현하시오.
- 평면도에 표현되지 않은 현관 상부 캐노피는 작도하지 않습니다.
- 기타 각 부분의 마감, 치수 등 주어지지 않은 조건은 일반적인 시공수준으로 하시오.

※ 선의 통일을 기하기 위하여 아래와 같이 선의 색을 정리하여 출력하시오.

- 흰색(7-White) - 0.3mm
- 노랑(2-Yellow) - 0.4mm
- 빨강(1-Red) - 0.2mm
- 녹색(3-Green) - 0.2mm
- 하늘색(4-Cyan) - 0.3mm
- 파랑(5-Blue) - 0.1mm

자 격 종 목	전산응용건축제도기능사	과 제 명	주 택

2. 수험자 유의사항

※ 다음 유의사항을 고려하여 요구사항을 완성하시오.

❶ 명기되지 않은 조건은 건축법, 건축구조 및 건축제도 원칙에 따릅니다.

❷ 시험시작 전 바탕화면에 본인 비번호로 폴더를 생성하고, 폴더 안에 작업내용을 저장하도록 합니다.

❸ 정전 및 기계 고장 등에 의한 자료손실을 방지하기 위하여 수시로 저장합니다.

❹ 다음과 같은 경우는 부정행위로 처리됩니다.

가) 노트 및 서적, 디스켓을 소지하거나 주고받는 행위

나) 건물의 구조 부분의 상세나 글씨 등을 사전에 블록으로 설정하여 지참해 사용하는 경우

❺ 작업이 끝나면 감독위원의 확인을 받은 후 문제지를 제출하고 본부요원 입회하에 본인이 직접 A3용지에 흑백으로 도면을 출력하도록 합니다. 이때 수험자의 운영 미숙으로 도면이 출력되지 않는 경우나 출력시간이 20분을 초과할 경우는 실격 처리됩니다.

❻ 장비 조작 미숙으로 장비의 파손 및 고장을 일으킬 염려가 있을 경우 실격됩니다.

❼ 다음과 같은 경우에는 채점대상에서 제외됩니다.

가) 시험시간(표준시간 및 연장시간 포함) 내에 요구사항을 완성하지 못한 경우

나) 시험시간 내에 제출된 작품이라도 다음과 같은 경우

(1) 주어진 조건을 지키지 않고 작도한 경우

(2) 요구한 전 도면을 작도하지 않은 경우

(3) 건축제도 통칙을 준수하지 않거나 건축 CAD의 기능이 없는 상태에서 완성된 도면으로 시험위원 전원이 합의하여 판단한 경우

❽ 수험번호, 성명은 도면 좌측 상단에 아래와 같이 표제란을 만들어 기재합니다.

❾ 감독위원은 시험시작 후 수검자에게 표제란을 우선 작도 후 도면을 작도하도록 하여야 하며, 수험자가 감독위원의 동지시를 따르지 않을 경우 실격 처리됩니다.

❿ 테두리선의 여백은 10mm로 합니다.

3. 도면 – 1

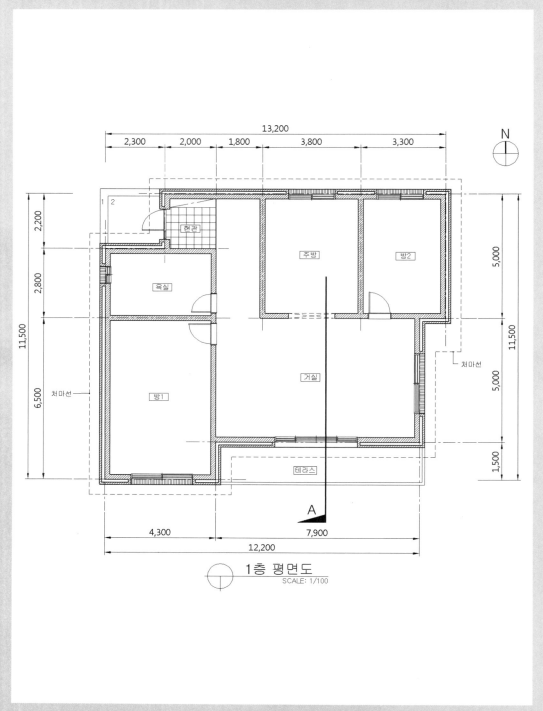

1층 평면도
SCALE: 1/100

4. 도면 - 2

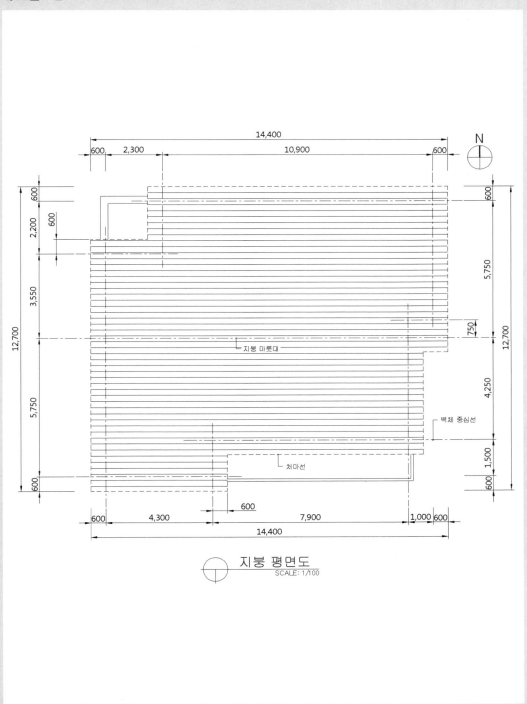

지붕 평면도
SCALE: 1/100

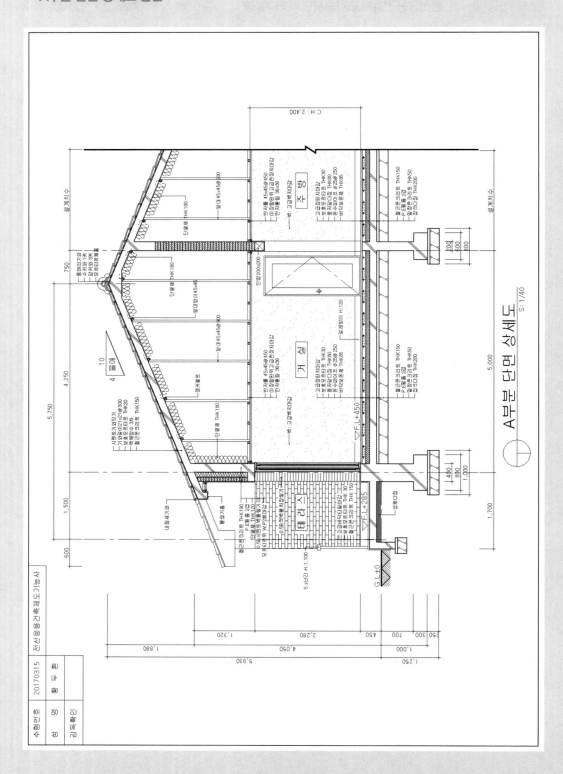

A부분 단면 상세도
S: 1/40

- **남측 입면도 답안**

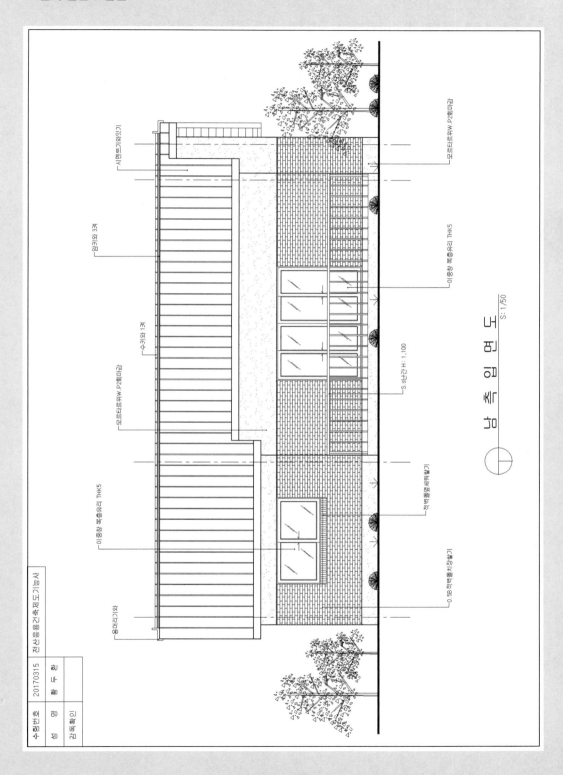

남측입면도
S: 1/50

485

※ 2016년 1회 시험부터 연장시간의 폐지로 표제란의 규격과 시험시간이 변경되었습니다.

국가기술자격 실기시험문제

자 격 종 목	전산응용건축제도기능사	과 제 명	주 택

비번호 :

※ 시험시간 : [○ 표준시간 : 4시간10분, ○ 연장시간 : 없음]

1. 요구사항

※ 주어진 평면도를 보고 CAD를 이용하여 아래 조건에 맞게 다음 도면을 작도한 후 지급된 용지에 본인이 직접 흑백으로 출력하여 USB 메모리에 저장하여 함께 제출하시오.

❶ A부분 단면 상세도를 축척 1/40로 작도하시오.

❷ 남측 입면도를 축척 1/50로 작도하되 벽면의 마감재료 표시 및 주위의 배경 등 도면의 요소를 충분히 고려하시오.

|조건|

- **기초 및 지하실 벽체:** 철근콘크리트 구조로 하시오.
- **벽체:** 외벽— 외부로부터 붉은벽돌 0.5B, 단열재, 시멘트벽돌 1.0B로 하시오.

  내벽— 두께 1.0B 시멘트벽돌 쌓기로 하시오.
- **단열재:** 외벽 120mm, 바닥 85mm, 지붕 180mm 하시오.
- **지붕:** 철근콘크리트 경사슬래브위 시멘트 기와잇기 마감으로 하시오. (물매 3.5/10 이상)
- **처마나옴:** 벽체 중심에서 550mm
- **반자높이:** 2,400mm, 처마반자 설치
- **창호:** 목재창호로 하되 2중창인 경우 외부창호 알루미늄 새시로 하시오.
- **각 실의 난방:** 온수파이프 온돌난방으로 하시오.
- 1층 바닥슬래브와 기초는 일체식으로 표현하시오.
- 평면도에 표현되지 않은 현관 상부 캐노피는 작도하지 않습니다.
- 기타 각 부분의 마감, 치수 등 주어지지 않은 조건은 일반적인 시공수준으로 하시오.

※ 선의 통일을 기하기 위하여 아래와 같이 선의 색을 정리하여 출력하시오.

- 흰색(7—White) — 0.3mm
- 녹색(3—Green) — 0.2mm
- 노랑(2—Yellow) — 0.4mm
- 하늘색(4—Cyan) — 0.3mm
- 빨강(1—Red) — 0.2mm
- 파랑(5—Blue) — 0.1mm

자격종목	전산응용건축제도기능사	과제명	주 택

2. 수험자 유의사항

※ 다음 유의사항을 고려하여 요구사항을 완성하시오.

❶ 명기되지 않은 조건은 건축법, 건축구조 및 건축제도 원칙에 따릅니다.

❷ 시험시작 전 바탕화면에 본인 비번호로 폴더를 생성하고, 폴더 안에 작업내용을 저장하도록 합니다.

❸ 정전 및 기계 고장 등에 의한 자료손실을 방지하기 위하여 수시로 저장합니다.

❹ 다음과 같은 경우는 부정행위로 처리됩니다.

　　가) 노트 및 서적, 디스켓을 소지하거나 주고받는 행위

　　나) 건물의 구조 부분의 상세나 글씨 등을 사전에 블록으로 설정하여 지참해 사용하는 경우

❺ 작업이 끝나면 감독위원의 확인을 받은 후 문제지를 제출하고 본부요원 입회하에 본인이 직접 A3용지에 흑백으로 도면을 출력하도록 합니다. 이때 수험자의 운영 미숙으로 도면이 출력되지 않는 경우나 출력시간이 20분을 초과할 경우는 실격 처리됩니다.

❻ 장비 조작 미숙으로 장비의 파손 및 고장을 일으킬 염려가 있을 경우 실격됩니다.

❼ 다음과 같은 경우에는 채점대상에서 제외됩니다.

　　가) 시험시간(표준시간 및 연장시간 포함) 내에 요구사항을 완성하지 못한 경우

　　나) 시험시간 내에 제출된 작품이라도 다음과 같은 경우

　　　　(1) 주어진 조건을 지키지 않고 작도한 경우

　　　　(2) 요구한 전 도면을 작도하지 않은 경우

　　　　(3) 건축제도 통칙을 준수하지 않거나 건축 CAD의 기능이 없는 상태에서 완성된 도면으로 시험위원 전원이 합의하여 판단한 경우

❽ 수험번호, 성명은 도면 좌측 상단에 아래와 같이 표제란을 만들어 기재합니다.

❾ 감독위원은 시험시작 후 수검자에게 표제란을 우선 작도 후 도면을 작도하도록 하여야 하며, 수험자가 감독위원의 동지시를 따르지 않을 경우 실격 처리됩니다.

❿ 테두리선의 여백은 10mm로 합니다.

3. 도면

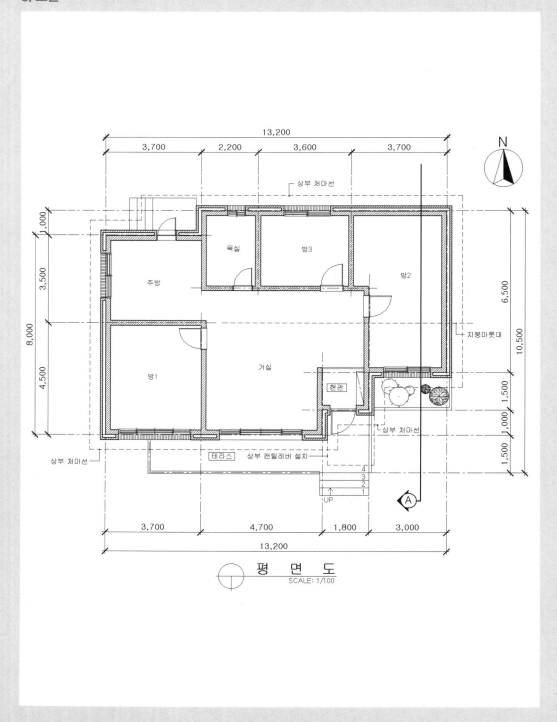

평 면 도
SCALE: 1/100

- A부분 단면 상세도 답안

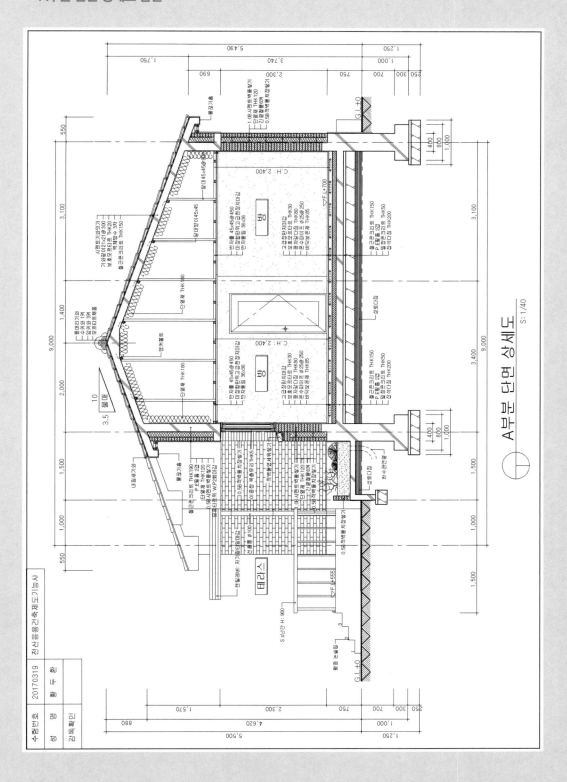

A부분 단면 상세도
S: 1/40

489

• 남측 입면도 답안

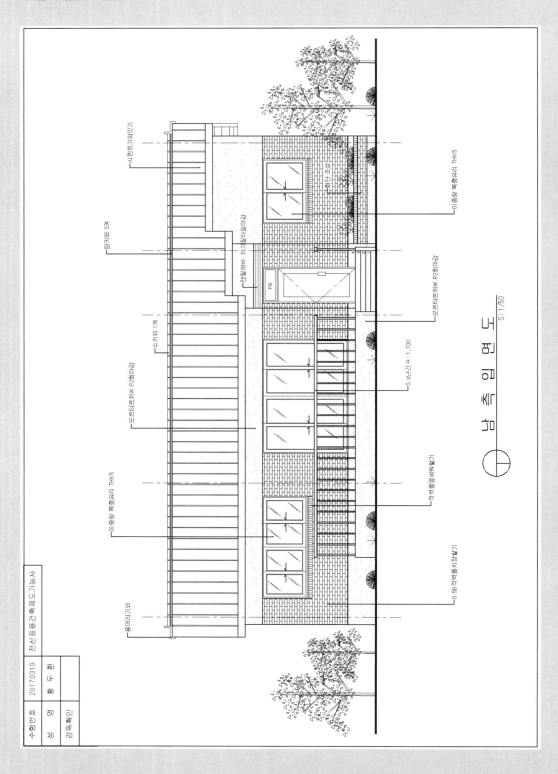

남측입면도
S : 1/50

┌──┐
│ ※ 2016년 1회 시험부터 연장시간의 폐지로 표제란의 규격과 시험시간이 변경되었습니다. │
└──┘

국가기술자격 실기시험문제

자 격 종 목	전산응용건축제도기능사	과 제 명	주　　택

비번호 :
_____

※ 시험시간 : [○ 표준시간 : 4시간10분, ○ 연장시간 : 없음]

1. 요구사항

※ 주어진 평면도를 보고 CAD를 이용하여 아래 조건에 맞게 다음 도면을 작도한 후 지급된 용지에 본인이 직접 흑백으로 출력하여 USB 메모리에 저장하여 함께 제출하시오.

❶ A부분 단면 상세도를 축척 1/40로 작도하시오.

❷ 남측 입면도를 축척 1/50로 작도하되 벽면의 마감재료 표시 및 주위의 배경 등 도면의 요소를 충분히 고려하시오.

|조건|

- **기초 및 지하실 벽체**: 철근콘크리트 구조로 하시오.

- **벽체**: 외벽– 외부로부터 붉은벽돌 0.5B, 단열재, 시멘트벽돌 1.0B로 하시오.
  　　　　 내벽– 두께 1.0B 시멘트벽돌 쌓기로 하시오.

- **단열재**: 외벽 120mm, 바닥 85mm, 지붕 180mm 하시오.

- **지붕**: 철근콘크리트 경사슬래브위 시멘트 기와잇기 마감으로 하시오. (물매 4/10 이상)

- **처마나옴**: 벽체 중심에서 600mm

- **반자높이**: 2,400mm, 처마반자 설치

- **창호**: 목재창호로 하되 2중창인 경우 외부창호 알루미늄 새시로 하시오.

- **각 실의 난방**: 온수파이프 온돌난방으로 하시오.

- 1층 바닥슬래브와 기초는 일체식으로 표현하시오.

- 평면도에 표현되지 않은 현관 상부 캐노피는 작도하지 않습니다.

- 기타 각 부분의 마감, 치수 등 주어지지 않은 조건은 일반적인 시공수준으로 하시오.

※ **선의 통일을 기하기 위하여 아래와 같이 선의 색을 정리하여 출력하시오.**

- 흰색(7–White) – 0.3mm
- 녹색(3–Green) – 0.2mm
- 노랑(2–Yellow) – 0.4mm
- 하늘색(4–Cyan) – 0.3mm
- 빨강(1–Red) – 0.2mm
- 파랑(5–Blue) – 0.1mm

자 격 종 목	전산응용건축제도기능사	과 제 명	주 택

2. 수험자 유의사항

※ 다음 유의사항을 고려하여 요구사항을 완성하시오.

❶ 명기되지 않은 조건은 건축법, 건축구조 및 건축제도 원칙에 따릅니다.

❷ 시험시작 전 바탕화면에 본인 비번호로 폴더를 생성하고, 폴더 안에 작업내용을 저장하도록 합니다.

❸ 정전 및 기계 고장 등에 의한 자료손실을 방지하기 위하여 수시로 저장합니다.

❹ 다음과 같은 경우는 부정행위로 처리됩니다.

　　가) 노트 및 서적, 디스켓을 소지하거나 주고받는 행위

　　나) 건물의 구조 부분의 상세나 글씨 등을 사전에 블록으로 설정하여 지참해 사용하는 경우

❺ 작업이 끝나면 감독위원의 확인을 받은 후 문제지를 제출하고 본부요원 입회하에 본인이 직접 A3용지에 흑백으로 도면을 출력하도록 합니다. 이때 수험자의 운영 미숙으로 도면이 출력되지 않는 경우나 출력시간이 20분을 초과할 경우는 실격 처리됩니다.

❻ 장비 조작 미숙으로 장비의 파손 및 고장을 일으킬 염려가 있을 경우 실격됩니다.

❼ 다음과 같은 경우에는 채점대상에서 제외됩니다.

　　가) 시험시간(표준시간 및 연장시간 포함) 내에 요구사항을 완성하지 못한 경우

　　나) 시험시간 내에 제출된 작품이라도 다음과 같은 경우

　　　　(1) 주어진 조건을 지키지 않고 작도한 경우

　　　　(2) 요구한 전 도면을 작도하지 않은 경우

　　　　(3) 건축제도 통칙을 준수하지 않거나 건축 CAD의 기능이 없는 상태에서 완성된 도면으로 시험위원 전원이 합의하여 판단한 경우

❽ 수험번호, 성명은 도면 좌측 상단에 아래와 같이 표제란을 만들어 기재합니다.

수험번호	전산응용건축제도기능사
성　명	
감독확인	

❾ 감독위원은 시험시작 후 수검자에게 표제란을 우선 작도 후 도면을 작도하도록 하여야 하며, 수험자가 감독위원의 동지시를 따르지 않을 경우 실격 처리됩니다.

❿ 테두리선의 여백은 10mm로 합니다.

3. 도면

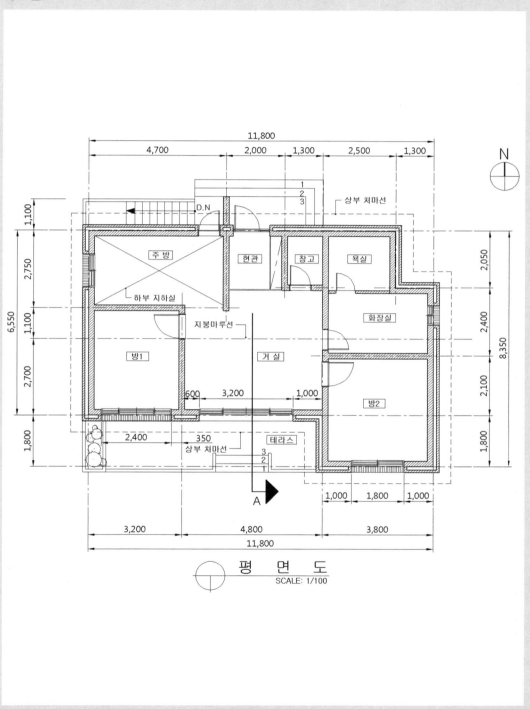

주 방

하부 지하실

현관

창고

욕실

화장실

방1

지붕마루선

거 실

방2

테라스

상부 처마선

상부 처마선

D.N

N

평 면 도
SCALE: 1/100

• A부분 단면 상세도 답안

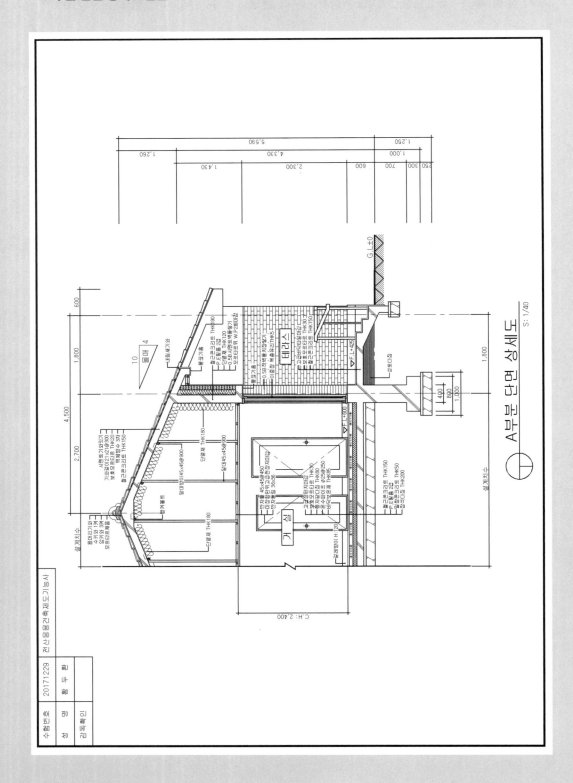

A부분 단면 상세도

S : 1/40

• 남측 입면도 답안

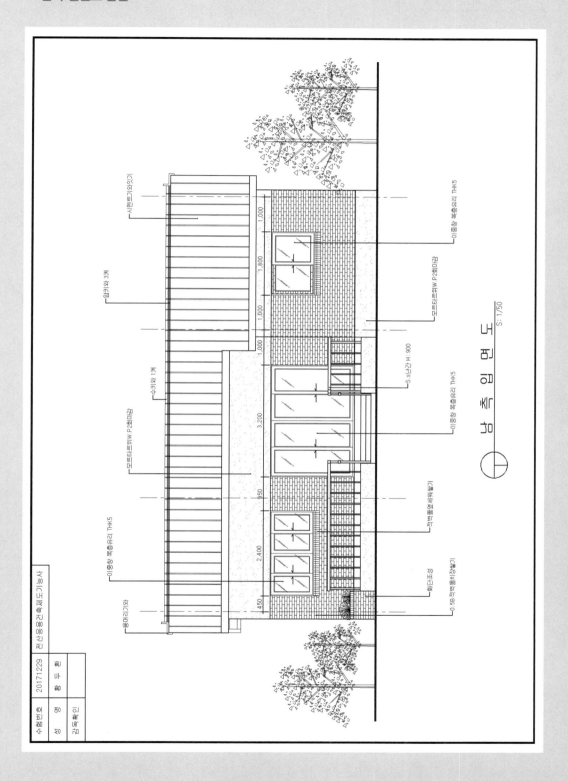

남 측 입 면 도
S: 1/50

국가기술자격 실기시험문제

자 격 종 목	전산응용건축제도기능사	과 제 명	주 택

비번호 :

※ 시험시간 : [○ 표준시간 : 4시간10분, ○ 연장시간 : 없음]

1. 요구사항

※ 주어진 평면도를 보고 CAD를 이용하여 아래 조건에 맞게 다음 도면을 작도한 후 지급된 용지에 본인이 직접 흑백으로 출력하여 USB 메모리에 저장하여 함께 제출하시오.

❶ A부분 단면 상세도를 축척 1/40로 작도하시오.

❷ 남측 입면도를 축척 1/50로 작도하되 벽면의 마감재료 표시 및 주위의 배경 등 도면의 요소를 충분히 고려하시오.

|조건|

- **기초 및 지하실 벽체**: 철근콘크리트 구조로 하시오.
- **벽체**: 외벽 – 외부로부터 붉은벽돌 0.5B, 단열재, 시멘트벽돌 1.0B로 하시오.
  내벽 – 두께 1.0B 시멘트벽돌 쌓기로 하시오.
- **단열재**: 외벽 120mm, 바닥 85mm, 지붕 180mm 하시오.
- **지붕**: 철근콘크리트 경사슬래브위 시멘트 기와잇기 마감으로 하시오. (물매 3.5/10 이상)
- **처마나옴**: 벽체 중심에서 600mm
- **반자높이**: 2,400mm, 처마반자 설치
- **창호**: 목재창호로 하되 2중창인 경우 외부창호 알루미늄 새시로 하시오.
- **각 실의 난방**: 온수파이프 온돌난방으로 하시오.
- 1층 바닥슬래브와 기초는 일체식으로 표현하시오.
- 평면도에 표현되지 않은 현관 상부 캐노피는 작도하지 않습니다.
- 기타 각 부분의 마감, 치수 등 주어지지 않은 조건은 일반적인 시공수준으로 하시오.

※ 선의 통일을 기하기 위하여 아래와 같이 선의 색을 정리하여 출력하시오.

- 흰색(7-White) – 0.3mm
- 노랑(2-Yellow) – 0.4mm
- 빨강(1-Red) – 0.2mm
- 녹색(3-Green) – 0.2mm
- 하늘색(4-Cyan) – 0.3mm
- 파랑(5-Blue) – 0.1mm

2. 수험자 유의사항

※ 다음 유의사항을 고려하여 요구사항을 완성하시오.

❶ 명기되지 않은 조건은 건축법, 건축구조 및 건축제도 원칙에 따릅니다.

❷ 시험시작 전 바탕화면에 본인 비번호로 폴더를 생성하고, 폴더 안에 작업내용을 저장하도록 합니다.

❸ 정전 및 기계 고장 등에 의한 자료손실을 방지하기 위하여 수시로 저장합니다.

❹ 다음과 같은 경우는 부정행위로 처리됩니다.

　　가) 노트 및 서적, 디스켓을 소지하거나 주고받는 행위

　　나) 건물의 구조부분의 상세나 글씨 등을 사전에 블록으로 설정하여 지참해 사용하는 경우

❺ 작업이 끝나면 감독위원의 확인을 받은 후 문제지를 제출하고 본부요원 입회하에 본인이 직접 A3용지에 흑백으로 도면을 출력하도록 합니다. 이때 수험자의 운영 미숙으로 도면이 출력되지 않는 경우나 출력시간이 20분을 초과할 경우는 실격 처리됩니다.

❻ 장비 조작 미숙으로 장비의 파손 및 고장을 일으킬 염려가 있을 경우 실격됩니다.

❼ 다음과 같은 경우에는 채점대상에서 제외됩니다.

　　가) 시험시간(표준시간 및 연장시간 포함) 내에 요구사항을 완성하지 못한 경우

　　나) 시험시간 내에 제출된 작품이라도 다음과 같은 경우

　　　　(1) 주어진 조건을 지키지 않고 작도한 경우

　　　　(2) 요구한 전 도면을 작도하지 않은 경우

　　　　(3) 건축제도 통칙을 준수하지 않거나 건축 CAD의 기능이 없는 상태에서 완성된 도면으로 시험위원 전원이 합의하여 판단한 경우

❽ 수험번호, 성명은 도면 좌측 상단에 아래와 같이 표제란을 만들어 기재합니다.

❾ 감독위원은 시험시작 후 수검자에게 표제란을 우선 작도 후 도면을 작도하도록 하여야 하며, 수험자가 감독위원의 동지시를 따르지 않을 경우 실격 처리됩니다.

❿ 테두리선의 여백은 10mm로 합니다.

3. 도면

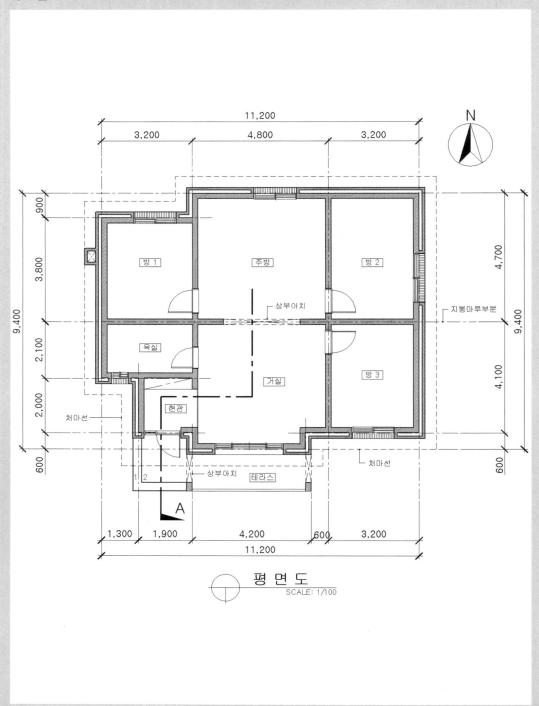

평 면 도
SCALE: 1/100

• A부분 단면 상세도 답안

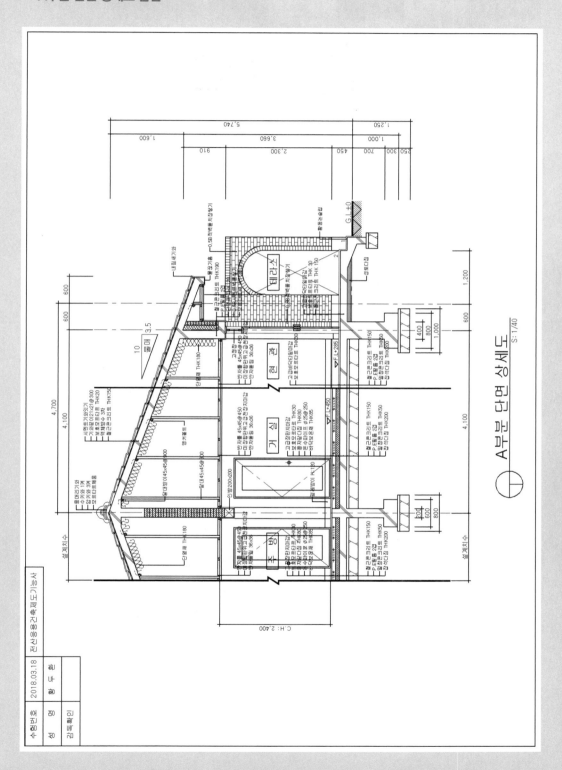

A부분 단면 상세도
S: 1/40

• 남측 입면도 답안

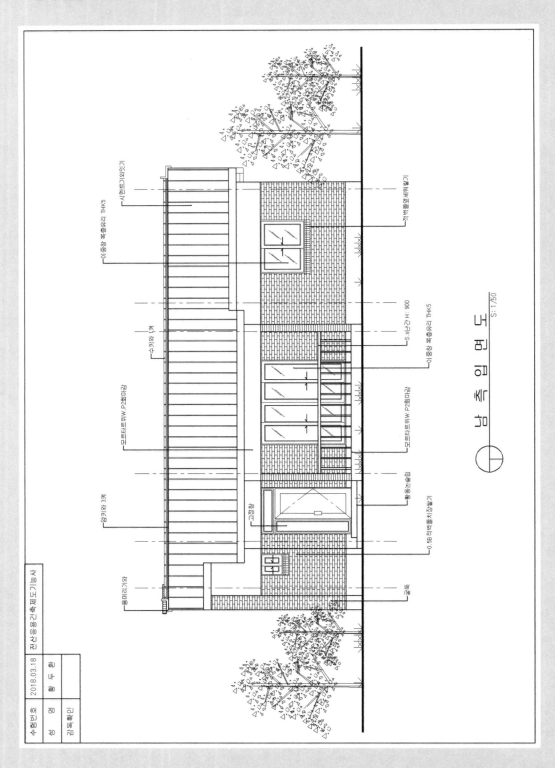

남측입면도
S : 1/50

> ※ 2018년 2회 실기검정의 특이사항은 벽체의 중심선 표시가 외벽 두께의 중심이 아닌 1.0B시멘트 벽돌의 중심으로 표시되었습니다. 조적구조의 벽체 중심선은 이해관계자에 따라 해석이 달라 질 수 있는 부분으로 단면도와 입면도는 평면도에 표시된 대로 작성하면 됩니다.)

국가기술자격 실기시험문제

자 격 종 목	전산응용건축제도기능사	과 제 명	주　　택

비번호 :

※ 시험시간 : [○ 표준시간 : 4시간10분, ○ 연장시간 : 없음]

1. 요구사항

※ 주어진 평면도를 보고 CAD를 이용하여 아래 조건에 맞게 다음 도면을 작도한 후 지급된 용지에 본인이 직접 흑백으로 출력하여 USB 메모리에 저장하여 함께 제출하시오.

❶ A부분 단면 상세도를 축척 1/40로 작도하시오.

❷ 남측 입면도를 축척 1/50로 작도하되 벽면의 마감재료 표시 및 주위의 배경 등 도면의 요소를 충분히 고려하시오.

│조건│

- **기초 및 지하실 벽체:** 철근콘크리트 구조로 하시오.
- **벽체:** 외벽─ 외부로부터 붉은벽돌 0.5B, 단열재, 시멘트벽돌 1.0B로 하시오.
   　　　　내벽─ 두께 1.0B 시멘트벽돌 쌓기로 하시오.
- **단열재:** 외벽 120mm, 바닥 85mm, 지붕 180mm 하시오.
- **지붕:** 철근콘크리트 경사슬래브위 시멘트 기와잇기 마감으로 하시오. (물매 4/10 이상)
- **처마나옴:** 벽체 중심에서 600mm
- **반자높이:** 2,400mm, 처마반자 설치
- **창호:** 목재창호로 하되 2중창인 경우 외부창호 알루미늄 새시로 하시오.
- **각 실의 난방:** 온수파이프 온돌난방으로 하시오.
- 1층 바닥슬래브와 기초는 일체식으로 표현하시오.
- 평면도에 표현되지 않은 현관 상부 캐노피는 작도하지 않습니다.
- 기타 각 부분의 마감, 치수 등 주어지지 않은 조건은 일반적인 시공수준으로 하시오.

※ 선의 통일을 기하기 위하여 아래와 같이 선의 색을 정리하여 출력하시오.

- 흰색(7-White) − 0.3mm
- 녹색(3-Green) − 0.2mm
- 노랑(2-Yellow) − 0.4mm
- 하늘색(4-Cyan) − 0.3mm
- 빨강(1-Red) − 0.2mm
- 파랑(5-Blue) − 0.1mm

2. 수험자 유의사항

※ 다음 유의사항을 고려하여 요구사항을 완성하시오.

❶ 명기되지 않은 조건은 건축법, 건축구조 및 건축제도 원칙에 따릅니다.

❷ 시험시작 전 바탕화면에 본인 비번호로 폴더를 생성하고, 폴더 안에 작업내용을 저장하도록 합니다.

❸ 정전 및 기계 고장 등에 의한 자료손실을 방지하기 위하여 수시로 저장합니다.

❹ 다음과 같은 경우는 부정행위로 처리됩니다.

　　가) 노트 및 서적, 디스켓을 소지하거나 주고받는 행위

　　나) 건물의 구조부분의 상세나 글씨 등을 사전에 블록으로 설정하여 지참해 사용하는 경우

❺ 작업이 끝나면 감독위원의 확인을 받은 후 문제지를 제출하고 본부요원 입회하에 본인이 직접 A3용지에 흑백으로 도면을 출력하도록 합니다. 이때 수험자의 운영 미숙으로 도면이 출력되지 않는 경우나 출력시간이 20분을 초과할 경우는 실격 처리됩니다.

❻ 장비 조작 미숙으로 장비의 파손 및 고장을 일으킬 염려가 있을 경우 실격됩니다.

❼ 다음과 같은 경우에는 채점대상에서 제외됩니다.

　　가) 시험시간(표준시간 및 연장시간 포함) 내에 요구사항을 완성하지 못한 경우

　　나) 시험시간 내에 제출된 작품이라도 다음과 같은 경우

　　　　(1) 주어진 조건을 지키지 않고 작도한 경우

　　　　(2) 요구한 전 도면을 작도하지 않은 경우

　　　　(3) 건축제도 통칙을 준수하지 않거나 건축 CAD의 기능이 없는 상태에서 완성된 도면으로 시험위원 전원이 합의하여 판단한 경우

❽ 수험번호, 성명은 도면 좌측 상단에 아래와 같이 표제란을 만들어 기재합니다.

	수험번호		전산응용건축제도기능사
	성　　명		
	감독확인		

❾ 감독위원은 시험시작 후 수검자에게 표제란을 우선 작도 후 도면을 작도하도록 하여야 하며, 수험자가 감독위원의 동지시를 따르지 않을 경우 실격 처리됩니다.

❿ 테두리선의 여백은 10mm로 합니다.

3. 도면

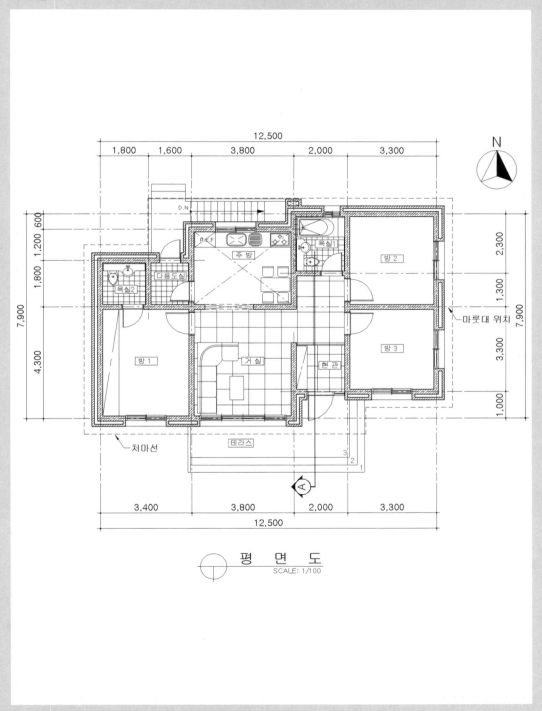

평 면 도
SCALE: 1/100

• A부분 단면 상세도 답안

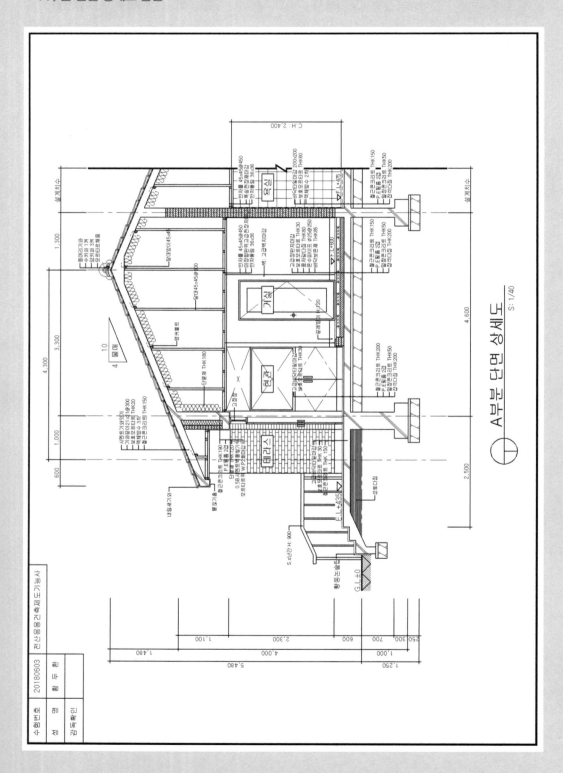

A부분 단면 상세도

S: 1/40

• 남측 입면도 답안

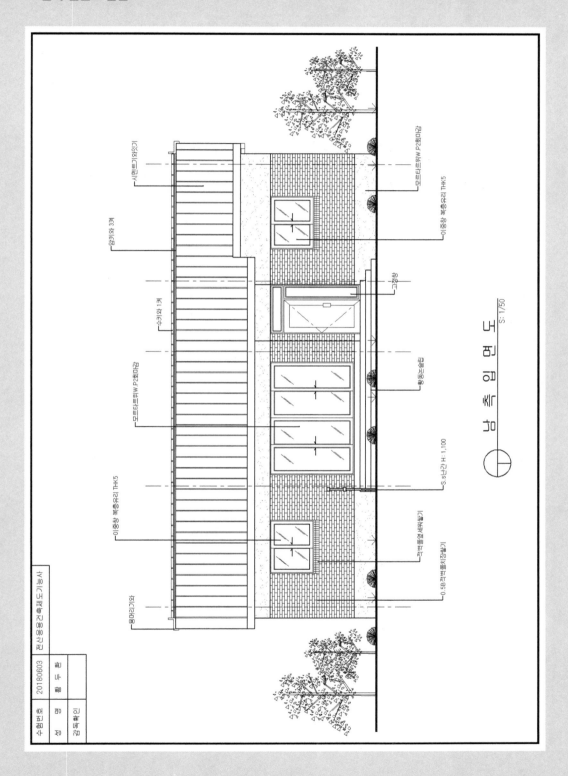

※ 2018년 3회 실기 검정의 특이사항은 지난 2회와 동일하게 외벽의 중심선 표시가 외벽 두께의 중심이 아닌 1.0B시멘트 벽돌의 중심으로 표시되었으며, 창문의 옆세워쌓기가 해치표현이 빠진 상태로 출제되었습니다. 거실과는 다르게 외부공간으로 출입가능한 공간이 없으므로 기존과 동일한 1,200정도 높이의 창으로 구성하고 창대돌은 인조석이나 옆세워쌓기로 작성하면 됩니다.

국가기술자격 실기시험문제

자 격 종 목	전산응용건축제도기능사	과 제 명	주 택

비번호 :

※ 시험시간 : [○ 표준시간 : 4시간10분, ○ 연장시간 : 없음]

1. 요구사항

※ 주어진 평면도를 보고 CAD를 이용하여 아래 조건에 맞게 다음 도면을 작도한 후 지급된 용지에 본인이 직접 흑백으로 출력하여 USB 메모리에 저장하여 함께 제출하시오.

  ❶ A부분 단면 상세도를 축척 1/40로 작도하시오.

  ❷ 남측 입면도를 축척 1/50로 작도하되 벽면의 마감재료 표시 및 주위의 배경 등 도면의 요소를 충분히 고려하시오.

|조건|

- **기초 및 지하실 벽체**: 철근콘크리트 구조로 하시오.
- **벽체**: 외벽- 외부로부터 붉은벽돌 0.5B, 단열재, 시멘트벽돌 1.0B로 하시오.
                내벽- 두께 1.0B 시멘트벽돌 쌓기로 하시오.
- **단열재**: 외벽 120mm, 바닥 85mm, 지붕 180mm 하시오.
- **지붕**: 철근콘크리트 경사슬래브위 시멘트 기와잇기 마감으로 하시오. (물매 3.5/10 이상)
- **처마나옴**: 벽체 중심에서 600mm
- **반자높이**: 2,400mm, 처마반자 설치
- **창호**: 목재창호로 하되 2중창인 경우 외부창호 알루미늄 새시로 하시오.
- **각 실의 난방**: 온수파이프 온돌난방으로 하시오.
- 1층 바닥슬래브와 기초는 일체식으로 표현하시오.
- 평면도에 표현되지 않은 현관 상부 캐노피는 작도하지 않습니다.
- 기타 각 부분의 마감, 치수 등 주어지지 않은 조건은 일반적인 시공수준으로 하시오.

※ 선의 통일을 기하기 위하여 아래와 같이 선의 색을 정리하여 출력하시오.

- 흰색(7-White) - 0.3mm
- 녹색(3-Green) - 0.2mm
- 노랑(2-Yellow) - 0.4mm
- 하늘색(4-Cyan) - 0.3mm
- 빨강(1-Red) - 0.2mm
- 파랑(5-Blue) - 0.1mm

자 격 종 목	전산응용건축제도기능사	과 제 명	주 택

2. 수험자 유의사항

※ 다음 유의사항을 고려하여 요구사항을 완성하시오.

❶ 명기되지 않은 조건은 건축법, 건축구조 및 건축제도 원칙에 따릅니다.

❷ 시험시작 전 바탕화면에 본인 비번호로 폴더를 생성하고, 폴더 안에 작업내용을 저장하도록 합니다.

❸ 정전 및 기계 고장 등에 의한 자료손실을 방지하기 위하여 수시로 저장합니다.

❹ 다음과 같은 경우는 부정행위로 처리됩니다.

　가) 노트 및 서적, 디스켓을 소지하거나 주고받는 행위

　나) 건물의 구조 부분의 상세나 글씨 등을 사전에 블록으로 설정하여 지참해 사용하는 경우

❺ 작업이 끝나면 감독위원의 확인을 받은 후 문제지를 제출하고 본부요원 입회하에 본인이 직접 A3용지에 흑백으로 도면을 출력하도록 합니다. 이때 수험자의 운영 미숙으로 도면이 출력되지 않는 경우나 출력시간이 20분을 초과할 경우는 실격 처리됩니다.

❻ 장비 조작 미숙으로 장비의 파손 및 고장을 일으킬 염려가 있을 경우 실격됩니다.

❼ 다음과 같은 경우에는 채점대상에서 제외됩니다.

　가) 시험시간(표준시간 및 연장시간 포함) 내에 요구사항을 완성하지 못한 경우

　나) 시험시간 내에 제출된 작품이라도 다음과 같은 경우

　　(1) 주어진 조건을 지키지 않고 작도한 경우

　　(2) 요구한 전 도면을 작도하지 않은 경우

　　(3) 건축제도 통칙을 준수하지 않거나 건축 CAD의 기능이 없는 상태에서 완성된 도면으로 시험위원 전원이 합의하여 판단한 경우

❽ 수험번호, 성명은 도면 좌측 상단에 아래와 같이 표제란을 만들어 기재합니다.

❾ 감독위원은 시험시작 후 수검자에게 표제란을 우선 작도 후 도면을 작도하도록 하여야 하며, 수험자가 감독위원의 동지시를 따르지 않을 경우 실격 처리됩니다.

❿ 테두리선의 여백은 10mm로 합니다.

3. 도면

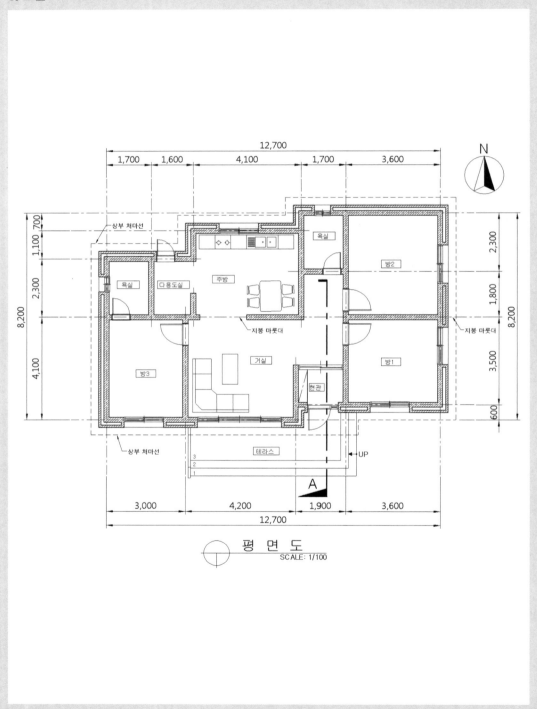

평 면 도
SCALE: 1/100

- A부분 단면 상세도 답안

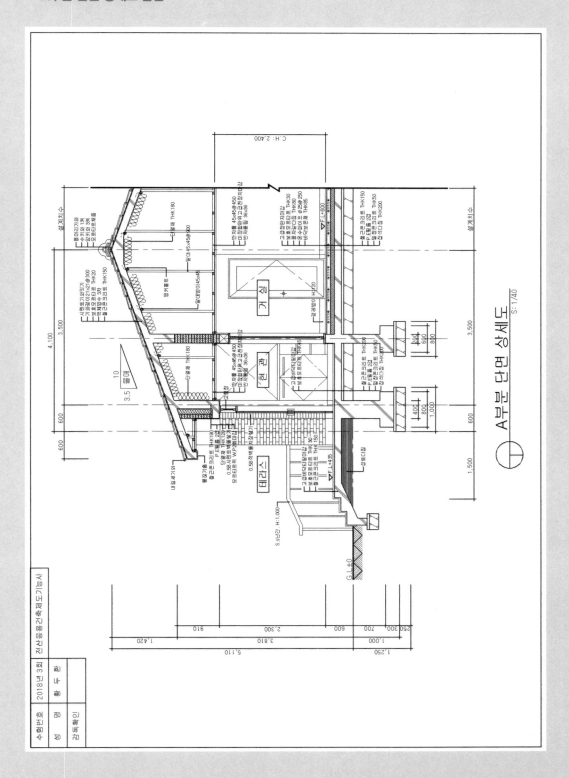

A부분 단면 상세도
S : 1/40

509

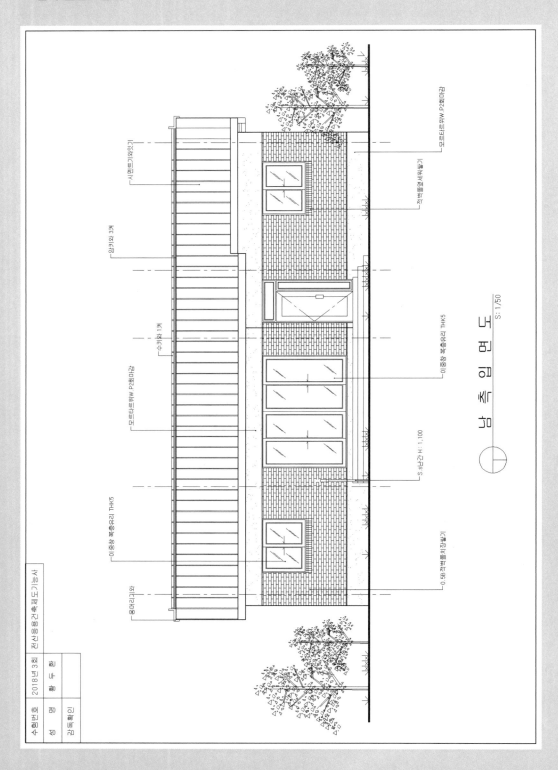

남측입면도
S : 1/50

※ 벽체의 외벽 중심선이 1.0B 중간에 표시되었던 2018년 2,3회 유형과는 다르게 다시 이전과 같은 벽체 중간에 표시되어 출제되었습니다. 항상 도면을 작성하기 전에 필히 평면도의 중심선 위치를 확인한 후 평면도와 일치하는 답안으로 작성하면 됩니다.

국가기술자격 실기시험문제

자 격 종 목	전산응용건축제도기능사	과 제 명	주 택

비번호 :

※ 시험시간 : [○ 표준시간 : 4시간10분, ○ 연장시간 : 없음]

1. 요구사항

※ 주어진 평면도를 보고 CAD를 이용하여 아래 조건에 맞게 다음 도면을 작도한 후 지급된 용지에 본인이 직접 흑백으로 출력하여 USB 메모리에 저장하여 함께 제출하시오.

❶ A부분 단면 상세도를 축척 1/40로 작도하시오.

❷ 남측 입면도를 축척 1/50로 작도하되 벽면의 마감재료 표시 및 주위의 배경 등 도면의 요소를 충분히 고려하시오.

|조건|

- **기초 및 지하실 벽체**: 철근콘크리트 구조로 하시오.

- **벽체**: 외벽– 외부로부터 붉은벽돌 0.5B, 단열재, 시멘트벽돌 1.0B로 하시오.

  내벽– 두께 1.0B 시멘트벽돌 쌓기로 하시오.

- **단열재**: 외벽 120mm, 바닥 85mm, 지붕 180mm 하시오.

- **지붕**: 철근콘크리트 경사슬래브위 시멘트 기와잇기 마감으로 하시오. (물매 3.5/10 이상)

- **처마나옴**: 벽체 중심에서 600mm

- **반자높이**: 2,400mm, 처마반자 설치

- **창호**: 목재창호로 하되 2중창인 경우 외부창호 알루미늄 새시로 하시오.

- **각 실의 난방**: 온수파이프 온돌난방으로 하시오.

- 1층 바닥슬래브와 기초는 일체식으로 표현하시오.

- 평면도에 표현되지 않은 현관 상부 캐노피는 작도하지 않습니다.

- 기타 각 부분의 마감, 치수 등 주어지지 않은 조건은 일반적인 시공수준으로 하시오.

※ 선의 통일을 기하기 위하여 아래와 같이 선의 색을 정리하여 출력하시오.

- 흰색(7–White) – 0.3mm
- 녹색(3–Green) – 0.2mm
- 노랑(2–Yellow) – 0.4mm
- 하늘색(4–Cyan) – 0.3mm
- 빨강(1–Red) – 0.2mm
- 파랑(5–Blue) – 0.1mm

자 격 종 목	전산응용건축제도기능사	과 제 명	주 택

2. 수험자 유의사항

※ 다음 유의사항을 고려하여 요구사항을 완성하시오.

❶ 명기되지 않은 조건은 건축법, 건축구조 및 건축제도 원칙에 따릅니다.

❷ 시험시작 전 바탕화면에 본인 비번호로 폴더를 생성하고, 폴더 안에 작업내용을 저장하도록 합니다.

❸ 정전 및 기계 고장 등에 의한 자료손실을 방지하기 위하여 수시로 저장합니다.

❹ 다음과 같은 경우는 부정행위로 처리됩니다.

　　가) 노트 및 서적, 디스켓을 소지하거나 주고받는 행위

　　나) 건물의 구조 부분의 상세나 글씨 등을 사전에 블록으로 설정하여 지참해 사용하는 경우

❺ 작업이 끝나면 감독위원의 확인을 받은 후 문제지를 제출하고 본부요원 입회하에 본인이 직접 A3용지에 흑백으로 도면을 출력하도록 합니다. 이때 수험자의 운영 미숙으로 도면이 출력되지 않는 경우나 출력시간이 20분을 초과할 경우는 실격 처리됩니다.

❻ 장비 조작 미숙으로 장비의 파손 및 고장을 일으킬 염려가 있을 경우 실격됩니다.

❼ 다음과 같은 경우에는 채점대상에서 제외됩니다.

　　가) 시험시간(표준시간 및 연장시간 포함) 내에 요구사항을 완성하지 못한 경우

　　나) 시험시간 내에 제출된 작품이라도 다음과 같은 경우

　　　　(1) 주어진 조건을 지키지 않고 작도한 경우

　　　　(2) 요구한 전 도면을 작도하지 않은 경우

　　　　(3) 건축제도 통칙을 준수하지 않거나 건축 CAD의 기능이 없는 상태에서 완성된 도면으로 시험위원 전원이 합의하여 판단한 경우

❽ 수험번호, 성명은 도면 좌측 상단에 아래와 같이 표제란을 만들어 기재합니다.

❾ 감독위원은 시험시작 후 수검자에게 표제란을 우선 작도 후 도면을 작도하도록 하여야 하며, 수험자가 감독위원의 동지시를 따르지 않을 경우 실격 처리됩니다.

❿ 테두리선의 여백은 10mm로 합니다.

3. 도면

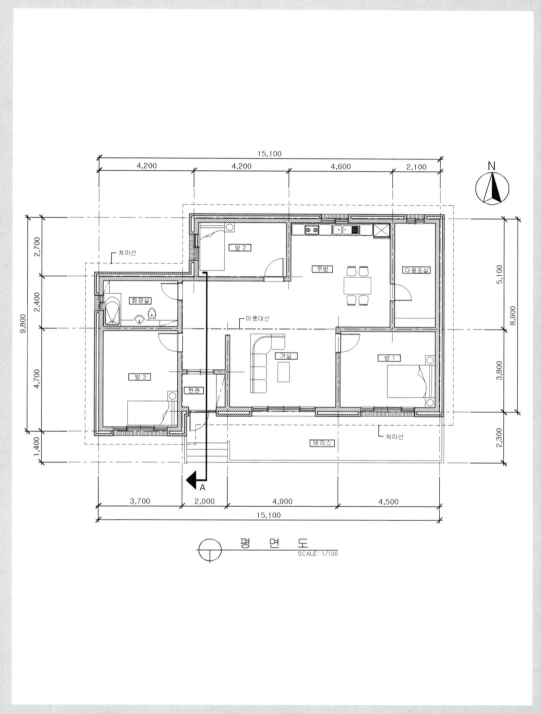

평 면 도
SCALE: 1/100

• A부분 단면 상세도 답안

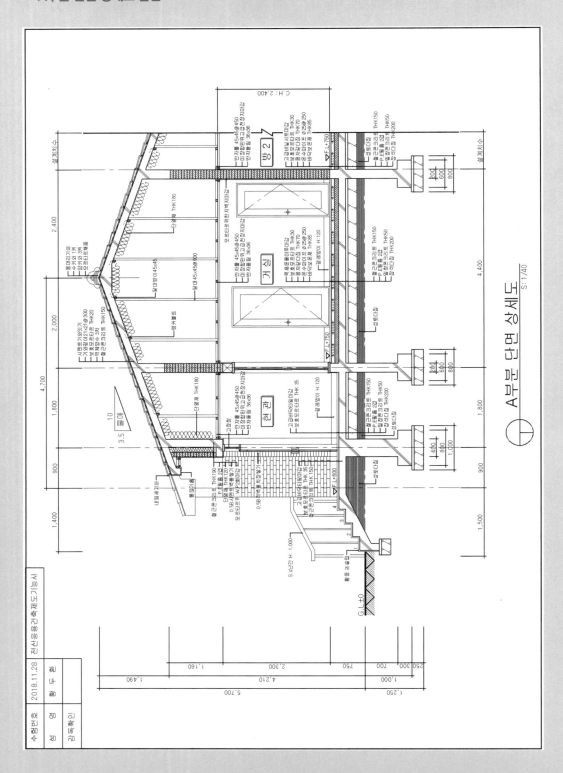

• 남측 입면도 답안

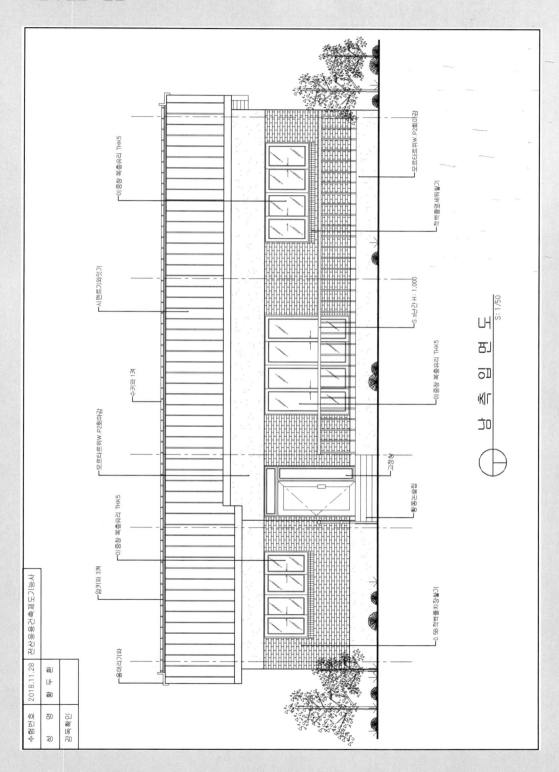

남측입면도
S : 1/50

※ 벽체의 외벽 중심선이 2018년 2,3회 유형과 같이 1.0B시멘트벽돌 중간에 표시되어 출제되었습니다. 항상 도면을 작성하기 전에 필히 평면의 중심선 위치를 확인한 후 평면도와 일치하게 작성합니다.

국가기술자격 실기시험문제

자 격 종 목	전산응용건축제도기능사	과 제 명	주 택

비번호 :

※ 시험시간 : [○ 표준시간 : 4시간10분, ○ 연장시간 : 없음]

1. 요구사항

※ 주어진 평면도를 보고 CAD를 이용하여 아래 조건에 맞게 다음 도면을 작도한 후 지급된 용지에 본인이 직접 흑백으로 출력하여 USB 메모리에 저장하여 함께 제출하시오.

❶ A부분 단면 상세도를 축척 1/40로 작도하시오.

❷ 남측 입면도를 축척 1/50로 작도하되 벽면의 마감재료 표시 및 주위의 배경 등 도면의 요소를 충분히 고려하시오.

|조건|

- **기초 및 지하실 벽체:** 철근콘크리트 구조로 하시오.
- **벽체:** 외벽– 외부로부터 붉은벽돌 0.5B, 단열재, 시멘트벽돌 1.0B로 하시오.
  내벽– 두께 1.0B 시멘트벽돌 쌓기로 하시오.
- **단열재:** 외벽 120mm, 바닥 85mm, 지붕 180mm 하시오.
- **지붕:** 철근콘크리트 경사슬래브위 시멘트 기와잇기 마감으로 하시오. (물매 3.5/10 이상)
- **처마나옴:** 벽체 중심에서 600mm
- **반자높이:** 2,400mm, 처마반자 설치
- **창호:** 목재창호로 하되 2중창인 경우 외부창호 알루미늄 새시로 하시오.
- **각 실의 난방:** 온수파이프 온돌난방으로 하시오.
- 1층 바닥슬래브와 기초는 일체식으로 표현하시오.
- 평면도에 표현되지 않은 현관 상부 캐노피는 작도하지 않습니다.
- 기타 각 부분의 마감, 치수 등 주어지지 않은 조건은 일반적인 시공수준으로 하시오.

※ 선의 통일을 기하기 위하여 아래와 같이 선의 색을 정리하여 출력하시오.

- 흰색(7-White) – 0.3mm
- 녹색(3-Green) – 0.2mm
- 노랑(2-Yellow) – 0.4mm
- 하늘색(4-Cyan) – 0.3mm
- 빨강(1-Red) – 0.2mm
- 파랑(5-Blue) – 0.1mm

※ 수험자 유의사항은 생략

3. 도면

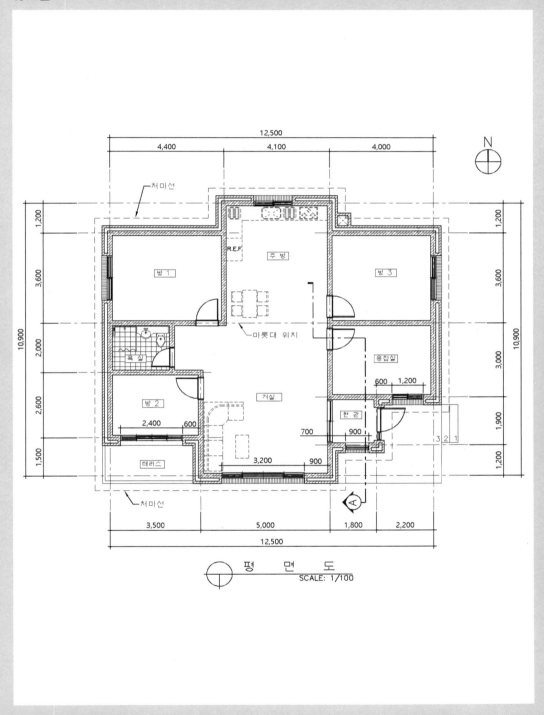

평 면 도
SCALE: 1/100

• A부분 단면 상세도 답안

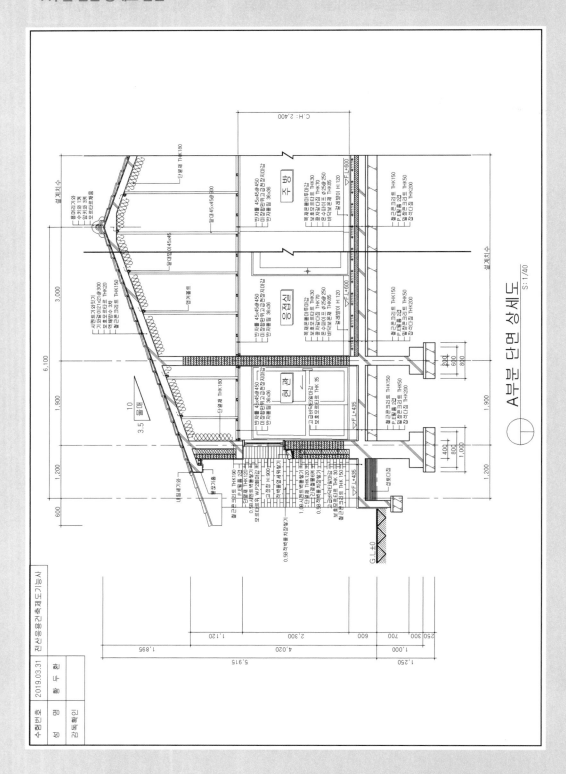

• 남측 입면도 답안

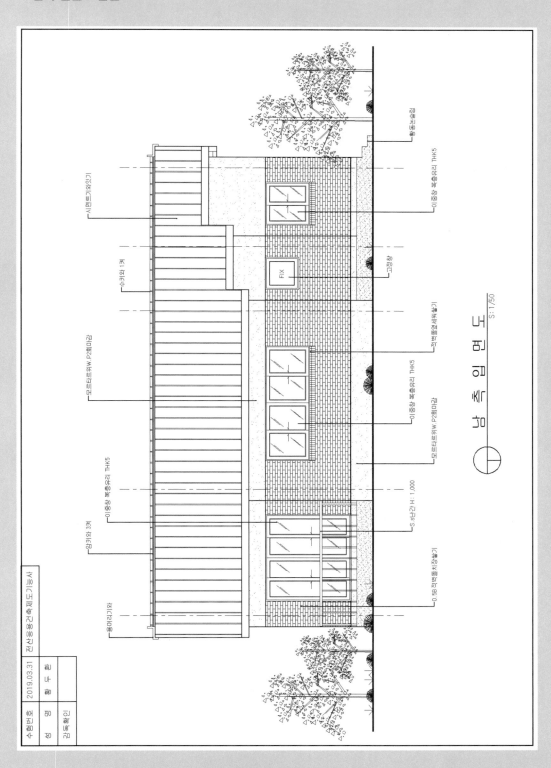

남측입면도
S : 1/50

519

※ 방2 벽체의 중심이 편심이며, 입면도 작성 시 현관의 고정창과 화단을 작성해야 합니다.

평면도 거실 창에 옆세워쌓기가 표현되어 있으며, 거실 이외의 공간에서도 테라스로 이동이 가능하므로 거실창의 높이는 1200과 2300 모두 적절하다고 볼 수 있습니다. (답안은 1200 높이로 작성됨)

국가기술자격 실기시험문제

자 격 종 목	전산응용건축제도기능사	과 제 명	주 택

비번호 :

※ 시험시간 : [○ 표준시간 : 4시간10분, ○ 연장시간 : 없음]

1. 요구사항

※ 주어진 평면도를 보고 CAD를 이용하여 아래 조건에 맞게 다음 도면을 작도한 후 지급된 용지에 본인이 직접 흑백으로 출력하여 USB 메모리에 저장하여 함께 제출하시오.

❶ A부분 단면 상세도를 축척 1/40로 작도하시오.

❷ 남측 입면도를 축척 1/50로 작도하되 벽면의 마감재료 표시 및 주위의 배경 등 도면의 요소를 충분히 고려하시오.

|조건|

- **기초 및 지하실 벽체:** 철근콘크리트 구조로 하시오.
- **벽체:** 외벽− 외부로부터 붉은벽돌 0.5B, 단열재, 시멘트벽돌 1.0B로 하시오.
    내벽− 두께 1.0B 시멘트벽돌 쌓기로 하시오.
- **단열재:** 외벽 120mm, 바닥 85mm, 지붕 180mm 하시오.
- **지붕:** 철근콘크리트 경사슬래브위 시멘트 기와잇기 마감으로 하시오. (물매 4/10 이상)
- **처마나옴:** 벽체 중심에서 600mm
- **반자높이:** 2,400mm, 처마반자 설치
- **창호:** 목재창호로 하되 2중창인 경우 외부창호 알루미늄 새시로 하시오.
- **각 실의 난방:** 온수파이프 온돌난방으로 하시오.
- 1층 바닥슬래브와 기초는 일체식으로 표현하시오.
- 평면도에 표현되지 않은 현관 상부 캐노피는 작도하지 않습니다.
- 기타 각 부분의 마감, 치수 등 주어지지 않은 조건은 일반적인 시공수준으로 하시오.

※ **선의 통일을 기하기 위하여 아래와 같이 선의 색을 정리하여 출력하시오.**

- 흰색(7−White) − 0.3mm
- 녹색(3−Green) − 0.2mm
- 노랑(2−Yellow) − 0.4mm
- 하늘색(4−Cyan) − 0.3mm
- 빨강(1−Red) − 0.2mm
- 파랑(5−Blue) − 0.1mm

※ 수험자 유의사항은 생략

3. 도면

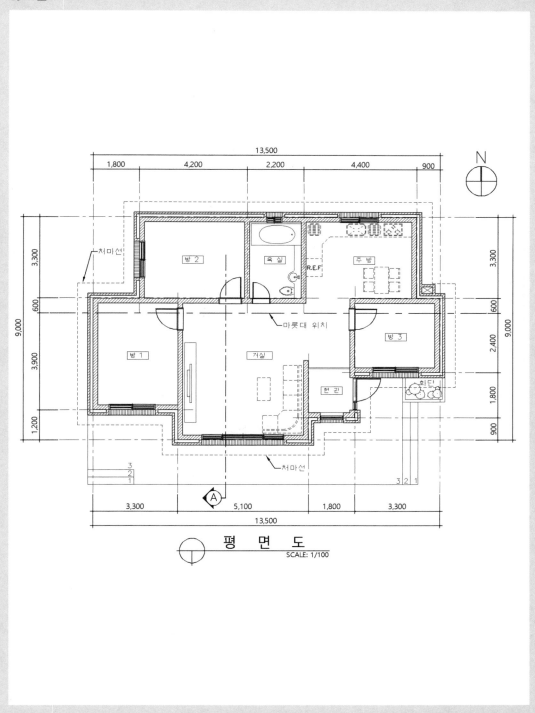

평 면 도
SCALE: 1/100

• A부분 단면 상세도 답안

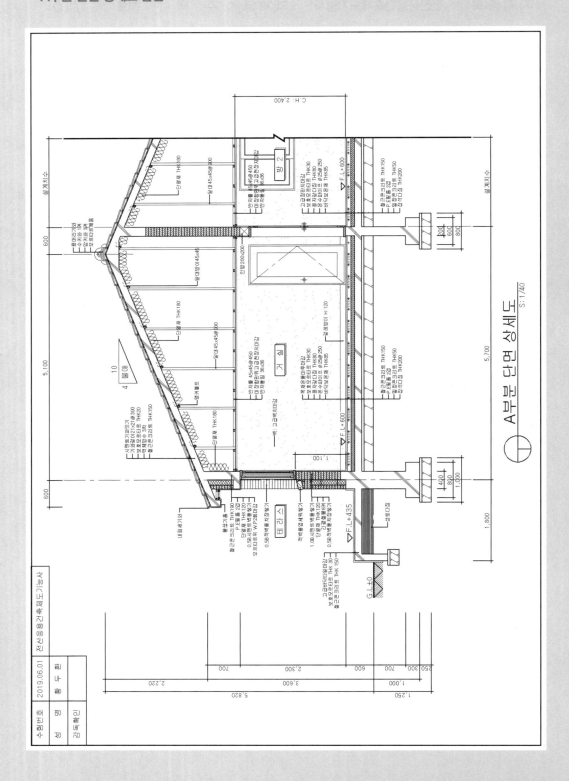

A부분 단면 상세도
S : 1/40

- **남측 입면도 답안**

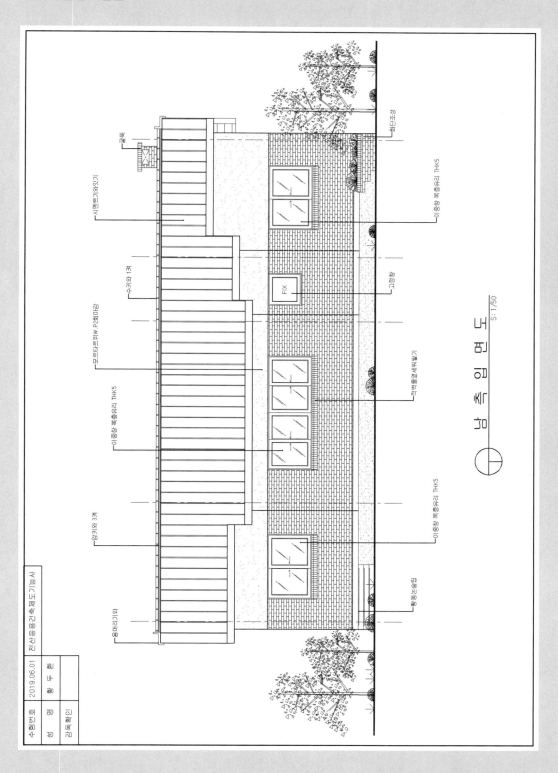

※ 상부 아치를 구성하는 부분이 주요사항입니다. 호를 그리고 Array로 배열해 아치를 작성하는 것에 대해 부담이 된다면 세부 조건이 없으므로 평아치로 작성해도 무방합니다.

국가기술자격 실기시험문제

자 격 종 목	전산응용건축제도기능사	과 제 명	주 택

비번호 :

※ 시험시간 : [○ 표준시간 : 4시간10분, ○ 연장시간 : 없음]

1. 요구사항

※ 주어진 평면도를 보고 CAD를 이용하여 아래 조건에 맞게 다음 도면을 작도한 후 지급된 용지에 본인이 직접 흑백으로 출력하여 USB 메모리에 저장하여 함께 제출하시오.

❶ A부분 단면 상세도를 축척 1/40로 작도하시오.

❷ 남측 입면도를 축척 1/50로 작도하되 벽면의 마감재료 표시 및 주위의 배경 등 도면의 요소를 충분히 고려하시오.

|조건|

- **기초 및 지하실 벽체:** 철근콘크리트 구조로 하시오.
- **벽체:** 외벽– 외부로부터 붉은벽돌 0.5B, 단열재, 시멘트벽돌 1.0B로 하시오.
  내벽– 두께 1.0B 시멘트벽돌 쌓기로 하시오.
- **단열재:** 외벽 120mm, 바닥 85mm, 지붕 180mm 하시오.
- **지붕:** 철근콘크리트 경사슬래브위 시멘트 기와잇기 마감으로 하시오. (물매 3.5/10 이상)
- **처마나옴:** 벽체 중심에서 600mm
- **반자높이:** 2,400mm, 처마반자 설치
- **창호:** 목재창호로 하되 2중창인 경우 외부창호 알루미늄 새시로 하시오.
- **각 실의 난방:** 온수파이프 온돌난방으로 하시오.
- 1층 바닥슬래브와 기초는 일체식으로 표현하시오.
- 평면도에 표현되지 않은 현관 상부 캐노피는 작도하지 않습니다.
- 기타 각 부분의 마감, 치수 등 주어지지 않은 조건은 일반적인 시공수준으로 하시오.

※ 선의 통일을 기하기 위하여 아래와 같이 선의 색을 정리하여 출력하시오.

- 흰색(7–White) – 0.3mm
- 녹색(3–Green) – 0.2mm
- 노랑(2–Yellow) – 0.4mm
- 하늘색(4–Cyan) – 0.3mm
- 빨강(1–Red) – 0.2mm
- 파랑(5–Blue) – 0.1mm

※ 선의 색상과 두께는 실제 시험 시 변경될 수 있으므로 다시 한번 확인하여 제시된 색상과 두께로 작성합니다. 두께가 다르게 출제될 경우 단면선〉입면선〉치수 및 문자〉중심선〉마감선〉해칭선 순으로 두꺼운 선을 적용하면 됩니다.

자 격 종 목	전산응용건축제도기능사	과 제 명	주 택

2. 수험자 유의사항

※ 다음 유의사항을 고려하여 요구사항을 완성하시오.

❶ 명기되지 않은 조건은 건축법, 건축구조 및 건축제도 원칙에 따릅니다.

❷ 시험시작 전 바탕화면에 본인 비번호로 폴더를 생성하고, 폴더 안에 작업내용을 저장하도록 합니다.

❸ 정전 및 기계 고장 등에 의한 자료손실을 방지하기 위하여 수시로 저장합니다.

❹ 다음과 같은 경우는 부정행위로 처리됩니다.

　가) 노트 및 서적, 디스켓을 소지하거나 주고받는 행위

　나) 건물의 구조 부분의 상세나 글씨 등을 사전에 블록으로 설정하여 지참해 사용하는 경우

❺ 작업이 끝나면 감독위원의 확인을 받은 후 문제지를 제출하고 본부요원 입회하에 본인이 직접 A3용지에 흑백으로 도면을 출력하도록 합니다. 이때 수험자의 운영 미숙으로 도면이 출력되지 않는 경우나 출력시간이 20분을 초과할 경우는 실격 처리됩니다.

❻ 장비 조작 미숙으로 장비의 파손 및 고장을 일으킬 염려가 있을 경우 실격됩니다.

❼ 다음과 같은 경우에는 채점대상에서 제외됩니다.

　가) 시험시간(표준시간 및 연장시간 포함) 내에 요구사항을 완성하지 못한 경우

　나) 시험시간 내에 제출된 작품이라도 다음과 같은 경우

　　(1) 주어진 조건을 지키지 않고 작도한 경우

　　(2) 요구한 전 도면을 작도하지 않은 경우

　　(3) 건축제도 통칙을 준수하지 않거나 건축 CAD의 기능이 없는 상태에서 완성된 도면으로 시험위원 전원이 합의하여 판단한 경우

❽ 수험번호, 성명은 도면 좌측 상단에 아래와 같이 표제란을 만들어 기재합니다.

❾ 감독위원은 시험시작 후 수검자에게 표제란을 우선 작도 후 도면을 작도하도록 하여야 하며, 수험자가 감독위원의 동지시를 따르지 않을 경우 실격 처리됩니다.

❿ 테두리선의 여백은 10mm로 합니다.

※ 표제란과 테두리선의 여백은 실제 시험 시 변경될 수 있으므로 다시 한번 확인하여 제시된 치수로 작성합니다.

3. 도면

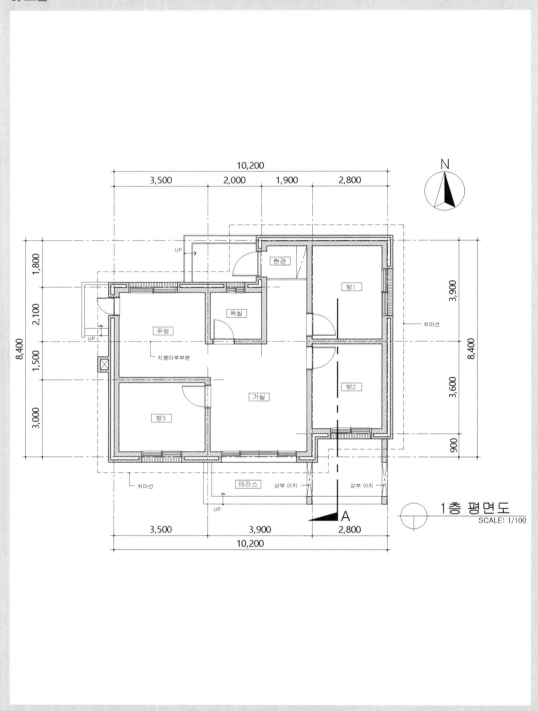

1층 평면도
SCALE: 1/100

- A부분 단면 상세도 답안

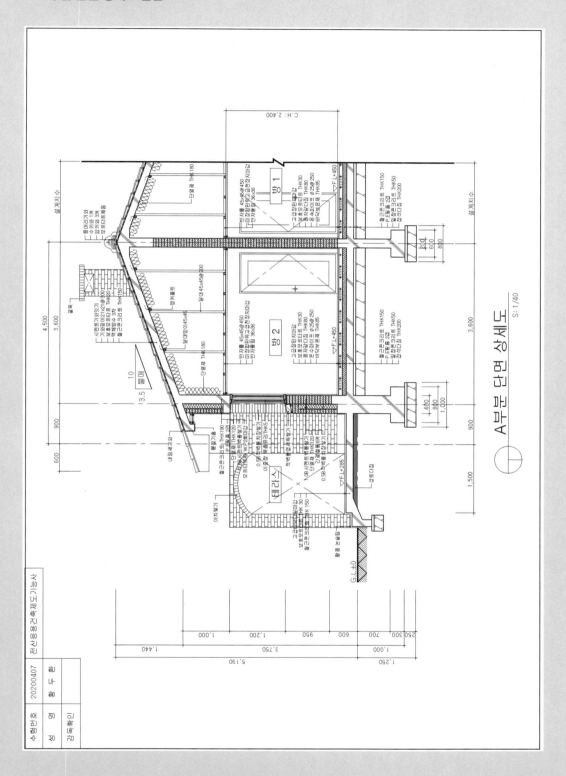

A부분 단면 상세도

S: 1/40

527

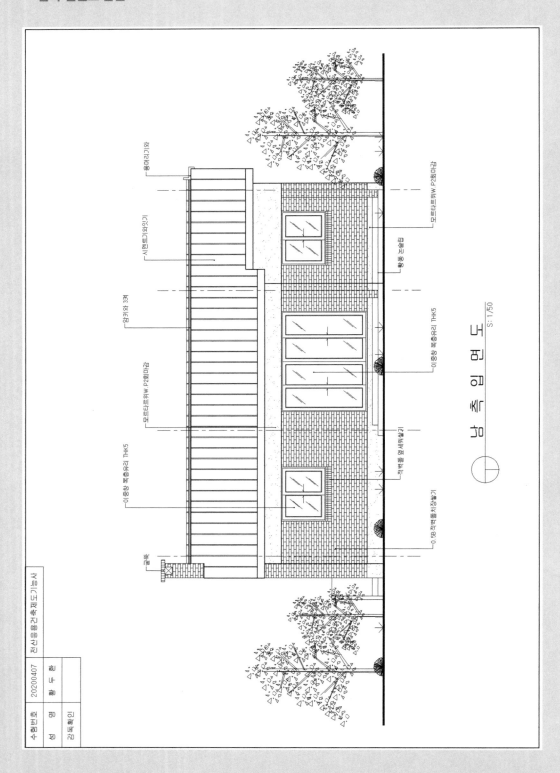

남 측 입 면 도
S : 1/50

> ※ 평면도에 하부공간을 뜻하는 X 표시가 없습니다. 하지만 주방에서 지하로 연결되는 문과 계단이 있으므로 주방의 일부와 다용도실, 넓게는 파우더룸과 욕실의 하부까지 지하실로 볼 수 있습니다.

국가기술자격 실기시험문제

자 격 종 목	전산응용건축제도기능사	과 제 명	주 택

비번호 :

※ 시험시간 : [○ 표준시간 : 4시간10분, ○ 연장시간 : 없음]

1. 요구사항

※ 주어진 평면도를 보고 CAD를 이용하여 아래 조건에 맞게 다음 도면을 작도한 후 지급된 용지에 본인이 직접 흑백으로 출력하여 USB 메모리에 저장하여 함께 제출하시오.

  ❶ A부분 단면 상세도를 축척 1/40로 작도하시오.

  ❷ 남측 입면도를 축척 1/50로 작도하되 벽면의 마감재료 표시 및 주위의 배경 등 도면의 요소를 충분히 고려하시오.

|조건|

- **기초 및 지하실 벽체:** 철근콘크리트 구조로 하시오.
- **벽체:** 외벽 – 외부로부터 붉은벽돌 0.5B, 단열재, 시멘트벽돌 1.0B로 하시오.

             내벽 – 두께 1.0B 시멘트벽돌 쌓기로 하시오.
- **단열재:** 외벽 120mm, 바닥 85mm, 지붕 180mm 하시오.
- **지붕:** 철근콘크리트 경사슬래브위 시멘트 기와잇기 마감으로 하시오. (물매 3.5/10 이상)
- **처마나옴:** 벽체 중심에서 600mm
- **반자높이:** 2,400mm, 처마반자 설치
- **창호:** 목재창호로 하되 2중창인 경우 외부창호 알루미늄 새시로 하시오.
- **각 실의 난방:** 온수파이프 온돌난방으로 하시오.
- 1층 바닥슬래브와 기초는 일체식으로 표현하시오.
- 평면도에 표현되지 않은 현관 상부 캐노피는 작도하지 않습니다.
- 기타 각 부분의 마감, 치수 등 주어지지 않은 조건은 일반적인 시공수준으로 하시오.

※ 선의 통일을 기하기 위하여 아래와 같이 선의 색을 정리하여 출력하시오.

- 흰색(7–White) – 0.3mm
- 녹색(3–Green) – 0.2mm
- 노랑(2–Yellow) – 0.4mm
- 하늘색(4–Cyan) – 0.3mm
- 빨강(1–Red) – 0.2mm
- 파랑(5–Blue) – 0.1mm

※ 선의 색상과 두께는 실제 시험 시 변경될 수 있으므로 다시 한번 확인하여 제시된 색상과 두께로 작성합니다. 두께가 다르게 출제될 경우 단면선〉입면선〉치수 및 문자〉중심선〉마감선〉해칭선 순으로 두꺼운 선을 적용하면 됩니다.

2. 수험자 유의사항

※ 다음 유의사항을 고려하여 요구사항을 완성하시오.

❶ 명기되지 않은 조건은 건축법, 건축구조 및 건축제도 원칙에 따릅니다.

❷ 시험시작 전 바탕화면에 본인 비번호로 폴더를 생성하고, 폴더 안에 작업내용을 저장하도록 합니다.

❸ 정전 및 기계 고장 등에 의한 자료손실을 방지하기 위하여 수시로 저장합니다.

❹ 다음과 같은 경우는 부정행위로 처리됩니다.

　　가) 노트 및 서적, 디스켓을 소지하거나 주고받는 행위

　　나) 건물의 구조 부분의 상세나 글씨 등을 사전에 블록으로 설정하여 지참해 사용하는 경우

❺ 작업이 끝나면 감독위원의 확인을 받은 후 문제지를 제출하고 본부요원 입회하에 본인이 직접 A3용지에 흑백으로 도면을 출력하도록 합니다. 이때 수험자의 운영 미숙으로 도면이 출력되지 않는 경우나 출력시간이 20분을 초과할 경우는 실격 처리됩니다.

❻ 장비 조작 미숙으로 장비의 파손 및 고장을 일으킬 염려가 있을 경우 실격됩니다.

❼ 다음과 같은 경우에는 채점대상에서 제외됩니다.

　　가) 시험시간(표준시간 및 연장시간 포함) 내에 요구사항을 완성하지 못한 경우

　　나) 시험시간 내에 제출된 작품이라도 다음과 같은 경우

　　　　⑴ 주어진 조건을 지키지 않고 작도한 경우

　　　　⑵ 요구한 전 도면을 작도하지 않은 경우

　　　　⑶ 건축제도 통칙을 준수하지 않거나 건축 CAD의 기능이 없는 상태에서 완성된 도면으로 시험위원 전원이 합의하여 판단한 경우

❽ 수험번호, 성명은 도면 좌측 상단에 아래와 같이 표제란을 만들어 기재합니다.

❾ 감독위원은 시험시작 후 수검자에게 표제란을 우선 작도 후 도면을 작도하도록 하여야 하며, 수험자가 감독위원의 동지시를 따르지 않을 경우 실격 처리됩니다.

❿ 테두리선의 여백은 10mm로 합니다.

※ 표

3. 도면

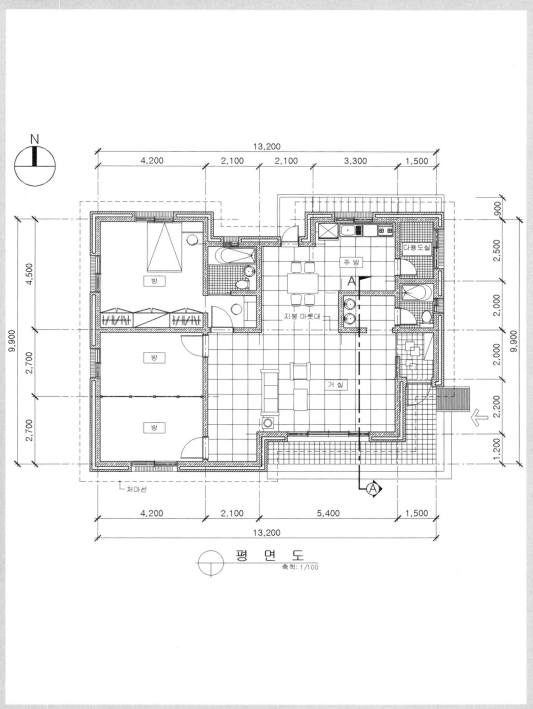

평 면 도
축척: 1/100

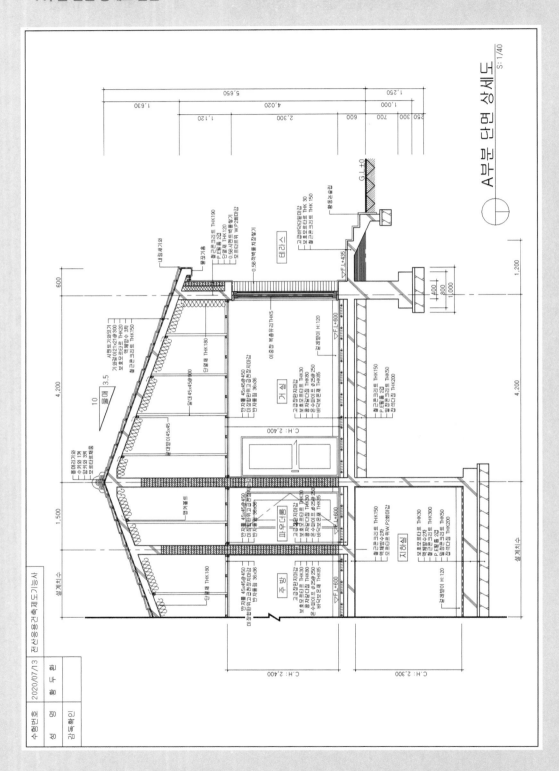

- 남측 입면도 답안

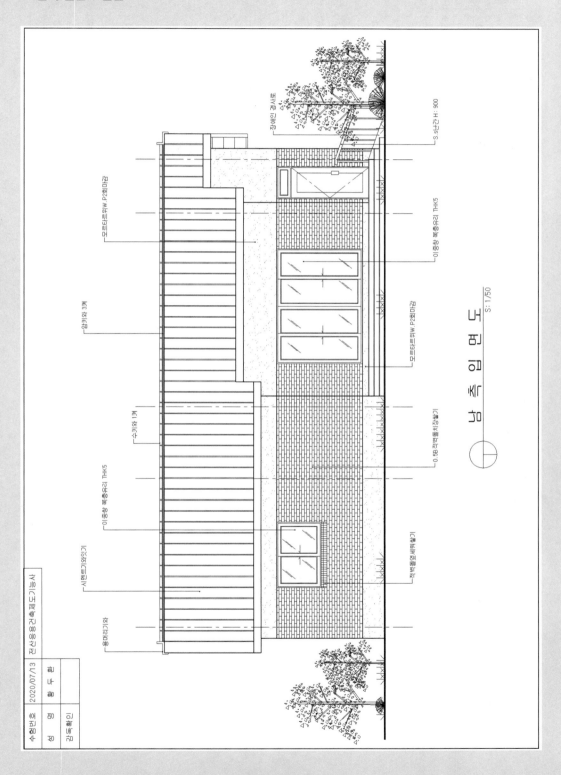

※ 거실과 현관을 지나는 문제로 현관의 신발장과 큰 현관문 작성이 주요사항입니다. 실기시험 응시에 있어 필히 자를 준비하여 평소보다 크기가 다를 경우 크기를 측정한 후 작성할 수 있도록 합니다.

국가기술자격 실기시험문제

자 격 종 목	전산응용건축제도기능사	과 제 명	주 택

비번호 :

※ 시험시간 : [○ 표준시간 : 4시간10분, ○ 연장시간 : 없음]

1. 요구사항

※ 주어진 평면도를 보고 CAD를 이용하여 아래 조건에 맞게 다음 도면을 작도한 후 지급된 용지에 본인이 직접 흑백으로 출력하여 USB 메모리에 저장하여 함께 제출하시오.

  ❶ A부분 단면 상세도를 축척 1/40로 작도하시오.

  ❷ 남측 입면도를 축척 1/50로 작도하되 벽면의 마감재료 표시 및 주위의 배경 등 도면의 요소를 충분히 고려하시오.

|조건|

- **기초 및 지하실 벽체:** 철근콘크리트 구조로 하시오.
- **벽체:** 외벽– 외부로부터 붉은벽돌 0.5B, 단열재, 시멘트벽돌 1.0B로 하시오.
        내벽– 두께 1.0B 시멘트벽돌 쌓기로 하시오.
- **단열재:** 외벽 120mm, 바닥 85mm, 지붕 180mm 하시오.
- **지붕:** 철근콘크리트 경사슬래브위 시멘트 기와잇기 마감으로 하시오. (물매 3.5/10 이상)
- **처마나옴:** 벽체 중심에서 600mm
- **반자높이:** 2,400mm, 처마반자 설치
- **창호:** 목재창호로 하되 2중창인 경우 외부창호 알루미늄 새시로 하시오.
- **각 실의 난방:** 온수파이프 온돌난방으로 하시오.
- 1층 바닥슬래브와 기초는 일체식으로 표현하시오.
- 평면도에 표현되지 않은 현관 상부 캐노피는 작도하지 않습니다.
- 기타 각 부분의 마감, 치수 등 주어지지 않은 조건은 일반적인 시공수준으로 하시오.

※ **선의 통일을 기하기 위하여 아래와 같이 선의 색을 정리하여 출력하시오.**

- 흰색(7–White) – 0.3mm
- 녹색(3–Green) – 0.2mm
- 노랑(2–Yellow) – 0.4mm
- 하늘색(4–Cyan) – 0.3mm
- 빨강(1–Red) – 0.2mm
- 파랑(5–Blue) – 0.1mm

※ 선의 색상과 두께는 실제 시험 시 변경될 수 있으므로 다시 한번 확인하여 제시된 색상과 두께로 작성합니다. 두께가 다르게 출제될 경우 단면선〉입면선〉치수 및 문자〉중심선〉마감선〉해칭선 순으로 두꺼운 선을 적용하면 됩니다.

자 격 종 목	전산응용건축제도기능사	과 제 명	주　택

2. 수험자 유의사항

※ 다음 유의사항을 고려하여 요구사항을 완성하시오.

❶ 명기되지 않은 조건은 건축법, 건축구조 및 건축제도 원칙에 따릅니다.

❷ 시험시작 전 바탕화면에 본인 비번호로 폴더를 생성하고, 폴더 안에 작업내용을 저장하도록 합니다.

❸ 정전 및 기계 고장 등에 의한 자료손실을 방지하기 위하여 수시로 저장합니다.

❹ 다음과 같은 경우는 부정행위로 처리됩니다.

　　가) 노트 및 서적, 디스켓을 소지하거나 주고받는 행위

　　나) 건물의 구조 부분의 상세나 글씨 등을 사전에 블록으로 설정하여 지참해 사용하는 경우

❺ 작업이 끝나면 감독위원의 확인을 받은 후 문제지를 제출하고 본부요원 입회하에 본인이 직접 A3용지에 흑백
으로 도면을 출력하도록 합니다. 이때 수험자의 운영 미숙으로 도면이 출력되지 않는 경우나 **출력시간이 10분
을 초과할 경우는 실격 처리**됩니다. (출력시간은 시험시간에서 제외)

※ 출력작업 시 출력 관련된 설정 외의 도면 수정 작업 등은 할 수 없으며, 수정 작업 등을 한 경우 실격됩니다.

❻ 장비 조작 미숙으로 장비의 파손 및 고장을 일으킬 염려가 있을 경우 실격됩니다.

❼ **다음과 같은 경우에는 채점대상에서 제외됩니다.**

　　가) 실격

　　　　(1) 시험 중 시설 및 장비의 조작이나 재료의 취급이 미숙하여 위해를 일으킬 것으로 시험위원 전원이 합의
하여 판단한 경우

　　나) 미완성

　　　　(1) 시험시간 내에 요구사항을 완성하지 못한 경우

　　다) 오작

　　　　(1) 시험시간 내에 제출된 작품이라도 다음과 같은 경우

　　　　　　① 주어진 조건을 지키지 않고 작도한 경우

　　　　　　② 요구한 전 도면을 작도하지 않은 경우

　　　　　　③ 건축제도 통칙을 준수하지 않거나 건축CAD의 기능이 없는 상태에서 완성된 도면

❽ 수험번호, 성명은 도면 좌측 상단에 아래와 같이 표제란을 만들어 기재합니다.

❾ 감독위원은 시험시작 후 수검자에게 표제란을 우선 작도 후 도면을 작도하도록 하여야 하며, 수험자가 감독위
원의 동지시를 따르지 않을 경우 실격 처리됩니다.

❿ 테두리선의 여백은 10mm로 합니다.

※ 표제란과 테두리선의 여백은 실제 시험 시 변경될 수 있으므로 다시 한번 확인하여 제시된 치수로 작성합니다.

3. 도면

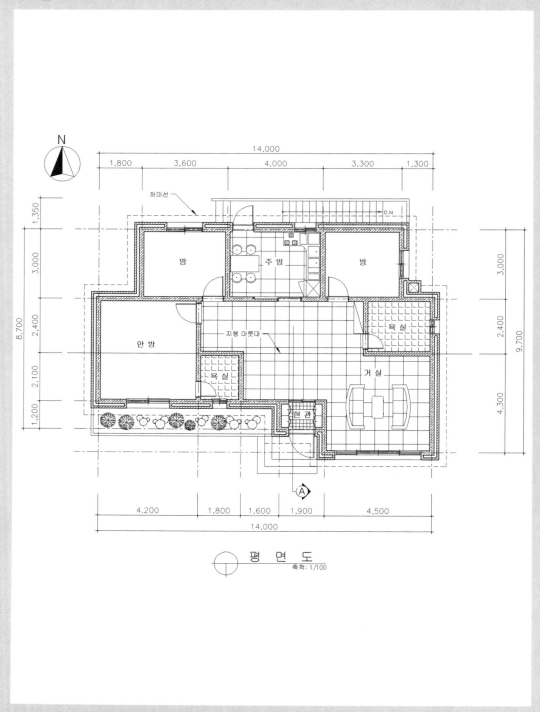

평 면 도
축척: 1/100

- **A부분 단면 상세도 답안**

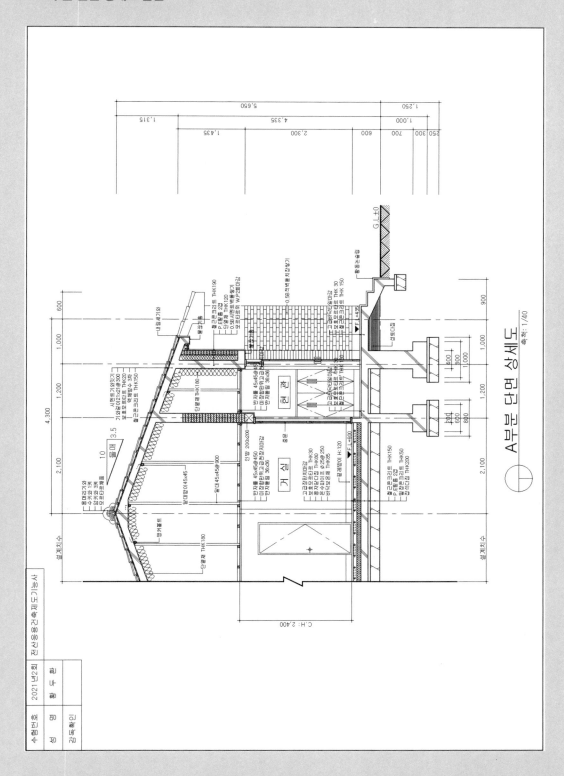

A부분 단면 상세도
축척: 1/40

- 남측 입면도 답안

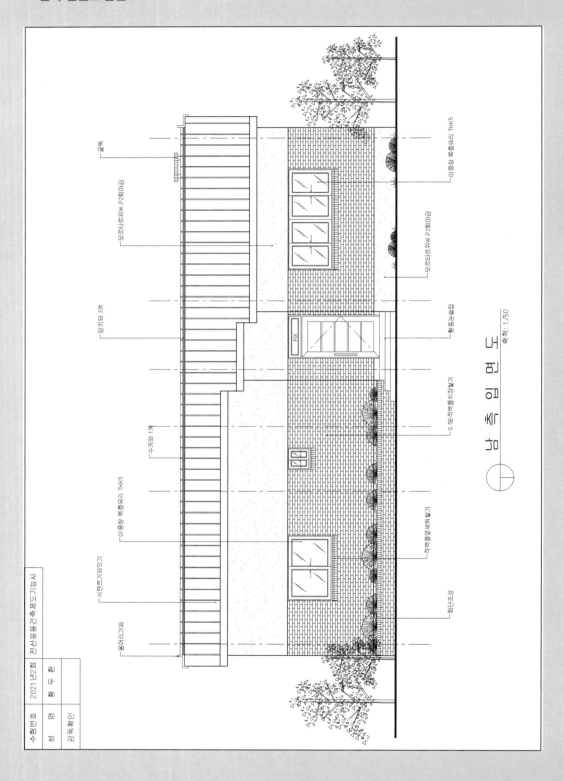

※ 현관 앞 계단의 평면형태가 곡선으로 출제된 문제지만 단면은 기존 계단의 단면과 동일하게 작성 후 곡률로 인해 보이는 계단의 입면을 표현해 줍니다. 도면에 표시된 바닥높이와 캔틸레버의 위치를 확인 후 작성합니다.

국가기술자격 실기시험문제

자 격 종 목	전산응용건축제도기능사	과 제 명	주　택

비번호 :

※ 시험시간 : [○ 표준시간 : 4시간10분, ○ 연장시간 : 없음]

1. 요구사항

※ 주어진 평면도를 보고 CAD를 이용하여 아래 조건에 맞게 다음 도면을 작도한 후 지급된 용지에 본인이 직접 흑백으로 출력하여 USB 메모리에 저장하여 함께 제출하시오.

❶ A부분 단면 상세도를 축척 1/40로 작도하시오.

❷ 서측 입면도를 축척 1/50로 작도하되 벽면의 마감재료 표시 및 주위의 배경 등 도면의 요소를 충분히 고려하시오.

|조건|

- **기초 및 지하실 벽체:** 철근콘크리트 구조로 하시오.
- **벽체:** 외벽– 외부로부터 붉은벽돌 0.5B, 단열재, 시멘트벽돌 1.0B로 하시오.
  내벽– 두께 1.0B 시멘트벽돌 쌓기로 하시오.
- **단열재:** 외벽 120mm, 바닥 85mm, 지붕 180mm 하시오.
- **지붕:** 철근콘크리트 경사슬래브위 시멘트 기와잇기 마감으로 하시오. (물매 3.5/10 이상)
- **처마나옴:** 벽체 중심에서 600mm
- **반자높이:** 2,400mm, 처마반자 설치
- **창호:** 목재창호로 하되 2중창인 경우 외부창호 알루미늄 새시로 하시오.
- **각 실의 난방:** 온수파이프 온돌난방으로 하시오.
- 1층 바닥슬래브와 기초는 일체식으로 표현하시오.
- 평면도에 표현되지 않은 현관 상부 캐노피는 작도하지 않습니다.
- 기타 각 부분의 마감, 치수 등 주어지지 않은 조건은 일반적인 시공수준으로 하시오.

※ 선의 통일을 기하기 위하여 아래와 같이 선의 색을 정리하여 출력하시오.

- 흰색(7–White) – 0.3mm
- 녹색(3–Green) – 0.2mm
- 노랑(2–Yellow) – 0.4mm
- 하늘색(4–Cyan) – 0.3mm
- 빨강(1–Red) – 0.2mm
- 파랑(5–Blue) – 0.1mm

※ 선의 색상과 두께는 실제 시험 시 변경될 수 있으므로 다시 한번 확인하여 제시된 색상과 두께로 작성합니다. 두께가 다르게 출제될 경우 단면선>입면선>치수 및 문자>중심선>마감선>해칭선 순으로 두꺼운 선을 적용하면 됩니다.

자 격 종 목	전산응용건축제도기능사	과 제 명	주 택

2. 수험자 유의사항

※ 다음 유의사항을 고려하여 요구사항을 완성하시오.

❶ 명기되지 않은 조건은 건축법, 건축구조 및 건축제도 원칙에 따릅니다.

❷ 시험시작 전 바탕화면에 본인 비번호로 폴더를 생성하고, 폴더 안에 작업내용을 저장하도록 합니다.

❸ 정전 및 기계 고장 등에 의한 자료손실을 방지하기 위하여 수시로 저장합니다.

❹ 다음과 같은 경우는 부정행위로 처리됩니다.

　가) 노트 및 서적, 디스켓을 소지하거나 주고받는 행위

　나) 건물의 구조 부분의 상세나 글씨 등을 사전에 블록으로 설정하여 지참해 사용하는 경우

❺ 작업이 끝나면 감독위원의 확인을 받은 후 문제지를 제출하고 본부요원 입회하에 본인이 직접 A3용지에 흑백으로 도면을 출력하도록 합니다. 이때 수험자의 운영 미숙으로 도면이 출력되지 않는 경우나 **출력시간이 10분을 초과할 경우는 실격 처리**됩니다. (출력시간은 시험시간에서 제외)

　※ **출력작업 시 출력 관련된 설정 외의 도면 수정 작업 등은 할 수 없으며, 수정 작업 등을 한 경우 실격됩니다.**

❻ 장비 조작 미숙으로 장비의 파손 및 고장을 일으킬 염려가 있을 경우 실격됩니다.

❼ **다음과 같은 경우에는 채점대상에서 제외됩니다.**

　가) 실격

　　(1) 시험 중 시설 및 장비의 조작이나 재료의 취급이 미숙하여 위해를 일으킬 것으로 시험위원 전원이 합의하여 판단한 경우

　나) 미완성

　　(1) 시험시간 내에 요구사항을 완성하지 못한 경우

　다) 오작

　　(1) 시험시간 내에 제출된 작품이라도 다음과 같은 경우

　　　① 주어진 조건을 지키지 않고 작도한 경우

　　　② 요구한 전 도면을 작도하지 않은 경우

　　　③ 건축제도 통칙을 준수하지 않거나 건축CAD의 기능이 없는 상태에서 완성된 도면

❽ 수험번호, 성명은 도면 좌측 상단에 아래와 같이 표제란을 만들어 기재합니다.

❾ 감독위원은 시험시작 후 수검자에게 표제란을 우선 작도 후 도면을 작도하도록 하여야 하며, 수험자가 감독위원의 동지시를 따르지 않을 경우 실격 처리됩니다.

❿ 테두리선의 여백은 10mm로 합니다.

※ 표제란과 테두리선의 여백은 실제 시험 시 변경될 수 있으므로 다시 한번 확인하여 제시된 치수로 작성합니다.

3. 도면

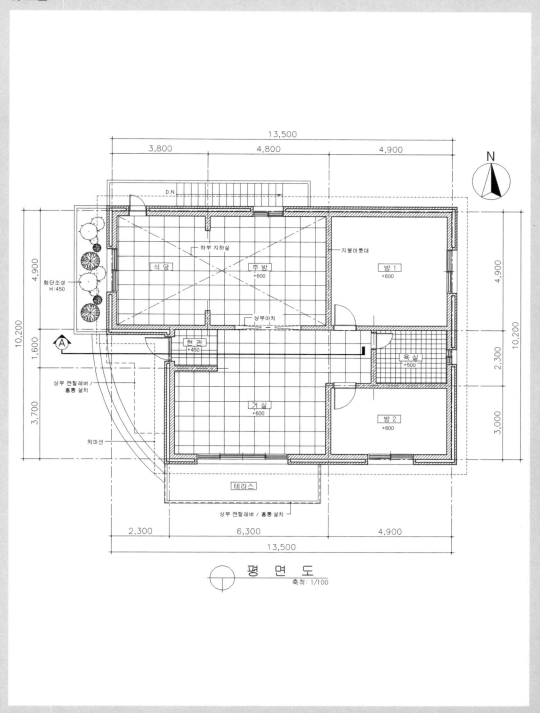

평 면 도
축척: 1/100

- **A부분 단면 상세도 답안**

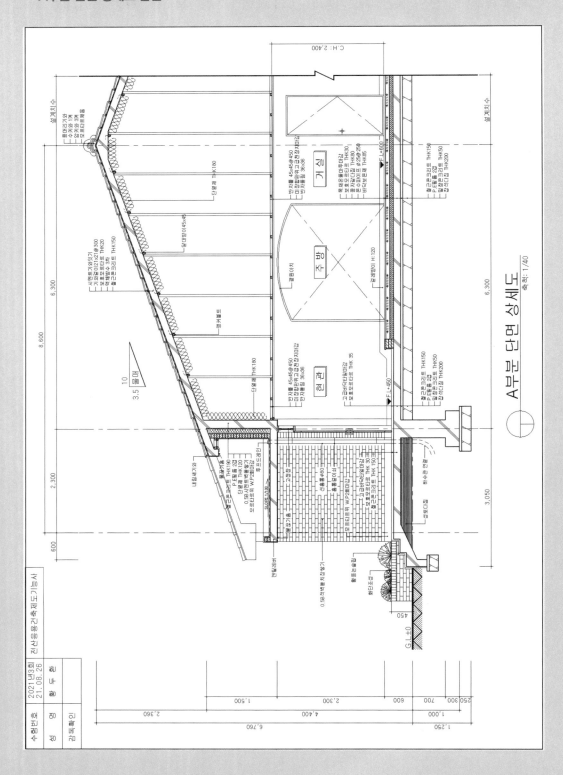

A부분 단면 상세도
축척: 1/40

• 남측 입면도 답안

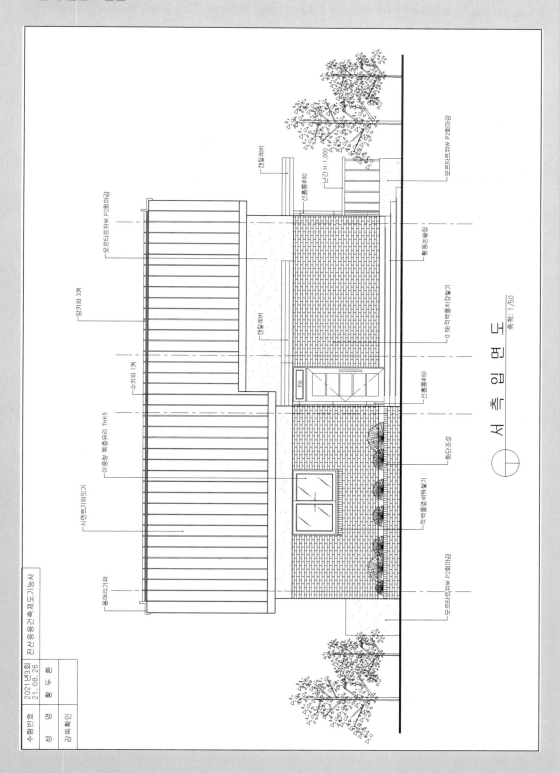

※ 2021, 2022년 출제문제의 외벽 중심선은 1.0B시멘트벽돌 중간에 표시되는 문제가 많습니다. 항상 외벽 중심선의 위치를 확인할 수 있도록 합니다. 거실 창문이 4짝(4W)이 아닌 3짝(3W) 형식의 창문으로 출제되었습니다. 평면도에서 창호프레임 중심선의 표시 유무로 3짝, 4짝을 구분합니다. 거실 벽난로 위치에 맞추어 굴뚝을 작성합니다.

국가기술자격 실기시험문제

자 격 종 목	전산응용건축제도기능사	과 제 명	주 택

비번호 :

※ 시험시간 : [○ 표준시간 : 4시간10분, ○ 연장시간 : 없음]

1. 요구사항

※ 주어진 평면도를 보고 CAD를 이용하여 아래 조건에 맞게 다음 도면을 작도한 후 지급된 용지에 본인이 직접 흑백으로 출력하여 USB 메모리에 저장하여 함께 제출하시오.

❶ A부분 단면 상세도를 축척 1/40로 작도하시오.

❷ 동측 입면도를 축척 1/50로 작도하되 벽면의 마감재료 표시 및 주위의 배경 등 도면의 요소를 충분히 고려하시오.

│조건│

- **기초 및 지하실 벽체:** 철근콘크리트 구조로 하시오.
- **벽체:** 외벽– 외부로부터 붉은벽돌 0.5B, 단열재, 시멘트벽돌 1.0B로 하시오.
  내벽– 두께 1.0B 시멘트벽돌 쌓기로 하시오.
- **단열재:** 외벽 120mm, 바닥 85mm, 지붕 180mm 하시오.
- **지붕:** 철근콘크리트 경사슬래브위 시멘트 기와잇기 마감으로 하시오. (물매 3.5/10 이상)
- **처마나옴:** 벽체 중심에서 600mm
- **반자높이:** 2,400mm, 처마반자 설치
- **창호:** 목재창호로 하되 2중창인 경우 외부창호 알루미늄 새시로 하시오.
- **각 실의 난방:** 온수파이프 온돌난방으로 하시오.
- 1층 바닥슬래브와 기초는 일체식으로 표현하시오.
- 평면도에 표현되지 않은 현관 상부 캐노피는 작도하지 않습니다.
- 기타 각 부분의 마감, 치수 등 주어지지 않은 조건은 일반적인 시공수준으로 하시오.

※ **선의 통일을 기하기 위하여 아래와 같이 선의 색을 정리하여 출력하시오.**

- 흰색(7–White) – 0.3mm
- 녹색(3–Green) – 0.2mm
- 노랑(2–Yellow) – 0.4mm
- 하늘색(4–Cyan) – 0.3mm
- 빨강(1–Red) – 0.2mm
- 파랑(5–Blue) – 0.1mm

※ 선의 색상과 두께는 실제 시험 시 변경될 수 있으므로 다시 한번 확인하여 제시된 색상과 두께로 작성합니다. 두께가 다르게 출제될 경우 단면선〉입면선〉치수 및 문자〉중심선〉마감선〉해칭선 순으로 두꺼운 선을 적용하면 됩니다.

자 격 종 목	전산응용건축제도기능사	과 제 명	주 택

2. 수험자 유의사항

※ 다음 유의사항을 고려하여 요구사항을 완성하시오.

❶ 명기되지 않은 조건은 건축법, 건축구조 및 건축제도 원칙에 따릅니다.

❷ 시험시작 전 바탕화면에 본인 비번호로 폴더를 생성하고, 폴더 안에 작업내용을 저장하도록 합니다.

❸ 정전 및 기계 고장 등에 의한 자료손실을 방지하기 위하여 수시로 저장합니다.

❹ 다음과 같은 경우는 부정행위로 처리됩니다.

　가) 노트 및 서적, 디스켓을 소지하거나 주고받는 행위

　나) 건물의 구조 부분의 상세나 글씨 등을 사전에 블록으로 설정하여 지참해 사용하는 경우

❺ 작업이 끝나면 감독위원의 확인을 받은 후 문제지를 제출하고 본부요원 입회하에 본인이 직접 A3용지에 흑백으로 도면을 출력하도록 합니다. 이때 수험자의 운영 미숙으로 도면이 출력되지 않는 경우나 **출력시간이 10분을 초과할 경우는 실격 처리**됩니다. (출력시간은 시험시간에서 제외)

※ 출력작업 시 출력 관련된 설정 외의 도면 수정 작업 등은 할 수 없으며, 수정 작업 등을 한 경우 실격됩니다.

❻ 장비 조작 미숙으로 장비의 파손 및 고장을 일으킬 염려가 있을 경우 실격됩니다.

❼ **다음과 같은 경우에는 채점대상에서 제외됩니다.**

　가) 실격

　　(1) 시험 중 시설 및 장비의 조작이나 재료의 취급이 미숙하여 위해를 일으킬 것으로 시험위원 전원이 합의하여 판단한 경우

　나) 미완성

　　(1) 시험시간 내에 요구사항을 완성하지 못한 경우

　다) 오작

　　(1) 시험시간 내에 제출된 작품이라도 다음과 같은 경우

　　　① 주어진 조건을 지키지 않고 작도한 경우

　　　② 요구한 전 도면을 작도하지 않은 경우

　　　③ 건축제도 통칙을 준수하지 않거나 건축CAD의 기능이 없는 상태에서 완성된 도면

❽ 수험번호, 성명은 도면 좌측 상단에 아래와 같이 표제란을 만들어 기재합니다.

❾ 감독위원은 시험시작 후 수검자에게 표제란을 우선 작도 후 도면을 작도하도록 하여야 하며, 수험자가 감독위원의 동지시를 따르지 않을 경우 실격 처리됩니다.

❿ 테두리선의 여백은 10mm로 합니다.

※ 표제란과 테두리선의 여백은 실제 시험 시 변경될 수 있으므로 다시 한번 확인하여 제시된 치수로 작성합니다.

3. 도면

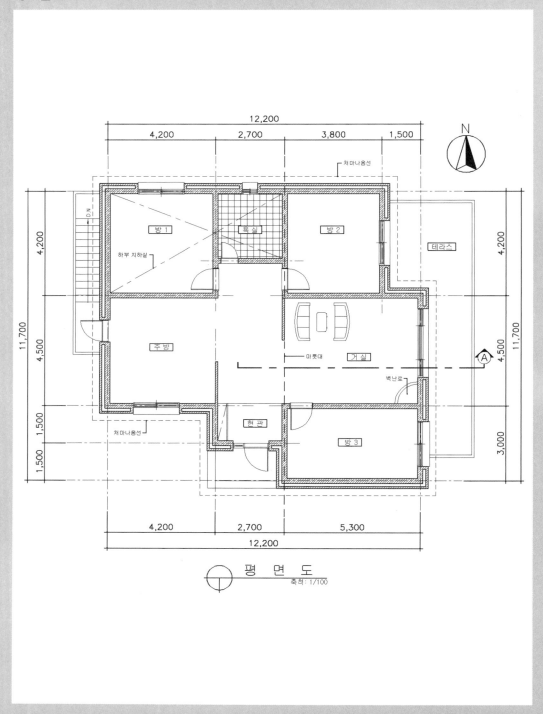

• A부분 단면 상세도 답안

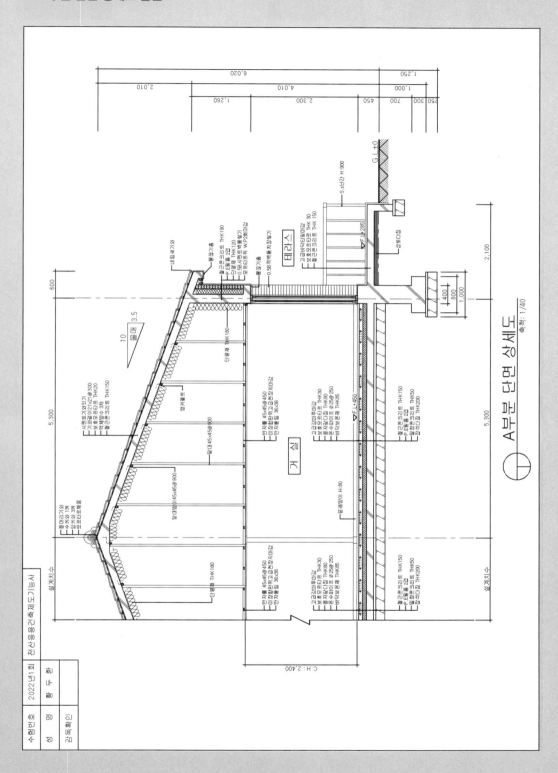

A부분 단면 상세도
축척: 1/40

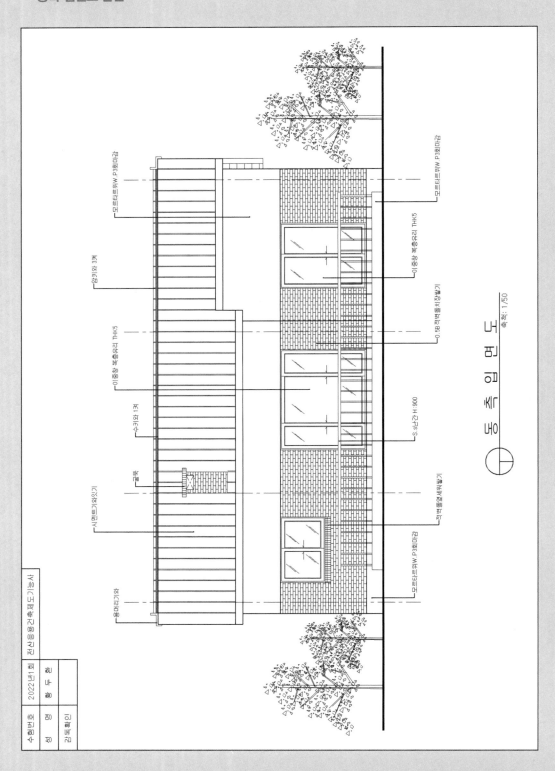

국가기술자격 실기시험문제

자 격 종 목	전산응용건축제도기능사	과 제 명	주 택

비번호 :

※ 시험시간 : [○ 표준시간 : 4시간10분, ○ 연장시간 : 없음]

1. 요구사항

※ 주어진 평면도를 보고 CAD를 이용하여 아래 조건에 맞게 다음 도면을 작도한 후 지급된 용지에 본인이 직접 흑백으로 출력하여 USB 메모리에 저장하여 함께 제출하시오.

❶ A부분 단면 상세도를 축척 1/40로 작도하시오.

❷ 서측 입면도를 축척 1/50로 작도하되 벽면의 마감재료 표시 및 주위의 배경 등 도면의 요소를 충분히 고려하시오.

|조건|

- **기초 및 지하실 벽체:** 철근콘크리트 구조로 하시오.
- **벽체:** 외벽− 외부로부터 붉은벽돌 0.5B, 단열재, 시멘트벽돌 1.0B로 하시오.

  내벽− 두께 1.0B 시멘트벽돌 쌓기로 하시오.
- **단열재:** 외벽 120mm, 바닥 85mm, 지붕 180mm 하시오.
- **지붕:** 철근콘크리트 경사슬래브위 시멘트 기와잇기 마감으로 하시오. (물매 3.5/10 이상)
- **처마나옴:** 벽체 중심에서 600mm
- **반자높이:** 2,400mm, 처마반자 설치
- **창호:** 목재창호로 하되 2중창인 경우 외부창호 알루미늄 새시로 하시오.
- **각 실의 난방:** 온수파이프 온돌난방으로 하시오.
- 1층 바닥슬래브와 기초는 일체식으로 표현하시오.
- 평면도에 표현되지 않은 현관 상부 캐노피는 작도하지 않습니다.
- 기타 각 부분의 마감, 치수 등 주어지지 않은 조건은 일반적인 시공수준으로 하시오.

※ 선의 통일을 기하기 위하여 아래와 같이 선의 색을 정리하여 출력하시오.

- 흰색(7−White) − 0.3mm
- 녹색(3−Green) − 0.2mm
- 노랑(2−Yellow) − 0.4mm
- 하늘색(4−Cyan) − 0.3mm
- 빨강(1−Red) − 0.2mm
- 파랑(5−Blue) − 0.1mm

※ 선의 색상과 두께는 실제 시험 시 변경될 수 있으므로 다시 한번 확인하여 제시된 색상과 두께로 작성합니다. 두께가 다르게 출제될 경우 단면선〉입면선〉치수및문자〉중심선〉마감선〉해칭선 순으로 두꺼운 선을 적용하면 됩니다.

자 격 종 목	전산응용건축제도기능사	과 제 명	주 택

2. 수험자 유의사항

※ 다음 유의사항을 고려하여 요구사항을 완성하시오.

❶ 명기되지 않은 조건은 건축법, 건축구조 및 건축제도 원칙에 따릅니다.

❷ 시험시작 전 바탕화면에 본인 비번호로 폴더를 생성하고, 폴더 안에 작업내용을 저장하도록 합니다.

❸ 정전 및 기계 고장 등에 의한 자료손실을 방지하기 위하여 수시로 저장합니다.

❹ 다음과 같은 경우는 부정행위로 처리됩니다.

　가) 노트 및 서적, 디스켓을 소지하거나 주고받는 행위

　나) 건물의 구조 부분의 상세나 글씨 등을 사전에 블록으로 설정하여 지참해 사용하는 경우

❺ 작업이 끝나면 감독위원의 확인을 받은 후 문제지를 제출하고 본부요원 입회하에 본인이 직접 A3용지에 흑백으로 도면을 출력하도록 합니다. 이때 수험자의 운영 미숙으로 도면이 출력되지 않는 경우나 **출력시간이 10분을 초과할 경우는 실격 처리**됩니다. (출력시간은 시험시간에서 제외)

　※ 출력작업 시 출력 관련된 설정 외의 도면 수정 작업 등은 할 수 없으며, 수정 작업 등을 한 경우 실격됩니다.

❻ 장비 조작 미숙으로 장비의 파손 및 고장을 일으킬 염려가 있을 경우 실격됩니다.

❼ **다음과 같은 경우에는 채점대상에서 제외됩니다.**

　가) 실격

　　⑴ 시험 중 시설 및 장비의 조작이나 재료의 취급이 미숙하여 위해를 일으킬 것으로 시험위원 전원이 합의하여 판단한 경우

　나) 미완성

　　⑴ 시험시간 내에 요구사항을 완성하지 못한 경우

　다) 오작

　　⑴ 시험시간 내에 제출된 작품이라도 다음과 같은 경우

　　　① 주어진 조건을 지키지 않고 작도한 경우

　　　② 요구한 전 도면을 작도하지 않은 경우

　　　③ 건축제도 통칙을 준수하지 않거나 건축CAD의 기능이 없는 상태에서 완성된 도면

❽ 수험번호, 성명은 도면 좌측 상단에 아래와 같이 표제란을 만들어 기재합니다.

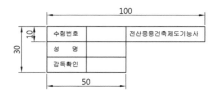

❾ 감독위원은 시험시작 후 수검자에게 표제란을 우선 작도 후 도면을 작도하도록 하여야 하며, 수험자가 감독위원의 동지시를 따르지 않을 경우 실격 처리됩니다.

❿ 테두리선의 여백은 10mm로 합니다.

※ 표제란과 테두리선의 여백은 실제 시험 시 변경될 수 있으므로 다시 한번 확인하여 제시된 치수로 작성합니다.

3. 도면

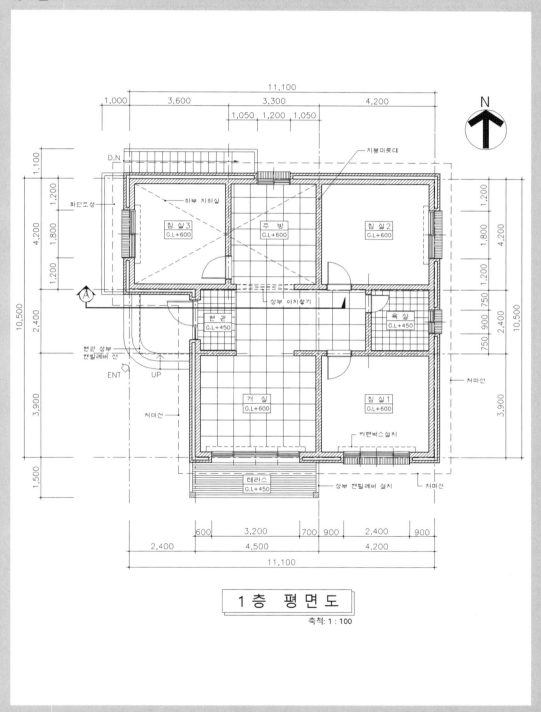

1 층 평 면 도

축척: 1 : 100

- **A부분 단면 상세도 답안**

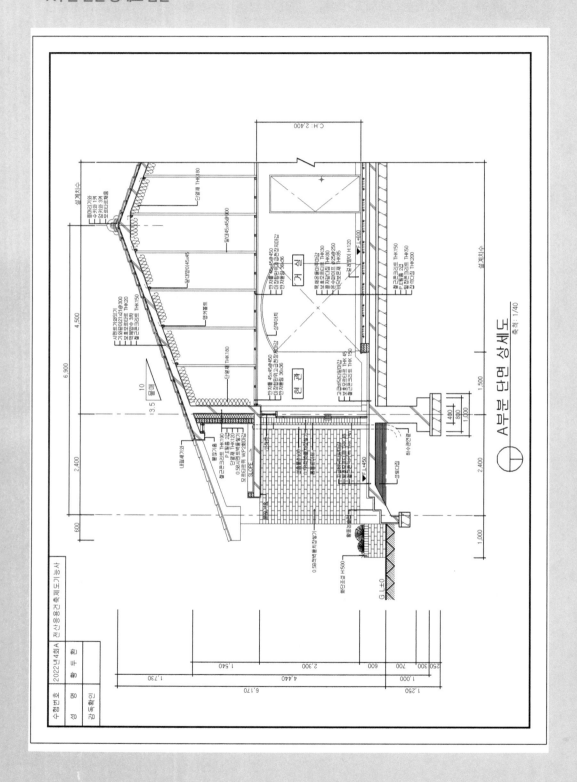

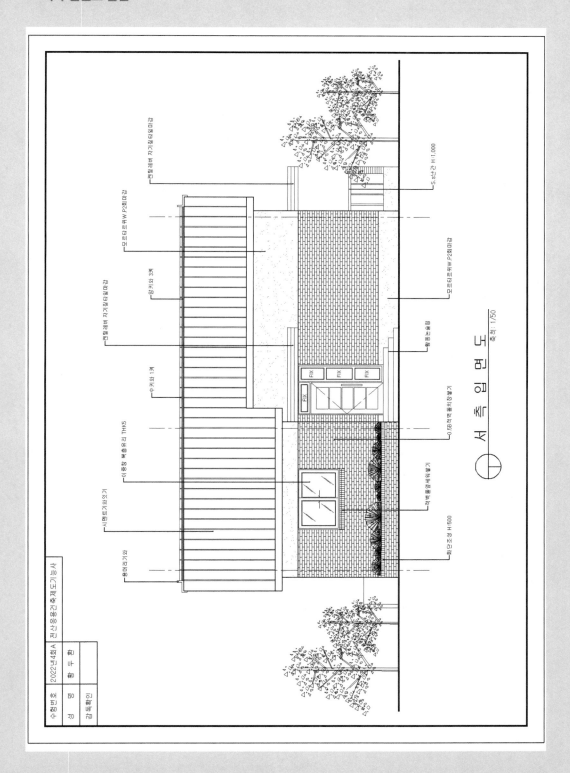

서 측 입 면 도
축척 1/50

※ 동측 입면도를 작성하는 문제로 지금까지 출제된 문제와는 처마의 형태가 다르게 나타남을 주의해야 합니다. 주택을 동측에서 바라보면 안방의 처마끝이 짧아 마룻대를 지나지 않습니다. 남측에서 바라본 처마의 위치와 형태를 그려서 동측 입면도에 적용합니다. 지붕 및 처마 모양에 따라 입면도 답안은 다를 수 있습니다. (문제답안 캐드파일 참고)

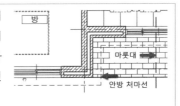

국가기술자격 실기시험문제

자 격 종 목	전산응용건축제도기능사	과 제 명	주 택

비번호 :

※ 시험시간 : [○ 표준시간 : 4시간10분, ○ 연장시간 : 없음]

1. 요구사항

※ 주어진 평면도를 보고 CAD를 이용하여 아래 조건에 맞게 다음 도면을 작도한 후 지급된 용지에 본인이 직접 흑백으로 출력하여 USB 메모리에 저장하여 함께 제출하시오.

❶ A부분 단면 상세도를 축척 1/40로 작도하시오.

❷ 동측 입면도를 축척 1/50로 작도하되 벽면의 마감재료 표시 및 주위의 배경 등 도면의 요소를 충분히 고려하시오.

|조건|

- **기초 및 지하실 벽체**: 철근콘크리트 구조로 하시오.
- **벽체**: 외벽– 외부로부터 붉은벽돌 0.5B, 단열재, 시멘트벽돌 1.0B로 하시오.
   내벽– 두께 1.0B 시멘트벽돌 쌓기로 하시오.
- **단열재**: 외벽 120mm, 바닥 85mm, 지붕 180mm 하시오.
- **지붕**: 철근콘크리트 경사슬래브위 시멘트 기와잇기 마감으로 하시오. (물매 3.5/10 이상)
- **처마나옴**: 벽체 중심에서 600mm
- **반자높이**: 2,400mm, 처마반자 설치
- **창호**: 목재창호로 하되 2중창인 경우 외부창호 알루미늄 새시로 하시오.
- **각 실의 난방**: 온수파이프 온돌난방으로 하시오.
- 1층 바닥슬래브와 기초는 일체식으로 표현하시오.
- 평면도에 표현되지 않은 현관 상부 캐노피는 작도하지 않습니다.
- 기타 각 부분의 마감, 치수 등 주어지지 않은 조건은 일반적인 시공수준으로 하시오.

※ 선의 통일을 기하기 위하여 아래와 같이 선의 색을 정리하여 출력하시오.

- 흰색(7–White) – 0.3mm
- 녹색(3–Green) – 0.2mm
- 노랑(2–Yellow) – 0.4mm
- 하늘색(4–Cyan) – 0.3mm
- 빨강(1–Red) – 0.2mm
- 파랑(5–Blue) – 0.1mm

※ 선의 색상과 두께는 실제 시험 시 변경될 수 있으므로 다시 한번 확인하여 제시된 색상과 두께로 작성합니다. 두께가 다르게 출제될 경우 단면선>입면선>치수 및 문자>중심선>마감선>해칭선 순으로 두꺼운 선을 적용하면 됩니다.

자 격 종 목	전산응용건축제도기능사	과 제 명	주 택

2. 수험자 유의사항

※ 다음 유의사항을 고려하여 요구사항을 완성하시오.

❶ 명기되지 않은 조건은 건축법, 건축구조 및 건축제도 원칙에 따릅니다.

❷ 시험시작 전 바탕화면에 본인 비번호로 폴더를 생성하고, 폴더 안에 작업내용을 저장하도록 합니다.

❸ 정전 및 기계 고장 등에 의한 자료손실을 방지하기 위하여 수시로 저장합니다.

❹ 다음과 같은 경우는 부정행위로 처리됩니다.

가) 노트 및 서적, 디스켓을 소지하거나 주고받는 행위

나) 건물의 구조 부분의 상세나 글씨 등을 사전에 블록으로 설정하여 지참해 사용하는 경우

❺ 작업이 끝나면 감독위원의 확인을 받은 후 문제지를 제출하고 본부요원 입회하에 본인이 직접 A3용지에 흑백으로 도면을 출력하도록 합니다. 이때 수험자의 운영 미숙으로 도면이 출력되지 않는 경우나 **출력시간이 10분을 초과할 경우는 실격 처리**됩니다. (출력시간은 시험시간에서 제외)

※ 출력작업 시 출력 관련된 설정 외의 도면 수정 작업 등은 할 수 없으며, 수정 작업 등을 한 경우 실격됩니다.

❻ 장비 조작 미숙으로 장비의 파손 및 고장을 일으킬 염려가 있을 경우 실격됩니다.

❼ **다음과 같은 경우에는 채점대상에서 제외됩니다.**

가) 실격

(1) 시험 중 시설 및 장비의 조작이나 재료의 취급이 미숙하여 위해를 일으킬 것으로 시험위원 전원이 합의하여 판단한 경우

나) 미완성

(1) 시험시간 내에 요구사항을 완성하지 못한 경우

다) 오작

(1) 시험시간 내에 제출된 작품이라도 다음과 같은 경우

① 주어진 조건을 지키지 않고 작도한 경우

② 요구한 전 도면을 작도하지 않은 경우

③ 건축제도 통칙을 준수하지 않거나 건축CAD의 기능이 없는 상태에서 완성된 도면

❽ 수험번호, 성명은 도면 좌측 상단에 아래와 같이 표제란을 만들어 기재합니다.

❾ 감독위원은 시험시작 후 수검자에게 표제란을 우선 작도 후 도면을 작도하도록 하여야 하며, 수험자가 감독위원의 동지시를 따르지 않을 경우 실격 처리됩니다.

❿ 테두리선의 여백은 10mm로 합니다.

※ 표제란과 테두리선의 여백은 실제 시험 시 변경될 수 있으므로 다시 한번 확인하여 제시된 치수로 작성합니다.

3. 도면

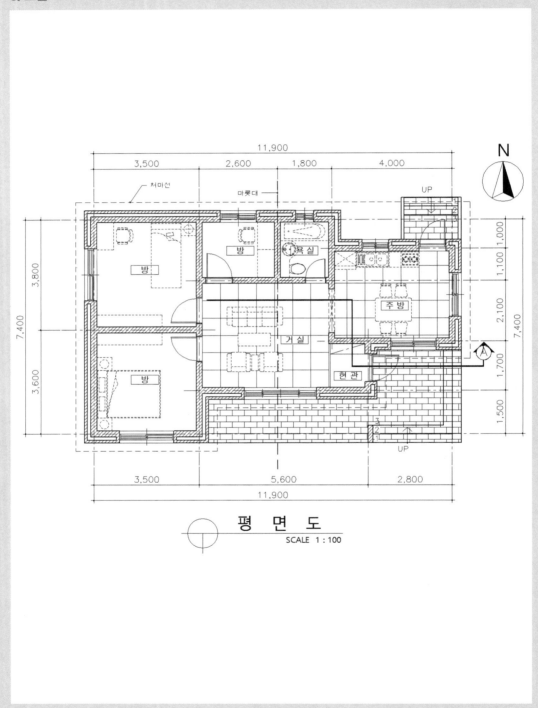

평 면 도
SCALE 1 : 100

• A부분 단면 상세도 답안

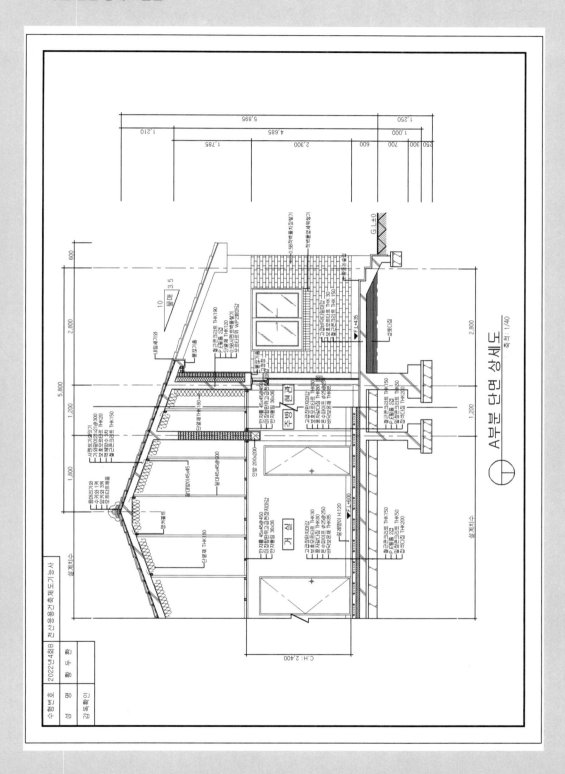

- **동측 입면도 답안**

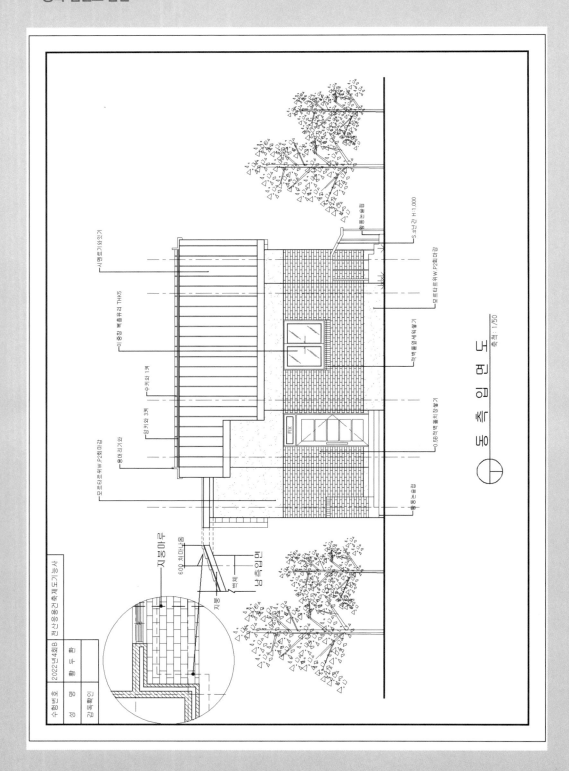

국가기술자격 실기시험문제

자 격 종 목	전산응용건축제도기능사	과 제 명	주　택

※ 문제지는 시험종료 후 반납.

비번호		시험일시		시험장명	

※ 시험시간 : 4시간10분

1. 요구사항

※ 주어진 평면도를 보고 CAD를 이용하여 아래 조건에 맞게 다음 도면을 작도한 후 지급된 용지에 본인이 직접 흑백으로 출력하여 USB 메모리에 저장하여 함께 제출하시오.

❶ A부분 단면 상세도를 축척 1/40로 작도하시오.

❷ 동측 입면도를 축척 1/50로 작도하되 벽면의 마감재료 표시 및 주위의 배경 등 도면의 요소를 충분히 고려하시오.

|조건|

- **기초 및 지하실 벽체:** 철근콘크리트 구조로 하시오.
- **벽체:** 외벽– 외부로부터 붉은벽돌 0.5B, 단열재, 시멘트벽돌 1.0B로 하시오.
      내벽– 두께 1.0B 시멘트벽돌 쌓기로 하시오.
- **단열재:** 외벽 120mm, 바닥 85mm, 지붕 180mm 하시오.
- **지붕:** 철근콘크리트 경사슬래브위 시멘트 기와잇기 마감으로 하시오. **(물매 3.5/10 이상)**
- **처마나옴:** 벽체 중심에서 600mm
- **반자높이:** 2,400mm, 처마반자 설치
- **창호:** 목재창호로 하되 2중창인 경우 외부창호 알루미늄 새시로 하시오.
- **각 실의 난방:** 온수파이프 온돌난방으로 하시오.
- **1층 바닥슬래브와 기초는 일체식으로 표현하시오.**
- **평면도에 표현되지 않은 현관 상부 캐노피는 작도하지 않습니다.**
- **기타 각 부분의 마감, 치수 등 주어지지 않은 조건은 일반적인 시공수준으로 하시오.**

※ 선의 통일을 기하기 위하여 아래와 같이 선의 색을 정리하여 출력하시오.

- 흰색(7–White) – 0.3mm
- 녹색(3–Green) – 0.2mm
- 노랑(2–Yellow) – 0.4mm
- 하늘색(4–Cyan) – 0.3mm
- 빨강(1–Red) – 0.2mm
- 파랑(5–Blue) – 0.1mm

※ 선의 색상과 두께는 실제 시험 시 변경될 수 있으므로 다시 한번 확인하여 제시된 색상과 두께로 작성합니다. 두께가 다르게 출제될 경우 단면선>입면선>치수및문자>중심선>마감선>해칭선 순으로 두꺼운 선을 적용하면 됩니다.

자 격 종 목	전산응용건축제도기능사	과 제 명	주 택

2. 수험자 유의사항

※ 다음 유의사항을 고려하여 요구사항을 완성하시오.

❶ 명기되지 않은 조건은 건축법, 건축구조 및 건축제도 원칙에 따릅니다.

❷ 시험시작 전 바탕화면에 본인 비번호로 폴더를 생성하고, 폴더 안에 작업내용을 저장하도록 합니다.

❸ 정전 및 기계 고장 등에 의한 자료손실을 방지하기 위하여 수시로 저장합니다.

❹ 다음과 같은 경우는 부정행위로 처리됩니다.

　　가) 노트 및 서적, 디스켓을 소지하거나 주고받는 행위

　　나) 건물의 구조 부분의 상세나 글씨 등을 사전에 블록으로 설정하여 지참해 사용하는 경우

❺ 작업이 끝나면 감독위원의 확인을 받은 후 문제지를 제출하고 본부요원 입회하에 본인이 직접 A3용지에 흑백으로 도면을 출력하도록 합니다. 이때 수험자의 운영 미숙으로 도면이 출력되지 않는 경우나 **출력시간이 10분을 초과할 경우는 실격 처리**됩니다. (출력시간은 시험시간에서 제외)

　　※ 출력작업 시 출력 관련된 설정 외의 도면 수정 작업 등은 할 수 없으며, 수정 작업 등을 한 경우 실격됩니다.

❻ 장비 조작 미숙으로 장비의 파손 및 고장을 일으킬 염려가 있을 경우 실격됩니다.

❼ 다음과 같은 경우에는 채점대상에서 제외됩니다.

　　가) 실격

　　　　(1) 시험 중 시설 및 장비의 조작이나 재료의 취급이 미숙하여 위해를 일으킬 것으로 시험위원 전원이 합의하여 판단한 경우

　　나) 미완성

　　　　(1) 시험시간 내에 요구사항을 완성하지 못한 경우

　　다) 오작

　　　　(1) 시험시간 내에 제출된 작품이라도 다음과 같은 경우

　　　　　　① 주어진 조건을 지키지 않고 작도한 경우

　　　　　　② 요구한 전 도면을 작도하지 않은 경우

　　　　　　③ 건축제도 통칙을 준수하지 않거나 건축CAD의 기능이 없는 상태에서 완성된 도면

❽ 수험번호, 성명은 도면 좌측 상단에 아래와 같이 표제란을 만들어 기재합니다.

❾ 감독위원은 시험시작 후 수검자에게 표제란을 우선 작도 후 도면을 작도하도록 하여야 하며, 수험자가 감독위원의 동지시를 따르지 않을 경우 실격 처리됩니다.

❿ 테두리선의 여백은 10mm로 합니다.

※ 표제란과 테두리선의 여백은 실제 시험 시 변경될 수 있으므로 다시 한번 확인하여 제시된 치수로 작성합니다.

3. 도면

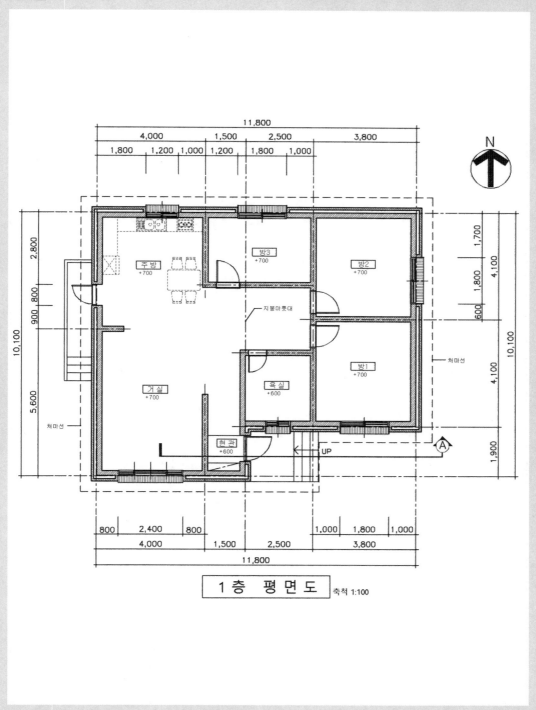

1층 평면도 축척 1:100

• A부분 단면 상세도 답안

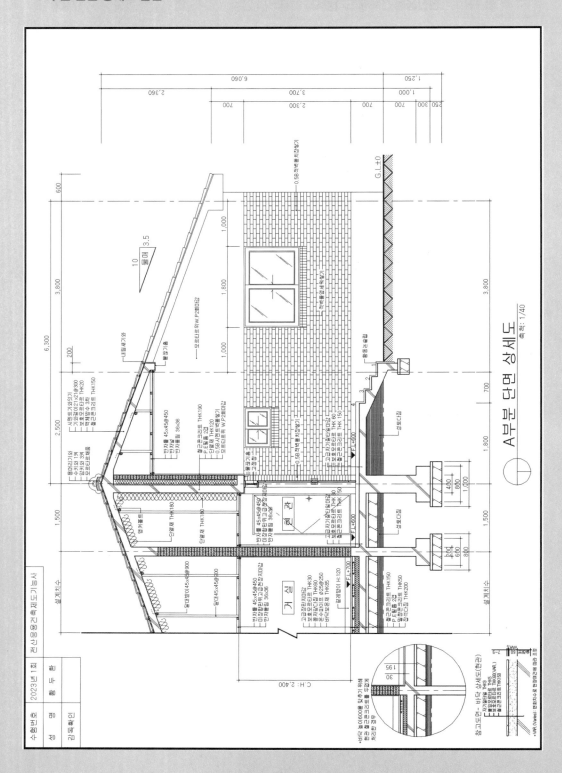

A부분 단면 상세도
축척: 1/40

• 동측 입면도 답안

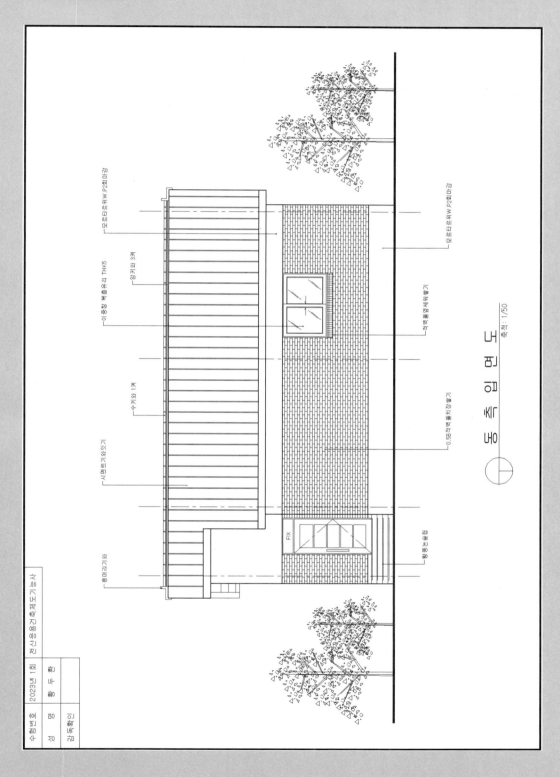

동 측 입 면 도
축척 : 1/50

국가기술자격 실기시험문제

자 격 종 목	전산응용건축제도기능사	과 제 명	주 택

※ 문제지는 시험종료 후 반납.

비번호		시험일시		시험장명	

※ 시험시간 : 4시간10분

1. 요구사항

※ 주어진 평면도를 보고 CAD를 이용하여 아래 조건에 맞게 다음 도면을 작도한 후 지급된 용지에 본인이 직접 흑백으로 출력하여 USB 메모리에 저장하여 함께 제출하시오.

❶ A부분 단면 상세도를 축척 1/40로 작도하시오.

❷ 동측 입면도를 축척 1/50로 작도하되 벽면의 마감재료 표시 및 주위의 배경 등 도면의 요소를 충분히 고려하시오.

|조건|

- **기초 및 지하실 벽체:** 철근콘크리트 구조로 하시오.
- **벽체:** 외벽– 외부로부터 붉은벽돌 0.5B, 단열재, 시멘트벽돌 1.0B로 하시오.
  내벽– 두께 1.0B 시멘트벽돌 쌓기로 하시오.
- **단열재:** 외벽 120mm, 바닥 85mm, 지붕 180mm 하시오.
- **지붕:** 철근콘크리트 경사슬래브위 시멘트 기와잇기 마감으로 하시오. **(물매 3.5/10 이상)**
- **처마나옴:** 벽체 중심에서 600mm
- **반자높이:** 2,400mm, 처마반자 설치
- **창호:** 목재창호로 하되 2중창인 경우 외부창호 알루미늄 새시로 하시오.
- **각 실의 난방:** 온수파이프 온돌난방으로 하시오.
- **1층 바닥슬래브와 기초는 일체식으로 표현하시오.**
- **평면도에 표현되지 않은 현관 상부 캐노피는 작도하지 않습니다.**
- **기타 각 부분의 마감, 치수 등 주어지지 않은 조건은 일반적인 시공수준으로 하시오.**

※ 선의 통일을 기하기 위하여 아래와 같이 선의 색을 정리하여 출력하시오.

- 흰색(7–White) – 0.3mm
- 노랑(2–Yellow) – 0.4mm
- 빨강(1–Red) – 0.2mm
- 녹색(3–Green) – 0.2mm
- 하늘색(4–Cyan) – 0.3mm
- 파랑(5–Blue) – 0.1mm

※ 선의 색상과 두께는 실제 시험 시 변경될 수 있으므로 다시 한번 확인하여 제시된 색상과 두께로 작성합니다. 두께가 다르게 출제될 경우 단면선〉입면선〉치수및문자〉중심선〉마감선〉해칭선 순으로 두꺼운 선을 적용하면 됩니다.

자 격 종 목	전산응용건축제도기능사	과 제 명	주　택

2. 수험자 유의사항

※ 다음 유의사항을 고려하여 요구사항을 완성하시오.

❶ 명기되지 않은 조건은 건축법, 건축구조 및 건축제도 원칙에 따릅니다.

❷ 시험시작 전 바탕화면에 본인 비번호로 폴더를 생성하고, 폴더 안에 작업내용을 저장하도록 합니다.

❸ 정전 및 기계 고장 등에 의한 자료손실을 방지하기 위하여 수시로 저장합니다.

❹ 다음과 같은 경우는 부정행위로 처리됩니다.

　　가) 노트 및 서적, 디스켓을 소지하거나 주고받는 행위

　　나) 건물의 구조 부분의 상세나 글씨 등을 사전에 블록으로 설정하여 지참해 사용하는 경우

❺ 작업이 끝나면 감독위원의 확인을 받은 후 문제지를 제출하고 본부요원 입회하에 본인이 직접 A3용지에 흑백으로 도면을 출력하도록 합니다. 이때 수험자의 운영 미숙으로 도면이 출력되지 않는 경우나 **출력시간이 10분을 초과할 경우는 실격 처리**됩니다. (출력시간은 시험시간에서 제외)

　　※ 출력작업 시 출력 관련된 설정 외의 도면 수정 작업 등은 할 수 없으며, 수정 작업 등을 한 경우 실격됩니다.

❻ 장비 조작 미숙으로 장비의 파손 및 고장을 일으킬 염려가 있을 경우 실격됩니다.

❼ 다음과 같은 경우에는 채점대상에서 제외됩니다.

　　가) 실격

　　　　(1) 시험 중 시설 및 장비의 조작이나 재료의 취급이 미숙하여 위해를 일으킬 것으로 시험위원 전원이 합의하여 판단한 경우

　　나) 미완성

　　　　(1) 시험시간 내에 요구사항을 완성하지 못한 경우

　　다) 오작

　　　　(1) 시험시간 내에 제출된 작품이라도 다음과 같은 경우

　　　　　① 주어진 조건을 지키지 않고 작도한 경우

　　　　　② 요구한 전 도면을 작도하지 않은 경우

　　　　　③ 건축제도 통칙을 준수하지 않거나 건축CAD의 기능이 없는 상태에서 완성된 도면

❽ 수험번호, 성명은 도면 좌측 상단에 아래와 같이 표제란을 만들어 기재합니다.

❾ 감독위원은 시험시작 후 수검자에게 표제란을 우선 작도 후 도면을 작도하도록 하여야 하며, 수험자가 감독위원의 동지시를 따르지 않을 경우 실격 처리됩니다.

❿ 테두리선의 여백은 10mm로 합니다.

※ 표제란과 테두리선의 여백은 실제 시험 시 변경될 수 있으므로 다시 한번 확인하여 제시된 치수로 작성합니다.

| 자 격 종 목 | 전산응용건축제도기능사 | 과 제 명 | 주 택 | 척도 | 1/100 |

3. 도면

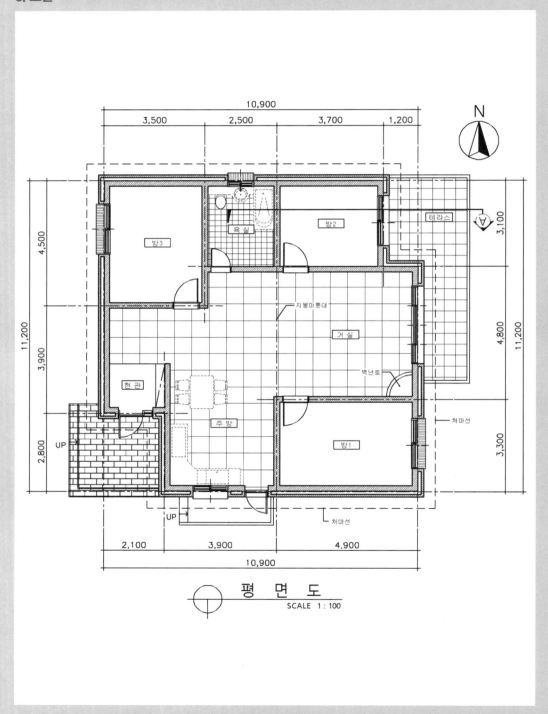

평 면 도
SCALE 1 : 100

• A부분 단면 상세도 답안

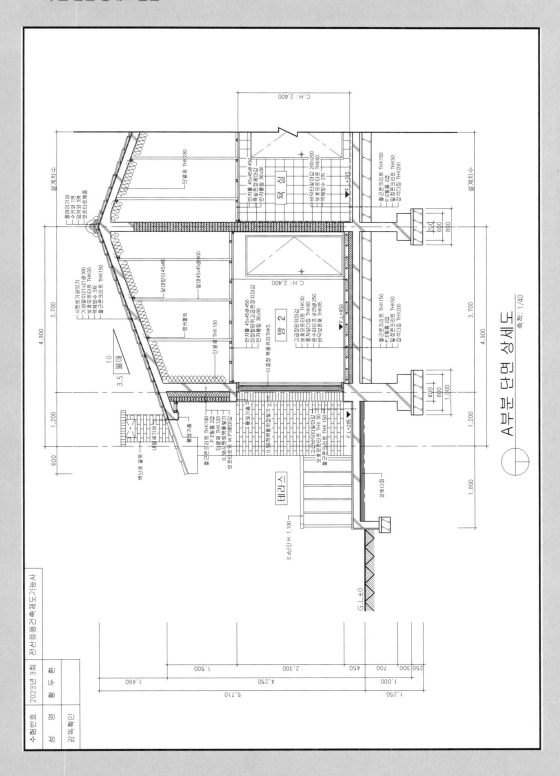

A부분 단면 상세도
축척: 1/40

567

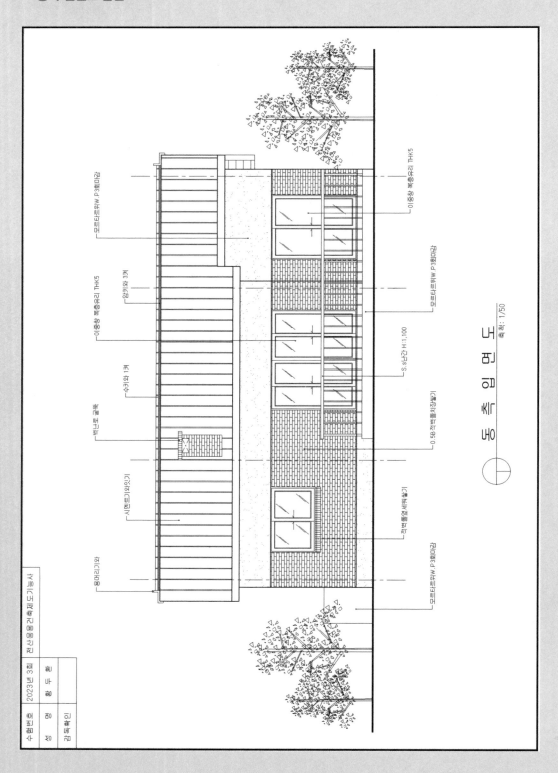

동 측 입 면 도

축척 : 1/50

국가기술자격 실기시험문제

자 격 종 목	전산응용건축제도기능사	과 제 명	주 택

※ 문제지는 시험종료 후 반납.

비번호		시험일시		시험장명	

※ 시험시간 : 4시간10분

1. 요구사항

※ 주어진 평면도를 보고 CAD를 이용하여 아래 조건에 맞게 다음 도면을 작도한 후 지급된 용지에 본인이 직접 흑백으로 출력하여 USB 메모리에 저장하여 함께 제출하시오.

❶ A부분 단면 상세도를 축척 1/40로 작도하시오.

❷ 남측 입면도를 축척 1/50로 작도하되 벽면의 마감재료 표시 및 주위의 배경 등 도면의 요소를 충분히 고려하시오.

|조건|

- **기초 및 지하실 벽체**: 철근콘크리트 구조로 하시오.
- **벽체**: 외벽– 외부로부터 붉은벽돌 0.5B, 단열재, 시멘트벽돌 1.0B로 하시오.
  내벽– 두께 1.0B 시멘트벽돌 쌓기로 하시오.
- **단열재**: 외벽 120mm, 바닥 85mm, 지붕 180mm 하시오.
- **지붕**: 철근콘크리트 경사슬래브위 시멘트 기와잇기 마감으로 하시오. (물매 3.5/10 이상)
- **처마나옴**: 벽체 중심에서 600mm
- **반자높이**: 2,400mm, 처마반자 설치
- **창호**: 목재창호로 하되 2중창인 경우 외부창호 알루미늄 새시로 하시오.
- **각 실의 난방**: 온수파이프 온돌난방으로 하시오.
- **1층 바닥슬래브와 기초는 일체식으로 표현하시오.**
- **평면도에 표현되지 않은 현관 상부 캐노피는 작도하지 않습니다.**
- **기타 각 부분의 마감, 치수 등 주어지지 않은 조건은 일반적인 시공수준으로 하시오.**

※ 선의 통일을 기하기 위하여 아래와 같이 선의 색을 정리하여 출력하시오.

- 흰색(7–White) – 0.3mm
- 녹색(3–Green) – 0.2mm
- 노랑(2–Yellow) – 0.4mm
- 하늘색(4–Cyan) – 0.3mm
- 빨강(1–Red) – 0.2mm
- 파랑(5–Blue) – 0.1mm

※ 선의 색상과 두께는 실제 시험 시 변경될 수 있으므로 다시 한번 확인하여 제시된 색상과 두께로 작성합니다. 두께가 다르게 출제될 경우 단면선〉입면선〉치수및문자〉중심선〉마감선〉해칭선 순으로 두꺼운 선을 적용하면 됩니다.

자 격 종 목	전산응용건축제도기능사	과 제 명	주 택

2. 수험자 유의사항

※ 다음 유의사항을 고려하여 요구사항을 완성하시오.

❶ 명기되지 않은 조건은 건축법, 건축구조 및 건축제도 원칙에 따릅니다.

❷ 시험시작 전 바탕화면에 본인 비번호로 폴더를 생성하고, 폴더 안에 작업내용을 저장하도록 합니다.

❸ 정전 및 기계 고장 등에 의한 자료손실을 방지하기 위하여 수시로 저장합니다.

❹ 다음과 같은 경우는 부정행위로 처리됩니다.

　가) 노트 및 서적, 디스켓을 소지하거나 주고받는 행위

　나) 건물의 구조 부분의 상세나 글씨 등을 사전에 블록으로 설정하여 지참해 사용하는 경우

❺ 작업이 끝나면 감독위원의 확인을 받은 후 문제지를 제출하고 본부요원 입회하에 본인이 직접 A3용지에 흑백으로 도면을 출력하도록 합니다. 이때 수험자의 운영 미숙으로 도면이 출력되지 않는 경우나 **출력시간이 10분을 초과할 경우는 실격 처리**됩니다. (출력시간은 시험시간에서 제외)

※ 출력작업 시 출력 관련된 설정 외의 도면 수정 작업 등은 할 수 없으며, 수정 작업 등을 한 경우 실격됩니다.

❻ 장비 조작 미숙으로 장비의 파손 및 고장을 일으킬 염려가 있을 경우 실격됩니다.

❼ 다음과 같은 경우에는 채점대상에서 제외됩니다.

　가) 실격

　　(1) 시험 중 시설 및 장비의 조작이나 재료의 취급이 미숙하여 위해를 일으킬 것으로 시험위원 전원이 합의하여 판단한 경우

　나) 미완성

　　(1) 시험시간 내에 요구사항을 완성하지 못한 경우

　다) 오작

　　(1) 시험시간 내에 제출된 작품이라도 다음과 같은 경우

　　　① 주어진 조건을 지키지 않고 작도한 경우

　　　② 요구한 전 도면을 작도하지 않은 경우

　　　③ 건축제도 통칙을 준수하지 않거나 건축CAD의 기능이 없는 상태에서 완성된 도면

❽ 수험번호, 성명은 도면 좌측 상단에 아래와 같이 표제란을 만들어 기재합니다.

	100	
수험번호		전산응용건축제도기능사
성 명		
감독확인		

❾ 감독위원은 시험시작 후 수검자에게 표제란을 우선 작도 후 도면을 작도하도록 하여야 하며, 수험자가 감독위원의 동지시를 따르지 않을 경우 실격 처리됩니다.

❿ 테두리선의 여백은 10mm로 합니다.

※ 표제란과 테두리선의 여백은 실제 시험 시 변경될 수 있으므로 다시 한번 확인하여 제시된 치수로 작성합니다.

3. 도면

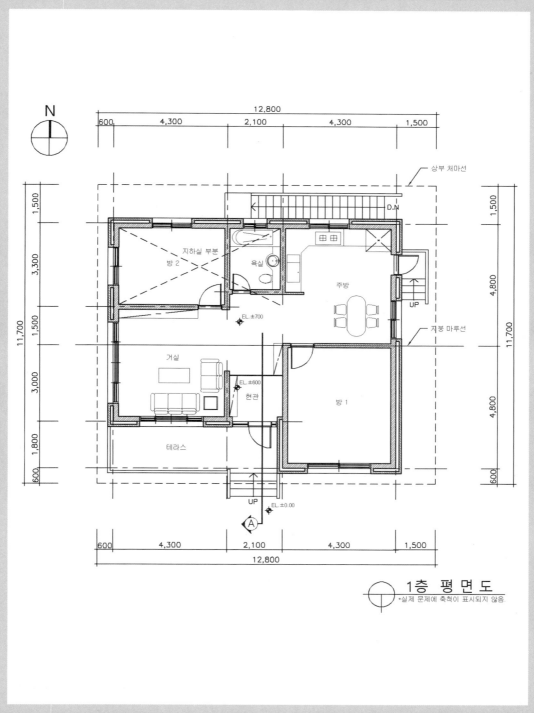

N

12,800
600 / 4,300 / 2,100 / 4,300 / 1,500

상부 처마선

1,500
3,300
1,500
3,000
1,800
600

11,700

지하실 부분
방 2

욕실

주방

거실

현관

방 1

테라스

EL.±700

EL.±600

EL.±0.00

D.N

UP

지붕 마루선

1,500
4,800
4,800
600

11,700

600 / 4,300 / 2,100 / 4,300 / 1,500
12,800

UP

Ⓐ

Ⓐ **1층 평면도**
*실제 문제에 축척이 표시되지 않음.

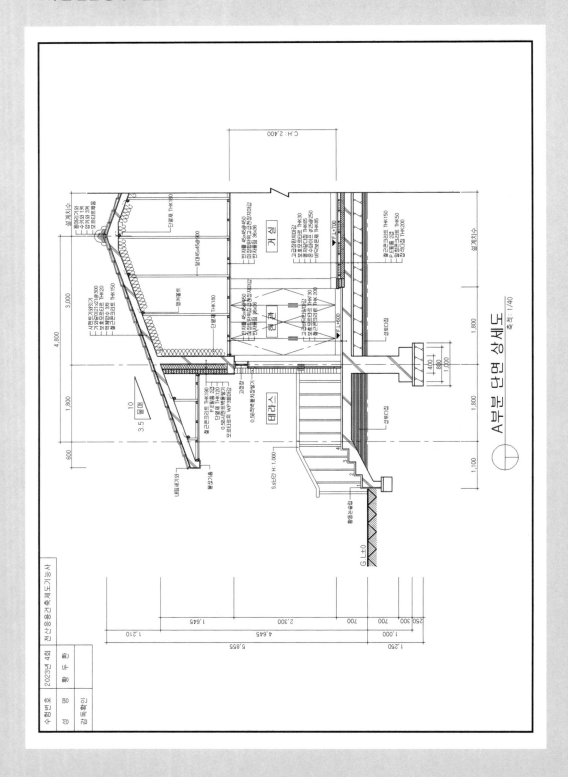

• 남측 입면도 답안

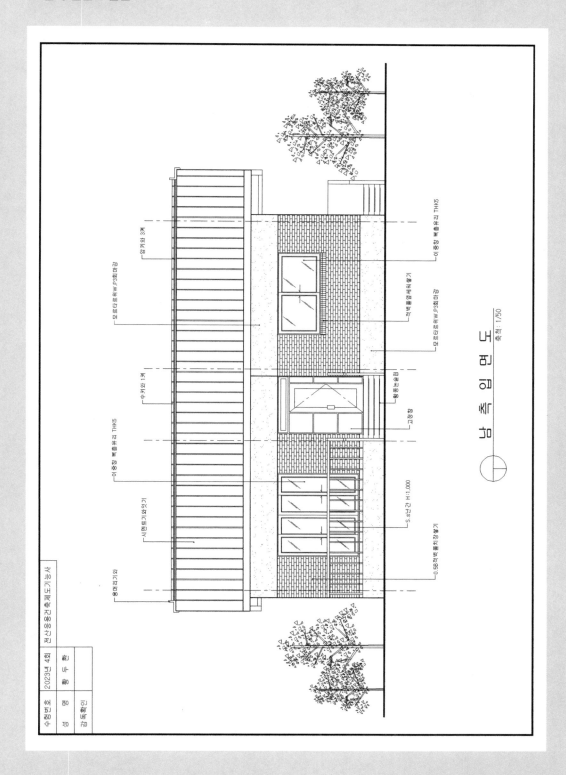

국가기술자격 실기시험문제

자 격 종 목	전산응용건축제도기능사	과 제 명	주 택

※ 문제지는 시험종료 후 반납.

비번호		시험일시		시험장명	

※ 시험시간 : 4시간10분

1. 요구사항

※ 주어진 평면도를 보고 CAD를 이용하여 아래 조건에 맞게 다음 도면을 작도한 후 지급된 용지에 본인이 직접 흑백으로 출력하여 USB 메모리에 저장하여 함께 제출하시오.

❶ A부분 단면 상세도를 축척 1/40로 작도하시오.

❷ 동측 입면도를 축척 1/50로 작도하되 벽면의 마감재료 표시 및 주위의 배경 등 도면의 요소를 충분히 고려하시오.

│조건│

* **기초 및 지하실 벽체**: 철근콘크리트 구조로 하시오.
* **벽체**: 외벽 – 외부로부터 붉은벽돌 0.5B, 단열재, 시멘트벽돌 1.0B로 하시오.
  내벽 – 두께 1.0B 시멘트벽돌 쌓기로 하시오.
* **단열재**: 외벽 120mm, 바닥 85mm, 지붕 180mm 하시오.
* **지붕**: 철근콘크리트 경사슬래브위 시멘트 기와잇기 마감으로 하시오. (물매 3.5/10 이상)
* **처마나옴**: 벽체 중심에서 600mm
* **반자높이**: 2,400mm, 처마반자 설치
* **창호**: 목재창호로 하되 2중창인 경우 외부창호 알루미늄 새시로 하시오.
* **각 실의 난방**: 온수파이프 온돌난방으로 하시오.
* **1층 바닥슬래브와 기초는 일체식으로 표현하시오.**
* **평면도에 표현되지 않은 현관 상부 캐노피는 작도하지 않습니다.**
* **기타 각 부분의 마감, 치수 등 주어지지 않은 조건은 일반적인 시공수준으로 하시오.**

※ 선의 통일을 기하기 위하여 아래와 같이 선의 색을 정리하여 출력하시오.

* 흰색(7–White) – 0.3mm
* 노랑(2–Yellow) – 0.4mm
* 빨강(1–Red) – 0.2mm
* 녹색(3–Green) – 0.2mm
* 하늘색(4–Cyan) – 0.3mm
* 파랑(5–Blue) – 0.1mm

※ 선의 색상과 두께는 실제 시험 시 변경될 수 있으므로 다시 한번 확인하여 제시된 색상과 두께로 작성합니다. 두께가 다르게 출제될 경우 단면선〉입면선〉치수및문자〉중심선〉마감선〉해칭선 순으로 두꺼운 선을 적용하면 됩니다.

2. 수험자 유의사항

※ 다음 유의사항을 고려하여 요구사항을 완성하시오.

❶ 명기되지 않은 조건은 건축법, 건축구조 및 건축제도 원칙에 따릅니다.

❷ 시험시작 전 바탕화면에 본인 비번호로 폴더를 생성하고, 폴더 안에 작업내용을 저장하도록 합니다.

❸ 정전 및 기계 고장 등에 의한 자료손실을 방지하기 위하여 수시로 저장합니다.

❹ 다음과 같은 경우는 부정행위로 처리됩니다.

　가) 노트 및 서적, 디스켓을 소지하거나 주고받는 행위

　나) 건물의 구조 부분의 상세나 글씨 등을 사전에 블록으로 설정하여 지참해 사용하는 경우

❺ 작업이 끝나면 감독위원의 확인을 받은 후 문제지를 제출하고 본부요원 입회하에 본인이 직접 A3용지에 흑백으로 도면을 출력하도록 합니다. 이때 수험자의 운영 미숙으로 도면이 출력되지 않는 경우나 **출력시간이 10분을 초과할 경우는 실격 처리**됩니다. (출력시간은 시험시간에서 제외)

　※ 출력작업 시 출력 관련된 설정 외의 도면 수정 작업 등은 할 수 없으며, 수정 작업 등을 한 경우 실격됩니다.

❻ 장비 조작 미숙으로 장비의 파손 및 고장을 일으킬 염려가 있을 경우 실격됩니다.

❼ 다음과 같은 경우에는 채점대상에서 제외됩니다.

　가) 실격

　　(1) 시험 중 시설 및 장비의 조작이나 재료의 취급이 미숙하여 위해를 일으킬 것으로 시험위원 전원이 합의하여 판단한 경우

　나) 미완성

　　(1) 시험시간 내에 요구사항을 완성하지 못한 경우

　다) 오작

　　(1) 시험시간 내에 제출된 작품이라도 다음과 같은 경우

　　　① 주어진 조건을 지키지 않고 작도한 경우

　　　② 요구한 전 도면을 작도하지 않은 경우

　　　③ 건축제도 통칙을 준수하지 않거나 건축CAD의 기능이 없는 상태에서 완성된 도면

❽ 수험번호, 성명은 도면 좌측 상단에 아래와 같이 표제란을 만들어 기재합니다.

100		
수험번호		전산응용건축제도기능사
성 명		
감독확인		

30 / 10 / 50

❾ 감독위원은 시험시작 후 수검자에게 표제란을 우선 작도 후 도면을 작도하도록 하여야 하며, 수험자가 감독위원의 동지시를 따르지 않을 경우 실격 처리됩니다.

❿ 테두리선의 여백은 10mm로 합니다.

※ 표제란과 테두리선의 여백은 실제 시험 시 변경될 수 있으므로 다시 한번 확인하여 제시된 치수로 작성합니다.

3. 도면

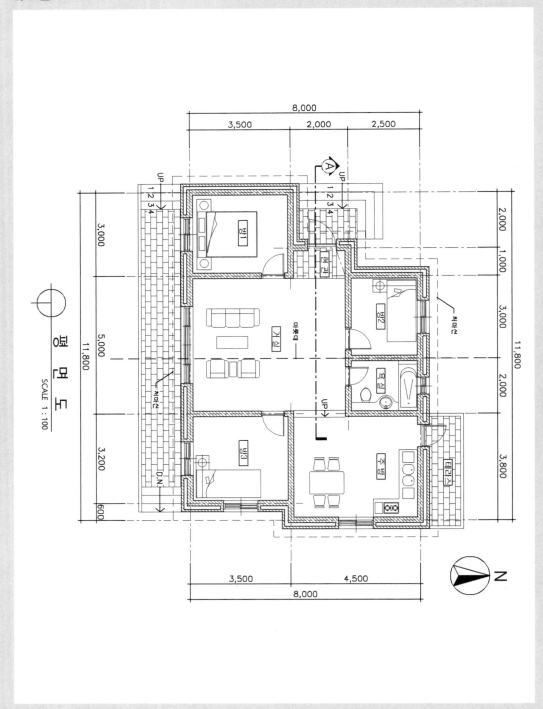

• A부분 단면 상세도 답안

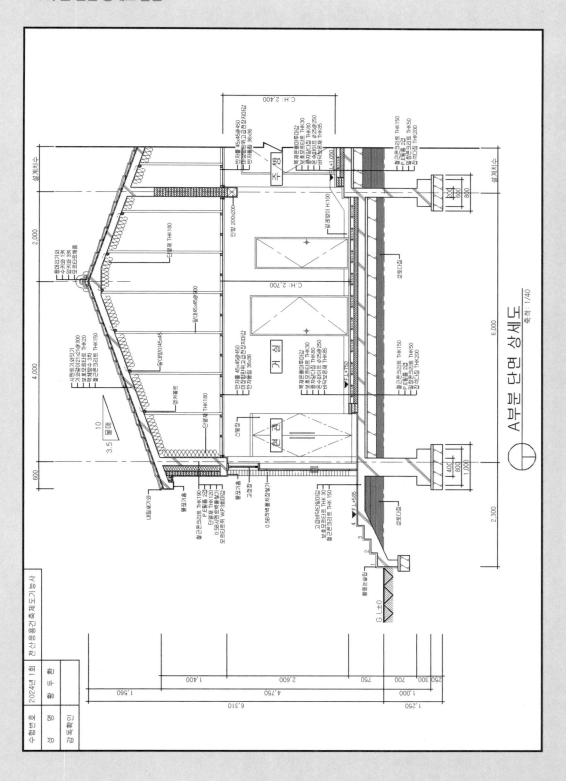

A부분 단면 상세도
축척: 1/40

• 동측 입면도 답안

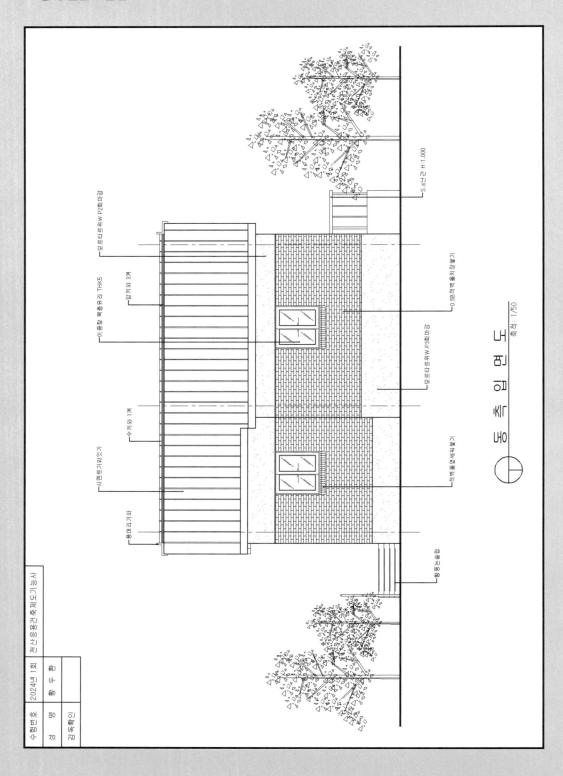

※ 평면도에 하부공간을 뜻하는 X 표시가 없습니다. 하지만 주방에서 지하로 연결되는 문과 계단이 있으므로 주방의 일부와 다용도실, 넓게는 파우더룸과 욕실의 하부까지 지하실로 볼 수 있습니다.

국가기술자격 실기시험문제

자 격 종 목	전산응용건축제도기능사	과 제 명	주　택

비번호 :
_____

※ 시험시간 : [○ 표준시간 : 4시간10분, ○ 연장시간 : 없음]

1. 요구사항

※ 주어진 평면도를 보고 CAD를 이용하여 아래 조건에 맞게 다음 도면을 작도한 후 지급된 용지에 본인이 직접 흑백으로 출력하여 USB 메모리에 저장하여 함께 제출하시오.

　❶ A부분 단면 상세도를 축척 1/40로 작도하시오.

　❷ 남측 입면도를 축척 1/50로 작도하되 벽면의 마감재료 표시 및 주위의 배경 등 도면의 요소를 충분히 고려하시오.

│조건│

- **기초 및 지하실 벽체**: 철근콘크리트 구조로 하시오.
- **벽체**: 외벽– 외부로부터 붉은벽돌 0.5B, 단열재, 시멘트벽돌 1.0B로 하시오.
　　　　내벽– 두께 1.0B 시멘트벽돌 쌓기로 하시오.
- **단열재**: 외벽 120mm, 바닥 85mm, 지붕 180mm 하시오.
- **지붕**: 철근콘크리트 경사슬래브위 시멘트 기와잇기 마감으로 하시오. (물매 3.5/10 이상)
- **처마나옴**: 벽체 중심에서 600mm
- **반자높이**: 2,400mm, 처마반자 설치
- **창호**: 목재창호로 하되 2중창인 경우 외부창호 알루미늄 새시로 하시오.
- **각 실의 난방**: 온수파이프 온돌난방으로 하시오.
- 1층 바닥슬래브와 기초는 일체식으로 표현하시오.
- 평면도에 표현되지 않은 현관 상부 캐노피는 작도하지 않습니다.
- 기타 각 부분의 마감, 치수 등 주어지지 않은 조건은 일반적인 시공수준으로 하시오.

※ 선의 통일을 기하기 위하여 아래와 같이 선의 색을 정리하여 출력하시오.

- 흰색(7–White) – 0.3mm
- 녹색(3–Green) – 0.2mm
- 노랑(2–Yellow) – 0.4mm
- 하늘색(4–Cyan) – 0.3mm
- 빨강(1–Red) – 0.2mm
- 파랑(5–Blue) – 0.1mm

※ 선의 색상과 두께는 실제 시험 시 변경될 수 있으므로 다시 한번 확인하여 제시된 색상과 두께로 작성합니다. 두께가 다르게 출제될 경우 단면선〉입면선〉치수 및 문자〉중심선〉마감선〉해칭선 순으로 두꺼운 선을 적용하면 됩니다.

자 격 종 목	전산응용건축제도기능사	과 제 명	주 택

2. 수험자 유의사항

※ 다음 유의사항을 고려하여 요구사항을 완성하시오.

❶ 명기되지 않은 조건은 건축법, 건축구조 및 건축제도 원칙에 따릅니다.

❷ 시험시작 전 바탕화면에 본인 비번호로 폴더를 생성하고, 폴더 안에 작업내용을 저장하도록 합니다.

❸ 정전 및 기계 고장 등에 의한 자료손실을 방지하기 위하여 수시로 저장합니다.

❹ 다음과 같은 경우는 부정행위로 처리됩니다.

가) 노트 및 서적, 디스켓을 소지하거나 주고받는 행위

나) 건물의 구조 부분의 상세나 글씨 등을 사전에 블록으로 설정하여 지참해 사용하는 경우

❺ 작업이 끝나면 감독위원의 확인을 받은 후 문제지를 제출하고 본부요원 입회하에 본인이 직접 A3용지에 흑백으로 도면을 출력하도록 합니다. 이때 수험자의 운영 미숙으로 도면이 출력되지 않는 경우나 출력시간이 20분을 초과할 경우는 실격 처리됩니다.

❻ 장비 조작 미숙으로 장비의 파손 및 고장을 일으킬 염려가 있을 경우 실격됩니다.

❼ 다음과 같은 경우에는 채점대상에서 제외됩니다.

가) 시험시간(표준시간 및 연장시간 포함) 내에 요구사항을 완성하지 못한 경우

나) 시험시간 내에 제출된 작품이라도 다음과 같은 경우

(1) 주어진 조건을 지키지 않고 작도한 경우

(2) 요구한 전 도면을 작도하지 않은 경우

(3) 건축제도 통칙을 준수하지 않거나 건축 CAD의 기능이 없는 상태에서 완성된 도면으로 시험위원 전원이 합의하여 판단한 경우

❽ 수험번호, 성명은 도면 좌측 상단에 아래와 같이 표제란을 만들어 기재합니다.

	100	
수험번호		전산응용건축제도기능사
성 명		
감독확인		

50

30

❾ 감독위원은 시험시작 후 수검자에게 표제란을 우선 작도 후 도면을 작도하도록 하여야 하며, 수험자가 감독위원의 동지시를 따르지 않을 경우 실격 처리됩니다.

❿ 테두리선의 여백은 10mm로 합니다.

※ 표

3. 도면

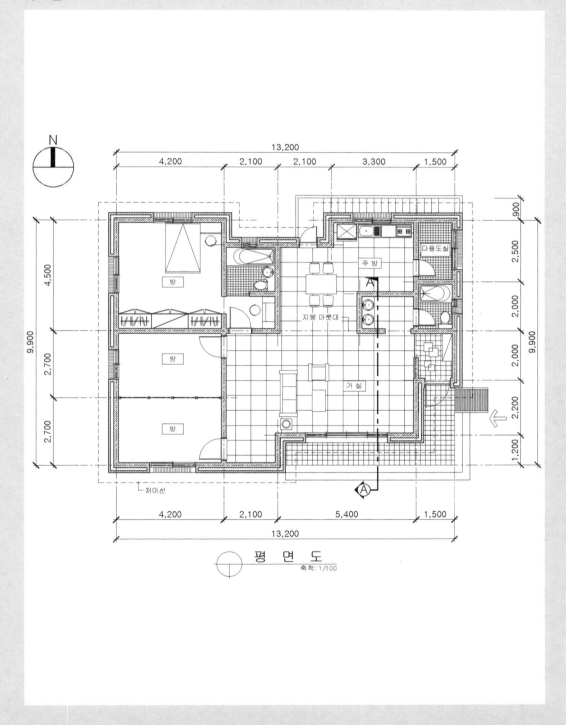

평 면 도
축척: 1/100

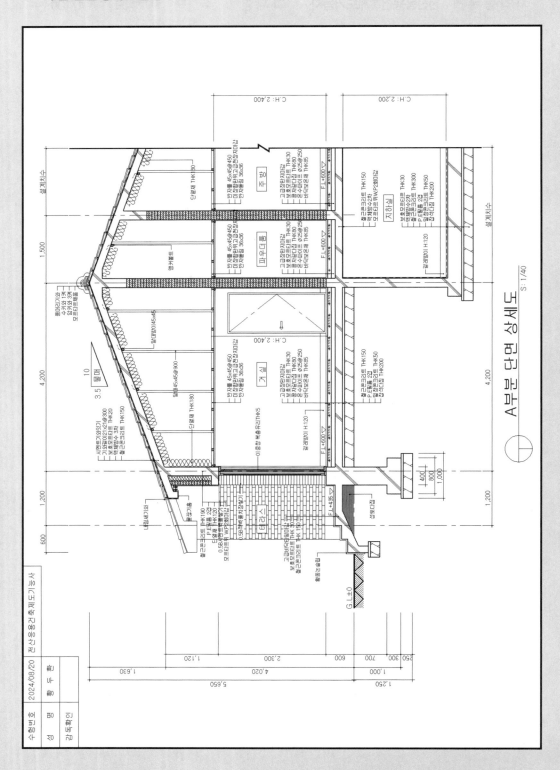

A부분 단면 상세도
S : 1/40

* **남측 입면도 답안**

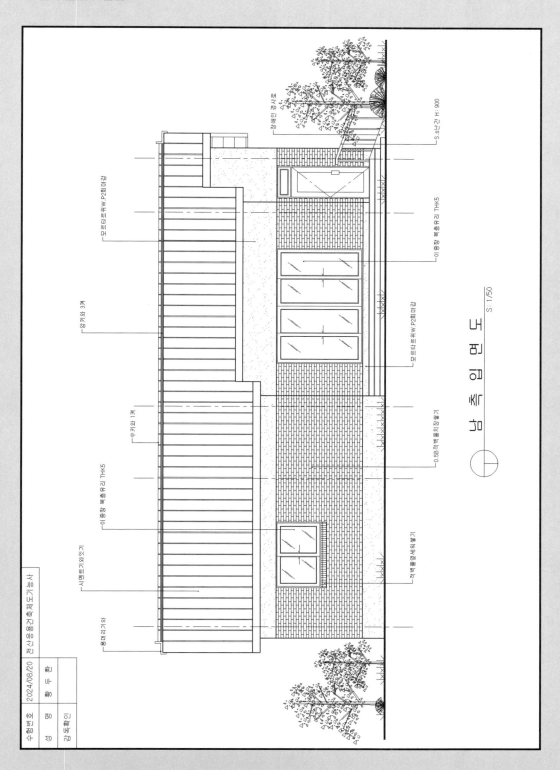

남측입면도
S: 1/50

> ※ '남측 입면도'는 45° 사선으로 경사진 지붕, 벽면, 창 등을 표현해야 합니다. 정확한 작성 과정은 답안 파일을 참고할 수 있도록 합니다.

국가기술자격 실기시험문제

자 격 종 목	전산응용건축제도기능사	과 제 명	주 택

※ 문제지는 시험종료 후 반납.

비번호		시험일시		시험장명	

※ 시험시간 : 4시간10분

1. 요구사항

※ 주어진 평면도를 보고 CAD를 이용하여 아래 조건에 맞게 다음 도면을 작도한 후 지급된 용지에 본인이 직접 흑백으로 출력하여 USB 메모리에 저장하여 함께 제출하시오.

❶ A부분 단면 상세도를 축척 1/40로 작도하시오.

❷ 남측 입면도를 축척 1/50로 작도하되 벽면의 마감재료 표시 및 주위의 배경 등 도면의 요소를 충분히 고려하시오.

|조건|

- **기초 및 지하실 벽체:** 철근콘크리트 구조로 하시오.
- **벽체:** 외벽– 외부로부터 붉은벽돌 0.5B, 단열재, 시멘트벽돌 1.0B로 하시오.
  내벽– 두께 1.0B 시멘트벽돌 쌓기로 하시오.
- **단열재:** 외벽 120mm, 바닥 85mm, 지붕 180mm 하시오.
- **지붕:** 철근콘크리트 경사슬래브위 시멘트 기와잇기 마감으로 하시오. **(물매 3.5/10 이상)**
- **처마나옴:** 벽체 중심에서 600mm
- **반자높이:** 2,400mm, 처마반자 설치
- **창호:** 목재창호로 하되 2중창인 경우 외부창호 알루미늄 새시로 하시오.
- **각 실의 난방:** 온수파이프 온돌난방으로 하시오.
- 1층 바닥슬래브와 기초는 일체식으로 표현하시오.
- 평면도에 표현되지 않은 현관 상부 캐노피는 작도하지 않습니다.
- 기타 각 부분의 마감, 치수 등 주어지지 않은 조건은 일반적인 시공수준으로 하시오.

※ 선의 통일을 기하기 위하여 아래와 같이 선의 색을 정리하여 출력하시오.

- 흰색(7–White) – 0.3mm
- 녹색(3–Green) – 0.2mm
- 노랑(2–Yellow) – 0.4mm
- 하늘색(4–Cyan) – 0.3mm
- 빨강(1–Red) – 0.2mm
- 파랑(5–Blue) – 0.1mm

※ 선의 색상과 두께는 실제 시험 시 변경될 수 있으므로 다시 한번 확인하여 제시된 색상과 두께로 작성합니다. 두께가 다르게 출제될 경우 단면선〉입면선〉치수및문자〉중심선〉마감선〉해칭선 순으로 두꺼운 선을 적용하면 됩니다.

자 격 종 목	전산응용건축제도기능사	과 제 명	주 택

2. 수험자 유의사항

※ 다음 유의사항을 고려하여 요구사항을 완성하시오.

❶ 명기되지 않은 조건은 건축법, 건축구조 및 건축제도 원칙에 따릅니다.

❷ 시험시작 전 바탕화면에 본인 비번호로 폴더를 생성하고, 폴더 안에 작업내용을 저장하도록 합니다.

❸ 정전 및 기계 고장 등에 의한 자료손실을 방지하기 위하여 수시로 저장합니다.

❹ 다음과 같은 경우는 부정행위로 처리됩니다.

　가) 노트 및 서적, 디스켓을 소지하거나 주고받는 행위

　나) 건물의 구조 부분의 상세나 글씨 등을 사전에 블록으로 설정하여 지참해 사용하는 경우

❺ 작업이 끝나면 감독위원의 확인을 받은 후 문제지를 제출하고 본부요원 입회하에 본인이 직접 A3용지에 흑백으로 도면을 출력하도록 합니다. 이때 수험자의 운영 미숙으로 도면이 출력되지 않는 경우나 **출력시간이 10분을 초과할 경우는 실격 처리**됩니다. (출력시간은 시험시간에서 제외)

　※ 출력작업 시 출력 관련된 설정 외의 도면 수정 작업 등은 할 수 없으며, 수정 작업 등을 한 경우 실격됩니다.

❻ 장비 조작 미숙으로 장비의 파손 및 고장을 일으킬 염려가 있을 경우 실격됩니다.

❼ 다음과 같은 경우에는 채점대상에서 제외됩니다.

　가) 실격

　　(1) 시험 중 시설 및 장비의 조작이나 재료의 취급이 미숙하여 위해를 일으킬 것으로 시험위원 전원이 합의하여 판단한 경우

　나) 미완성

　　(1) 시험시간 내에 요구사항을 완성하지 못한 경우

　다) 오작

　　(1) 시험시간 내에 제출된 작품이라도 다음과 같은 경우

　　　① 주어진 조건을 지키지 않고 작도한 경우

　　　② 요구한 전 도면을 작도하지 않은 경우

　　　③ 건축제도 통칙을 준수하지 않거나 건축CAD의 기능이 없는 상태에서 완성된 도면

❽ 수험번호, 성명은 도면 좌측 상단에 아래와 같이 표제란을 만들어 기재합니다.

❾ 감독위원은 시험시작 후 수검자에게 표제란을 우선 작도 후 도면을 작도하도록 하여야 하며, 수험자가 감독위원의 동지시를 따르지 않을 경우 실격 처리됩니다.

❿ 테두리선의 여백은 10mm로 합니다.

※ 표제란과 테두리선의 여백은 실제 시험 시 변경될 수 있으므로 다시 한번 확인하여 제시된 치수로 작성합니다.

3. 도면

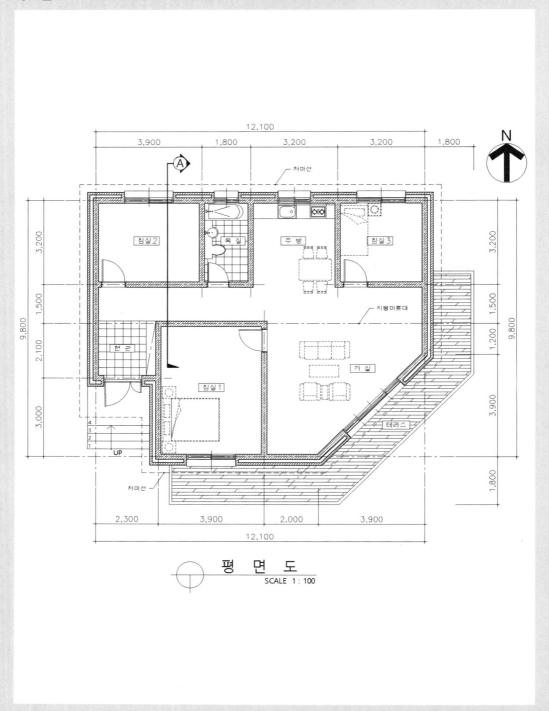

평 면 도
SCALE 1 : 100

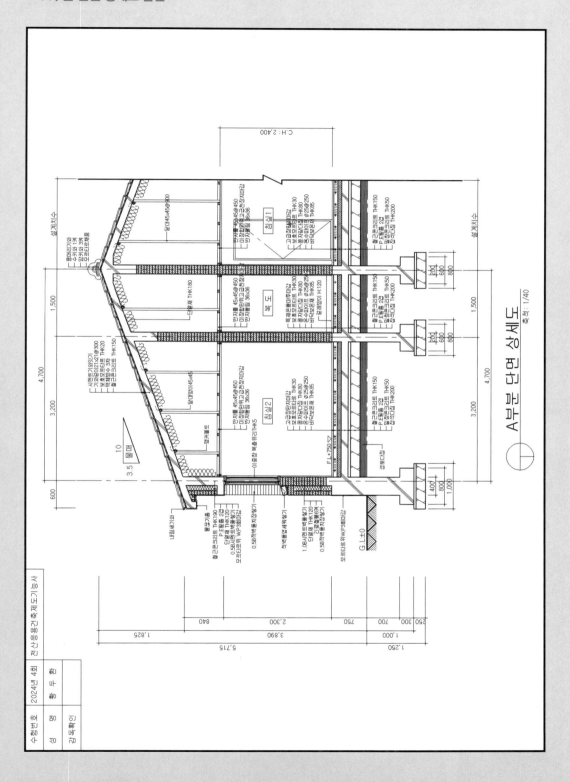

A부분 단면 상세도
축척 : 1/40

• 남측 입면도 답안

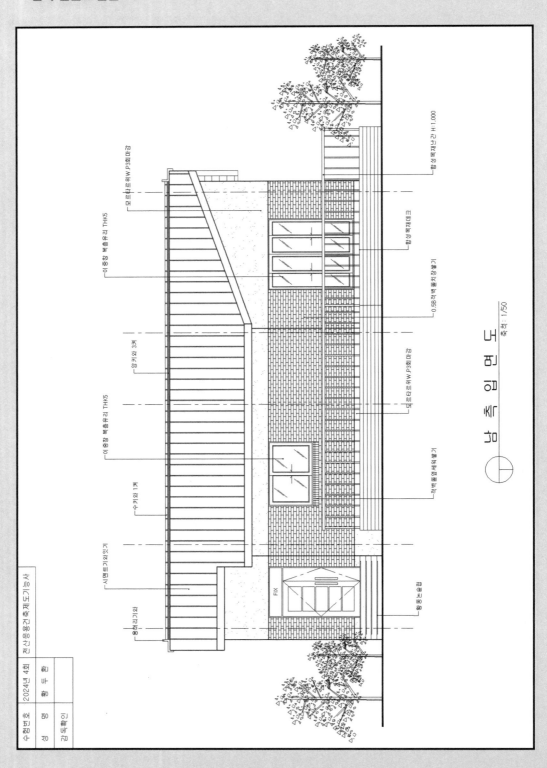

전산응용건축제도기능사 외부평가

직업능력개발 훈련기관(직업학교)에서 시행중인 "과정평가형자격" 교육과정을 수강한 훈련생이 응시하는 시험입니다. 본 문제는 산업인력공단의 과정평가형자격 홈페이지에 공개된 문제이며 도면의 일부를 수정하여 구성하였습니다.

평가 내용

1차 시험 [필기]

구분		주요 내용
시험방법 및 시험 시간	문제수(25문제)	객관식 및 주관식 : 1시간
문항수 및 시험문제 유형	객관식(20문항)	4지 택일형, 선다형, 진위형(O/X), 연결형
	주관식(5문항)	단답형, 약술형, 계산형
배점		100점(40%)

2차 시험 [실기]

구분		주요 내용		
시험 방법		작업형 실기시험(면접 포함)		
평가 내용	작업형	·제시된 평면도를 보고 CAD를 이용하여 조건에 맞게 도면을 작도		
	면접	·건축설계기획, 도서작성, 문서·행정관리, 실내건축설계 등에 관한 필수능력단위 전반적인 사항		
과제 및 시험시간	부분 단면도 및 입면도(1면) 작성		4시간	4시간 정도
	면접		–	
배점 배점	작업형	면접		계
	90점	10점		100점(60%)

2차 실기시험

과제수	과제명(작업명)	시험시간	비 고
제1과제	부분 단면도 및 입면도(1면) 작성	4시간	
–	면접	–	직무수행능력에 대한 구두면접
합계		240분 (4시간 정도)	

1. 작업시 유의사항

○ 2차 평가는 작업형과 면접형 모두 응시하여야 합니다.

○ 시험 시작 전 지급된 재료의 이상 유무를 확인하여 이상이 있을 경우 감독위원의 확인을 받은 후 시행합니다.

○ 시험 중 타인의 공구를 사용할 수 없으며 수험자간 대화를 하지 못합니다.

○ 시험이 종료되면 작업을 즉시 멈추고 작품을 제출하여야 하며, 남는 시간을 다른 과제 또는 작업 시간에 사용할 수 없습니다.

2. 부분 단면도 작성

• 제시된 평면도를 보고 CAD를 이용하여 [조건]에 맞게 도면을 작도한 후 지급된 용지에 본인이 직접 흑백으로 출력하여 USB와 함께 제출하시오.

• 평면도의 A부분 단면 상세도를 축척 1/40로 작도하시오.

3. 입면도(1면) 작성

• 제시된 평면도를 보고 CAD를 이용하여 [조건]에 맞게 도면을 작도한 후 지급된 용지에 본인이 직접 흑백으로 출력하여 USB와 함께 제출하시오.

• 정면도(서측 입면도)를 축척 1/50로 작도하되 외부 마감 재료를 표시하시오.

4. 작성 조건

• **기초** : 철근콘크리트 줄기초로 합니다.

• **바닥** : 철근콘크리트 200mm, 단열재 150mm 로 합니다.

• **벽체** : 외벽 - 외단열 시스템(단열재 120mm),

　　　　　　철근콘크리트 벽체 150mm로 합니다.

　　　　내벽 - 철근콘크리트 벽체 150mm로 합니다.

• **지붕** : 철근콘크리트 슬라브 150mm, 금속지붕재로 합니다.

　　　　(물매 4/10 이상)

　　　　단열재 250mm

• **처마나옴** : 지붕선 참조

• **반자높이** : 2,400mm

• **창호** : 내부 - 목조 150mm, 외부 - AL 100mm

　　　　현관부분 - 상부 고창(H:900mm)

　　　　거실부분 - 서측 외벽창호(H:2,400mm)

• **각 실의 난방** : 온수파이프 온돌난방으로 합니다.

• 1층 바닥슬래브와 기초는 일체식으로 표현합니다.

• 기타 각 부분의 마감, 치수 등 주어지지 않은 조건은 KS 건축제도통칙에 따릅니다.

• 선의 통일을 기하기 위하여 아래와 같이 선의 색을 정리하여 출력합니다.

　　- 흰색(7-White) - 0.3mm　　　　- 녹색(3-green) - 0.2mm

　　- 노랑(2-yellow) - 0.4mm　　　　- 하늘색(4-cyan) - 0.3mm

　　- 빨강(1-red) - 0.2mm　　　　- 파랑(5-blue) - 0.1mm

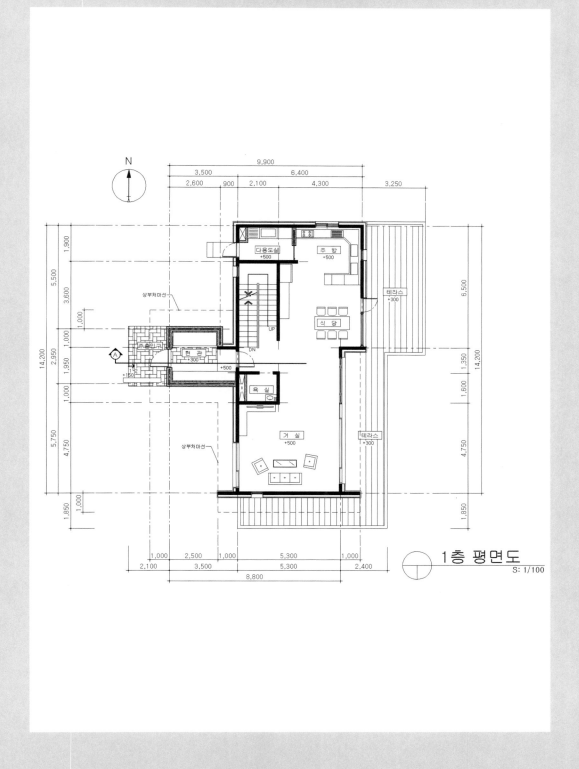

1층 평면도

S: 1/100

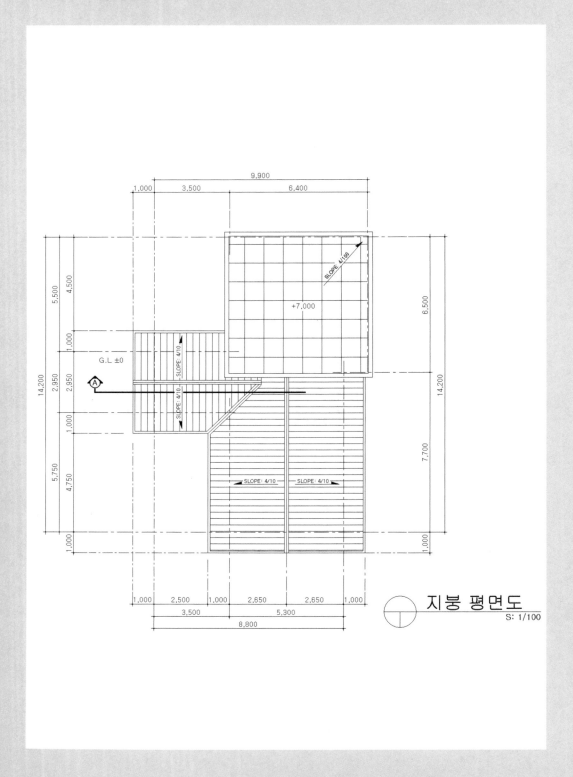

지붕 평면도
S: 1/100

- 단면도 답안

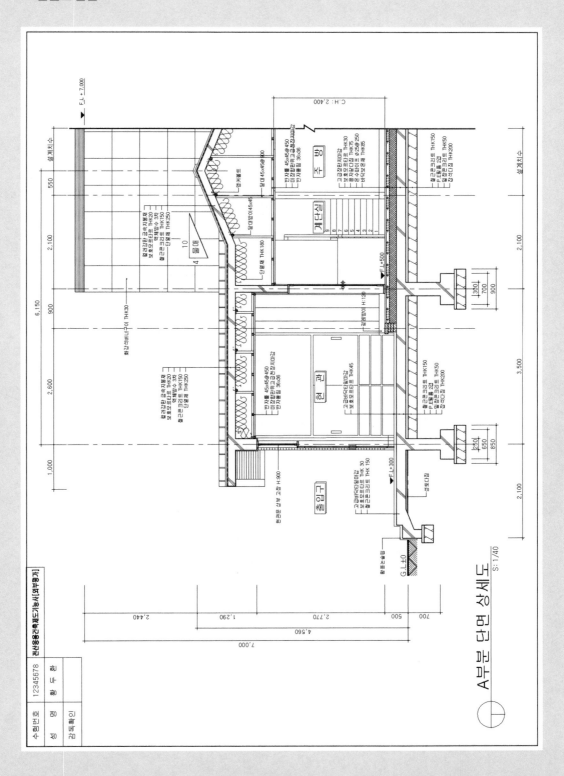

A부분 단면 상세도
S: 1/40

• 입면도 답안

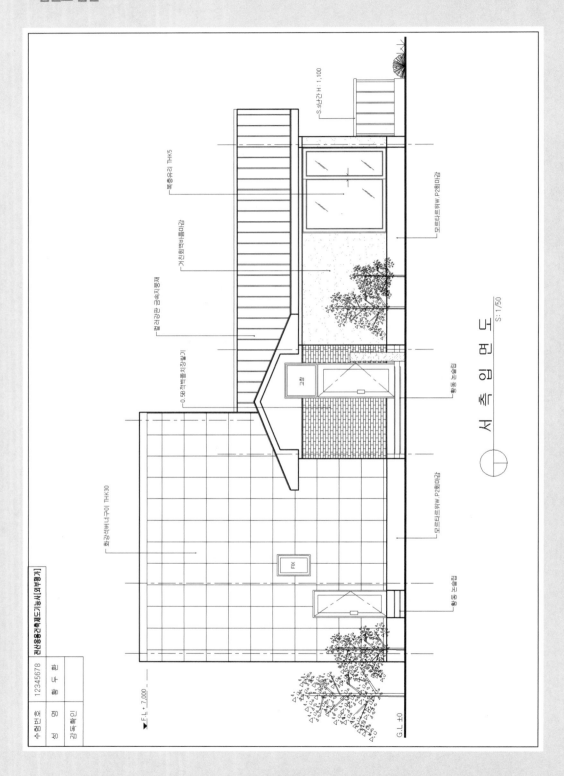

전산응용건축제도기능사 과정평가형 과정 외부평가 기출문제 [실기]

전산응용건축제도기능사 과정평가형 과정 [외부평가 2017년 9월 24일]

본 문제는 2017년도 과정평가형 과정에서 외부평가 시험에 응시한 수험생의 기억을 토대로 기출문제와 출제범위에서 재구성한 문제입니다. 실제 출제되었던 문제와 다소 차이가 있을 수 있습니다.

2차 시험 평가내용

구분		주요 내용		
시험 방법		작업형 실기시험(면접 포함)		
평가 내용	작업형	· 제시된 평면도를 보고 CAD를 이용하여 조건에 맞게 도면을 작도		
	면접	· 건축설계기획, 도서작성, 문서 · 행정관리, 실내건축설계 등에 관한 필수능력단위 전반적인 사항		
과제 및 시험시간	부분 단면도 및 입면도(1면) 작성		4시간	4시간 정도
	면접		–	
배점	작업형	면접		계
	90점	10점		100점(60%)

2차 시험 과제

과제수	과제명(작업명)	시험시간	비 고
제1과제	부분 단면도 및 입면도(1면) 작성	4시간	
–	면접	–	직무수행능력에 대한 구두면접
합계		240분 (4시간 정도)	

1. 작업시 유의사항

○ 2차 평가는 작업형과 면접형 모두 응시하여야 합니다.

○ 시험 시작 전 지급된 재료의 이상 유무를 확인하여 이상이 있을 경우 감독위원의 확인을 받은 후 시행합니다.

○ 시험 중 타인의 공구를 사용할 수 없으며 수험자간 대화를 하지 못합니다.

○ 시험이 종료되면 작업을 즉시 멈추고 작품을 제출하여야 하며, 남는 시간을 다른 과제 또는 작업 시간에 사용할 수 없습니다.

2. 부분 단면도 작성

• 제시된 평면도를 보고 CAD를 이용하여 [조건]에 맞게 도면을 작도한 후 지급된 용지에 본인이 직접 흑백으로 출력하여 USB와 함께 제출하시오.

• 평면도의 A부분 단면 상세도를 축척 1/40로 작도하시오.

3. 입면도(1면) 작성

• 제시된 평면도를 보고 CAD를 이용하여 [조건]에 맞게 도면을 작도한 후 지급된 용지에 본인이 직접 흑백으로 출력하여 USB와 함께 제출하시오.

• 정면도(서측 입면도)를 축척 1/50로 작도하되 외부 마감 재료를 표시하시오.

4. 작성 조건

• **기초** : 철근콘크리트 줄기초로 합니다.

• **바닥** : 철근콘크리트 200mm, 단열재 200mm 로 합니다.

• **벽체** : 외벽 – 외단열 시스템(단열재 200mm),

　　　　　　　 철근콘크리트 벽체 150mm로 합니다.

　　　　　 내벽 – 철근콘크리트 벽체 150mm로 합니다.

• **지붕** : 철근콘크리트 슬라브 150mm, 금속지붕재로 합니다.

　　　　 (물매 3.5/10 이상)

　　　　 단열재 200mm

• **처마나옴** : 600mm

• **반자높이** : 2,400mm

• **창호** : 내부 – 목조 150mm, 외부 – AL 100mm

• **각 실의 난방** : 온수파이프 온돌난방으로 합니다.

• 1층 바닥슬래브와 기초는 일체식으로 표현합니다.

• 기타 각 부분의 마감, 치수 등 주어지지 않은 조건은 KS 건축제도통칙에 따릅니다.

• 선의 통일을 기하기 위하여 아래와 같이 선의 색을 정리하여 출력합니다.

　 – 흰색(7–White) – 0.3mm　　　　 – 녹색(3–green) – 0.2mm

　 – 노랑(2–yellow) – 0.4mm　　　　 – 하늘색(4–cyan) – 0.3mm

　 – 빨강(1–red) – 0.2mm　　　　　 – 파랑(5–blue) – 0.1mm

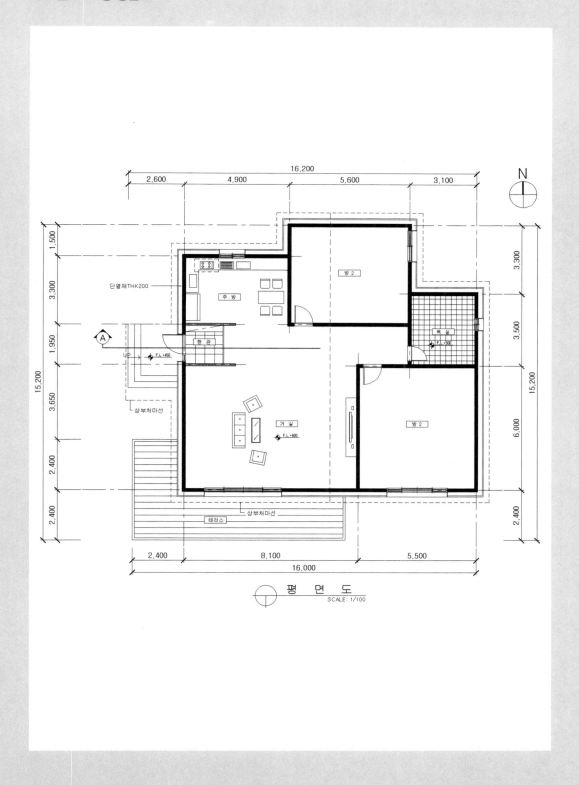

평 면 도
SCALE: 1/100

• 단면도 답안

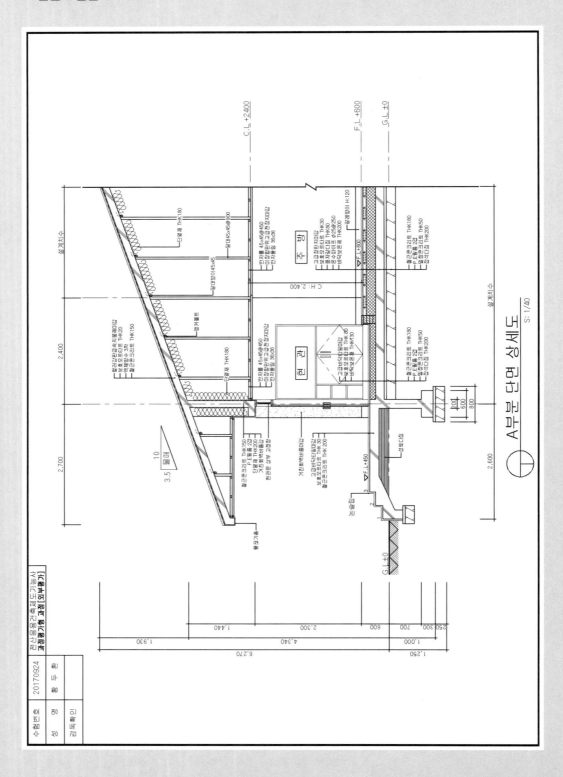

• 입면도 답안

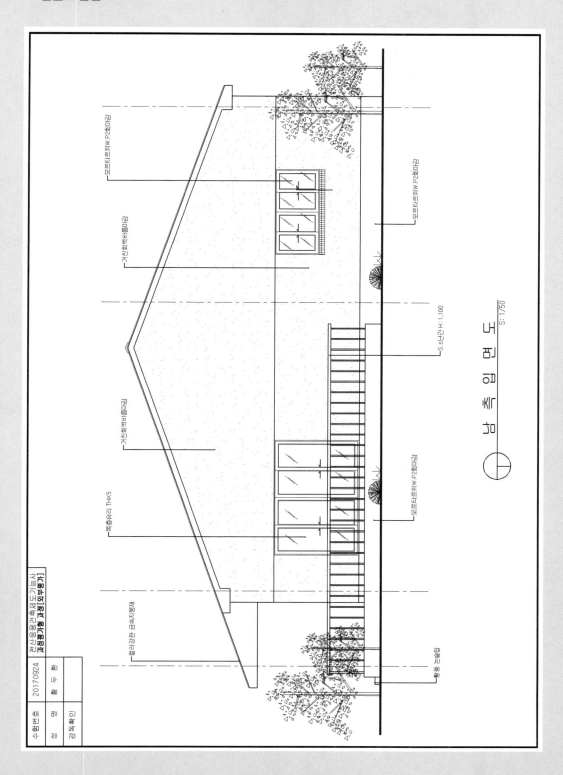

남측입면도
S: 1/50

599

개정된 최신 출제기준(일체식 구조, 단열)을 적용한

전산응용건축제도기능사 실기

2015. 3. 9. 초 판 1쇄 발행
2025. 4. 2. 개정증보 10판 2쇄(통산 24쇄) 발행

저자와의
협의하에
검인생략

지은이 | 황두환
펴낸이 | 이종춘
펴낸곳 | BM ㈜도서출판 성안당

주소 | 04032 서울시 마포구 양화로 127 첨단빌딩 3층(출판기획 R&D 센터)
10881 경기도 파주시 문발로 112 파주 출판 문화도시(제작 및 물류)
전화 | 02) 3142-0036
031) 950-6300
팩스 | 031) 955-0510
등록 | 1973. 2. 1. 제406-2005-000046호
출판사 홈페이지 | www.cyber.co.kr
ISBN | 978-89-315-8677-0 (13540)
정가 | 32,000원

이 책을 만든 사람들
책임 | 최옥현
진행 | 최창동
본문 디자인 | 김희정
표지 디자인 | 박원석
홍보 | 김계향, 임진성, 김주승, 최정민
국제부 | 이선민, 조혜란
마케팅 | 구본철, 차정욱, 오영일, 나진호, 강호묵
마케팅 지원 | 장상범
제작 | 김유석

www.cyber.co.kr
성안당 Web 사이트